复杂运动目标逆合成孔径雷达成像技术

王 勇 著

科 学 出 版 社
北 京

内 容 简 介

本书系统阐述了复杂运动目标的逆合成孔径雷达成像基本理论与技术、非平稳信号的时频分析与参数估计技术。全书共8章。第1章介绍逆合成孔径雷达成像的基本原理、运动补偿技术的实现以及距离-多普勒成像方法;第2章对复杂运动目标ISAR成像的原理与方法进行总结和分析;第3~5章主要针对复杂运动目标ISAR成像的回波信号模型,分别从信号分解、时频分布和参数估计三个方面介绍相应的成像算法;第6章介绍分布式ISAR成像技术;第7章介绍具有旋转部件目标的ISAR成像算法;第8章针对舰船目标ISAR成像的特殊性介绍相应的成像方法。

本书可作为高等院校电子工程专业高年级本科生及研究生的辅导用书,也可为从事有关雷达成像研究的科技工作者和工程技术人员提供参考。

图书在版编目(CIP)数据

复杂运动目标逆合成孔径雷达成像技术/王勇著. —北京:科学出版社,2017.10

ISBN 978-7-03-054806-1

Ⅰ.①复… Ⅱ.①王… Ⅲ.①逆合成孔径雷达-雷达成像-研究 Ⅳ.①TN958

中国版本图书馆CIP数据核字(2017)第247755号

责任编辑:朱英彪 赵晓廷 / 责任校对:桂伟利

责任印制:张 伟 / 封面设计:蓝正设计

科学出版社出版

北京东黄城根北街16号

邮政编码:100717

http://www.sciencep.com

北京中石油彩色印刷有限责任公司 印刷

科学出版社发行 各地新华书店经销

*

2017年10月第 一 版 开本:720×1000 1/16

2021年 4 月第五次印刷 印张:16 1/2

字数:332 000

定价: 118.00 元

(如有印装质量问题,我社负责调换)

序

雷达作为一种先进的探测工具,具有全天时、全天候、远距离获取目标信息的能力。随着科学技术的发展和人类对自然界探索的需要,现代雷达不仅能够对目标进行定位、监测和跟踪,还能实现对飞机、舰船、空间目标和地表等物体的成像,从而可以对目标进行识别,以及完成遥感、遥测等功能。根据雷达的不同工作方式及成像方式,成像雷达可分为逆合成孔径雷达和合成孔径雷达。当目标做平稳运动时,传统的距离-多普勒算法可以实现高分辨的逆合成孔径雷达成像。当目标做复杂运动时,由于散射点回波信号的多普勒频率是时变的,此时距离-多普勒算法会出现严重的方位向散焦问题,影响成像质量。

在雷达信号处理领域,对复杂运动目标逆合成孔径雷达成像的研究是一项十分引人注目的前沿课题,具有非常重要的实际应用价值和理论深度。以空中目标为例,逆合成孔径雷达技术可以全天时、全天候地对空中目标如飞机、导弹等进行二维成像,从而识别目标,捍卫领空和打击敌机、拦截敌弹入侵,在军事领域发挥日益重要的作用。但对于空中飞行目标,尤其是敌方飞机、导弹,很可能存在高机动飞行的情况,使得现有的成像算法和成像装置失效,进而导致无法对其进行有效拦截和打击。海面舰船目标是另外一种常见的复杂运动目标。虽然舰船目标与飞机目标的雷达成像原理相同,但由于舰船目标所处的环境比较复杂,它的成像条件也比飞机目标要复杂得多。以岸基逆合成孔径雷达为例,首先,海杂波的存在降低了回波信号的信噪比,这给回波信号的运动补偿带来很大困难;其次,在低俯仰角下,由于海平面的反射与折射,将不可避免地产生多径效应问题,这也是影响成像质量的一个重要方面;最后,在海情较高时,海水的波动起伏使舰船的姿态变化非常复杂,同时伴有偏转、俯仰和侧摆三维运动,这给舰船的逆合成孔径雷达成像带来很大的困难。同时,由于舰船目标的雷达成像是对三维物体进行二维成像,转轴的改变会导致成像投影平面也随之变化。

在上述情况下,目标运动的复杂性使目标散射点回波信号的形式变得异常复杂,需采用先进的信号处理方法并结合成像技术获得目标的高质量逆合成孔径雷达像。该书作者近年来的主要科研工作就是围绕非平稳信号的时频表示新方法及其在雷达成像中的应用研究而展开的。信号的时频分析技术同时在时域和频域表示信号,能够更清楚地揭示信号的时变谱规律。该书作者分别从信号的参数化时频表示和非参数化时频表示两个方面进行了深入研究,较好地解决了目标复杂运动状态下的成像问题,具有较大的实际应用价值;同时,对目前应用日益广泛的分布式逆合成孔径雷达成像技术、具有旋转部件目标的逆合成孔径雷达成像技术进行了认真的阐述。

该书是作者及其指导的研究生近年来在逆合成孔径雷达成像领域研究成果的总结，内容新颖，具有较强的理论性和实际应用价值，对从事雷达成像研究的科研人员和工程技术人员具有一定的参考作用。

中国科学院院士
中国工程院院士 刘永坦

2017年3月

前　言

逆合成孔径雷达(ISAR)成像具有远距离、全天时和全天候的特点,在军用和民用方面都有着重大的实用价值。本书系统介绍了复杂运动目标逆合成孔径雷达成像的基本原理与信号处理新方法,并结合大量外场实测数据来验证成像方法的有效性。

本书是作者近15年来从事逆合成孔径雷达成像研究工作的总结,同时融入讲授研究生专题课"新体制雷达技术专题"和"现代雷达信号处理技术专题"过程中所积累的教学经验及成果。本书的主旨是使读者能够对逆合成孔径雷达成像的基本原理与方法有进一步的理解,同时全面深入地掌握复杂运动目标逆合成孔径雷达成像过程中所涉及的信号处理技术。

第1章,逆合成孔径雷达成像概述。简要介绍雷达成像的发展过程以及复杂运动目标逆合成孔径雷达成像信号处理的研究现状、逆合成孔径雷达成像的基本原理、运动补偿技术及成像算法、逆合成孔径雷达成像的横向定标等知识。

第2章,复杂运动目标ISAR成像的原理与方法。首先给出距离-多普勒法在实测数据ISAR成像中的应用,并分析其存在的问题;进而介绍复杂运动目标回波信号特点及ISAR成像的距离-瞬时多普勒法原理,并讨论两种超分辨算法在复杂运动目标ISAR成像中的应用;最后对目标复杂运动情况下的回波信号特点进行总结,并从信号处理的角度对其进行理论分析。

第3章,基于信号分解的复杂运动目标ISAR成像。首先对信号自适应Chirplet分解的方法进行改进,提出一种基于三次相位函数的快速分解算法,并研究其在ISAR成像中的应用;然后针对自适应Chirplet分解的不足,提出修正自适应Chirplet分解的概念及其相应的分解算法,并应用于复杂运动目标的ISAR成像中,以进一步提高成像质量。

第4章,基于时频分布的复杂运动目标ISAR成像。首先研究基于传统时频分布的ISAR成像方法;进而从交叉项抑制和时频聚集性两个方面综合考虑,提出适用于多分量多项式相位信号的新型时频分布;最后研究新型时频分布在复杂运动目标ISAR成像中的具体应用。

第5章,基于三次相位信号参数估计的复杂运动目标ISAR成像。首先研究在目标复杂运动情况下将散射点回波近似刻画为多分量三次相位信号的方法;进而分别提出基于三次相位信号参数估计算法的ISAR成像新技术;最后分析参数估计算法的统计特性,并通过仿真和实测数据,验证新方法的有效性。

第6章，分布式ISAR成像技术。首先介绍分布式ISAR的概念并对其具体原理进行分析；进而介绍分布式ISAR成像所需的详细处理步骤，通过对平稳目标的仿真和实测数据的处理，验证分布式ISAR的有效性和优越性；最后研究分布式ISAR技术应用于非平稳目标成像的情况，通过仿真数据的处理，证明此技术的有效性。

第7章，具有旋转部件目标的ISAR成像算法。首先建立ISAR成像模型并分析微多普勒效应；然后分别运用短时傅里叶变换法及改进的参数估计算法去除微多普勒效应；最后通过信号仿真及点目标成像模型验证信号处理方法和成像算法的有效性，获得去除旋转部件后刚体目标的ISAR像。

第8章，舰船目标的ISAR成像。针对舰船目标ISAR成像的特殊性展开深入研究。首先介绍舰船目标二维成像过程中的成像数据段选取、成像方法等；进而研究基于干涉技术和多输入多输出技术的舰船目标三维成像方法，给出仿真结果。

本书从非平稳信号处理的角度介绍复杂运动目标的雷达成像算法，注重理论与实际的紧密结合。本书以翔实的理论分析为基础，实例丰富，结构体系完整，写作上深入浅出，具有较好的可读性。

本书第1～5章由王勇撰写，第6章由王勇、张涛撰写，第7章由王勇、康健撰写，第8章由王勇、李雪鹭撰写。全书由王勇撰写大纲并统稿。在本书撰写过程中，哈尔滨工业大学电子工程技术研究所许荣庆、姜义成等给予大力指导与帮助，并提出宝贵建议；同时得到了博士研究生王照法和硕士研究生冯帅、周菁等的大力支持，在此表示衷心感谢。

由于作者水平有限，书中难免存在不足之处，敬请广大读者批评、指正。

作　者

2017年3月

目　　录

第1章　逆合成孔径雷达成像概述

1.1 引　　言

1.1.1 雷达成像发展过程

雷达作为一种先进的探测工具，具有全天时、全天候、远距离获取目标信息的能力。随着科学技术的发展，现代雷达不仅能够对目标进行定位、监测和跟踪，还能实现对飞机、舰船、空间目标以及地表等物体的成像，从而可以对目标进行识别以及完成遥感、遥测等功能[1,2]。

成像雷达可分为两种，如果雷达移动，目标固定不动，为合成孔径雷达（synthetic aperture radar，SAR）；反之，若雷达固定不动，目标移动，则为逆合成孔径雷达（inverse synthetic aperture radar，ISAR）。合成孔径的概念可以追溯到20世纪50年代初，美国的威利首先提出可以用频率分析的方法改善雷达的角分辨率。与此同时，伊利诺伊大学利用相干雷达进行实验，采用非聚焦型综合孔径方法，于1953年得到第一张SAR图像。这是合成孔径原理和SAR发展的最初阶段。1953年，在美国密歇根大学的暑期研讨会上，许多学者提出载机运动可将雷达的真实天线合成为大尺寸的线性天线阵列的新概念，用这种观点认识合成孔径原理，使人们意识到合成孔径雷达有聚焦和非聚焦工作方式之分。1957年，密歇根大学研制的SAR进行了飞行试验，得到第一张全聚焦SAR图像，从此，合成孔径原理和SAR得到广泛的认可和不断的发展。1974～1984年，SAR被应用到各种民用方面，如测绘地形图、海洋学研究以及对冰川的研究等，同时，星载SAR技术也取得了很大的进展。

ISAR与SAR几乎是同步发展的。20世纪60年代初，在M. L. Brown领导下的Willow Run实验室就开展了对于旋转目标成像的研究。60年代末，宽带的线性调频信号及高稳定的相干雷达技术已经成熟，相干雷达对转台上的缩比模型进行成像获得了成功。J. L. Walker从1970年起开展旋转目标成像方面的研究，阐述了距离-多普勒成像理论。1978年，C. C. Chen等利用地面固定雷达对直线飞行和弯道飞行的目标进行了成像研究，获得令人鼓舞的成像结果。他们对信号的预处理、距离曲率、距离校准以及运动补偿等问题均进行了分析和研究。此后，ISAR越来越受到世界各国的重视，其基本理论和信号处理方面都有很大的进展，同时，人们对运动补偿问题进行了大量的研究，取得了丰硕的成果[2]。

近年来，国际上对 ISAR 的研究不断向实用化发展。由于 ISAR 具有全天候的能力，它是战略防御系统中极有前途的一种目标识别方法，在战术应用上，因其高分辨的成像能力，在防空、反舰和反潜斗争中都是十分有力的手段。此外，ISAR 在民用方面也有广泛的应用，许多国家有大量 ISAR 成像研究的报道。

国内在 ISAR 研究方面起步较晚。北京航空航天大学从 1986 年开始用转台对飞机、舰船和导弹等目标的缩比模型进行旋转目标的成像研究，并首先在国内得到旋转目标的二维 ISAR 图像。1987 年，ISAR 被列为国家级科研项目，从事这项研究工作的单位有哈尔滨工业大学、西安电子科技大学、南京航空航天大学、中国科学院电子学研究所、中国电子科技集团公司第十四研究所和中国航天科工集团第二研究院二十三所等。经过十多年的发展，ISAR 理论和技术在国内取得了重要进展。20 世纪 90 年代初，哈尔滨工业大学和中国航天科工集团第二研究院二十三所联合研制了实验 ISAR，通过多次实验得到大量宝贵的数据，大大推动了国内 ISAR 技术的发展。但是，从整体水平看，与国际先进水平仍有一定差距。

1.1.2 复杂运动目标逆合成孔径雷达信号处理

在 ISAR 成像中，迄今为止运算量最小、应用最为普遍的成像方法是距离-多普勒算法[3]，纵向距离分辨率依靠雷达发射宽频带信号，横向分辨率依靠目标转动的多普勒频率，首先经运动补偿使目标成为“自聚焦点”位于轴心的转台目标，然后进行成像处理[4]。整个成像过程可理解为：利用目标上各散射点子回波的不同时延，以及目标转动时子回波的不同多普勒频率，在距离-多普勒平面上呈现出目标散射点的强度分布图。其中，目标的多普勒信息是通过对雷达回波每个距离单元进行傅里叶变换得到的。这种算法隐含两个假设，即目标尺寸和转角较小，目标散射点对距离单元游动的影响可不考虑，这一假设一般可以满足；另外，假设目标在水平面内均匀转动，在整个成像处理期间，散射点的多普勒频率是恒定的，这一假设对大型平稳运动的目标也可以满足。但在实际情况下，目标的运动状态经常伴随着机动性，复杂的运动状态会导致观测期间转速和转轴的变化。这里以舰船目标的 ISAR 成像为例，它的成像条件比飞机目标复杂得多，除了海杂波的存在降低了回波信号的信噪比，海面的波动起伏，使舰船的姿态变化非常复杂，同时伴有偏转(yaw)、俯仰(pitch)和侧摆(roll)三维运动，这给舰船的 ISAR 成像带来了很大的困难。同时，由于 ISAR 对三维物体进行二维成像，转轴的改变会导致成像投影平面也随之变化。此时，目标散射点回波的多普勒信号是时变的，传统的距离-多普勒成像方法得到的图像非常模糊，无法识别目标，因此需要对回波数据进行时频分析，得到每一个时刻散射点的高分辨瞬时多普勒谱，此即 ISAR 成像的距离-瞬时多普勒法。

根据目标机动性的强弱，可将目标散射点回波信号分为四种模型来进行研究：①常幅线性调频信号；②常幅多项式相位信号；③变幅多项式相位信号；④基于时频分析方法直接得到信号的时频结构。其中，模型①～模型③是基于信号的参数估计原理，模型④是基于信号的时频表示原理，两者可归结为对目标的回波信号进行时频分析。时频分析技术可以精确掌握每个信号分量瞬时频率和瞬时能量的变化规律，将其应用于机动目标的ISAR成像中，可以大大提高成像质量。

综上所述不难看出，可以通过信号处理的方法来提高机动目标ISAR成像的质量，此时需对目标回波信号进行一般性的归纳与综合，进而采用时频分析原理，从参数估计和时频表示两个方面对其进行分析。根据Stone-Weierstrass理论，在一有限观测时间内，任一信号都可以表示成多项式相位信号的形式。因此，可将机动目标ISAR回波信号近似成为多分量多项式相位信号，通过对其进行分析与处理，来解决ISAR成像中存在的问题。

多项式相位信号广泛存在于工程技术领域，除了在雷达信号处理中目标回波可视为多项式相位信号[5]，在声呐、无线电通信系统中，由于传播介质物理特性的时常扰动，传播的信号频率发生变化[6]；接收系统与目标之间的相对运动产生的多普勒效应也会使信号的频率发生改变[7]。此外，生物医学中的信号如脑电图信号、鸟声信号和蝙蝠声呐信号等也可视为多项式相位信号[8]。多项式相位信号也广泛应用于地震探测、地质勘探和医学成像等众多研究领域[9]，因此，对于多项式相位信号的研究具有重要的实际意义。

根据信号的一阶和二阶统计量是否与时间有关，可将其分为平稳信号和非平稳信号。多项式相位信号属于非平稳信号，又称为时变信号，其频率随时间有较大的变化，呈现出较强的时间局部性[10]。对于多项式相位信号的研究目前主要从两方面入手：一方面是多项式相位信号的参数估计；另一方面是多项式相位信号的时频表示，两者均可很好地刻画多项式相位信号的内在结构特性，但各有利弊。其中，多项式相位信号的参数估计包括两方面内容：一方面是采用信号处理的方法直接对信号的相位系数进行估计，但这往往受到计算量和估计精度的限制；另一方面是采用信号分解的方法，将其分解成为一系列基函数的线性组合，这样可以了解有关信号更细节、更全面的信息，但是，对于最优基函数的选取仍是尚未解决的问题。多项式相位信号的时频表示是分析多项式相位信号又一个直接而且非常有效的工具。近年来，时频分析理论不仅在理论上有了快速的发展，还被成功地应用于许多信号处理领域，但也仍然有许多有关时频分析的问题尚待解决。可见，无论是实际的信号处理应用领域，还是信号处理的理论方法，对于多项式相位信号的研究都具有重要的意义和价值。

对于机动目标的ISAR成像，Chen等于1998年提出了一种新的ISAR成像方法，它应用时频分析技术代替传统的傅里叶变换来对目标进行瞬时成像[11]。实验表明这一方法可以较好地解决机动目标的 ISAR 成像问题。2000 年，Chen 等给出了目标同时具有偏航、俯仰及横滚运动时的成像模型[12]。2001 年，Berizzi 等给出机动目标瞬时成像的模型和性能分析[13]；2002 年，Xia 等从理论和实验方面研究了将短时傅里叶变换用于 ISAR 机动目标成像的方法[14]。在国内，西安电子科技大学、哈尔滨工业大学等单位也对机动目标 ISAR 成像进行研究，得到一系列研究成果[15-18]。由于对机动目标 ISAR 成像研究的时间并不长，有许多问题尚未得到解决，机动目标 ISAR 成像现阶段依然是 ISAR 成像技术发展的前沿和难点。前面提到，可以将机动目标 ISAR 回波信号近似成为多分量多项式相位信号，通过对其进行分析与处理，来解决 ISAR 成像中存在的问题。因此，多项式相位信号的参数估计是解决机动目标 ISAR 成像问题的一个有效途径。下面将对有关多项式相位信号参数估计问题的研究进展与现状进行详细介绍。

1. 线性调频信号的参数估计

线性调频信号是多项式相位信号的一个特例，这里单独对其进行分析。实际上，对于线性调频信号的研究本身就是信号处理领域中的一个重要内容，这是因为线性调频信号是各种复杂信号的一种最简单的近似，在对精度要求不是非常高的情况下，自然界中的许多信号都可近似成为线性调频信号。对于线性调频信号的参数估计，目前的方法大致可分为如下几类。

1) Wigner-Hough 变换(Wigner-Hough transform，WHT)方法[19]

给定能量有限的信号 $s(t)$，定义 WHT 为时域到 (f,g) 参数域的映射：

$$\mathrm{WHT}_s(f,g)=\int_{-\infty}^{+\infty}\int_{-\infty}^{+\infty}s\left(t+\frac{\tau}{2}\right)s^*\left(t-\frac{\tau}{2}\right)\mathrm{e}^{-\mathrm{j}2\pi(f+gt)\tau}\mathrm{d}\tau\mathrm{d}t \tag{1.1}$$

对于离散序列 $s(n)$，$n=0,1,\cdots,N-1$（N 为偶数），其离散形式的 WHT 为

$$\begin{aligned}\mathrm{WHT}_s(f,g)=&\sum_{n=0}^{N/2-1}\sum_{k=-n}^{n}s(n+k)s^*(n-k)\mathrm{e}^{-\mathrm{j}4\pi k(f+gn)}\\&+\sum_{n=N/2}^{N-1}\sum_{k=-(N-1-n)}^{N-1-n}s(n+k)s^*(n-k)\mathrm{e}^{-\mathrm{j}4\pi k(f+gn)}\end{aligned} \tag{1.2}$$

此时，对于线性调频信号 $s(n)=A\mathrm{e}^{\mathrm{j}(\varphi_0+2\pi f_0 n+\pi g_0 n^2)}$，其 WHT 在 (f_0,g_0) 处出现峰值。因此，可通过对 WHT 在 (f,g) 平面上进行谱峰搜索来实现线性调频信号的初始频率和调频斜率估计，而且峰值大小为 $N^2A^2/2$，这样可以获得信号幅度的估计；信号初始相位可由峰值处的相位值得到。对于多分量信号的情况，可采用洁净(clean)技术依次估计出每个信号分量的参数。WHT 方法利用了线性调频信号在时频平面上的特点，沿直线积分后进行峰值检测，提高了信噪比，有利于对调频斜率的估计。不足之处是，对调频斜率的估计需要进行搜索，这会产生较大的运算量。调频斜率估计的分辨率与其搜索间隔有关，当两个信号调频斜率相距较近时，

相互之间的作用以及噪声的干扰都会影响估计的结果；另外，沿直线积分的结果是强信号越强，弱信号越受到压制，使得对弱信号调频斜率的估计产生误差。

2）分数阶傅里叶变换方法[20]

傅里叶变换是一种线性算子，其作用可以看成在时频平面上，信号从时间轴转到频率轴，旋转了 $\pi/2$ 角度。分数阶傅里叶变换则是这样一种算子，它可以做任意角度的旋转，可表示时频面上的线性调频信号，定义为

$$s^p(u)=\int_{-\infty}^{+\infty}K_p(t,u)s(t)\mathrm{d}t \tag{1.3}$$

$$K_p(t,u)=\begin{cases}\sqrt{\dfrac{1-\mathrm{j}\cot\alpha}{2\pi}}\mathrm{e}^{\mathrm{j}\left(\frac{1}{2}u^2\cot\alpha-ut\csc\alpha+\frac{1}{2}t^2\cot\alpha\right)}, & \alpha\neq n\pi\\ \delta(t-u), & \alpha=2n\pi\\ \delta(t+u), & \alpha=(2n+1)\pi\end{cases} \tag{1.4}$$

式中，$\alpha=\dfrac{\pi}{2}p$，$p\in[-1,1]$。

对一信号进行角度为 α 的分数阶傅里叶变换，结果反映到时频平面，相当于该信号的 Wigner-Ville 分布（Wigner-Ville distribution，WVD）旋转了角度 α。也可以说，对于一个线性调频信号，当其分数阶傅里叶变换旋转的角度 α 与该线性调频信号在时频域的倾斜角度相同时，变换后会出现峰值，由此可以检测并估计线性调频信号的参数。分数阶傅里叶变换是一种一维的线性变换，可借助快速傅里叶变换（fast Fourier transform，FFT）来实现，因此，与基于 WHT 的方法相比，该方法降低了处理的复杂度。

3）离散调频傅里叶变换方法

离散调频傅里叶变换是最近提出的一种有效的线性调频信号检测技术，它是傅里叶变换的一种推广形式，可以同时实现对线性调频信号初始频率和调频斜率的匹配，与传统的离散傅里叶变换类似。文献[21]中定义离散信号 $x(n)$，$n=0,1,2,\cdots,N-1$ 的 N 点离散调频傅里叶变换为

$$X_c(k,l)=\frac{1}{\sqrt{N}}\sum_{n=0}^{N-1}x(n)W_N^{kn+ln^2},\quad 0\leqslant k;l\leqslant N-1 \tag{1.5}$$

式中，$W_N=\exp(-\mathrm{j}2\pi/N)$。

对于单频信号 $x(n)=W_N^{-(l_0n^2+k_0n)}$，$0\leqslant k_0$，$l_0\leqslant N-1$，如果 N 是素数，则 $x(n)$ 的离散调频傅里叶变换幅度为

$$|X_c(k,l)|=\begin{cases}\sqrt{N}, & l=l_0;k=k_0\\ 1, & l\neq l_0\\ 0, & l=l_0;k\neq k_0\end{cases} \tag{1.6}$$

式(1.6)表明，对于单个调频信号的离散调频傅里叶变换，如果信号的长度 N

是素数，则信号的离散调频傅里叶变换峰值出现在(k_0,l_0)位置上，据此可进行信号的参数估计。它的不足之处是要求信号总的采样点数为素数，且经过采样变换后的信号参数必须是整数，否则其性能将急剧下降。基于此，文献[22]提出了修正形式的离散调频傅里叶变换，使得对信号的采样点数和信号参数不附带任何约束条件，为其工程应用铺平了道路。

4) 解线性调频(Dechirp)方法[23]

对于线性调频信号 $s(t)=A\mathrm{e}^{\mathrm{j}(\varphi_0+2\pi f_0 t+\pi g_0 t^2)}$，其相位是时间的二次函数，因此，可用一调频因子 $\mathrm{e}^{-\mathrm{j}\pi g t^2}$ 与信号相乘，以抵消 $s(t)$ 中 g_0 的作用。解线性调频表示如下：

$$\mathrm{DR}_s(f,g)=\int_{-\infty}^{+\infty}s(t)\mathrm{e}^{-\mathrm{j}\pi g t^2}\mathrm{e}^{-\mathrm{j}2\pi f t}\mathrm{d}t \tag{1.7}$$

当 $f=f_0$，$g=g_0$ 时，式(1.7)将出现峰值，由此可以得到信号的初始频率和调频斜率为

$$(\hat{f}_0,\hat{g}_0)=\underset{f,g}{\arg\max}|\mathrm{DR}_s(f,g)| \tag{1.8}$$

该方法只需一维搜索，同时可借助快速傅里叶变换来实现，具有很高的计算效率；不足之处是信号参数的估计精度受搜索步长的影响。

以上四种方法是估计多分量线性调频信号参数比较常用的方法，此外，还有一些方法，如分数阶自相关法[24]、Radon-Ambiguity 变换法[25]、Radon-STFT 法[26]等，都是在这四种方法的基础上加以改进后提出的，这里不再赘述。这四种方法均具有很好的参数估计性能，理论分析表明，在较低的信噪比下，估值的误差依然十分接近其 Cramer-Rao 下限[27]。

2. 多项式相位信号的参数估计

多项式相位信号的参数估计一直是信号处理中的重点和难点问题[28]。其中，最为直接的方法当属最大似然估计法，该方法要考虑多维非线性优化问题，当维数较高时，计算量很大，且容易受局部极值的影响，因此该方法不易实现。比较容易实现的一种方法是基于乘积型高阶模糊度函数的方法，因其计算量较小，而逐渐成为估计多项式相位信号参数的一种主要方法[15,29]。此外，通过估计多项式相位信号的瞬时频率变化率，进而得到其相位系数的方法在最近被提出，该方法具有较小的计算量和较高的参数估计精度，是一种比较实用的新方法[30,31]。下面将对这两种方法分别进行详细介绍。

1) 乘积型高阶模糊度函数法

考虑 K 分量 M 阶多项式相位信号为

$$s(t)=\sum_{k=1}^{K}a_k\exp\left(\mathrm{j}\sum_{m=1}^{M}c_{k,m}t^m\right) \tag{1.9}$$

式中，a_k 为第 k 个分量的幅度，这里假定为常数；$c_{k,m}$ 为相位系数。

多项式相位信号 M 阶多时延瞬时高阶矩可由如下递归进程得到：

$$\begin{aligned}
&s_1(t)=s(t)\\
&s_2(t;\tau_1)=s_1(t+\tau_1)s_1^*(t-\tau_1)\\
&\vdots\\
&s_M(t;\tau_{M-1})=s_{M-1}(t+\tau_{M-1};\tau_{M-2})s_{M-1}^*(t-\tau_{M-1};\tau_{M-2})
\end{aligned} \tag{1.10}$$

式中，$\tau_1,\cdots,\tau_{M-1}$ 表示时延向量。信号的多时延高阶模糊度函数定义为

$$S_M(f;\tau_{M-1})=\int_{-\infty}^{+\infty}s_M(t;\tau_{M-1})\mathrm{e}^{-\mathrm{j}2\pi ft}\mathrm{d}t \tag{1.11}$$

可以证明，对于 M 阶多项式相位信号，其 M 阶瞬时高阶矩为一正弦信号，正弦信号的频率与最高次多项式相位系数及时延的乘积成正比。因此，多项式相位信号的最高次相位系数可由搜索其 M 阶瞬时高阶矩的傅里叶变换的最大值得到。估计了 M 阶相位系数，等价于估计了信号的最高次相位，将最高次相位系数解调掉后，信号成为 $M-1$ 阶多项式相位信号，其 $M-1$ 阶多项式相位系数可由$M-1$ 阶高阶模糊度函数得到。以此类推，可一直估计到 1 阶多项式系数。

以上为单分量信号情况下的参数估计方法，对于多分量信号的情形，基于高阶模糊度函数的方法存在一定的问题，即信号之间相互作用而产生的交叉项会导致假峰的出现。文献[15]提出乘积型高阶模糊度函数的方法，用以估计多分量多项式相位信号的相位系数。给定 L 个时延集 $\tau_{M-1}^{(l)}=(\tau_1^{(l)},\tau_2^{(l)},\cdots,\tau_{M-1}^{(l)})$，$l=1,2,\cdots,L$。乘积型高阶模糊度函数定义为 L 个尺度变换后的多时延高阶模糊度函数的乘积，即

$$S_M^L(f;T_{M-1}^L)=\prod_{l=1}^{L}S_M\left(\frac{\prod\limits_{k=1}^{M-1}\tau_k^{(l)}}{\prod\limits_{k=1}^{M-1}\tau_k^{(1)}}f;\tau_{M-1}^{(l)}\right) \tag{1.12}$$

式中，T_{M-1}^L 为包含所有时延集的矩阵。

经过上述处理，乘积型高阶模糊度函数在增强信号自身项的同时抑制了交叉项，可用来估计多分量多项式相位信号的相位系数。该方法具有较小的计算量，其不足之处是误差传递效应较大。

2) 瞬时频率变化率法

瞬时频率变化率是文献[30]中所提出的概念，它定义为相位的二阶导数。对于三阶多项式相位信号，文献[31]中提出一种估计其瞬时频率变化率的方法，进而获得信号的参数估计。

考虑如下形式的三阶多项式相位信号：

$$s(t)=a_0\mathrm{e}^{\mathrm{j}\phi(t)}=a_0\mathrm{e}^{\mathrm{j}(c_0+c_1t+c_2t^2+c_3t^3)} \tag{1.13}$$

式中，a_0,c_0,c_1,c_2,c_3 为待定系数；$\phi(t)$为信号相位。其瞬时频率变化率定义为

$$\mathrm{IFR}=\frac{\mathrm{d}^2\phi(t)}{\mathrm{d}t^2}=2(c_2+3c_3t) \tag{1.14}$$

计算 $s(t)$ 的三次相位函数：

$$\mathrm{CP}(t,\Omega)=\int_0^{+\infty}s(t+\tau)s(t-\tau)\mathrm{e}^{-\mathrm{j}\Omega\tau^2}\mathrm{d}\tau \tag{1.15}$$

将式(1.13)代入式(1.15)中，可以得到

$$\mathrm{CP}(t,\Omega)=a_0^2\mathrm{e}^{\mathrm{j}2(c_0+c_1t+c_2t^2+c_3t^3)}\int_0^{+\infty}\mathrm{e}^{\mathrm{j}[2(c_2+3c_3t)-\Omega]\tau^2}\mathrm{d}\tau \tag{1.16}$$

由式(1.16)可见，$\mathrm{CP}(t,\Omega)$ 集中在直线 $\Omega=2(c_2+3c_3t)$ 上，即通过对三阶多项式相位信号的三次相位函数进行峰值搜索，可得到其瞬时频率变化率的估计。进而通过计算瞬时频率变化率在不同采样时刻的值，获得三阶多项式相位信号相位系数 c_2 和 c_3 的估计，再采用解调频方法得到其他参数的估计。该方法实现起来比较简单，且参数估计的精度也较高；然而对于阶次高于三次的多项式相位信号，该方法不再有效，这是一个很大的限制。

3. 信号分解

信号分解是信号处理领域中的一个重要研究内容，其基本思想是假定待分析信号 $s(t)$ 由具有特定信号模型形式的信号分量叠加而成，即

$$s(t)=\sum_{n\in Z}c_ng_n(t) \tag{1.17}$$

式中，$g_n(t)$ 表示假定的信号模型，也称为基函数或时频原子。

通过一定的算法求得模型参数及系数 c_n 后，就可获得信号 $s(t)$ 的具体表达式。该过程可理解为：对于任意信号 $s(t)$，将其分解成为多个时频结构比较简单的单分量信号，通过对每个单分量信号进行时频分析，可以掌握原信号的局部特征，有利于进行信号的识别、分离。对于基函数的选取，希望其时频特性能自适应地最佳匹配于信号的局部结构，这样的分解结果才能最有效地表征待分析信号的特征信息。目前常用的基函数包含以下两种。

1) Gabor 基函数

将信号表示成一组 Gabor 基函数的线性组合，又称为信号的 Gabor 变换或 Gabor 展开，它是 Gabor 提出的一种同时用时间和频率表示一个时间函数的方法[32]。对于信号 $s(t)$，其 Gabor 展开定义为

$$s(t)=\sum_{m=-\infty}^{\infty}\sum_{n=-\infty}^{\infty}a_{mn}g_{mn}(t) \tag{1.18}$$

式中，a_{mn} 称为 Gabor 展开系数；$g_{mn}(t)$ 称为 (m,n) 阶 Gabor 基函数，且

$$g_{mn}(t)=g(t-mT)\mathrm{e}^{\mathrm{j}n\Omega t} \tag{1.19}$$

$g_{mn}(t)$ 为具有单位能量、经过时移和频移的基函数。

Gabor 展开具有实际意义与应用价值在于这样一个事实：Gabor 基函数 $g_{mn}(t)$可以构造得使它们相对于时间和频率都具有比较好的局域化性能。因此，Gabor 基函数的选择在 Gabor 展开中起着非常重要的作用。有很多有用的窗函数可以用来构造 Gabor 基函数，最常用的是矩形函数和高斯函数。其中，高斯函数由于具有最好的时频聚集性而受到重用。基于高斯型的基函数，Qian 等提出一种基于 Gabor 变换的信号时频分解方法，通过将信号分解成为一系列具有不同时移、频移的简单基函数的线性叠加，分别对每个基函数进行时频分析，进而得到整个信号的时频结构。然而，Gabor 基函数的频率、带宽是固定的，即对时频平面的划分是一种格型分割，这样就导致对变频信号无法进行有效的匹配。因此，对于具有频率时变特性的信号，即非平稳信号，Gabor 基函数不能有效地刻画信号的局域特性。此时，希望基函数可以自适应地选取，以适应不同信号类型的需要。

2) Chirplet 基函数

在 Gabor 基函数的基础上，殷勤业等采用线性调频的高斯信号集为分解基，它的基信号比 Gabor 基函数增加了一个线性调频项[33]。这样，时频平面上的任意一条能量曲线都可以用一组线段来线性逼近。由于线性调频高斯信号的时频聚集性极佳，信号分解的结果能够很好地反映信号的真实时频特性。这种方法也可称为信号的自适应 Chirplet 分解[34]。此时，待估计参数增加，要同时搜索多个参数，将会导致计算量急剧增加。关于信号的自适应 Chirplet 分解一直是信号处理中的热点问题，为此，许多学者进行了大量工作。其中，Bultan 提出将尺度、旋转、时移和频移算子作用于单位能量高斯函数，同时结合分数阶傅里叶变换和匹配追踪原理的四参数 Chirplet 分解算法[35]；邹虹等提出一种有效的 Chirplet 自适应信号分解算法[36]；文献[37]～文献[45]提出已知参数初值估计参数精确值的快速算法。在以上算法中，运算量大是其主要缺点，需要通过在一定范围内进行搜索，或者自适应迭代等对所有参数进行逐一估计，不利于具体的应用。由于 Chirplet 包含的未知参数很多，目前还没有非常有效的估计算法，这也是自适应 Chirplet 分解法正在探讨的一个主要问题。

4. 信号的时频分布

时频分析技术同时在时域和频域表示信号，能够更清楚地揭示信号的时变谱规律，它可以看成信号从一维的时域向二维的时频域所进行的变换。在所有的时频分布中，Cohen 类时频分布是最常用的，其中 WVD 是一种最为基本的时频分布，对于线性调频信号具有最佳的时频聚集性。但对于多分量信号，WVD 会产生大量交叉项，影响了对信号自身项的检测。针对如何抑制信号分量间的交叉项影响，人们进行了大量工作。一类方法是通过设计核函数，在信号的模糊域进行低通滤波以抑制交叉项的影响，但这种方法往往都是以牺牲时频聚集性为代价的，而且对于比较复杂的信号，有时显得无能为力；另一类方法是基于 Stankovic 提出的 L 类[46]和 S 类时频分布[47]，这些高阶时频分布对特定类型的信号具有出色的时频分辨性能，而对一般类型信号的效果则不佳。本书第 4 章所构造的新型时频分布就是基于上述高阶时频分布类型的，因此，这里有必要给出其解析表达式，以期对其有一直观了解。

1）多项式 Wigner-Ville 分布（polynomial Wigner-Ville distribution，PWVD）

对于式(1.9)所示的信号 $s(t)$，其 PWVD 定义为

$$\mathrm{PWVD}(t,f)=\int_{-\infty}^{+\infty}\Big[\prod_{i=1}^{q/2}s(t+c_i\tau)s^*(t+c_{-i}\tau)\Big]\mathrm{e}^{-\mathrm{j}2\pi f\tau}\mathrm{d}\tau \tag{1.20}$$

式中，q 为一偶数，代表 PWVD 的阶数。通过调整系数 c_i 和 $c_{-i}(i=1,2,\cdots,q/2)$，可以使得 PWVD 集中在信号的瞬时频率上。

2）L 类时频分布

L 类时频分布定义为

$$\mathrm{LD}(t,f)=\int_{-\infty}^{+\infty}\int_{-\infty}^{+\infty}\int_{-\infty}^{+\infty}s^L\Big(u+\frac{\tau}{2L}\Big)s^{*L}\Big(u-\frac{\tau}{2L}\Big)\phi_L(\theta,\tau)\mathrm{e}^{-\mathrm{j}2\pi f\tau}\mathrm{e}^{-\mathrm{j}\theta(u-t)}\mathrm{d}u\mathrm{d}\theta\mathrm{d}\tau \tag{1.21}$$

式中，$\phi_L(\theta,\tau)$为核函数。当 $L=1$ 时，L 类时频分布退化为 Cohen 类时频分布。

3）S 类时频分布

S 类时频分布定义为

$$\mathrm{SD}(t,f)=\int_{-\infty}^{+\infty}\int_{-\infty}^{+\infty}\int_{-\infty}^{+\infty}s^{[L]}\Big(u+\frac{\tau}{2L}\Big)s^{*[L]}\Big(u-\frac{\tau}{2L}\Big)\phi_L(\theta,\tau)\mathrm{e}^{-\mathrm{j}2\pi f\tau}\mathrm{e}^{-\mathrm{j}\theta(u-t)}\mathrm{d}u\mathrm{d}\theta\mathrm{d}\tau \tag{1.22}$$

式中，$\phi_L(\theta,\tau)$为核函数；$s^{[L]}(u)$表示对信号 $s(u)$的相位乘以 L，而幅度保持不变。当 $L=1$ 时，S 类时频分布退化为 Cohen 类时频分布。

4）复时间延迟型时频分布

复时间延迟型时频分布定义为

$$\mathrm{CTD}(t,f)=\int_{-\infty}^{+\infty}s\Big(t+\frac{\tau}{4}\Big)s^*\Big(t-\frac{\tau}{4}\Big)s^{-\mathrm{j}}\Big(t+\mathrm{j}\,\frac{\tau}{4}\Big)s^{\mathrm{j}}\Big(t-\mathrm{j}\,\frac{\tau}{4}\Big)\mathrm{e}^{-\mathrm{j}2\pi f\tau}\mathrm{d}\tau \tag{1.23}$$

此分布具有较高的时频聚集性，同时适用范围也比较广，这一点要优于前面的三种时频分布。

此外，最近相继提出一些新的时频分布类型，Amin 研究了噪声背景中最小方差时频分布[48]；Cohen 等提出一种正时频分布通式[49]，Loughlin 等[50]和 Sang 等[51]分别提出构造正时频分布的迭代二次时频分布方法，Pitton 提出基于信号线性分解和二次时频分布的正时频分布构造方法[52]；Groutage[53]和 Shah 等[54]研究了最小互熵正时频分布；Fonollosa 提出联合边缘条件的正时频分布[55]；同时，多

维时频分布[56]、离散时频分布[57]等也得到深入研究。

时频分析已经在非平稳信号处理中取得了广泛的应用，如信号检测、信号分类与识别[58]、瞬时频率估计[59]、雷达和声呐信号处理、时频滤波、时频综合、图像[60]、纹理[61]、语音分析[62]、声学[63]和通信领域等。

1.2　逆合成孔径雷达成像

1.2.1　逆合成孔径雷达成像的基本原理

本节介绍 ISAR 成像的基本原理，假定不存在雷达与目标之间的平动分量，即认为非常理想地进行了运动补偿，就可以利用图 1.1 来描述 ISAR 的成像机理[64-67]。雷达要能对目标进行二维成像，必须在纵向距离和横向距离这两个方向上都具有高的分辨率。脉冲雷达的纵向距离分辨率是明显的，它等于脉冲信号宽度 $\Delta\tau$ 对应的距离。若采用复杂的脉压信号，$\Delta\tau$ 应以信号频带宽度 B 的倒数代替，即纵向距离分辨率为

$$\delta_r=\frac{1}{2}c\Delta\tau=\frac{c}{2B} \tag{1.24}$$

式中，c 为光速。

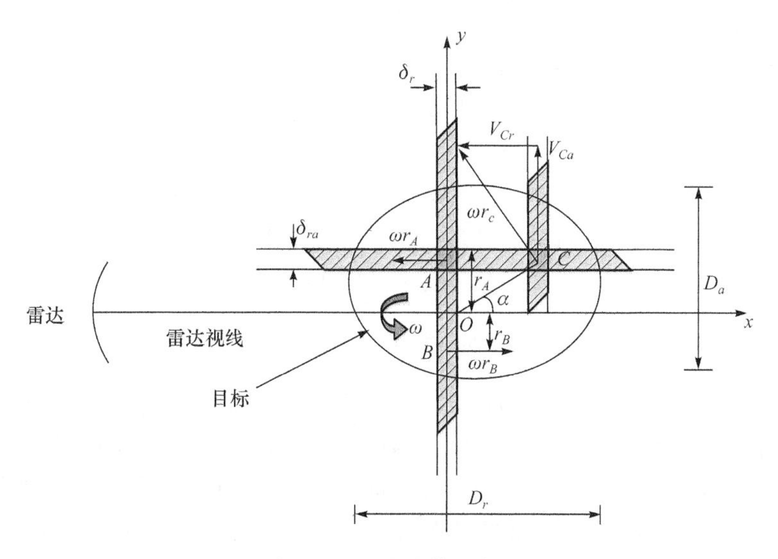

图 1.1　ISAR 成像示意图

设目标围绕 O 点转动，A、B 两点在同一距离分辨单元 δ_r 中。此时，A 点的径向运动速度为 $V_A=\omega r_A$，ω 为目标旋转的角速度；r_A 为 A 点到参考点 O 的距离。

这样 A 点的回波将产生一个正的多普勒频率 $f_{dA}=+2\omega r_A/\lambda$，$\lambda$ 为雷达工作波长；同理，B 点的回波产生一个负的多普勒频率 $f_{dB}=-2\omega r_B/\lambda$。可见，产生的多普勒频率正比于散射点源至参考点 O 的距离。若考察 C 点，设它与 A 点的连线平行于雷达视线(radar line of sight，RLOS)，此时 C 点的瞬时速度 $V_C=\omega r_C$，r_C 为 C 点至 O 点的距离。把 V_C 分解成两个分量：一个是平行于雷达的视线分量 V_{Cr}，它导致回波的多普勒频率偏移；另一个是垂直于雷达视线的分量 V_{Ca}，它不产生多普勒频率。设 r_C 与雷达视线的夹角为 α，则

$$V_{Cr}=V_C\sin\alpha=\omega r_C\sin\alpha,\quad V_{Ca}=V_C\cos\alpha=\omega r_C\cos\alpha \tag{1.25}$$

以 O 点为原点引入固定在目标上的空间不变坐标系 XOY，则 C 点的坐标可表示为(X_C,Y_C)，此时 $V_{Cr}=\omega Y_C$；$V_{Ca}=\omega X_C$。平行于雷达视线的 V_{Cr} 分量将产生雷达回波的多普勒频偏 $f_{dC}=+2\omega Y_C/\lambda$。因为 $Y_C=r_A$，所以 $f_{dC}=f_{dA}$，即 C 点与 A 点的多普勒频率相同。可以得出，若散射点源的纵坐标相同，则由 ω 旋转产生的径向多普勒频率相同。同时，V_{Ca} 由于与雷达视线垂直，它对回波不会引入多普勒频率的变化，可以不考虑。点源位于雷达视线上半部产生正频率，位于下半部产生负频率。如果两个点源纵坐标相差 ΔY，则其多普勒频率相差 $\Delta f_d=(2\omega/\lambda)\Delta Y$；如果雷达系统能提供的频率分辨率也为 Δf_d，则其横向分辨率 $\delta_{ra}=\Delta Y$，由此得出：$\delta_{ra}=(\lambda/2\omega)\Delta f_d$。

等多普勒区域是由具有 δ_{ra} 宽度的两条平行于雷达视线的等平行线限定的区域，它与垂直于雷达视线的等距离分辨区相交成 $\delta_{ra}\times\delta_r$ 的矩形域，即该系统提供的分辨单元大小。经典的理论表明，$\Delta f_d=1/T$，T 为雷达对各点源回波的相干积累时间。设在 T 秒内雷达目标旋转角度为 $\Delta\theta$，则 $\Delta\theta=\omega T$，将它代入 $\delta_{ra}=(\lambda/2\omega)\Delta f_d$ 中，有 $\delta_{ra}=\lambda/2\Delta\theta$，这说明 δ_{ra} 反比于 $\Delta\theta$。

在进行相干积累的过程中，认为各点源在积累时间内的散射率是不变的，这在小转角成像时是满足的；同时，近似认为不存在散射点穿越距离分辨单元的现象，就可以采用简单的距离-多普勒法进行 ISAR 成像。

1.2.2 逆合成孔径雷达运动补偿技术

雷达目标相对于雷达的运动，可以分解为雷达目标绕自身参考点的转动和整个目标相对于雷达的平移运动。其中只有雷达目标绕其参考点的转动对成像处理有用，目标的平移运动必须在成像处理之前补偿干净，否则将影响目标像的重建，因此，运动补偿是实现 ISAR 成像的关键。ISAR 运动补偿一般分两步，即包络对齐和相位校正[68-86]。

包络对齐使相邻重复周期的回波信号在距离向对齐，最早由 C. C. Chen 和 H. C. Andrews 提出三种方法。①散射点基准法：跟踪目标上孤立强散射点的位置，作为距离基准；②空域法：按相邻周期回波包络最大相关点确定距离偏移量；

③频域法：从相邻周期回波相位谱的差异提取距离偏移量。在此基础上，近年来发展了很多改进的包络对齐方法，极大地提高了包络对齐的精度。

对于相位校正方法的研究比较多，早期的方法包括：①散射点基准法，按孤立强散射点回波相位校正各距离单元信号的相位；②目标重心跟踪法，跟踪目标重心迫使平均多普勒为零，或者消去按距离单元平均算出的目标重心多普勒；③相位补偿的轨道拟合法，从回波求出目标平移运动轨道参数的估值，进行相位校正。另外还有恒定相位差消除法、多普勒中心跟踪法和散射重心对准法，其本质上同目标重心跟踪法一致，只是在具体实现的算法上略有差异。

近年来，许多学者相继提出了加权多特显点综合法、改进的散射重心跟踪法、局域特显点综合法、改进的多普勒跟踪法、运动参数估计法和图像准则法等。一般情况下，包络对齐和相位校正是分开进行的，最近发展了一些将这两步同时进行的方法，提高了计算效率。下面对最常用的包络对齐和相位校正方法进行详细介绍。

1. 包络对齐的相邻回波相关法

通常ISAR的方位采样率比较高，相邻距离像的复包络变化很小，因此可以使用相邻距离像的互相关来对准。

假设 $s_{t_1}(r)$ 和 $s_{t_2}(r)$ 是相邻两个回波，其中 $\Delta t=t_2-t_1$ 为脉冲重复间隔(pulse repetition interval，PRI)，r 为一个 PRI 内的距离变量。在小转角成像条件下，相邻回波的幅度是基本不变的，即 $E_{t_1}(r+\Delta r)\approx E_{t_2}(r)$，其中，$E_{t_1}(r)=|s_{t_1}(r)|$。计算 $E_{t_1}(r)$ 和 $E_{t_2}(r)$ 的互相关系数：

$$R(s)=\int_{-\infty}^{+\infty}E_{t_1}(r)E_{t_2}(r-s)\mathrm{d}r \tag{1.26}$$

相邻回波的偏移量 Δr 可由 $R(s)$ 最大值位置确定。进而，可根据 Δr 对一维像进行补偿。由于一维像是离散信号，Δr 的最大误差为雷达距离分辨单元的一半，此时可利用插值和估值的方法进一步提高对准精度。

包络对齐只能把一维像对准到半个距离单元之内。一般距离单元远大于载波波长，因此包络对准误差造成的相位变化很大，仍然无法进行二维成像，必须再进行相位对准。

2. 相位校正的恒定相位差消除法

在进行包络对齐后，利用下面的估计式来估计剩余相位差值：

$$B\mathrm{e}^{\mathrm{j}\phi}=\frac{\int s_{t_1}^{*}(r)s_{t_2}(r)\mathrm{d}r}{\int|s_{t_1}(r)s_{t_2}(r)|\mathrm{d}r} \tag{1.27}$$

用 $\mathrm{e}^{\mathrm{j}\phi}$ 调整 $s_{t_2}(r)$ 的相移，使相邻一维像之间的平均相移为零，相当于把目标对准到一个相位中心，目标绕此点旋转时的平均多普勒相移为零，从而消除了剩余相位误差的影响。

1.2.3 逆合成孔径雷达成像算法

在运动补偿完成后，等效于将目标置于转台上，成像处理转化为转台目标成像。现在有关转台成像的理论已经非常成熟，可以采用的方法很多。最早提出的成像算法是距离-多普勒算法，适用于小角度成像，同时不考虑散射点穿越分辨单元的现象，通过对距离向和方位向的数据分别进行傅里叶变换来重建目标的雷达图像。这种方法运算量较小，易于实现。大转角高分辨率成像有：扩展相干处理法，通过多幅小转角距离-多普勒子图的相干叠加获得大转角的高分辨力；极坐标格式处理法，用极坐标格式记录频率空间的观测样本，经过二维傅里叶变换一起完成纵、横向二维处理；卷积反投影层析成像法，从解投影观点处理微波成像，用卷积反投影重建目标的雷达图像。上述成像方法的分辨率都受经典傅里叶方法的限制，采用超分辨距离-多普勒成像方法可提高分辨力。最近，有关低分辨 ISAR 成像技术、多目标的 ISAR 成像技术、三维成像技术以及低信噪比下的成像方法也得到了研究。

1.3 逆合成孔径雷达成像的距离-多普勒法

目前，距离-多普勒算法是运算量最小、应用最为普遍的成像方法。雷达通过发射宽频带信号获得高的距离向分辨率，而横向分辨率取决于目标转动的多普勒频率。首先需对回波数据进行运动补偿以消除目标与雷达间的平动，进而完成成像处理[87-102]。本节首先讨论雷达发射线性调频信号和步进频率信号两种情况下目标回波模型的建立过程，研究理想散射点模型的转台成像方法和复杂运动时的成像方法，然后针对实测数据进行成像。

1.3.1 目标回波模型

1. 线性调频信号雷达波形

ISAR 目标经过运动补偿后等价于转台目标，建立如图 1.2 所示的坐标系，目标的等效转动轴心取为原点 O。若将目标视为不动，则雷达电波的入射方向(图中 u 轴)围绕原点转动。在第 n 次观测时，u 轴与 y 轴的夹角 θ_n 是变化的。

雷达发射信号采用线性调频信号，回波模型的建立过程如下。

(1) 设雷达在某一时刻 t 发射脉宽为 T_p、调频率为 k 的线性调频信号为

$$s(n,t)=\mathrm{rect}\left(\frac{t-nT}{T_p}\right)\exp\left\{\mathrm{j}2\pi\left[f_c t+\frac{1}{2}k\,(t-nT)^2\right]\right\} \tag{1.28}$$

式中，T 为脉冲重复周期；f_c 为载频；n 为观测次数；rect(·)为发射信号的矩形包络。其对应的时频关系如图 1.3 所示。

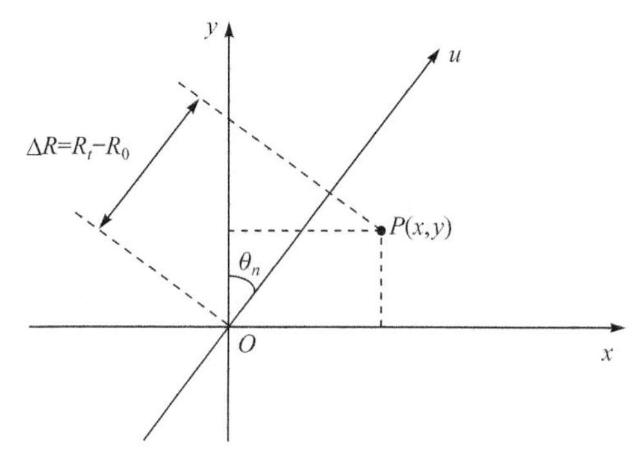

图 1.2　旋转目标成像几何模型

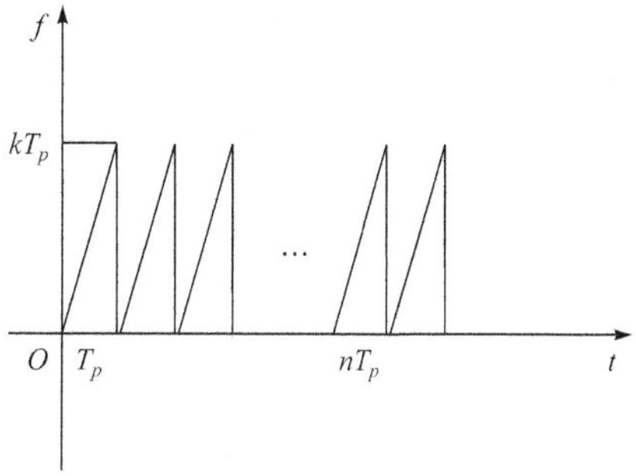

图 1.3　线性调频信号时频关系

(2) 令 $\hat{t}=t-nT$，回波信号模型为

$$s_r(n,t)=\sigma(x,y)\mathrm{rect}\left(\frac{\hat{t}-t_d}{T_p}\right)\exp\left\{\mathrm{j}2\pi\left[f_c(t-t_d)+\frac{1}{2}k\,(\hat{t}-t_d)^2\right]\right\} \tag{1.29}$$

式中，$t_d=2R_t/c$ 为目标上某一散射点 $P(x,y)$ 的时延，R_t 为该时刻散射点到雷达的距离。将回波信号与参考信号

$$s_f(n,t)=\exp\left\{\mathrm{j}2\pi\left[f_c(t-t_0)+\frac{1}{2}k\,(\hat{t}-t_0)^2\right]\right\} \tag{1.30}$$

共轭相乘，即对回波信号解线性频调，得到

$$\begin{aligned} S_v(n,\hat{t})&=\sigma(x,y)\mathrm{rect}\left(\frac{\hat{t}-t_d}{T_p}\right)\exp(-\mathrm{j}\Phi(n,\hat{t})) \\ \Phi(n,\hat{t})&=\frac{4\pi k}{c}\left(\frac{f_c}{k}+\hat{t}-t_0\right)(R_t-R_0)-\frac{4\pi k}{c^2}(R_t-R_0)^2 \end{aligned} \tag{1.31}$$

式中，$t_0=2R_0/c$ 为聚焦点的时延；R_0 为等效轴心(聚焦点)到雷达的距离。

(3) 通过对回波信号进行脉冲压缩可实现 ISAR 距离上的高分辨，对回波信号解线性频调后，对其纵向进行傅里叶变换即可实现脉压；通过对脉压后的信号进行横向谱分析，可得到横向上的分辨。

(4) 由旋转目标的成像几何模型可知，当电波为平面波前时，有

$$R_t=R_0+x\sin\theta_n+y\cos\theta_n \tag{1.32}$$

以上过程建立了雷达发射线性调频信号时的目标回波模型，基于此，可实现对

理想散射点模型的 ISAR 成像。

2. 步进频率信号雷达波形

图 1.4 所示为步进频率雷达发射波形，其对应的频率 f 与时间 t 的时序关系如图 1.5 所示。

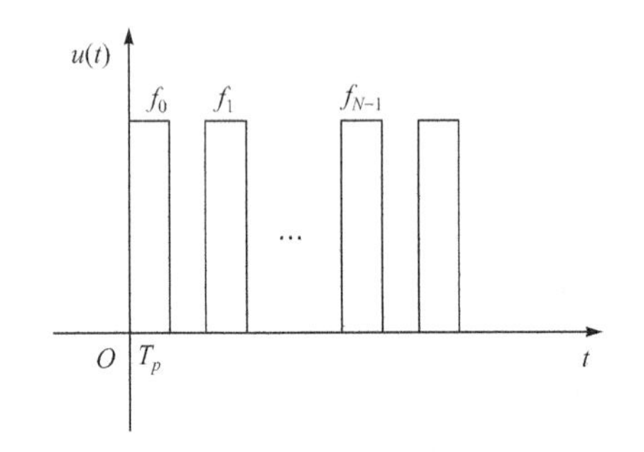

图 1.4　步进频率雷达发射波形

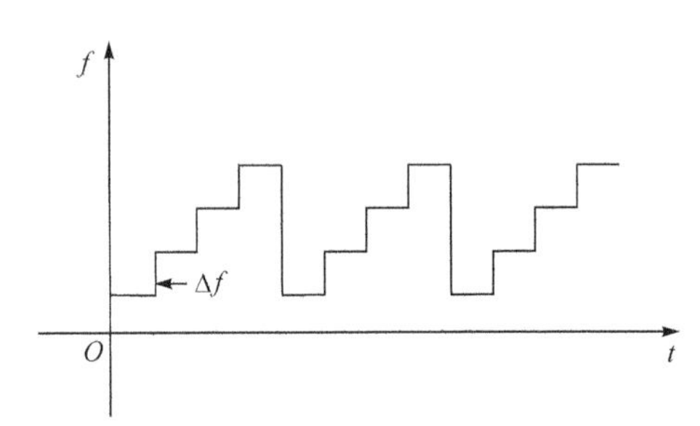

图 1.5　步进频率对应时频关系

步进频率雷达信号是一组载频按固定步长递增的脉冲序列，其数学表达式为

$$u(t)=\frac{1}{\sqrt{N}}\sum_{k=0}^{N-1}u_c(t-kT_r)\exp(\mathrm{j}2\pi f_k t) \tag{1.33}$$

式中，$u_c(t)=\frac{1}{\sqrt{T_p}}\mathrm{rect}\left(\frac{t}{T_p}\right)$；$f_k=f_0+k\cdot\Delta f$ 表示雷达发射的第 k 个子脉冲载频，f_0 为载频初值，Δf 为载频跳变单位步长，一般取 $\Delta f=1/T_p$；N 为脉冲序列长度；T_p 为子脉冲宽度；T_r 为子脉冲重复周期。

步进频率信号目标回波经混频后的输出可写为

$$s(m,n)=\sum\sigma_i\exp\left[-\mathrm{j}\frac{4\pi(f_0+m\Delta f)}{c}R_i(t_{m,n})\right],\quad 0\leqslant m<M;0\leqslant n<N \tag{1.34}$$

式中，σ_i 为目标各散射点的强度；c 为光速；n 为脉冲族标号；m 为任一脉冲族中的脉冲标号；M 为每族的脉冲数；N 为族数；$t_{m,n}$为第 n 族，第 m 个脉冲时刻；$R_i(t_{m,n})$为第 i 个散射点在 $t_{m,n}$时与雷达的距离。

1.3.2　转台成像仿真实验

本节分别介绍雷达发射波形为线性调频信号和步进频率信号两种情况下的理想散射点模型的转台成像结果，并验证距离-多普勒算法。

(1) 雷达发射线性调频信号，带宽为 400MHz，载频为 5520MHz，发射脉冲宽度为 25.6μs，脉冲重复频率为 400Hz，观测距离为 1000m，信号采样频率为 5MHz，总的距离单元数为 128，总观测次数为 128，散射点模型如图 1.6 所示。总观测转角$\Delta\theta=4.15°$，各散射中心的散射强度相同，假设所有的散射信号不相关，回波数据加汉宁窗抑制旁瓣。

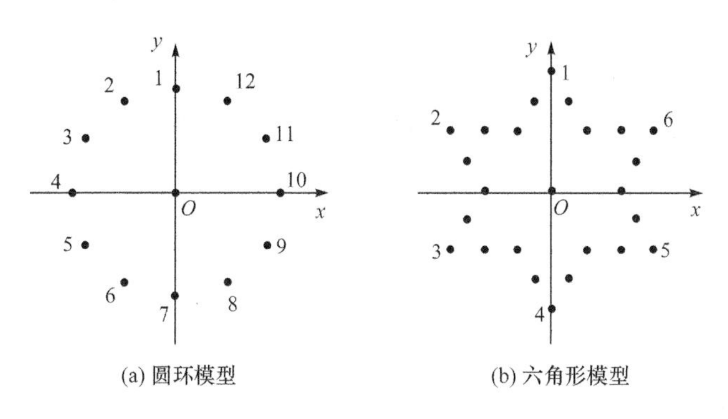

图 1.6 理想散射点模型

对于图 1.6(a)，散射点的最大横距为 3m，标号为奇数的散射点输出信噪比为 10dB，标号为偶数的散射点输出信噪比为 −5dB，成像时以原点处的散射点为参考点，其输出信噪比为 15dB。对于图 1.6(b)，散射点的最大横距为 3m，标号 1～6 的散射点输出信噪比为 5dB，六个凸角处的散射点输出信噪比为 −5dB，其余散射点输出信噪比为 0dB，成像时以原点处的散射点为参考点，其输出信噪比为 10dB。这里考虑的是小角度成像，因此采用距离-多普勒算法，成像结果如图 1.7 所示。

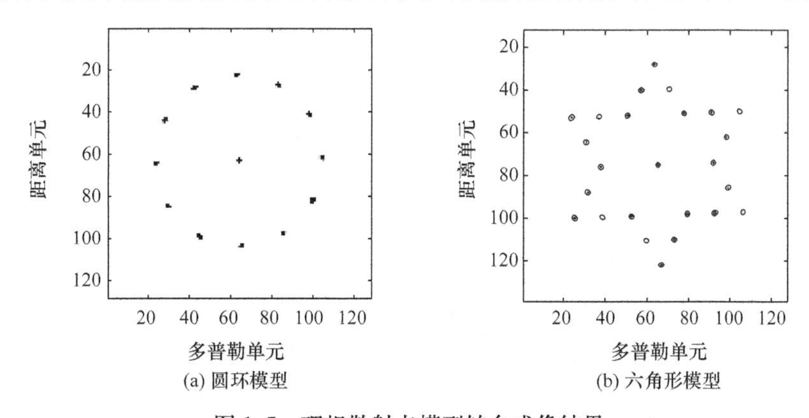

图 1.7 理想散射点模型转台成像结果

(2) 雷达发射步进频率信号，载频为 10GHz，发射脉冲宽度为 0.5μs，脉冲重复频率为 10kHz，频率步进量为 2MHz，串内脉冲个数为 128，帧内脉冲串个数为 128。散射点分布模型如图 1.6(a)所示，成像结果如图 1.8 所示。

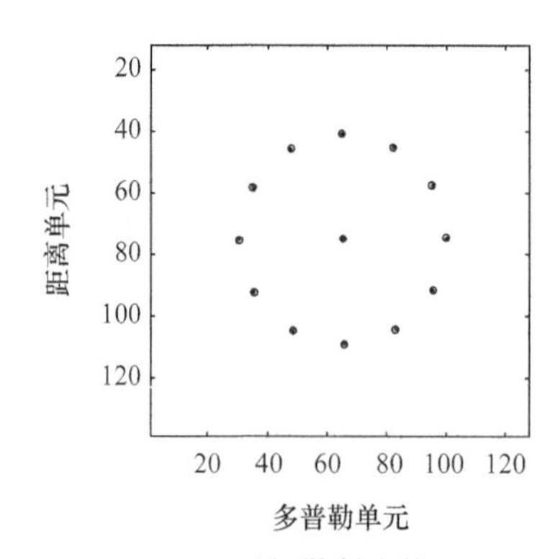

图 1.8 理想散射点模型转台成像结果

(3) 仿真米格-25 飞机数据(美国海军实验室的 V. C. Chen 提供):雷达发射步进频率信号,载频为 9GHz,带宽为 512MHz,脉冲重复频率为 15kHz,距离单元数为 64,观测次数为 512,回波数据已经过运动补偿处理,成像结果如图 1.9(a)所示。

(4) 仿真波音 727 飞机数据(美国海军实验室的 V. C. Chen 提供):雷达发射步进频率信号,载频为 9GHz,带宽为 150MHz,脉冲重复频率为 20kHz,距离单元数为 64,观测次数为 256,回波数据已经过运动补偿处理,同时已完成了距离向分辨,成像结果如图 1.9(b)所示。

从仿真实验结果可以看出,对于转台目标或等效的转台目标,雷达的两种信号体制均能够很好地成像。

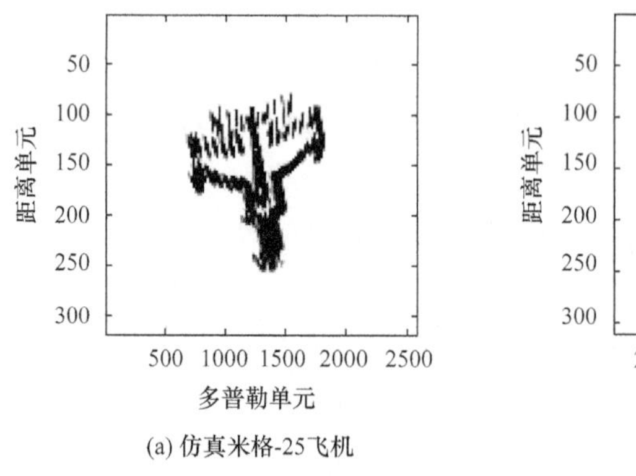

(a) 仿真米格-25飞机

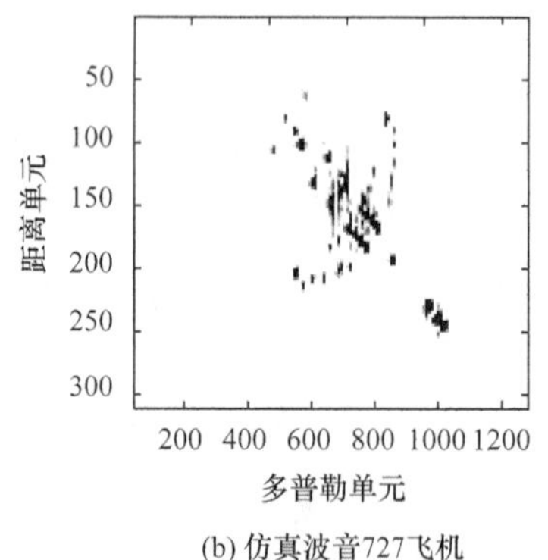

(b) 仿真波音727飞机

图 1.9 V. C. Chen 数据成像结果

1.3.3 真实数据成像方法与结果

真实的 ISAR 成像数据包括两部分,一部分是由 V. C. Chen 提供的波音 727 飞机数据;另一部分是我国第一部实验 ISAR 系统于 1994 年在北京地区进行多次外场实验录取的外场数据。这里分别对上述数据进行成像处理。

1. 波音 727 飞机数据

雷达发射步进频率信号,载频为 9GHz,带宽为 150MHz,距离单元数为 128,观测次数为 128,回波数据经过运动补偿处理并且完成距离向分辨,成像方法采用距离-多普勒算法,结果如图 1.10(a)所示。可以看出,图像的噪声比较强,回波数据的信噪比不高。图 1.10(b)所示为原图像经过小波消噪后的结果。

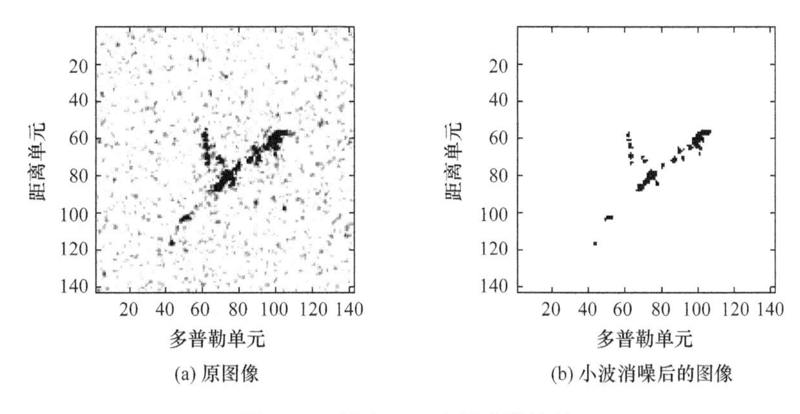

图 1.10　波音 727 飞机成像结果

2. 外场实测数据

实验 ISAR 调试成功后，共进行了四次外场飞行实验，获得三种类型飞机的回波数据，分别介绍如下。

(1) 1994 年 5 月 7 日进行第一次外场实验，目标为安-26 螺旋桨飞机，其翼展和机长分别为 29m 和 24m，由跟踪雷达窄带数据计算出的实际航路如图 1.11(a)所示。

(2) 1994 年 7 月 15 日进行第二次外场实验，目标为桨状小型喷气式飞机，翼展和机长分别为 15.9m 和 14.4m，实际航路如图 1.11(b)所示。

(3) 1994 年 9 月 10 日进行第三次外场实验，目标为过路雅克-42 飞机，翼展和机长分别为 34.2m 和 36.38m，实际航路如图 1.11(c)所示。

(4) 1994 年 9 月 22 日进行第四次外场实验，目标为雅克-42 飞机，实际航路如图 1.11(d)所示。

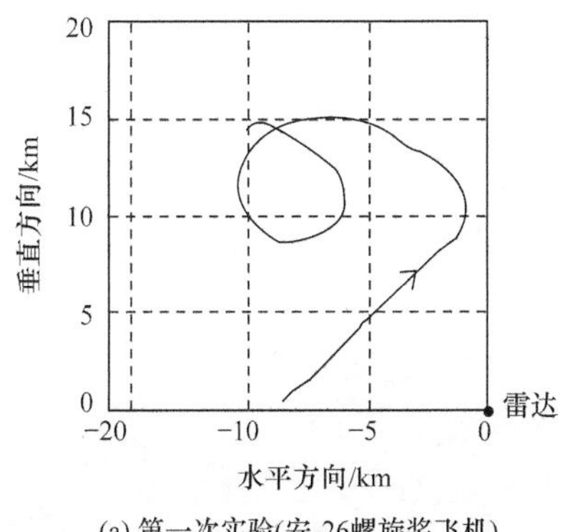

(a) 第一次实验(安-26螺旋桨飞机)

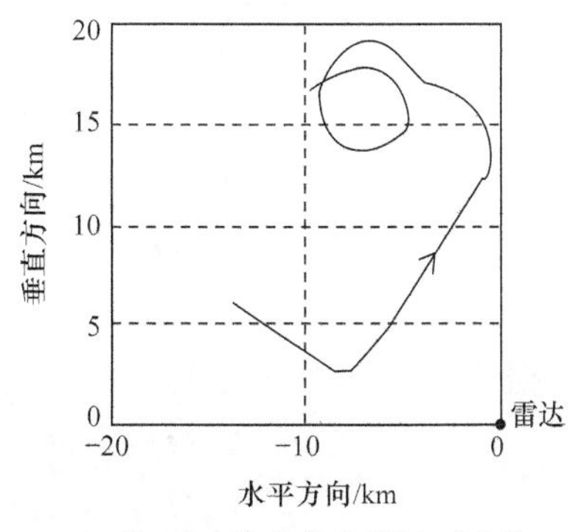

(b) 第二次实验(桨状小型喷气式飞机)

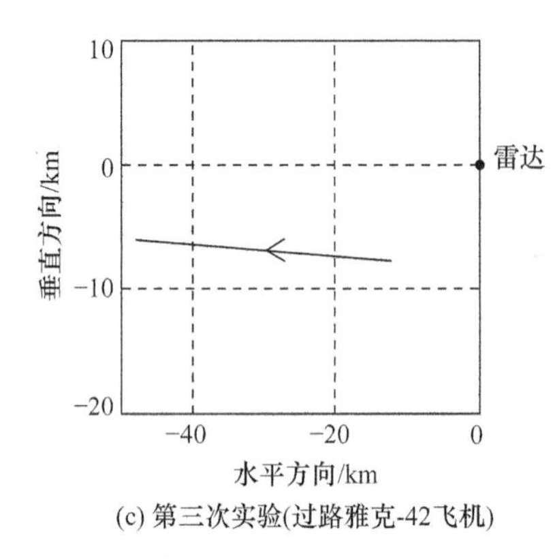

(c) 第三次实验(过路雅克-42飞机)

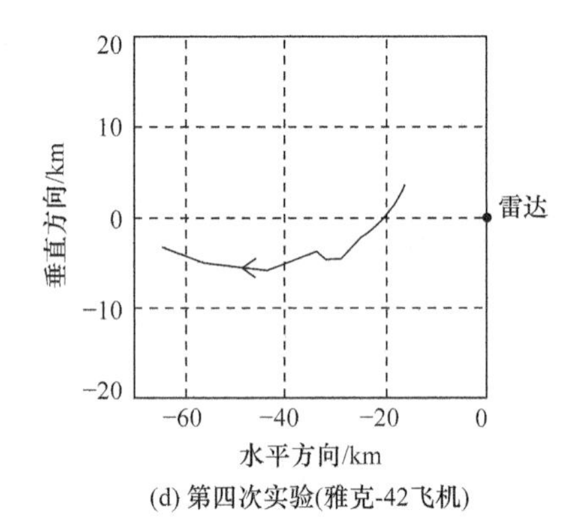

(d) 第四次实验(雅克-42飞机)

图 1.11　四次外场实验目标航路

雷达发射线性调频信号，载频为 5520MHz，带宽为 400MHz，相应的距离分辨率为 37.5cm，考虑处理时加海明窗以降低旁瓣，实际的距离分辨率约为 50cm。脉冲重复频率为 400Hz，脉宽为 25.6μs。

每批数据按照下述步骤处理。

(1) 预分析。对外场数据进行初步分析，利用窄带信号中的检验码检查数据的正确性，并观察数据信号波形。

(2) 计算航线。根据记录中窄带信号的目标距离、方位和仰角计算出外场实验中飞机的实际航线，进行分段拟合，计算飞机纵轴与雷达视线夹角的近似值。

(3) 数据段截取和处理。参照横向分辨率的要求，截取相应数据段进行运动补偿和成像处理。

实验 ISAR 得到的窄带数据——目标的方位角 θ、俯仰角 φ 和距离 R，在拟合前，首先将它们转换为 x、y、z 坐标，其关系为

$$x=R\cos\varphi\cos\theta,\quad y=R\cos\varphi\sin\theta,\quad z=R\sin\varphi \tag{1.35}$$

选取的成像平面是水平面，即 XOY 面。因此，只对 x、y 坐标进行拟合，一般来说，在短时间内 x、y 的变化用时间的二次项来描述已足够：

$$\begin{cases}x(t)=a_x+b_x(t-T)+c_x(t-T)^2\\ y(t)=a_y+b_y(t-T)+c_y(t-T)^2\end{cases} \tag{1.36}$$

式中，T 为起始时间，按照最小均方误差来估计二次项系数 a_x、b_x、c_x、a_y、b_y、c_y 的数值。

根据式(1.35)，在各个时刻，目标在 x、y 方向的速度分别为

$$\begin{cases}V_x(t)=\mathrm{d}x(t)/\mathrm{d}t=b_x+2c_x(t-T)\\ V_y(t)=\mathrm{d}y(t)/\mathrm{d}t=b_y+2c_y(t-T)\end{cases} \tag{1.37}$$

则在 t 时刻，目标的雷达视角为

$$\alpha(t)=\arccos\frac{V_x(t)x(t)+V_y(t)y(t)}{\sqrt{x(t)^2+y(t)^2}\sqrt{V_x(t)^2+V_y(t)^2}} \tag{1.38}$$

根据式(1.38)计算视角来进行脉冲的选取。

成像过程中，为了提高运动补偿精度，采用积累互相关运动补偿方法，同时压缩回波的动态范围以增强稳定回波的强度，对于螺旋桨飞机的横条干扰采用限幅的方法加以滤除。外场实测数据的成像结果如图1.12所示。

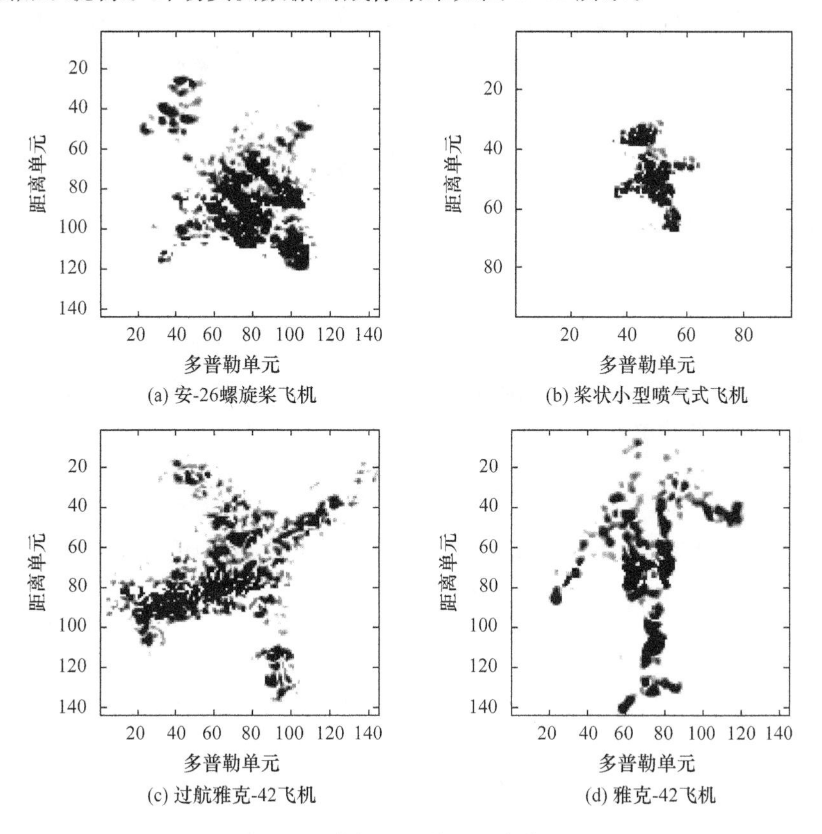

(a) 安-26螺旋桨飞机　(b) 桨状小型喷气式飞机

(c) 过航雅克-42飞机　(d) 雅克-42飞机

图1.12　外场实测数据的成像结果

1.4　逆合成孔径雷达像的横向定标

在ISAR成像中，通常需要选取一定数量的回波来得到目标的ISAR像。由于选择的成像回波数具有不确定性，得到的目标像并不能真实地反映目标的真实尺寸，这样就需要对目标进行横向定标。采取的原则是ISAR像的横向分辨率和纵向分辨率相等。雷达发射线性调频(linear frequency modulated，LFM)信号时，距离向分辨率为$c/(2B)$，其中c为光速，B为发射信号带宽；方位向分辨率为$\lambda/(2\Delta\theta)$，

其中 λ 为发射信号波长，$\Delta\theta$ 即为脉冲积累时间内目标相对雷达转过的角度。这里考虑目标匀速旋转的情况，即 $\Delta\theta=wT$，其中 w 为方位积累时间内目标的角速度，T 为方位积累时间。根据以上分析，需要得到 $\lambda/(2\Delta\theta)=c/(2B)$。由于 c、B、λ 为定值，$\Delta\theta$ 又可以表示为 $\Delta\theta=wT=wNt_m=wN\dfrac{1}{\mathrm{PRF}}$，$t_m$、PRF、$N$ 分别为脉冲重复周期、脉冲重复频率及固定转角下总的脉冲个数。因此，横向定标问题最终可转化为估计目标旋转角速度 w，此时可得到旋转角度为 $\Delta\theta$ 的情况下所需总脉冲 N 的值。在介绍旋转角速度估计方法之前，这里先详细介绍解调频法估计线性调频信号参数的方法[103-110]。

1.4.1 用解调频法估计线性调频信号初始频率及调频率

假定 LFM 信号的离散形式为

$$s(n)=\exp\left[\mathrm{j}\left(w_0 n\Delta t+\frac{1}{2}a(n\Delta t)^2\right)\right] \tag{1.39}$$

式中，$n=0,1,\cdots,N-1$，N 为总采样点数；$\Delta t=1/f_s$，f_s 为采样频率；w_0 为初始频率；a 为调频率。这里可以采用伪时间变量（非真实的时间）来构造解调频参考信号，即设参考信号的离散形式为

$$s_{\mathrm{ref}}(n)=\exp\left[-\mathrm{j}\,\frac{1}{2}a'(n\Delta t')^2\right] \tag{1.40}$$

式中，a'为一维搜索所用的参考信号调频率；$\Delta t'=1/f_s'$，f_s'为伪时间采样频率。

将参考信号与原信号相乘并进行解调频处理，得到

$$s_0(n)=s(n)\cdot s_{\mathrm{ref}}(n) \tag{1.41}$$

$$s_0(n)=\exp\left[\mathrm{j}w_0 n\Delta t+\mathrm{j}\,\frac{1}{2}a(n\Delta t)^2-\mathrm{j}\,\frac{1}{2}a'(n\Delta t')^2\right] \tag{1.42}$$

当 $a(n\Delta t)^2=a'(n\Delta t')^2$ 时，$s_0(n)$为一单频信号。对 $s_0(n)$进行傅里叶变换，表达式如下：

$$\mathrm{FFT}[s_0(n)]=\sum_{n=0}^{N-1}\exp(\mathrm{j}w_0 n\Delta t-\mathrm{j}2\pi kn/N) \tag{1.43}$$

找到最大幅度值所对应的位置(i,k)，进而真实调频率及初始频率可以由式(1.44)和式(1.45)来估计，即

$$a=\frac{a'(i)\Delta t'^2}{\Delta t^2} \tag{1.44}$$

$$w_0=\frac{2\pi k}{N\Delta t} \tag{1.45}$$

下面用此方法进行仿真。设线性调频信号具有如下形式：

$$s(t)=\exp[\mathrm{j}(20t+5t^2)] \tag{1.46}$$

式中，初始频率为20Hz，调频率为10Hz/s，采样频率 $f_s=400$Hz，这里加入信噪比(signal to noise ratio，SNR)为－6dB的高斯白噪声，离散化后的时间可以表示为 $t=(0:N-1)\Delta t$，$N=512$。选择伪时间长度为20s，对应伪时间的调频率搜索范围设为－3～3，搜索步长为0.01。用伪时间构造的参考信号对原信号进行解调频处理，得到二维匹配后的尖峰，如图1.13所示。

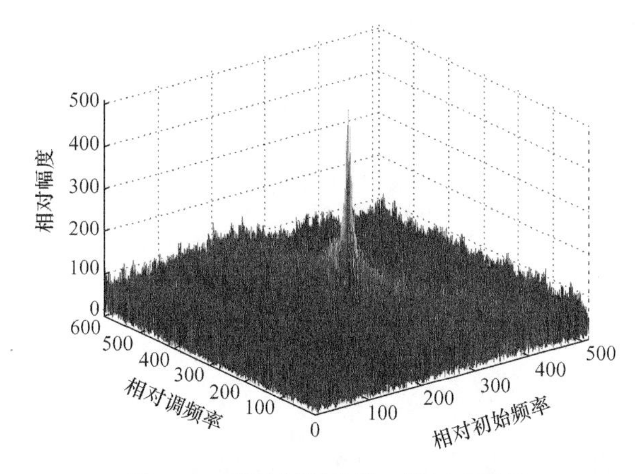

图1.13　线性调频信号二维匹配结果

通过搜索尖峰的位置并按照式(1.44)和式(1.45)进行参数估计，得到原信号初始频率的估计结果为19.635Hz，调频率估计结果为9.7656Hz/s。

1.4.2　基于解调频参数估计方法对逆合成孔径雷达像进行横向定标

这里给出ISAR成像的回波信号模型，如图1.14所示。

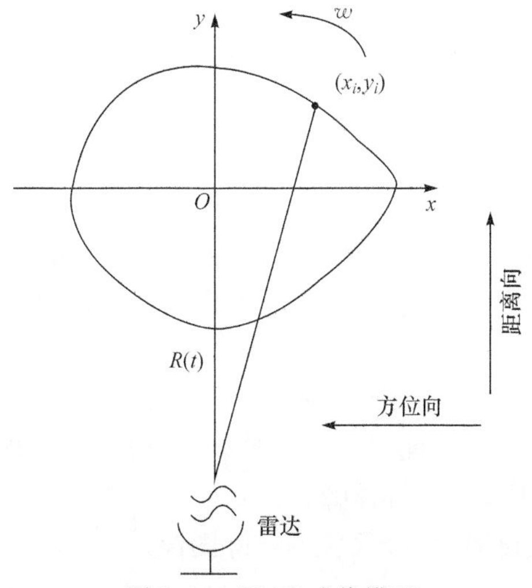

图1.14　ISAR成像模型

雷达发射线性调频信号，目标质心 O 与雷达的距离为 $R(t)$。假设目标匀速旋转，其角速度为 w，在 t 时刻目标旋转的角度为 $\theta(t)=wt$，这里 t 为慢时间。设目标上第 i 个散射点的坐标为 (x_i, y_i)。在远场条件下，t 时刻该点与雷达之间的距离可表示为

$$R_i(t) \approx R(t)+x_i \sin(wt)+y_i \cos(wt) \tag{1.47}$$

则该散射点的回波相位可以表示为

$$\varphi_i(t)=\frac{4\pi}{\lambda}R_i(t)=\frac{4\pi}{\lambda}[R(t)+x_i \sin(wt)+y_i \cos(wt)] \tag{1.48}$$

在横向定标过程中，根据泰勒展开可得到如下近似结果：

$$\cos(wt) \approx 1-\frac{1}{2}(wt)^2 \tag{1.49}$$

此时回波相位可表示为

$$\varphi_i(t)=\frac{4\pi}{\lambda}R_i(t)=\frac{4\pi}{\lambda}\left[x_i(wt)+y_i-\frac{1}{2}y_i(wt)^2\right] \tag{1.50}$$

由式(1.50)可以看出，同一个距离单元回波信号关于慢时间 t 是线性调频信号，其初始角频率及调频率分别为

$$w_0=\frac{4\pi}{\lambda}x_i w \tag{1.51}$$

$$a=-\frac{4\pi}{\lambda}y_i w^2=\gamma y_i \tag{1.52}$$

可以看出调频率 a 是关于 y_i 的一次函数，对于不同的纵向距离单元 y_i，有不同的 a 值。因此，只要估计出斜率 γ，就可以得到目标旋转速度 w。这里采用 LFM 信号参数估计的方法估计出目标所在距离单元回波信号的调频率，进而采用曲线拟合的方法求出斜率 γ。

为了验证此方法的有效性，这里选取雅克-42 飞机实测数据进行分析。发射信号载频为 5.52GHz，带宽为 400MHz，脉冲重复频率为 400Hz。为了精确估计出调频率，需对回波脉冲进行 16 倍抽取，等效的脉冲重复频率为 25Hz，抽取后的脉冲个数为 256。在计算分辨率时需考虑到横向及纵向加窗的影响，一般会使分辨率降低 30%左右。

图 1.15 所示为实测数据情况下回波信号调频率在各个距离单元的估计值，从而可以得出斜率 γ 的估值，进而得到目标旋转角速度为 0.0241rad/s，横向定标得到的回波数为 925，这里近似选取 1024 个回波。

图 1.16 所示为实际雅克-42 飞机的实际图像。

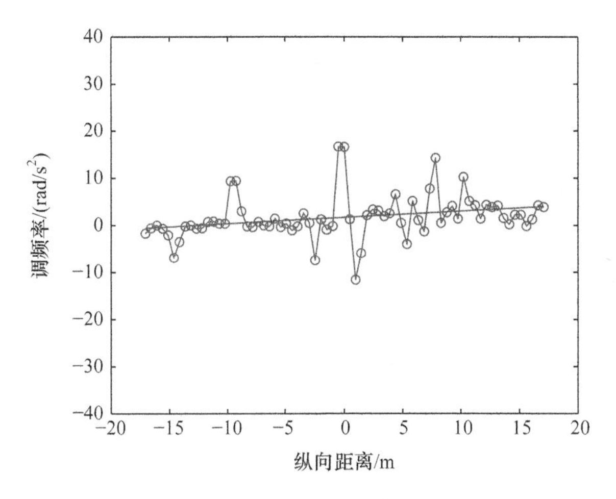

图 1.15　飞机实测数据调频率拟合结果

图 1.16　雅克-42 飞机的实际图像

图 1.17 所示为横向定标前的 ISAR 像，此时由于选取的回波数目过大，方位单元内实际代表的长度远小于距离向分辨率，得到的定标前飞机图像在横向上有拉伸的情况。

图 1.18 所示为通过横向定标确定回波数后得到与目标真实尺寸一致的 ISAR 像。从定标前后图像的对比可以看出，定标后的图像可以真实地反映出飞机目标的实际尺寸。

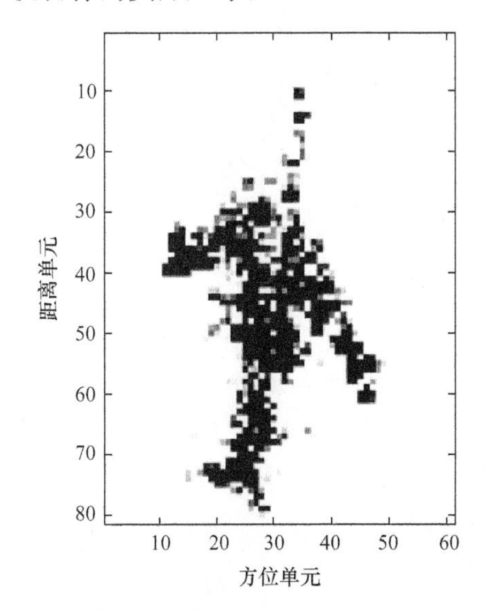

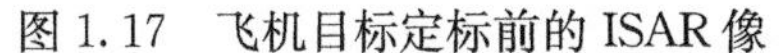
图 1.17　飞机目标定标前的 ISAR 像

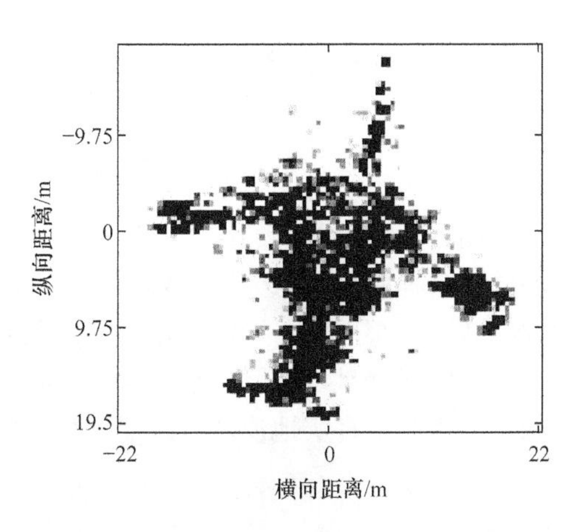

图 1.18　飞机目标定标后的 ISAR 像

下面选取舰船目标的实测数据进行分析。雷达工作在 X 波段，发射线性调频信号，脉冲重复频率为 500Hz，带宽为 200MHz。对回波进行 16 倍抽取，抽取后的脉冲数为 256，曲线拟合结果如图 1.19 所示，得到的旋转角速度估计结果为 0.203rad/s，定标得到的脉冲数为 541，这里选取 512。

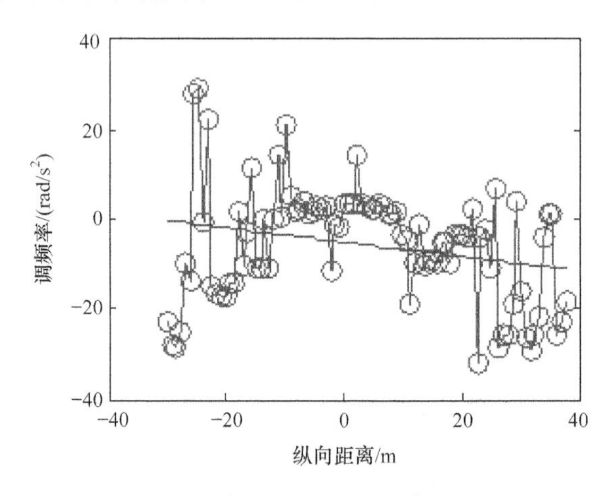

图 1.19　舰船实测数据调频率拟合结果

图 1.20 所示为舰船目标的光学图像。

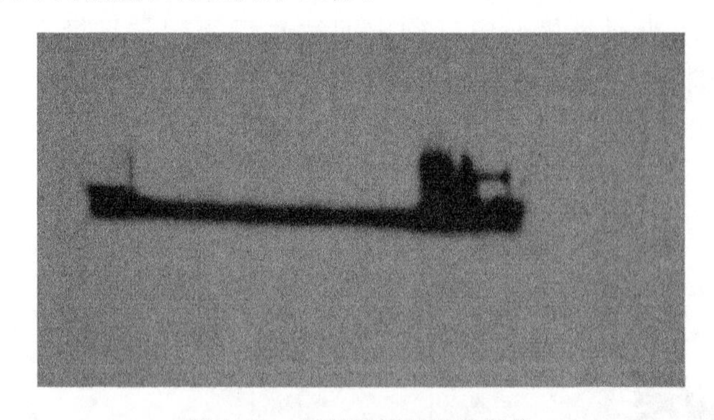

图 1.20　舰船目标的光学图像

舰船目标定标前后的结果分别如图 1.21 和图 1.22 所示。在舰船目标实测数据的验证过程中，人为选取的成像回波数目过少，导致方位向代表的实际长度变大，高于距离向分辨率，因此定标前的舰船目标显得过长，在距离向上有拉伸的情况，且得到的舰船目标图像尾部结构非常模糊。而运用本节提出的方法得到定标后的舰船图像能真实地反映出舰船目标的实际尺寸。

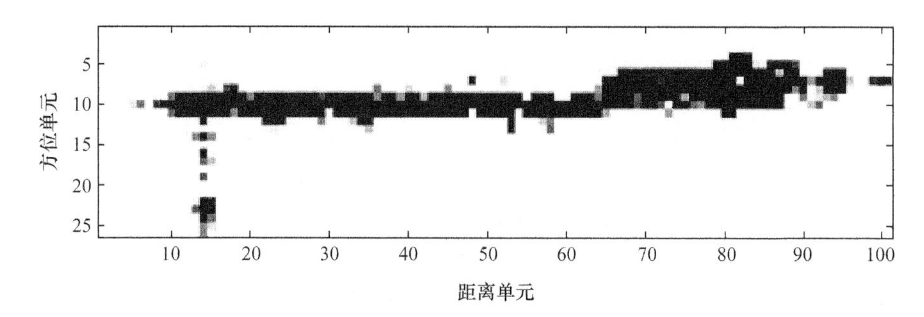

图 1.21　舰船目标定标前的 ISAR 像

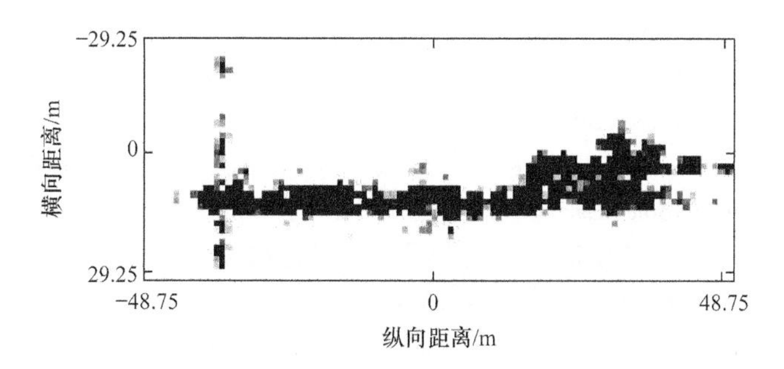

图 1.22　舰船目标定标后的 ISAR 像

1.5　本 章 小 结

本章对逆合成孔径雷达成像的基本原理与方法进行了介绍。从雷达发射波形出发，建立目标回波模型，分别介绍理想散射点模型的转台成像方法和复杂运动时的成像方法，并通过计算机仿真实验验证了距离-多普勒算法的有效性。同时，通过对真实数据的成像，为下一步研究更复杂的运动目标成像奠定了基础。本章最后介绍了基于线性调频信号参数估计的 ISAR 像横向定标方法。

参 考 文 献

[1] Lazarov A D, Minchev C N. Complementary code ISAR technique for stealth target detection and identification[C]. The 23nd Digital Avionics Systems Conference, Salt Lake City, 2004.

[2] Rosenbach K, Schiller J. Construction and test of a classifier for non-cooperative air-target identification based on 2-D ISAR images[C]. Proceedings of the International Radar Symposium, Munich, 1998.

[3] Sparr T. ISAR-radar imaging of targets with complicated motion[C]. International Conference on Image Processing, Singapore, 2004.

[4] Wang J F, Liu X Z. Improved global range alignment for ISAR[J]. IEEE Transactions on Aerospace and Electronic Systems, 2007, 43(3): 1070-1075.

[5] Barbarossa S, Scaglione A. Autofocusing of SAR images based on the product high-order ambiguity function[J]. IEE Proceedings—Radar Sonar and Navigation, 1998, 145(5): 269-273.

[6] Martone M. A multicarrier system based on the fractional Fourier transform for time-frequency selective channels[J]. IEEE Transactions on Aerospace and Electronic Systems, 2001, 49(6): 1011-1020.

[7] Barbarossa S, Scaglione A, Giannakis G B. Product high-order ambiguity function for multicomponent polynomial-phase signal modeling[J]. IEEE Transactions on Aerospace and Electronic Systems, 1998, 46(3): 691-708.

[8] Aboy M, Marquez O W, Mcnames J, et al. Adaptive modeling and spectral estimation of nonstationary biomedical signals based on Kalman filtering[J]. IEEE Transactions on Biomedical Engineering, 2005, 52(8): 1485-1489.

[9] Cui J, Wong W, Mann S. Time-frequency analysis of visual evoked potentials using Chirplet transform[J]. Electronics Letters, 2005, 41(4): 217-218.

[10] 张贤达，保铮. 非平稳信号分析与处理[M]. 北京：国防工业出版社，1998.

[11] Chen V C, Qian S. Joint time-frequency transform for radar range-Doppler imaging[J]. IEEE Transactions on Aerospace and Electronic Systems, 1998, 34(2): 486-499.

[12] Chen V C, Lipps R. ISAR imaging of small craft with roll, pitch and yaw analysis[C]. IEEE International Radar Conference, Alexandria, 2000.

[13] Berizzi F, Mese E D, Diani M, et al. High-resolution ISAR imaging of maneuvering targets by means of the range instantaneous Doppler technique: Modeling and performance analysis[J]. IEEE Transactions on Image Processing, 2001, 10(12): 1880-1890.

[14] Xia X G, Wang G Y. Quantitative SNR analysis for ISAR imaging using joint time-frequency analysis—Short time fourier transform[J]. IEEE Transactions on Aerospace and Electronic Systems, 2002, 38(2): 649-659.

[15] Bao Z, Sun C Y, Xing M D. Time-frequency approaches to ISAR imaging of maneuvering targets and their limitations[J]. IEEE Transactions on Aerospace and Electronic Systems, 2001, 37(3): 1091-1099.

[16] Xing M, Wu R, Bao Z. High resolution ISAR imaging of high speed moving targets[J]. IEE Proceedings—Radar Sonar and Navigation, 2005, 152(2): 58-67.

[17] 成萍，姜义成，许荣庆. 一种新的基于稀疏贝叶斯学习的 ISAR 成像方法[J]. 哈尔滨工业大学学报，2007, 39(5): 730-732.

[18] 成萍，姜义成，许荣庆. 基于自适应 Chirplet 变换的 ISAR 瞬时成像的快速算法[J]. 电子与信息学报，2005, 27(12): 1867-1871.

[19] 刘建成，王雪松，刘忠，等. 基于 Wigner-Hough 变换的 LFM 信号检测性能分析[J]. 电子学报，2007, 35(6): 1212-1217.

[20] Tao R, Deng B, Wang Y. Research progress of the fractional Fourier transform in signal

processing[J]. Science in China(Information Science),2006,49(1):1-25.

[21] Xia X G. Discrete chirp-Fourier transform and its application to chirp rate estimation[J]. IEEE Transactions on Signal Processing,2000,48(11):3122-3133.

[22] Guo X,H,Sun B,Wang S L,et al. Comments on Discrete chirp-Fourier transform and its application to chirp rate estimation[J]. IEEE Transactions on Signal Processing, 2002, 50(12):3115-3115.

[23] 邹虹. 多分量线性调频信号的时频分析[D]. 西安:西安电子科技大学,2000.

[24] Wang P,Yang J Y,Du Y M. A fast algorithm for parameter estimation of multi-component LFM signal at low SNR[C]. International Conference on Communications,Circuits and Systems,Hong Kong,2005.

[25] Li Y X, Yi M, Xiao X C. Recursive filtering Radon-Ambiguity transform algorithm for multi-LFM signals detection[C]. International Conference on Communications,Circuits and Systems and West Sino Expositions,Chengdu 2002.

[26] 邹红星,周小波,李衍达. 基于 Radon-STFT 变换的含噪 LFM 信号子空间分解[J]. 电子学报,1999,27(12):4-8.

[27] Ristic B,Boashash B. Comments on"The Cramer-Rao lower bounds for signals with constant amplitude and polynomial phase" [J]. IEEE Transactions on Signal Processing,1998, 46(6):1708-1709.

[28] Pham D S, Zoubir A M. Analysis of multicomponent polynomial phase signals[J]. IEEE Transactions on Signal Processing,2007,55(1):56-65.

[29] Barbarossa S,Mameli R,Scaglione A. Adaptive detection of polynomial phase signals embedded in noise using high-order ambiguity functions[C]. 31st Asilomar Conference on Signals,Systems and Computers,Pacific Grove,1997.

[30] O'shea P. A new technique for instantaneous frequency rate estimation[J]. IEEE Signal Processing Letters,2002,9(8):251-252.

[31] O'shea P. A fast algorithm for estimating the parameters of a quadratic FM signal[J]. IEEE Transactions on Signal Processing,2004,52(2):385-393.

[32] Pei S C,Ding J J. Relations between Gabor transforms and fractional Fourier transforms and their applications for signal processing[J]. IEEE Transactions on Signal Processing, 2007, 55(10):4839-4850.

[33] 殷勤业,倪志芳,钱世锷,等. 自适应旋转投影分解法[J]. 电子学报,1997,25(4):52-58.

[34] Mann S,Haykin S. The Chirplet transform:Physical considerations[J]. IEEE Transactions on Signal Processing,1995,43(11):2745-2761.

[35] Bultan A. A four-parameter atomic decomposition of Chirplets[J]. IEEE Transactions on Signal Processing,1999,47(3):731-745.

[36] 邹虹,保铮. 一种有效的基于 Chirplet 自适应信号分解算法[J]. 电子学报,2001,29(4): 515-517.

[37] Yin Q Y,Qian S,Feng A G. A fast refinement for adaptive Gaussian Chirplet decomposition[J].

IEEE Transactions on Signal Processing,2002,50(6):1298-1306.
[38] 舒畅,宋叔飚,李中群,等. 基于先验估计的自适应 Chirplet 信号展开[J]. 电子与信息学报,2005,27(1):21-25.
[39] Lu Y F,Demirli R,Cardoso G,et al. A successive parameter estimation algorithm for Chirplet signal decomposition[J]. IEEE Transactions on Ultrasonics,Ferroelectrics,and Frequency Control,2006,53(11):2121-2131.
[40] Qian S,Chen D P. Adaptive Chirplet based signal approximation[J]. IEEE Transactions on Acoustics,Speech and Signal Processing,1998,3(5):1781-1784.
[41] Mihovilovic D,Bracewell P N. Adaptive Chirplet representation of signals on time-frequency plane[J]. Electronics Letters,1991,27(13):1159-1161.
[42] Weruaga L,Kepesi M. EM-driven stereo-like Gaussian Chirplet mixture estimation[C]. IEEE International Conference on Acoustics,Speech and Signal,Philadelphia,2005.
[43] Feng A G,Wu X J,Yin Q Y. Fast algorithm of adaptive Chirplet-based real signal decomposition[C]. Proceedings of the IEEE International Symposium on Circuits and Systems,Sydney,2001.
[44] Greenberg J M,Wang Z S,Li J. New approaches for Chirplet approximation[J]. IEEE Transactions on Signal Processing,2007,55(2):734-741.
[45] 冯爱刚,殷勤业,吕利. 基于 Gaussian 包络 Chirplet 自适应信号分解的快速算法[J]. 自然科学进展,2002,12(9):982-988.
[46] Stankovic L. A method for improved distribution concentration in the time-frequency analysis of multicomponent signals using the L-Wigner distribution[J]. IEEE Transactions on Signal Processing,1995,43(5):1262-1268.
[47] Stankovic L,Thayaparan T,Dakovic M. Signal decomposition by using the S-Method with application to the analysis of HF radar signals in sea-clutter[J]. IEEE Transactions on Signal Processing,2006,54(11):4332-4342.
[48] Amin M G. Minimum variance time-frequency distribution kernels for signals in additive noise[J]. IEEE Transactions on Signal Processing,1996,44(9):2352-2356.
[49] Cohen L,Posch T E. Positive time-frequency distribution functions[J]. IEEE Transactions on Acoustics,Speech and Signal Processing,1985,33(1):31-38.
[50] Loughlin P J,Pitton J W,Hannaford B. Fast approximations to positive time-frequency distributions,with applications[C]. International Conference on Acoustics,Speech and Signal Processing,Detroit,1995.
[51] Sang T,Williams W J,O'Neil J C. An algorithm for positive time-frequency distributions[C]. International Symposium on Time Frequency and Time Scale Analysis,Paris,1996.
[52] Pitton J W. Linear and quadratic methods for positive time-frequency distributions[C]. International Conference on Acoustics,Speech and Signal Processing,Munich,1997.
[53] Groutage D. A fast algorithm for computing minimum cross-entropy positive time-frequency distributions[J]. IEEE Transactions on Signal Processing,1997,45(8):1954-1970.

[54] Shah S I, Loughlin P J, Chaparro L, et al. Informative priors for minimum cross-entropy positive time-frequency distributions[J]. IEEE Signal Processing Letters, 1997, 4(6): 176-177.
[55] Fonollosa J R. Positive time-frequency distributions based on joint marginal constrains[J]. IEEE Transactions on Signal Processing, 1996, 44(8): 2086-2091.
[56] Stankovic S, Stankovic L, Uskokovic Z. On the local frequency, group shift, and cross-terms in some multidimensional time-frequency distributions: A method for multidimensional time-frequency analysis[J]. IEEE Transactions on Signal Processing, 1995, 43(7): 1719-1724.
[57] Mottin E C, Pai A. Discrete time and frequency Wigner-Ville distribution: Moyal's formula and aliasing[J]. IEEE Signal Processing Letters, 2005, 12(7): 508-511.
[58] Kumar P K, Prabhu K M M. Classification of radar returns using Wigner-Ville distribution[C]. International Conference on Acoustics, Speech and Signal Processing, Atlanta, 1996.
[59] Barkat B, Boashash B. Instantaneous frequency estimation of polynomial FM signals using the peak of the PWVD: Statistical performance in the presence of additive Gaussian noise[J]. IEEE Transactions on Signal Processing, 1999, 47(9): 2480-2490.
[60] Hormigo J, Cristobal G. High resolution spectral analysis of images using the pseudo Wigner distribution[J]. IEEE Transactions on Signal Processing, 1998, 46(6): 1757-1764.
[61] Zhu Y M, Goutte R. Analysis and comparison of space/spatial frequency and multiscale methods for texture segmentation[J]. Optical Engineering, 1995, 34(1): 269-282.
[62] Zhang B, Sato S. A time-frequency distribution of Cohen's class with a compound kernel and its application to speech signal processing[J]. IEEE Transactions on Signal Processing, 1994, 42(1): 54-64.
[63] Loughlin P J, Groutage D, Rohrbaugh R. Time-frequency analysis of acoustic transients[C]. International Conference on Acoustics, Speech and Signal Processing, Munich, 1997.
[64] Chen C C, Andrews H C. Target-motion-induced radar imaging[J]. IEEE Transactions on Aerospace and Electronic Systems, 1980, 16(1): 2-14.
[65] Walker J L. Range-Doppler imaging of rotating objects[J]. IEEE Transactions on Aerospace and Electronic Systems, 1980, 16(1): 23-52.
[66] 刘永坦. 逆合成孔径雷达机理[G]//逆合成孔径雷达文集(二), 1990: 5-12.
[67] 王国林. 逆合成孔径雷达运动补偿和系统补偿的研究[D]. 哈尔滨: 哈尔滨工业大学, 1996.
[68] 王琨, 罗琳. ISAR成像中包络对齐的幅度相关全局最优法[J]. 电子科学学刊, 1998, 20(3): 369-373.
[69] Zhang T, Jiang Y C, Wang Y. A novel range alignment method for ISAR imaging[C]. Proceedings of International Conference on Radar, Chengdu, 2011.
[70] 王根原, 保铮. 逆合成孔径雷达运动补偿中包络对齐的新方法[J]. 电子学报, 1998, 26(6): 5-8.
[71] 邢孟道, 保铮. 一种逆合成孔径雷达成像包络对齐的新方法[J]. 西安电子科技大学学报, 2000, 27(1): 93-96.

[72] 卢光跃,保铮. ISAR成像中具有游动部件目标的包络对齐[J]. 系统工程与电子技术,2000,22(6):12-14.

[73] 邢孟道,保铮,郑义明. 用整体最优准则实现ISAR成像的包络对齐[J]. 电子学报,2001,29(12):1807-1811.

[74] 宿富林,王国林,许荣庆,等. ISAR运动补偿的研究[G]//逆合成孔径雷达文集(三),1996:146-152.

[75] 郑义明. SAR/ISAR运动补偿新方法研究[D]. 西安:西安电子科技大学,2000.

[76] 曹志道,刘永坦,许荣庆,等. 逆合成孔径雷达的成像质量和运动补偿[G]//逆合成孔径雷达文集(二),1990:13-24.

[77] 朱兆达,邬小青,叶蓁如. 逆合成孔径雷达数字式信息处理[G]//逆合成孔径雷达文集(二),1990:42-54.

[78] 保铮,邓文彪,杨军. ISAR成像处理中的一种运动补偿方法[G]//逆合成孔径雷达文集(二),1990:55-65.

[79] 保铮,叶炜. ISAR运动补偿聚焦方法的改进[J]. 电子学报,1996,24(9):74-79.

[80] 叶炜,保铮. 逆合成孔径雷达自聚焦的新方法[J]. 中国科学:E辑,1997,27(5):424-429.

[81] 朱兆达,邱晓晖,佘志舜. 用改进的多普勒中心跟踪法进行ISAR运动补偿[J]. 电子学报,1997,25(3):65-69.

[82] 汪玲. ISAR运动补偿技术研究[D]. 南京:南京航空航天大学,2003.

[83] 郑学合. 逆合成孔径雷达成像运动补偿自聚焦方法研究[J]. 现代防御技术,1999,27(3):25-33.

[84] 李玺,倪晋麟,刘国岁,等. 基于图像准则的SAR/ISAR相位补偿技术的研究[J]. 电子科学学刊,2000,22(2):279-289.

[85] 孙光民,刘国岁,周德全. 基于优化技术的ISAR成像运动补偿[J]. 红外与毫米波学报,1998,17(6):435-440.

[86] 佘志舜,朱兆达. 一种改进的逆合成孔径雷达运动补偿法[J]. 南京航空航天大学学报,1994,26(6):768-772.

[87] Borden B. Maximum entropy regularization in inverse synthetic aperture radar imagery[J]. IEEE Transactions on Signal Processing,1992,40(4):969-973.

[88] Snyder D L,J O' Sullivan A,Miller M I. The use of maximum likelihood estimation for forming images of diffuse radar-targets from delay-Doppler data[J]. IEEE Transactions on Information Theory,1989,35(3):536-548.

[89] Nuthalapati R M. High resolution reconstruction of ISAR images[J]. IEEE Transactions Aerospace and Electronic Systems,1992,28(2):462-472.

[90] Odendaal J W,Barnard E,Pistorius C W I. Two-dimensional superresolution radar imaging using the MUSIC algorithm[J]. IEEE Transactions on Antennas and Propagation,1994,42(10):1386-1391.

[91] Gupta I J. High-resolution radar imaging using 2-D linear prediction[J]. IEEE Transactions on Antennas and Propagation,1994,42(1):31-37.

[92] 殷军,朱兆达.超分辨距离-多普勒成像的动态优化方法[J].航空学报,1992,13(12):606-610.
[93] 朱兆达,叶蓁如,邬小青.一种超分辨距离多普勒成像方法[J].电子学报,1992,20(7):1-6.
[94] 朱兆达,叶蓁如,邬小青,等.超分辨距离-多普勒成像研究[J].红外与毫米波学报,1993,12(1):67-73.
[95] 孙长印,保铮.一种稳健的雷达成像超分辨算法[J].电子科学学刊,2000,22(5):735-740.
[96] 孙长印.SAR/ISAR超分辨成像研究[D].西安:西安电子科技大学,2000.
[97] 吴强.逆合成孔径雷达超分辨成像算法的研究[D].哈尔滨:哈尔滨工业大学,1998.
[98] 姜正林.低分辨ISAR成像及干涉技术应用研究[D].西安:西安电子科技大学,2001.
[99] 杨军,王民胜,保铮.一种ISAR多目标实时成像方法[G]//逆合成孔径雷达文集(三),1996:98-103.
[100] 马长征.雷达目标三维成像技术研究[D].西安:西安电子科技大学,1999.
[101] 陈文驰,保铮,邢孟道.基于Keystone变换的低信噪比ISAR成像[J].西安电子科技大学学报,2003,30(2):155-159.
[102] 张群,张涛,张守宏.强地杂波背景下的低空飞行目标成像[J].电子与信息学报,2002,24(10):1352-1357.
[103] 王勇.机动飞行目标ISAR成像算法研究[D].哈尔滨:哈尔滨工业大学,2004.
[104] 王勇.基于时频分析技术的机动目标ISAR成像算法研究[D].哈尔滨:哈尔滨工业大学,2008.
[105] 张贤达.信号处理中的线性代数[M].北京:科学出版社,1997.
[106] Barbarossa S. Analysis of multicomponent LFM signals by a combined Wigner-Hough transform[J]. IEEE Transactions on Signal Processing,1995,43(6):1511-1515.
[107] 孙晓昶,皇甫堪.基于Wigner-Hough变换的多分量LFM信号检测及离散计算方法[J].电子学报,2003,31(2):241-244.
[108] 刘建成,王雪松,刘忠,等.基于Wigner-Hough变换的LFM信号检测性能分析[J].电子学报,2007,35(6):1212-1217.
[109] 李玺,顾红,刘国岁.ISAR成像中转角估计的新方法[J].电子学报,2000,28(6):44-47.
[110] 康健.非合作目标ISAR成像方法研究[D].哈尔滨:哈尔滨工业大学,2015.

第2章　复杂运动目标ISAR成像的原理与方法

2.1　引　　言

逆合成孔径雷达(ISAR)成像具有全天候、全天时和易于远距离工作的特点，已广泛应用于许多领域。ISAR成像的基本方法是距离-多普勒成像方法，纵向距离分辨率依靠雷达发射宽频带信号，而横向分辨率则依靠目标转动的多普勒频率，经运动补偿使目标成为"自聚焦点"位于轴心的转台目标，然后进行成像[1-6]。这种算法隐含两个假设，即设目标尺寸和转角较小，目标散射点对距离单元游动的影响可不考虑，这一假设一般可以满足；另外，假设目标在水平面内均匀转动，这一假设对大型平稳运动的目标也可以满足。但在飞机、舰船一类目标做复杂运动时，运动状态比较复杂，观测期间转速会变化，而且转轴也会变化。此时目标相对于雷达的转动除了主要的偏转，还伴有侧摆和俯仰，由于ISAR是对三维物体进行二维成像的，转轴的改变会导致成像投影平面随之变化。复杂运动目标的转轴和转速都是随时间变化的，目标散射点回波的多普勒信号也是时变的，因此传统的距离-多普勒成像方法得到的图像是模糊的，无法识别目标。近年来，国内外许多学者针对复杂运动目标的信号处理与成像方法进行了大量的研究，取得了一系列成果[7-40]。

基于此，本章主要讨论复杂运动目标ISAR成像的原理与方法。考虑大多数实际情况，实际目标(如飞机)的机械惰性较大，在很小的相干积累角里，目标姿态的变化不可能很复杂。此时，可以认为目标各散射点回波为多分量线性调频(LFM)信号，即对时变多普勒信号进行一阶线性近似，这样可以采用信号参数估计的方法得到不同时刻的多普勒频率分布，此即ISAR成像的距离-瞬时多普勒法。

一阶近似条件下的距离-瞬时多普勒法其本质为多分量LFM信号的检测与参数估计问题，其估计精度直接影响ISAR成像结果。因此，本章还讨论了两种估计LFM信号参数的超分辨方法——松弛迭代算法、基于自适应滤波原理的正弦信号幅度和相位估计方法(amplitude and phase estimation of a sinusoid，APES)算法，这两种算法对多分量LFM信号有着非常高的参数估计精度，分别将其应用于复杂运动目标的ISAR成像中，在获得同样的横向分辨率条件下，减小了成像所需的观测角度，这对ISAR成像是极为有利的。

从更一般的情况考虑，复杂运动目标的回波信号可描述为多分量多项式相位信号,可根据目标复杂运动性的强弱对其进行合理近似[41,42]。

本章讨论了距离-多普勒法在实测数据 ISAR 成像中的应用,并分析了其存在的问题;研究了复杂运动目标回波信号特点及 ISAR 成像的距离-瞬时多普勒法原理;讨论两种超分辨算法在复杂运动目标 ISAR 成像中的应用;对目标复杂运动运动情况下的回波信号特点做出总结性归纳,并从信号处理的角度对其进行理论分析。

2.2　基于距离-多普勒法的实测数据 ISAR 成像及分析

本节以外场实测数据为例来说明距离-多普勒算法在 ISAR 成像中的应用。该数据是我国第一部实验 ISAR 系统于 1994 年在北京地区进行多次外场实验录取的外场数据,其主要参数为:雷达发射线性调频信号,载频为 5520MHz,带宽为 400MHz,相应的距离分辨率为 37.5cm,考虑处理时加汉明窗以降低旁瓣,实际的距离分辨率约为 50cm。脉冲重复频率为 400Hz,脉宽为 25.6μs。

图 2.1 所示为雅克-42 飞机回波数据的处理结果,其中距离对齐采用幅度相关法,同时压缩回波的动态范围以增强稳定回波的强度;相位校正采用恒定相位差消除法,飞机成像如图 2.1(a)～(c)所示。可见,这三段数据成像后得到的飞机图像质量很好,飞机的轮廓和机身上的一些强散射点都很清楚。

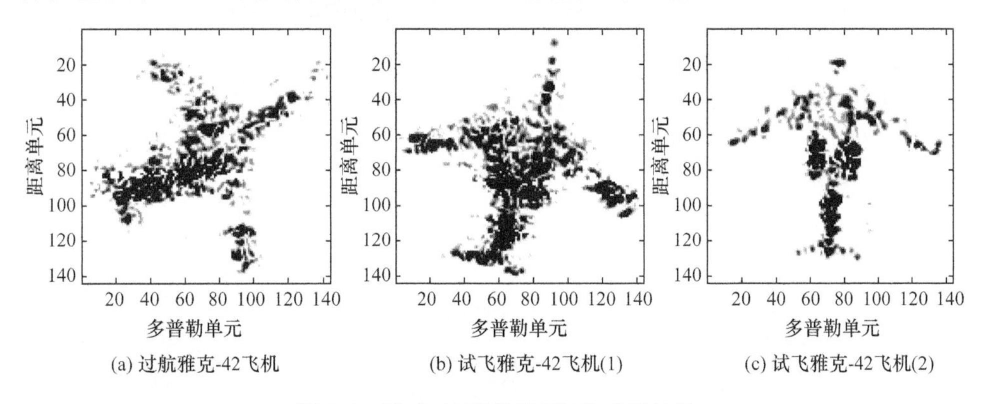

(a) 过航雅克-42飞机　(b) 试飞雅克-42飞机(1)　(c) 试飞雅克-42飞机(2)

图 2.1　雅克-42 飞机的 ISAR 成像结果

下面采用时频分析中的 Wigner-Ville 分布(WVD)分别对三个飞机的三个距离单元数据进行分析。对于 ISAR 某一距离单元的回波数据 $s(t)$,其 WVD 定义为[33,40-41]

$$\mathrm{WVD}(t,\omega)=\int_{-\infty}^{+\infty} s\left(t+\frac{\tau}{2}\right)s^{*}\left(t-\frac{\tau}{2}\right)\mathrm{e}^{-\mathrm{j}\omega\tau}\,\mathrm{d}\tau \tag{2.1}$$

图 2.2(a)所示为图 2.1(a)中雅克-42 飞机第 121 距离单元回波数据的 WVD，图 2.2(b)所示为图 2.1(b)中雅克-42 飞机第 128 距离单元回波数据的 WVD，图 2.2(c)所示为图 2.1(c)中雅克-42 飞机第 134 距离单元回波数据的 WVD。由于此时飞机匀速转动，飞机上各散射点对应的多普勒频率为常数，在时频平面上表现为一些平行于时间轴的水平直线，傅里叶变换对这些回波信号有很好的分辨率。

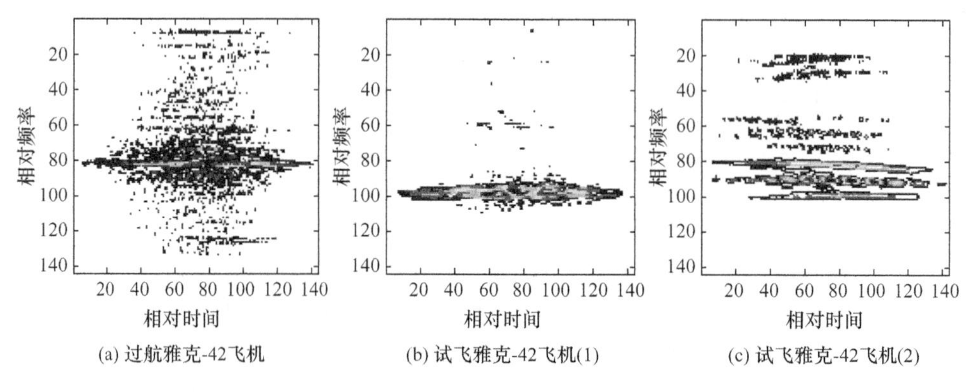

图 2.2　雅克-42 飞机某一距离单元回波数据的 WVD

由于 WVD 是一种二次型时频分布，对于多分量信号的情况会产生交叉项的影响，图 2.2(a)～(c)的时频分布中除了各个散射点子回波的自身项，还存在交叉项。而傅里叶变换的模的平方相当于 WVD 沿时间轴积分在频率轴的投影，支撑区外的交叉项被完全抑制。

下面再选取另外三段实测数据进行 ISAR 成像，目标分别为雅克-42 飞机与安-26 飞机，运动补偿过程与图 2.1 中所采用的方法相同，所得成像结果如图 2.3(a)～(c)所示。

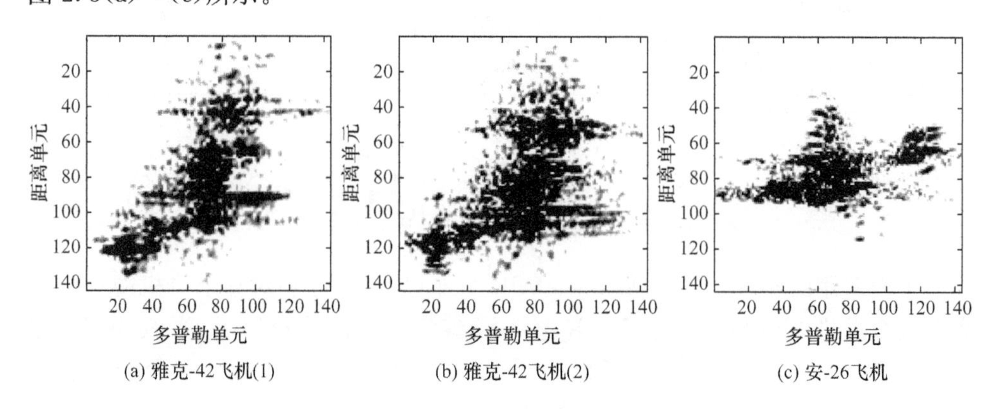

图 2.3　雅克-42 飞机与安-26 飞机的 ISAR 成像结果

此时，距离-多普勒算法对这三段数据成像得到的图像质量不好，飞机轮廓不清，机体变形。采用 WVD 对这三段数据进行分析，所得结果如图 2.4 所示，图 2.4(a)所示为图 2.3(a)中雅克-42 飞机第 132 距离单元的 WVD，图 2.4(b)所示为图 2.3(b)中雅克-42 飞机第 120 距离单元的 WVD，图 2.4(c)所示为图 2.3(c)中安-26 飞机第 135 距离单元的 WVD。可以看到，虽然时频平面上有大量交叉项干扰的存在，但仍然可以比较清楚地看到信号项的变化情况。此时飞机上散射点的多普勒频率不再是常数，其变化有时非常剧烈，采用基于傅里叶变换的距离-多普勒算法无法得到清晰的 ISAR 图像。

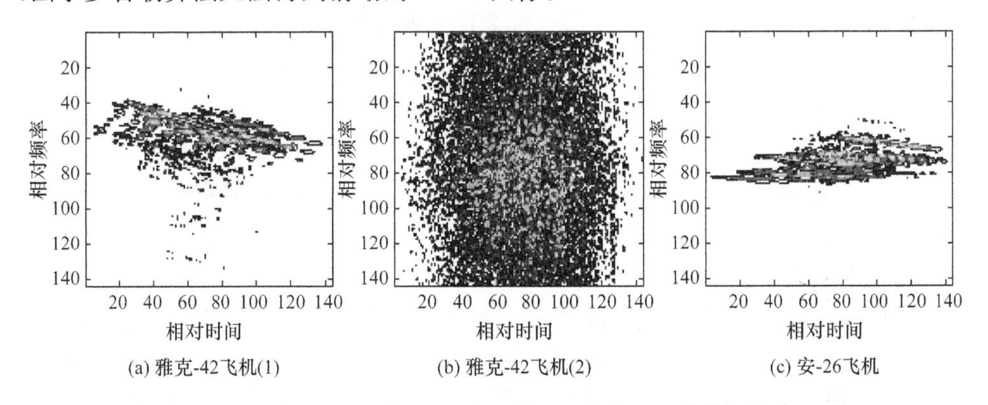

图 2.4　雅克-42 飞机与安-26 飞机某一距离单元回波数据的 WVD

2.3　复杂运动目标 ISAR 成像原理

ISAR 成像是二维成像，即所得到的 ISAR 像为三维目标在其成像投影平面内的投影。当目标平稳运动时，其成像投影平面不变；对于复杂运动目标，其成像投影平面及多普勒频移都是时变的。为此，建立雷达视线坐标系 xyz，如图 2.5 所示。设雷达视线的单位矢量为 r，复杂运动目标的合成转动矢量为 Ω，z 轴与 r 轴重合，使 x 轴位于 z 轴和 Ω 轴所确定的平面内。Ω 轴和 z 轴的夹角为 β，由式(2.2)得到 y 轴：

$$y = z \times x \tag{2.2}$$

式中，x、y、z 分别代表 x 轴、y 轴和 z 轴的单位矢量；$\times$ 代表矢量外积。

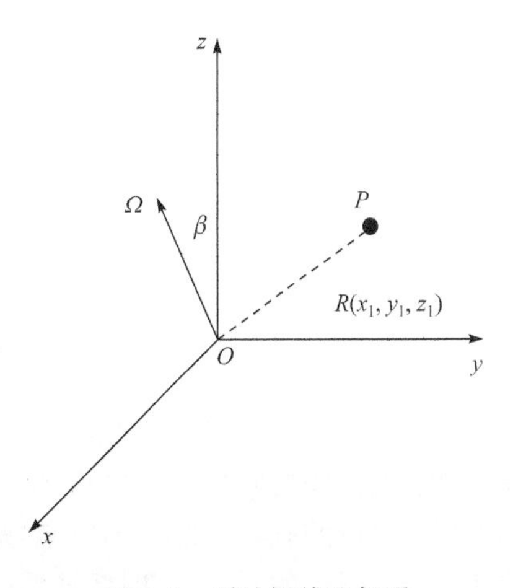

图 2.5　雷达视线坐标系

图 2.5 中原点 O 为平动补偿的自聚焦

点，散射点 P 的位置用矢量 $R(x_1, y_1, z_1)$ 表示，该散射点回波的多普勒频率为

$$\omega=\frac{4\pi}{\lambda}[(\Omega\times R)\cdot r]=\frac{4\pi}{\lambda}[(r\times\Omega)\cdot R]=\frac{4\pi}{\lambda}\Omega y_1\sin\beta \tag{2.3}$$

式中，λ 为雷达波长；· 代表矢量的内积。

目标的合成转轴 Ω 是时变的，其大小 Ω 和方向 β 可能随时间发生变化，这些都会使 ω 发生变化，进而导致成像投影平面也发生变化。对于复杂运动目标，成像的形状和姿态也会随之发生变化。

通常，某一散射点子回波信号可以用一多项式相位信号来近似，由于目标在每个距离单元内的散射点不止一个，几乎每个距离单元的信号都为多分量时变信号。

由于 ω 和 Ω 都随时间变化，此时距离-多普勒算法已经不能够重建目标图像；但是，在某一确定时刻，ω 和 Ω 是唯一的，因此对复杂运动目标进行瞬时成像是可行的。由于观测角度不同，不同时刻的瞬态像将有不同的姿态；同理，由于转速的变化，不同时刻瞬态像的横向尺寸也有所不同。下面给出距离-瞬时多普勒成像方法的基本原理。

目标做平稳运动时，观测期间目标转动引起的多普勒频率为常数，通过傅里叶变换就能从数据序列得到多普勒谱。然而，复杂运动则不同，它的多普勒频率是时变的，全过程的多普勒谱不表明散射点横向分布，必须设法得到各个时刻的高分辨瞬时多普勒谱，即应对数据进行时频分析。用距离-瞬时多普勒方法可以对观测数据段的不同时刻成像，并可呈现此期间目标姿态的变化情况[8]。图 2.6 说明了距离-瞬时多普勒成像方法的过程。

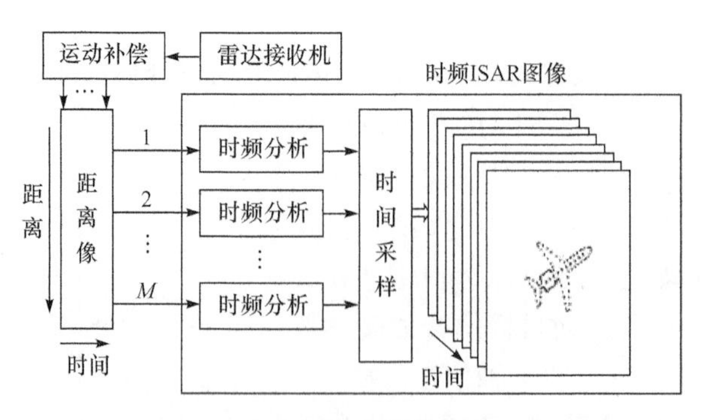

图 2.6　距离-瞬时多普勒成像方法

假设观测期间积累脉冲数为 N，距离单元数为 M，对每个距离单元的数据进行时频分析，经时间采样后可得到 N 帧 $M\times N$ 维的距离-瞬时多普勒 ISAR 图像。实际上，目标的旋转可能相当复杂，从而时频分布为复杂曲线，但飞机一类惰性大的目标，在很短的时间内，时频曲线一般为低次多项式，很多情况下接近直线，即散

射点子回波可以看成多分量的线性调频信号，这也可以从图 2.4 中得到说明。下面对这种情况下的目标回波信号特点进行理论上的说明。

假设目标旋转的初角速度和角加速度分别为 ω_0 和 α，则横距 x_i 处的散射点的瞬时径向速度为

$$V(t)=(\omega_0+\alpha t)x_i \tag{2.4}$$

相应的回波多普勒角频率为

$$\omega_i(t)=\frac{4\pi}{\lambda}V(t)=\frac{4\pi}{\lambda}x_i(\omega_0+\alpha t) \tag{2.5}$$

式中，λ 为波长。若 $\alpha=0$，式(2.5)为匀速旋转的情况，多普勒频率为常数；若散射点回波的初始复包络为 $a_i(i=1,2,\cdots,K)$（K 为散射点个数），则该距离单元的回波为

$$s(t)=\sum_{i=1}^{K}a_i\exp\left[\mathrm{j}\frac{4\pi}{\lambda}x_i(\omega_0 t+\alpha t^2)\right] \tag{2.6}$$

式(2.6)为目标近似为等加速旋转时的回波表达式，它是 K 个复线性调频信号之和，此时若想正确成像，需估计出每个线性调频信号分量的参数——幅度、初始频率和调频率，进而应用距离-瞬时多普勒算法得到目标某一时刻的瞬态 ISAR 像；若为匀速旋转，则 $\alpha=0$，式(2.6)简化为 K 个复正弦信号之和，此时应用傅里叶变换即可完成方位分辨。

2.3.1　用逐次消去法分解多分量线性调频信号

当目标做复杂运动时，某一距离单元的回波可以近似成多分量的线性调频信号，由于其 WVD 存在严重的交叉项干扰，难以准确确定各散射点斜直线的斜率，这里采用逐次消去法依次估计每个信号分量的参数[31,48]。

设含有 p 个分量的线性调频信号：

$$x(t)=\sum_{i=1}^{p}A_i\exp\left[\mathrm{j}\left(\frac{1}{2}m_i t^2+\omega_i t\right)\right] \tag{2.7}$$

式中，A_i、m_i 和 ω_i 分别为第 i 个信号的包络、调频斜率和初始频率，这里假定信号的包络是恒定的。

下面用仿真信号来说明分解多分量线性调频信号的方法。

设有三个幅度恒定的线性调频信号，如图 2.7(a)～(c)所示。

$$\begin{cases}x_1(t)=\exp[\mathrm{j}(-0.5\times 0.3589t^2+0.5\pi t)]\\ x_2(t)=\exp[\mathrm{j}(0.5\times 0.4589t^2+3\pi t)]\\ x_3(t)=0.5\exp(-\mathrm{j}2\pi t)\end{cases} \tag{2.8}$$

$$x(t)=x_1(t)+x_2(t)+x_3(t) \tag{2.9}$$

每个信号的处理长度为 256 点，图 2.7(d)所示为合成信号。

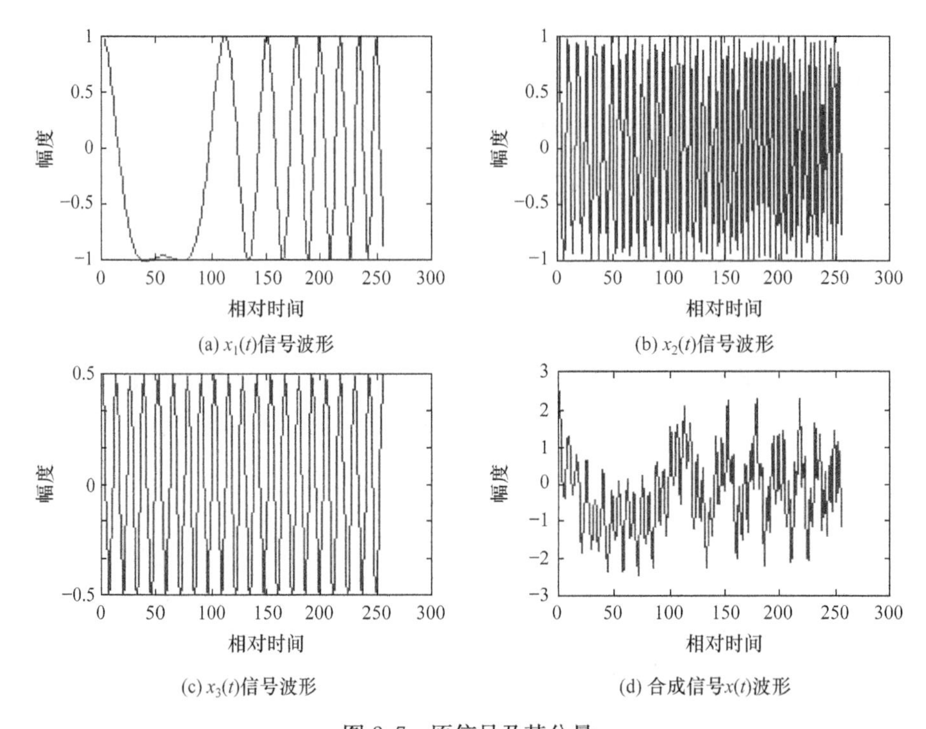

图 2.7　原信号及其分量

图 2.8(a) 所示为 $x(t)$ 的频谱图，可以看出有两个线性调频分量和一个正弦分量；图 2.8(b) 所示为 $x(t)$ 的 WVD，交叉项很严重。采用解调频的方法，即 $A(m,\omega)=\int x(t)\mathrm{e}^{-\mathrm{j}\times\frac{1}{2}mt^2}\mathrm{e}^{-\mathrm{j}\omega t}\mathrm{d}t$，当 m、ω 与任意一组 (m_i,ω_i) 相匹配时，在 (m,ω) 处出现尖峰；图 2.8(c) 所示为 $x(t)$ 解调频后的三维分布图，可以看到有三个尖峰，在 (m,ω) 平面中搜索最大峰的位置，此峰所对应的 (m,ω) 即为相应于第一个强分量的调频斜率和初始频率的估计值，峰值的大小代表了相应信号的幅值；图 2.8(d) 所示为 $x(t)$ 解调频后的频谱图，可以看出第一个强信号分量被解调成为正弦分量，同时原来的正弦信号也被调制成为线性调频分量。

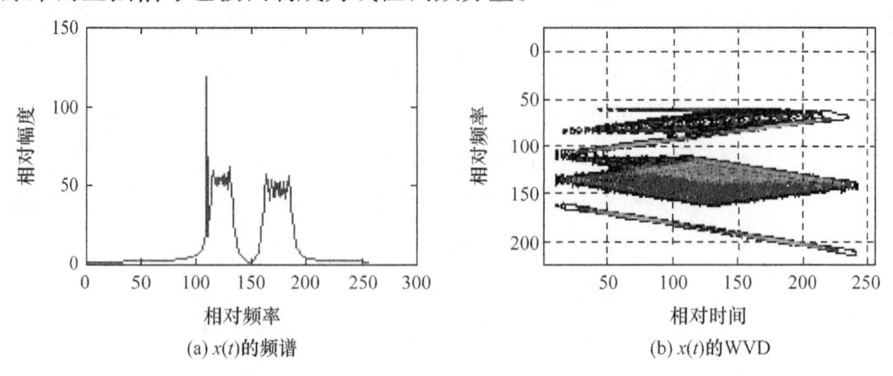

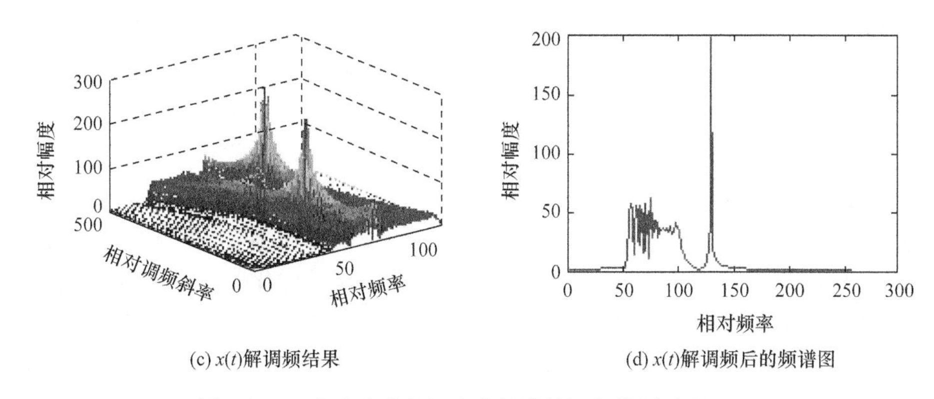

(c) $x(t)$解调频结果　　(d) $x(t)$解调频后的频谱图

图 2.8　逐次消去法分解多分量线性调频信号过程(一)

对比图 2.8(b)与图 2.9(a),时频表示结果说明,原来的线性调频分量变为一个频率恒定的正弦分量,而原来的正弦分量被调制为线性调频分量。设计一个带阻滤波器把图 2.8(d)中的窄谱滤出,如图 2.9(b)所示,根据滤出的窄谱得到恢复出来的 $x_2'(t)$,如图 2.9(c)所示。从原信号 $x(t)$中减去 $x_2'(t)$,得到滤除 $x_2(t)$后的剩余量,其 WVD 如图 2.9(d)所示。重复以上操作,就可以依次将其余两个信号分离出来了。

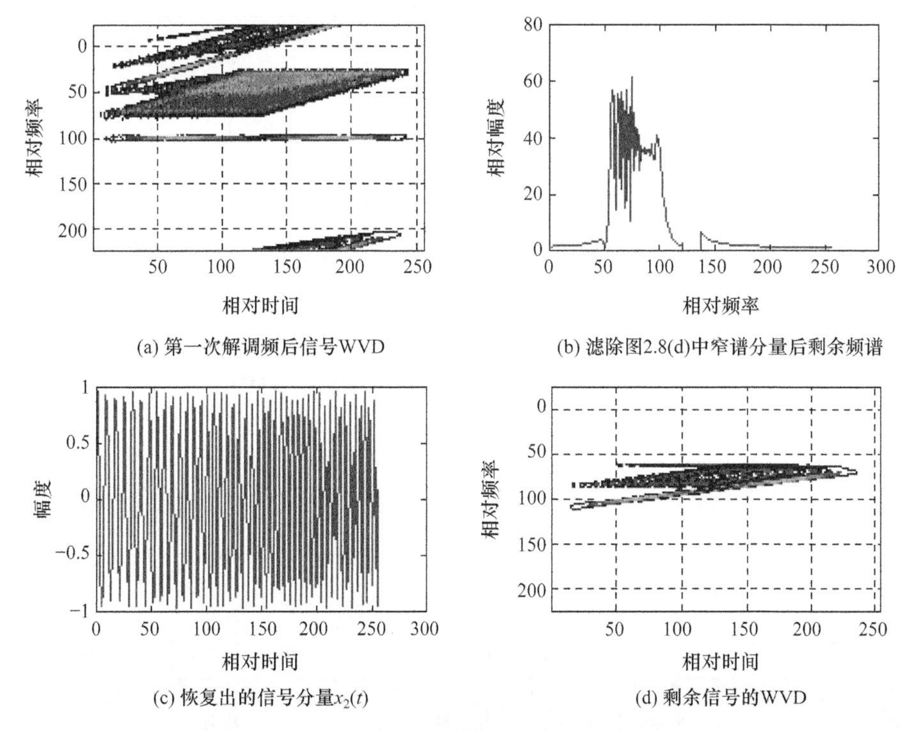

(a) 第一次解调频后信号WVD　　(b) 滤除图2.8(d)中窄谱分量后剩余频谱

(c) 恢复出的信号分量$x_2(t)$　　(d) 剩余信号的WVD

图 2.9　逐次消去法分解多分量线性调频信号过程(二)

图 2.10 和图 2.11 说明了整个分离信号的过程。对比图 2.8(b)和图 2.11(d)可以看出，经过信号的逐次分离，WVD 的交叉项得到很好的抑制，清晰的 WVD 对于复杂运动目标的 ISAR 成像是非常重要的。对比图 2.8(b)和图 2.11(g)可以看出，虽然 Choi-Williams 分布(Choi-Williams distribution，CWD)在一定程度上抑制了交叉项的影响，但是信号的时频聚集性也有所下降，这对 ISAR 成像来说是不利的。图 2.11(h)所示为滤除窄谱分量使用的带阻滤波器，严格意义上说，滤波器应使用高斯型函数，且其通带宽度应该是自适应和最优化的。这里相当于一窗函数，对于要求估计精度不是非常高的情况下是允许的。

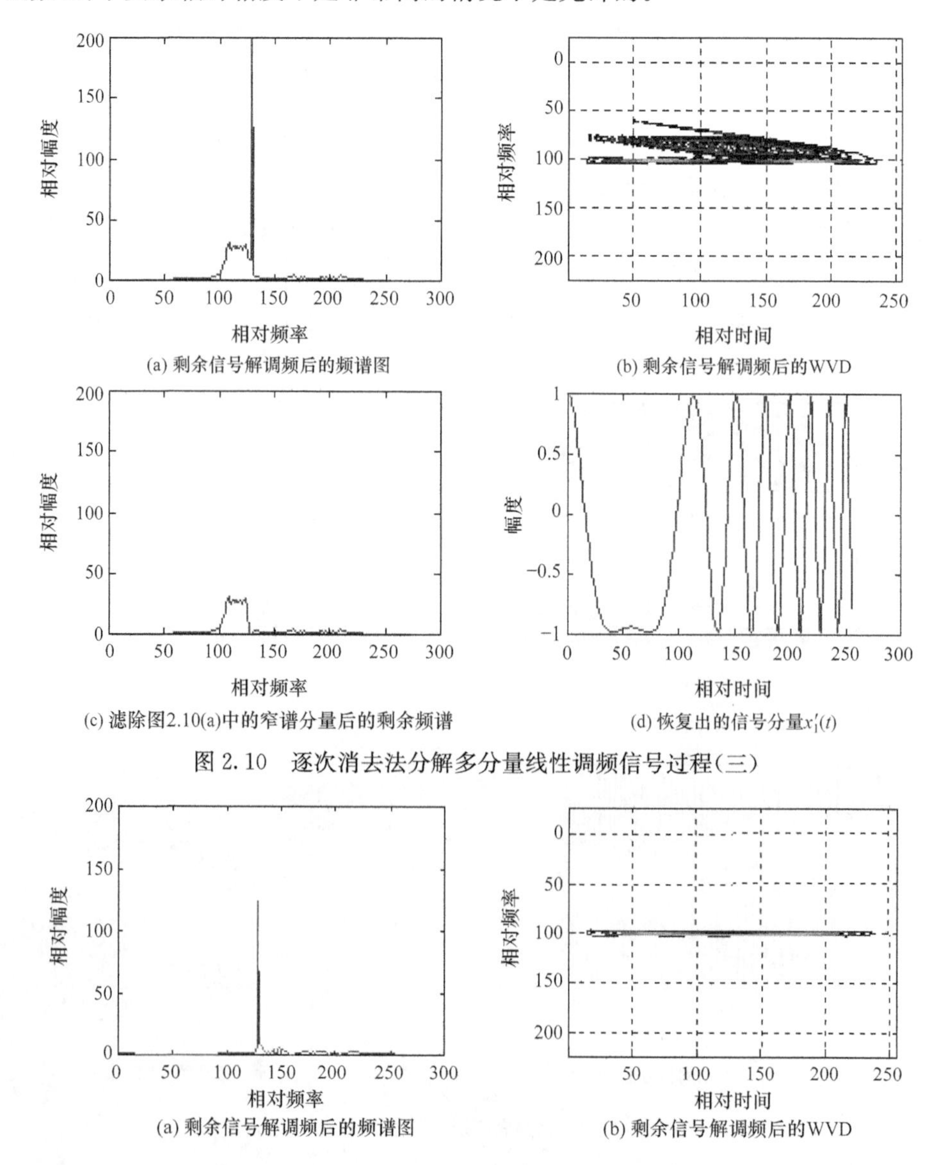

(a) 剩余信号解调频后的频谱图 (b) 剩余信号解调频后的WVD

(c) 滤除图2.10(a)中的窄谱分量后的剩余频谱 (d) 恢复出的信号分量$x_1'(t)$

图 2.10 逐次消去法分解多分量线性调频信号过程(三)

(a) 剩余信号解调频后的频谱图 (b) 剩余信号解调频后的WVD

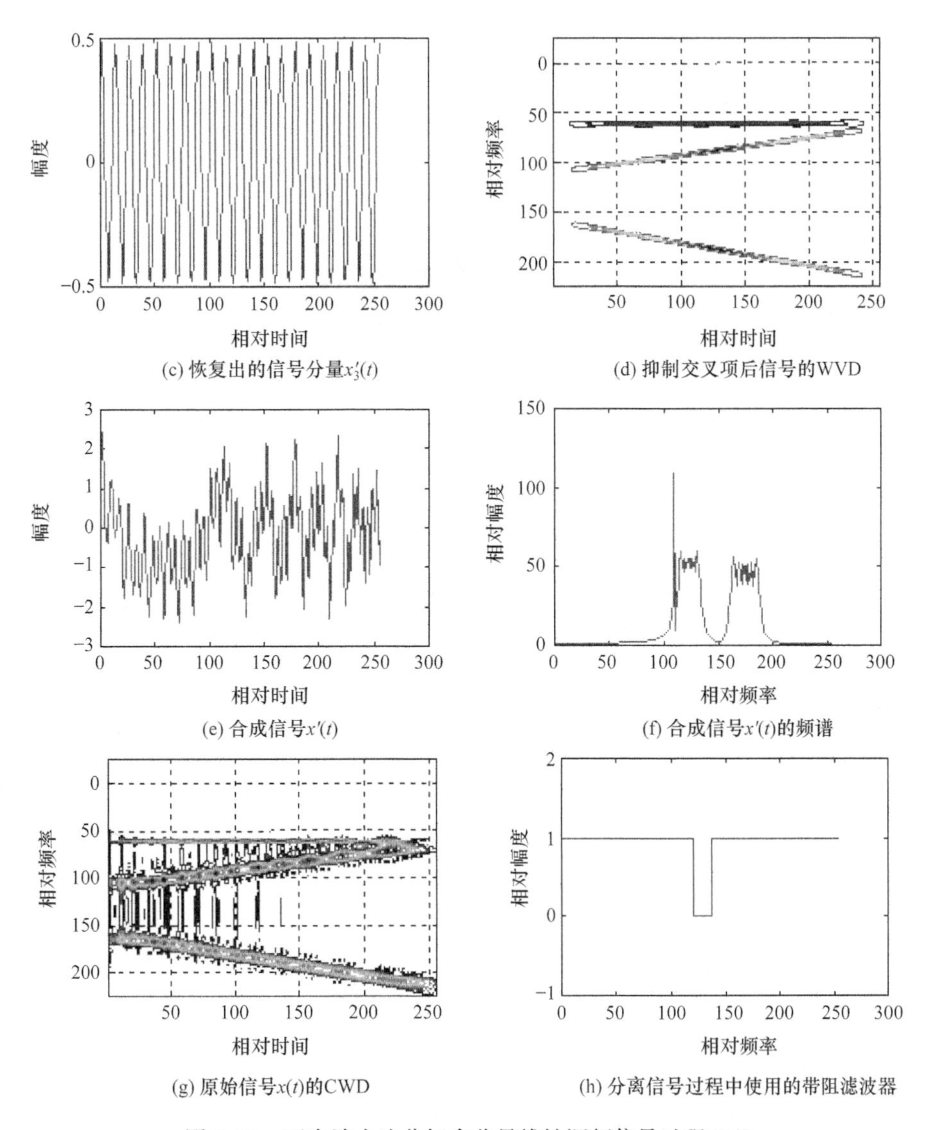

(c) 恢复出的信号分量$x_3'(t)$　(d) 抑制交叉项后信号的WVD

(e) 合成信号$x'(t)$　(f) 合成信号$x'(t)$的频谱

(g) 原始信号$x(t)$的CWD　(h) 分离信号过程中使用的带阻滤波器

图 2.11　逐次消去法分解多分量线性调频信号过程(四)

在估计每个信号分量参数的过程中，除了对参数 m 需要搜索，其余只需简单的快速傅里叶变换，求最大和乘法运算，算法实现容易，运算效率很高。但是，在ISAR成像中，各个散射点的回波不但多普勒频率是时变的，而且幅度也是时变的，严格来说复杂运动目标中的单个散射点回波一般为调幅-调频信号，为了得到更高质量的像，应该考虑到信号分量包络的变化。这里假定信号分量的包络是恒定不变的，是存在一定误差的。

同时，逐次消去法分离多分量线性调频信号也为抑制 WVD 的交叉项提供了一个途径，如图 2.12 和图 2.13 所示。

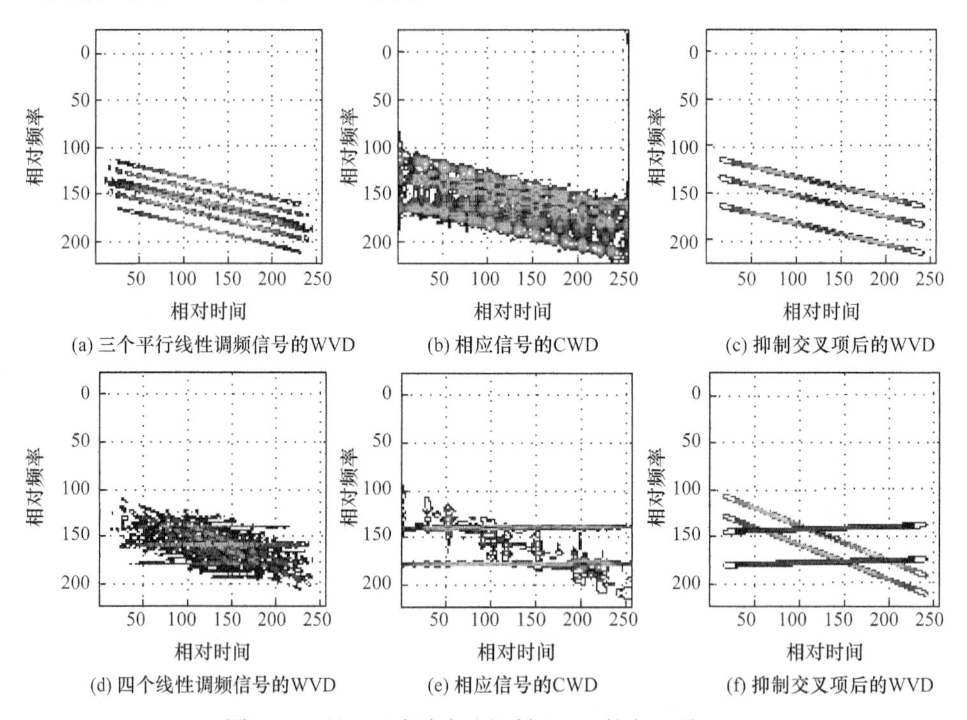

图 2.12 基于逐次消去法抑制 WVD 的交叉项(一)

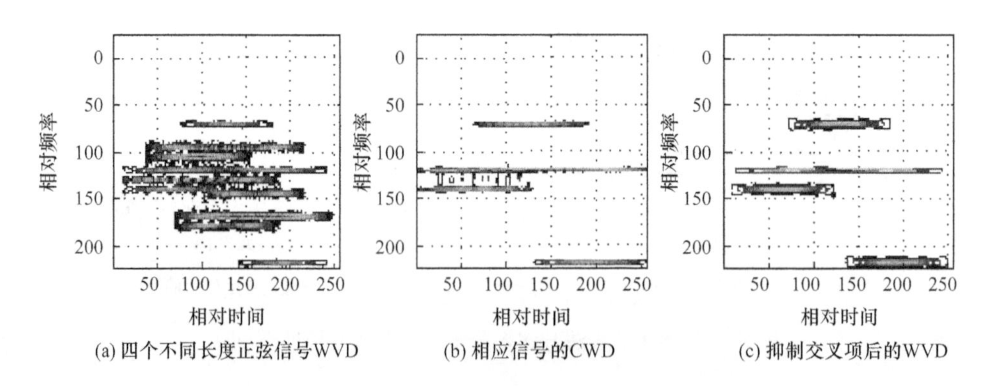

图 2.13 基于逐次消去法抑制 WVD 的交叉项(二)

2.3.2 ISAR 成像结果及分析

对仿真波音 727 飞机回波数据的第 31 和第 35 距离单元数据进行时频分析，其 WVD 如图 2.14(a)和图 2.15(a)所示。图中自身信号项的多种斜率的直线依稀可辨，但交叉项也混杂其间，不可能获得正确的瞬时多普勒谱。图 2.14(c)和图 2.15(c)所示为通过逐次消去法得到的 $t=0$ 时刻的瞬时谱，此时交叉项已得到抑制。

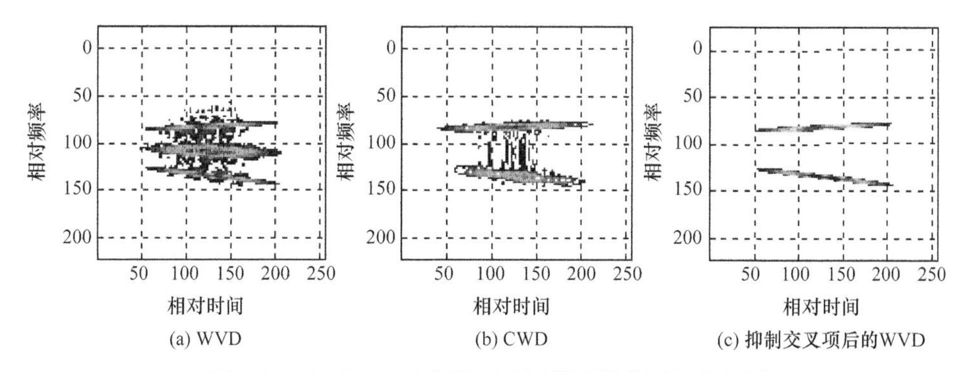

图 2.14　波音 727 飞机第 31 距离单元数据时频分布图

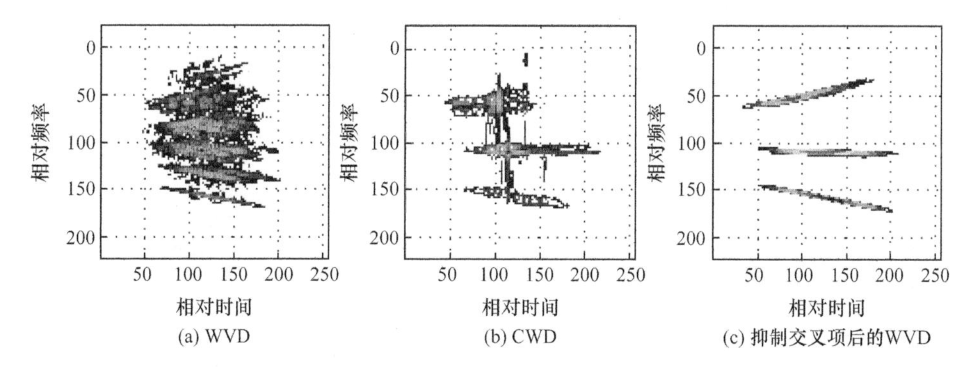

图 2.15　波音 727 飞机第 35 距离单元数据时频分布图

图 2.16 和图 2.17 所示为仿真米格-25 飞机回波数据的第 20 和第 30 距离单元数据的时频分布及瞬时谱。图 2.18(a)所示为用传统快速傅里叶变换进行谱分析所得的结果,图像很模糊。图 2.18(b)～(d)所示为不同时刻的成像结果,图像质量较好,且不同时刻图像的横向尺度有明显的差异,这是由不同时刻的飞机转速不同造成的。图 2.19 所示为米格-25 飞机数据瞬时成像结果。

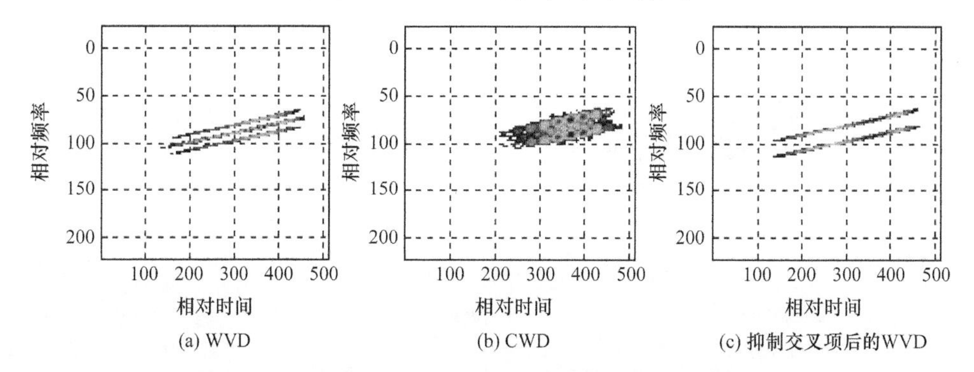

图 2.16　仿真米格-25 飞机第 20 距离单元数据时频分布图

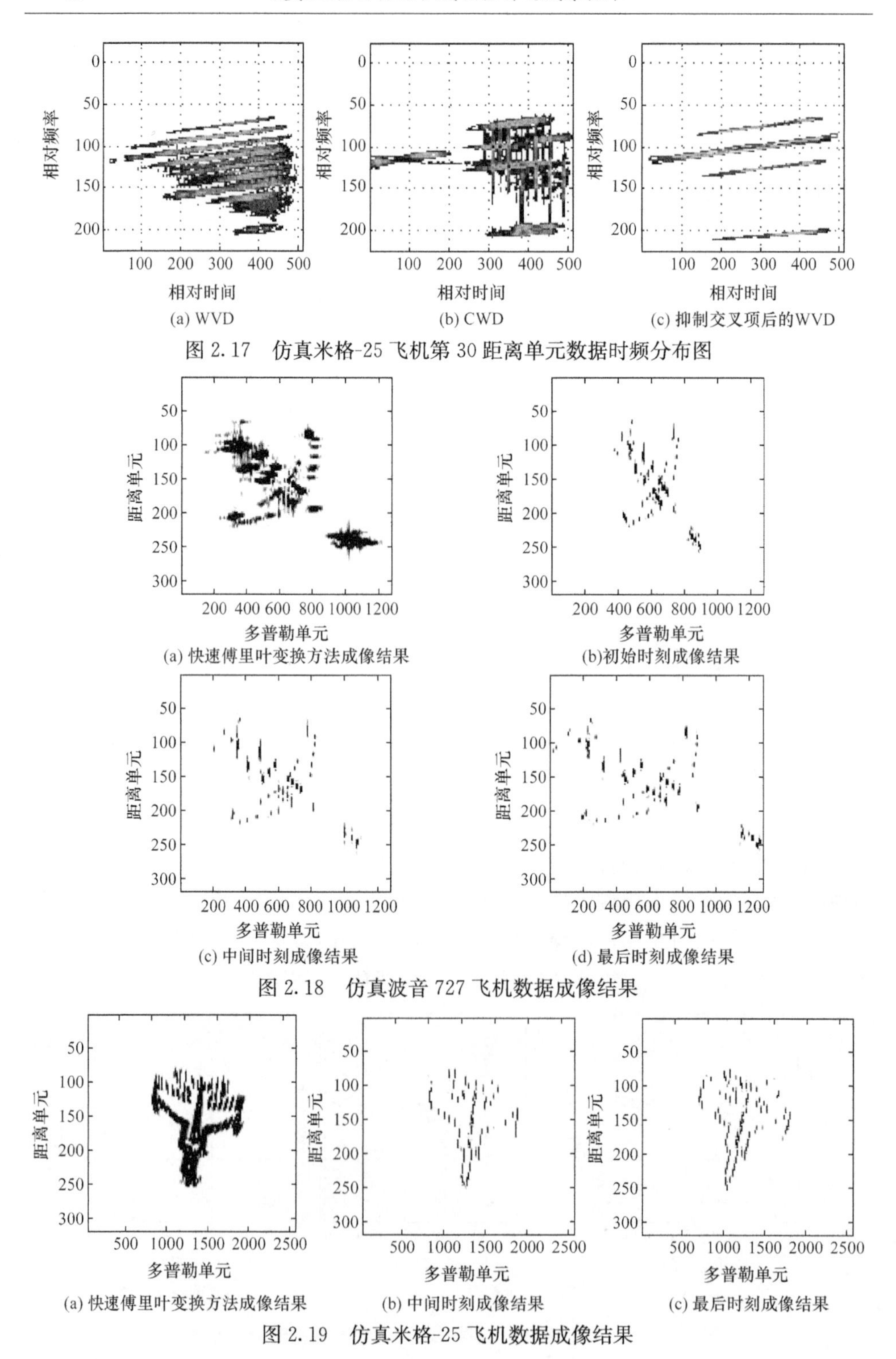

(a) WVD　(b) CWD　(c) 抑制交叉项后的WVD

图 2.17　仿真米格-25 飞机第 30 距离单元数据时频分布图

(a) 快速傅里叶变换方法成像结果　(b)初始时刻成像结果

(c) 中间时刻成像结果　(d) 最后时刻成像结果

图 2.18　仿真波音 727 飞机数据成像结果

(a) 快速傅里叶变换方法成像结果　(b) 中间时刻成像结果　(c) 最后时刻成像结果

图 2.19　仿真米格-25 飞机数据成像结果

下面针对图 2.3 所示目标复杂运动的情况，应用距离-瞬时多普勒算法得到不同时刻目标的瞬态 ISAR 成像结果，如图 2.20～图 2.22 所示。

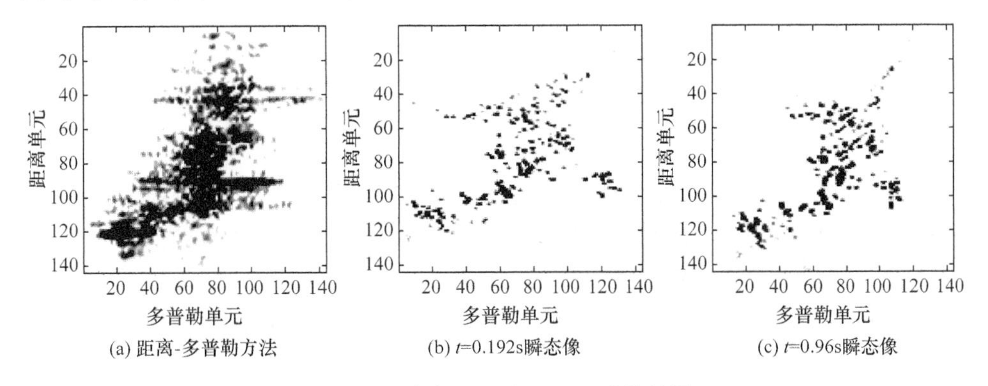

(a) 距离-多普勒方法　(b) t=0.192s瞬态像　(c) t=0.96s瞬态像

图 2.20　雅克-42 飞机 ISAR 成像结果

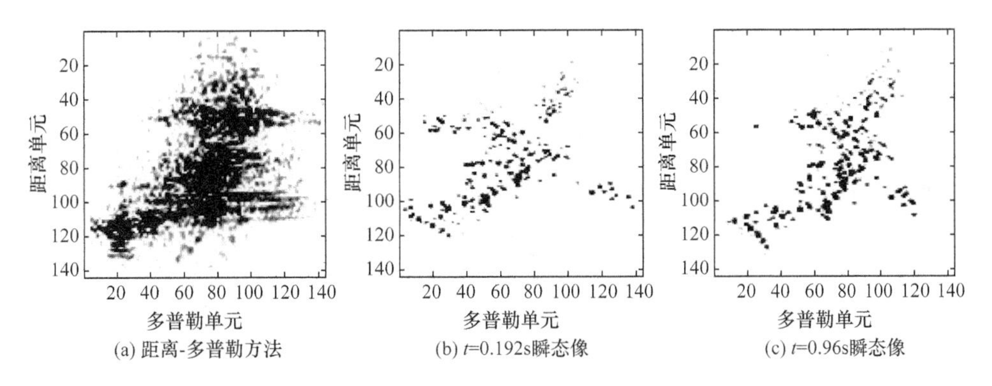

(a) 距离-多普勒方法　(b) t=0.192s瞬态像　(c) t=0.96s瞬态像

图 2.21　雅克-42 飞机 ISAR 成像结果

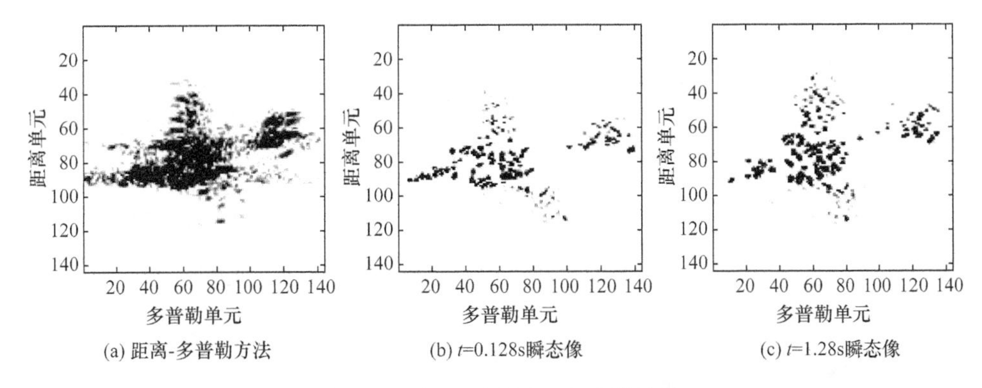

(a) 距离-多普勒方法　(b) t=0.128s瞬态像　(c) t=1.28s瞬态像

图 2.22　安-26 飞机 ISAR 成像结果

在以上算法中，多分量线性调频信号的参数估计采用最为简单易行的解线性调频(Dechirp)方法并结合洁净技术来实现。图 2.20～图 2.22 所选取的成像数据段的总积累时间分别为 3.84s、3.84s 和 2.56s，应用距离-瞬时多普勒成像方法显著提高了成像质量，且不同时刻 ISAR 像的横向尺度有明显差异，这是由不同时刻飞机的转速不同造成的。

2.4 复杂运动目标 ISAR 成像的超分辨方法

雷达成像实际上是一个阵列处理问题，同时也可以看成一个二维谱估计问题，而距离-多普勒算法需要进行二维傅里叶变换才能得到最终的目标像。对于有限长的数据，傅里叶变换的结果为真实的信号谱与窗谱的卷积，当数据长度有限时，傅里叶变换的分辨率受到限制。此外，某些雷达的带宽有限，进行长时间相干积累有一定的困难，因此，在不增加信号带宽的情况下，利用超分辨技术可以满足分辨力的要求。本节根据目标复杂运动时的回波信号特点，介绍两种超分辨技术在复杂运动目标 ISAR 成像中的应用。

2.4.1 基于松弛迭代技术的超分辨方法

松弛迭代算法是一种加性色噪声中估计正弦波频率和复幅度的算法，它具有渐进统计有效性[38]。下面介绍基于松弛迭代算法的线性调频信号参数估计方法。

由式(2.6)可知，复杂运动目标任一距离单元回波信号可近似为多分量线性调频信号，这里，将式(2.6)改写为

$$s(n)=\sum_{i=1}^{K}a_i e^{j(2\pi f_i n+\gamma_i n^2)}+e(n),\quad n=0,1,\cdots,N-1 \tag{2.10}$$

式中，a_i、f_i 和 $\gamma_i(i=1,2,\cdots,K)$分别为第 i 个线性调频信号的幅度、初始频率和调频率；$e(n)$为高斯白噪声随机过程。令

$$S=[s(0)\quad s(1)\quad \cdots\quad s(N-1)]^{\mathrm{T}} \tag{2.11}$$

$$F(f_i,\gamma_i)=[1\quad \exp(j2\pi f_i+j\gamma_i)\quad \cdots\quad \exp[j2\pi f_i(N-1)+j\gamma_i(N-1)^2]]^{\mathrm{T}} \tag{2.12}$$

参量$\{a_i,f_i,\gamma_i\}$的估计值可通过极小化以下非线性最小二乘函数得到，即

$$C_1(a_1,f_1,\gamma_1,\cdots,a_K,f_K,\gamma_K)=\left\|S-\sum_{i=1}^{K}F(f_i,\gamma_i)a_i\right\|^2 \tag{2.13}$$

令

$$S_i=S-\sum_{j=1,j\neq i}^{K}F(\hat{f}_j,\hat{\gamma}_j)\hat{a}_j \tag{2.14}$$

则式(2.13)极小化等效于式(2.15)：

$$C_2(a_i,f_i,\gamma_i)=\|S_i-F(f_i,\gamma_i)a_i\|^2 \tag{2.15}$$

对式(2.15)关于 a_i 求导并令导函数等于零,得 a_i 的估计值为

$$\hat{a}_i=\left.\frac{F^{\mathrm{H}}(f_i,\gamma_i)S_i}{N}\right|_{f_i=\hat{f}_i,\gamma_i=\hat{\gamma}_i} \tag{2.16}$$

式中,上标 H 表示共轭转置。把 a_i 的估计值代入式(2.15),经化简可得

$$\{\hat{f}_i,\hat{\gamma}_i\}=\underset{f_i,\gamma_i}{\operatorname{argmax}}\frac{|F^{\mathrm{H}}(f_i,\gamma_i)S_i|^2}{N} \tag{2.17}$$

此时,基于松弛迭代算法的线性调频信号参数估计步骤如下。

(1) 假设信号数 $K=1$,分别利用式(2.17)和式(2.16)计算$\{\hat{f}_1,\hat{\gamma}_1,\hat{a}_1\}$。

(2) 假设信号数 $K=2$,首先将步骤(1)计算得到的$\{\hat{f}_1,\hat{\gamma}_1,\hat{a}_1\}$代入式(2.11)求出 S_2,再分别利用式(2.17)和式(2.16)计算$\{\hat{f}_2,\hat{\gamma}_2,\hat{a}_2\}$;然后将计算的$\{\hat{f}_2,\hat{\gamma}_2,\hat{a}_2\}$代入式(2.14)求出 S_1,利用 S_1 及式(2.17)和式(2.16)重新计算$\{\hat{f}_1,\hat{\gamma}_1,\hat{a}_1\}$。这个过程反复迭代,直至收敛。

(3) 假设信号数 $K=3$,首先将步骤(2)计算得到的$\{\hat{f}_1,\hat{\gamma}_1,\hat{a}_1\}$和$\{\hat{f}_2,\hat{\gamma}_2,\hat{a}_2\}$代入式(2.14)求出 S_3,再分别利用式(2.17)和式(2.16)计算$\{\hat{f}_3,\hat{\gamma}_3,\hat{a}_3\}$;然后将计算得到的$\{\hat{f}_3,\hat{\gamma}_3,\hat{a}_3\}$和$\{\hat{f}_2,\hat{\gamma}_2,\hat{a}_2\}$代入式(2.14)求出 S_1,利用 S_1 及式(2.17)和式(2.16)重新计算$\{\hat{f}_1,\hat{\gamma}_1,\hat{a}_1\}$;最后将计算得到的$\{\hat{f}_1,\hat{\gamma}_1,\hat{a}_1\}$和$\{\hat{f}_3,\hat{\gamma}_3,\hat{a}_3\}$代入式(2.14)求出 S_2,利用 S_2 及式(2.17)和式(2.16)重新计算$\{\hat{f}_2,\hat{\gamma}_2,\hat{a}_2\}$。这个过程反复迭代,直至收敛。

(4) 令 $K=K+1$,上述步骤持续进行,直到 K 等于待估计信号数。

2.4.2　基于 APES 技术的超分辨方法

APES 算法是由 Li 和 Stoica 提出的一种基于自适应滤波算法的正弦信号幅度相位估计方法[39]。这种方法的优点是旁瓣比较低,对信号的幅度估计比较精确;同时,也可以推广到估计线性调频信号的参数,因此可以用来对复杂运动目标进行超分辨成像。下面介绍基于 APES 技术的线性调频信号参数估计方法。

考虑加性白噪声中的线性调频信号

$$s(n)=A(\alpha,\omega)\exp\left[\mathrm{j}\left(\frac{1}{2}\alpha n^2+n\omega\right)\right]+e(n),\quad n=0,1,\cdots,N-1 \tag{2.18}$$

式中,$A(\alpha,\omega)$代表调频斜率 α、初始频率 ω 处的信号幅度;$e(n)$为加性白噪声。令

$$S_m=[s(m)\quad s(m+1)\quad\cdots\quad s(m+M-1)]^{\mathrm{T}},\quad m=0,1,\cdots,N-M \tag{2.19}$$

由于

$$\begin{aligned}s(m+m_0)&=A(\alpha,\omega)\exp\left[\mathrm{j}\left(\frac{1}{2}\alpha\,(m+m_0)^2+(m+m_0)\omega\right)\right]+e(m+m_0)\\&=A(\alpha,\omega)\exp\left[\mathrm{j}\left(\frac{1}{2}\alpha m_0^2+m_0\omega\right)\right]\exp\left[\mathrm{j}\left(\frac{1}{2}\alpha m^2+m\omega\right)\right]\exp(\mathrm{j}\alpha m m_0)\\&\quad+e(m+m_0)\end{aligned} \tag{2.20}$$

令

$$x(m+m_0)=s(m+m_0)\exp(-\mathrm{j}\alpha m m_0)$$
$$=A(\alpha,\omega)\exp\left[\mathrm{j}\left(\frac{1}{2}\alpha m_0^2+m_0\omega\right)\right]\exp\left[\mathrm{j}\left(\frac{1}{2}\alpha m^2+m\omega\right)\right]$$
$$+\bar{e}(m+m_0) \tag{2.21}$$

式中

$$\bar{e}(m+m_0)=e(m+m_0)\exp(-\mathrm{j}\alpha m m_0) \tag{2.22}$$

定义

$$X_m=[x(m)\quad x(m+1)\quad \cdots \quad x(m+M-1)]^{\mathrm{T}},\quad m=0,1,\cdots,N-M \tag{2.23}$$

构造一 M 阶自适应滤波器，假设其冲激响应 $h(\alpha,\omega)$ 具有以下形式：

$$h(\alpha,\omega)=[h_1(\alpha,\omega)\quad h_2(\alpha,\omega)\quad \cdots \quad h_M(\alpha,\omega)]^{\mathrm{T}} \tag{2.24}$$

此时，向量 X_m 通过滤波器后的输出为

$$h^{\mathrm{H}}(\alpha,\omega)X_m=A(\alpha,\omega)[h^{\mathrm{H}}(\alpha,\omega)\beta(\alpha,\omega)]\exp\left[\mathrm{j}\left(\frac{1}{2}\alpha m^2+m\omega\right)\right]+w_m \tag{2.25}$$

式中，w_m 为噪声输出；$\beta(\alpha,\omega)$ 为信号导向矢量，且有

$$\beta(\alpha,\omega)=\left[1\quad \exp\left[\mathrm{j}\left(\frac{1}{2}\alpha+\omega\right)\right]\quad \cdots \quad \exp\left[\mathrm{j}\left(\frac{1}{2}\alpha(M-1)^2+(M-1)\omega\right)\right]\right]^{\mathrm{T}} \tag{2.26}$$

如果冲激响应 $h(\alpha,\omega)$ 满足

$$h^{\mathrm{H}}(\alpha,\omega)\beta(\alpha,\omega)=1 \tag{2.27}$$

那么式(2.25)成为

$$h^{\mathrm{H}}(\alpha,\omega)X_m=A(\alpha,\omega)\exp\left[\mathrm{j}\left(\frac{1}{2}\alpha m^2+m\omega\right)\right]+w_m \tag{2.28}$$

这样，从式(2.28)中得到 $A(\alpha,\omega)$ 的最小二乘估计结果为

$$\hat{A}(\alpha,\omega)=\frac{1}{N-M+1}\left\{h^{\mathrm{H}}(\alpha,\omega)\left\{\sum_{m=0}^{N-M}X_m\exp\left[-\mathrm{j}\left(\frac{1}{2}\alpha m^2+m\omega\right)\right]\right\}\right\} \tag{2.29}$$

令

$$\hat{X}(\alpha,\omega)=\frac{1}{N-M+1}\sum_{m=0}^{N-M}X_m\exp\left[-\mathrm{j}\left(\frac{1}{2}\alpha m^2+m\omega\right)\right] \tag{2.30}$$

则式(2.29)可写为

$$\hat{A}(\alpha,\omega)=h^{\mathrm{H}}(\alpha,\omega)\hat{X}(\alpha,\omega) \tag{2.31}$$

令

$$\hat{R}=\frac{1}{N-M+1}\sum_{m=0}^{N-M}X_mX_m^{\mathrm{H}} \tag{2.32}$$

$$\hat{Q}(\alpha,\omega)=\hat{R}-\hat{X}(\alpha,\omega)\hat{X}^{\mathrm{H}}(\alpha,\omega) \tag{2.33}$$

滤波器 $h(\alpha,\omega)$ 取为

$$\hat{h}(\alpha,\omega)=\frac{\hat{Q}^{-1}(\alpha,\omega)\beta(\alpha,\omega)}{\beta^{\mathrm{H}}(\alpha,\omega)\hat{Q}^{-1}(\alpha,\omega)\beta(\alpha,\omega)} \tag{2.34}$$

实际运算时，对不同的 α、ω 根据式(2.31)分别计算 $\hat{A}(\alpha,\omega)$，利用谱峰搜索即可得到 $\hat{A}(\alpha,\omega)$ 及相应的 α、ω。对于多分量信号，采用 APES 算法可以首先估计出其中一个能量最大信号分量的参数，然后从原信号中减去该信号分量，继续采用 APES 算法对其余信号分量的参数进行估计，直到最后估计出所有信号分量的参数或剩余信号的能量比较小。

2.4.3 实测数据超分辨 ISAR 成像结果

本节以外场实测数据为例来说明以上两种超分辨算法在复杂运动目标 ISAR 成像中的应用。目标为雅克-42 飞机，信号主要参数如 2.1 节所述。采用距离-多普勒算法、松弛迭代算法和 APES 算法得到的成像结果如图 2.23 所示。

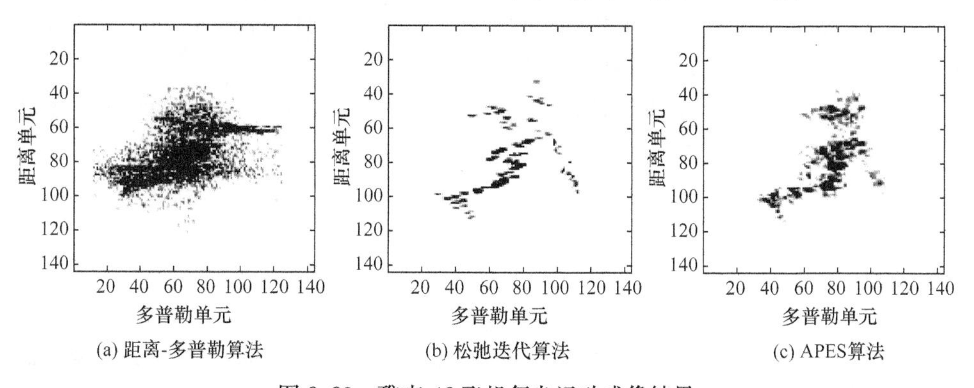

图 2.23　雅克-42 飞机复杂运动成像结果

图 2.23 中，距离-多普勒算法的成像积累角度为 $\Delta\theta\approx4^\circ$，而松弛迭代算法和 APES 算法的成像积累角度为 $\Delta\theta/2\approx2^\circ$。由图 2.23 可见，采用松弛迭代算法和 APES 算法在小角度的情况下实现了复杂运动目标的 ISAR 成像。但是，这两种超分辨算法的不足之处是计算量较大，实现起来比较困难。

2.5 复杂运动目标 ISAR 回波信号特点

本节从信号处理的角度，对复杂运动目标 ISAR 的回波信号特点进行总结性的归纳与分析，进而为后续章节的介绍奠定基础。2.2 节讨论的距离-瞬时多普勒

成像方法和 2.4 节讨论的两种超分辨成像方法都是基于这样一个假设，即在较短的相干积累时间内，目标回波近似为多分量线性调频信号。这个假设在目标复杂运动性不强时可以近似成立，但是当目标复杂运动性很强时散射点回波不满足上述假设的例子也很多。考虑更一般的情形，认为雷达数据已经过运动补偿处理，此时每个距离单元回波为一多分量信号，同时有些散射点回波并不是完整地存在于整个孔径，其幅度也是时变的，因此可认为某一距离单元的目标回波是一变包络的多分量多项式相位信号，模型如下：

$$s(t)=\sum_{k=1}^{K}a_k(t)\exp(\mathrm{j}\phi_k(t)) \tag{2.35}$$

$$\phi_k(t)=\phi_{0,k}+2\pi\sum_{m=1}^{M}c_{k,m}t^m \tag{2.36}$$

式中，$a_k(t)$为第 k 个分量的幅度；$\phi_k(t)$为 M 阶多项式相位。

下面分四种情况对上述模型进行理论分析。

1. 常幅线性调频信号

常幅线性调频信号是所有模型中最为简单的一种情况，此时目标近似为等加速旋转，相应的距离-瞬时多普勒算法的本质为多分量线性调频信号的参数估计问题，本节从信号处理的角度对其进行说明。

对于线性调频信号的参数估计，通常主要是估计其瞬时频率，因为它描述了非平稳信号时变谱的特有规律，在对非平稳信号的研究中占据重要的地位。对于线性调频信号，估计瞬时频率的困难在于调频斜率的估计，如果估计出调频斜率，则信号就可以转换为一个平稳信号来处理。

2. 常幅多项式相位信号

当目标复杂运动性很强时，将其近似为等加速旋转已不能满足成像要求。此时，需对目标回波信号进行高阶近似，即近似为多项式相位信号(polynomial phase signal，PPS)。关于多分量多项式相位信号的参数估计，目前最为有效的方法是高阶相位匹配技术，其基本原理与实现过程将在第 5 章中进行详细说明。

3. 变幅多项式相位信号

当实际目标做复杂运动时，各个散射点的回波不但多普勒频率是时变的，而且幅度也是时变的，如当目标具有二面体、三面体构件时，散射点有较强的方向性；同时，当存在散射点穿越距离分辨单元的现象时，某些散射点会中途越出和进入所分析的距离单元。此时，目标回波近似为多分量时变幅值多项式相位信号模型是非常合理的。

关于变幅多项式相位信号的参数估计，目前还没有特别行之有效的方法。因此，本节从信号分解的角度考虑该问题，将信号分解成一系列基函数的线性组合，用以反映信号的内部结构。这类方法包括Gabor变换、Chirplet变换等。

在Gabor变换中，基函数的选取非常重要，合适的基函数可以使信号展开对于时间和频率都具有较好的局域化性能。而Gabor基的频率、带宽是固定的，即对时频平面的划分是一种格型分割，这样就导致对变频信号无法进行有效的匹配；在此基础上，文献[40]采用线性调频的高斯信号集为分解基，它的基信号比Gabor基增加了一个线性调频项，这样，时频平面上的任意一条能量曲线都可以用一组线段来线性逼近。由于线性调频高斯信号的时频聚集性极佳，信号分解的结果能够很好地反映信号的真实时频特性。这种方法也可称为自适应Chirplet分解，它包含的未知参数很多，目前还没有非常有效的估计算法，这也是自适应Chirplet分解研究的一个主要问题。

对于多分量时变幅值的多项式相位信号，可通过自适应Chirplet分解将其表示为一组线性调频高斯基函数的线性叠加，进而可以表征原信号的瞬时幅度和瞬时频率。但是在两个分量的接点处会产生较大的误差，这在ISAR成像中关系不大。ISAR成像主要是为了获得清晰的目标像，以便于识别，主要对大多数估值准确即可，对一些散射点在某些时刻有一定的频率和幅度估计误差是可以容忍的。

4. 基于时频分布的方法

距离-瞬时多普勒成像方法的实质是得到散射点回波的高分辨瞬时多普勒谱，即对目标回波数据按一定模型进行参数估计。另一个有效的途径是采用时频分布对ISAR回波信号进行分析和处理。时频分布理论目前是处理非平稳信号的最好工具，它可以描绘出信号频谱随时间的变化情况，用时间和频率的联合函数来表示信号，这种表示分为线性和二次型两种。时频分布的这个特点正好适用于复杂运动目标的ISAR成像，因为复杂运动目标回波信号为多分量调频信号，通过计算其时频分布，理论上可以得到信号频谱随时间的变化情况，即散射点的横向分布。但是对于多分量信号、二次型的时频分布，如WVD会产生严重的交叉项，影响对信号真正时频结构的辨识。因此，抑制交叉项成为时频分析理论中的一个重要问题。人们从交叉项的特点出发，先后提出许多抑制交叉项的时频表示，如CWD、平滑伪Wigner-Ville分布(smooth pseodu Wigner-Ville distribution，SPWVD)等，但这些分布都是以牺牲时频分辨率为代价的。线性时频分布对多分量信号不存在交叉项的影响，但时频分辨率通常较低，如短时傅里叶变换(short time Fourier transform，STFT)、Gabor变换等。

下面计算图2.4中雅克-42飞机和安-26飞机相应距离单元的STFT、CWD和SPWVD，如图2.24～图2.26所示。由图2.24～图2.26可见，STFT虽然没有交叉项的干扰，但它的分辨率很低；而CWD和SPWVD的交叉项虽然得到部分抑制，但时频分辨率下降很多，不能满足实际成像过程中对分辨率的要求。因此，寻找有效抑制交叉项，同时又具有高的时频分辨率的时频分布是复杂运动目标ISAR成像必须解决的问题。

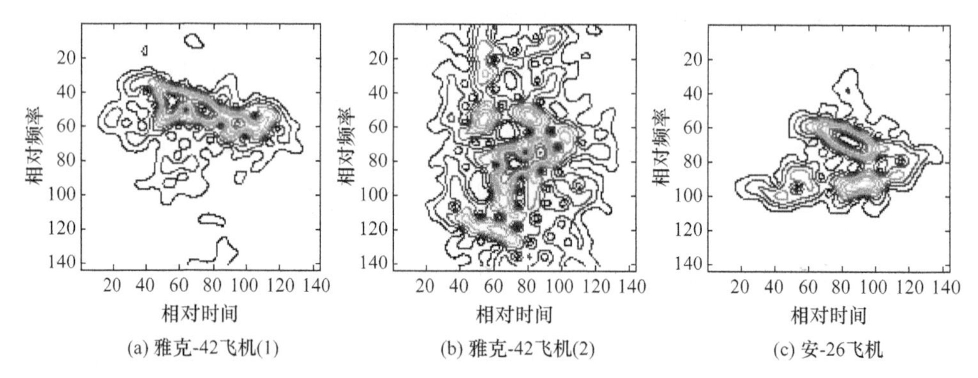

(a) 雅克-42飞机(1)　(b) 雅克-42飞机(2)　(c) 安-26飞机

图 2.24　雅克-42飞机与安-26飞机某一距离单元回波数据的STFT

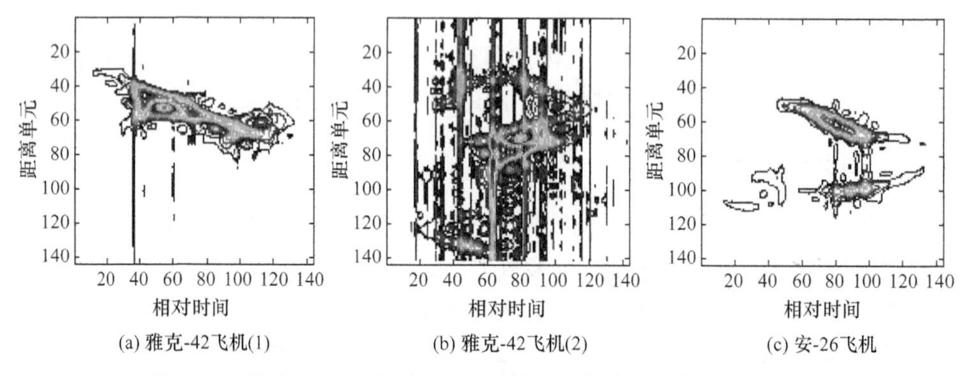

(a) 雅克-42飞机(1)　(b) 雅克-42飞机(2)　(c) 安-26飞机

图 2.25　雅克-42飞机与安-26飞机某一距离单元回波数据的CWD

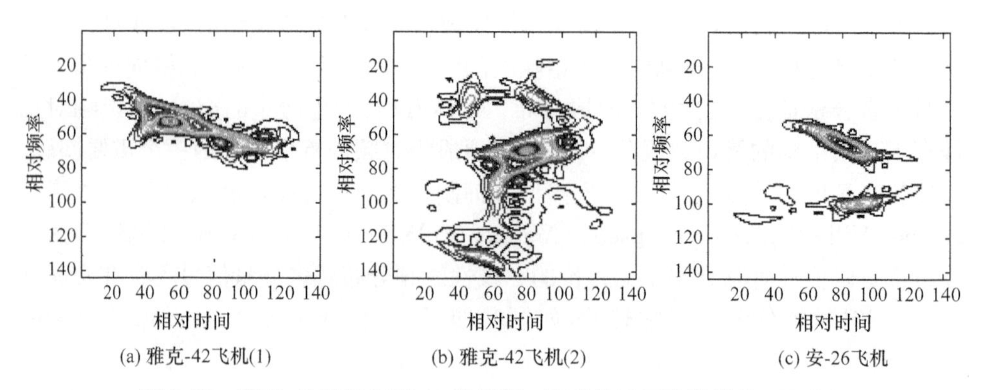

(a) 雅克-42飞机(1)　(b) 雅克-42飞机(2)　(c) 安-26飞机

图 2.26　雅克-42飞机与安-26飞机某一距离单元回波数据的SPWVD

综上所述，本节将复杂运动目标 ISAR 回波信号分为四种情况来考虑，即常幅线性调频信号、常幅多项式相位信号、变幅多项式相位信号和时频分布方法的引入。从信号时频分析的角度来说，以上四个方面分别对应着目前时频分析领域中正在进行研究的热点问题，即多分量线性调频信号的检测与参数估计问题、多分量多项式相位信号的检测与参数估计问题、信号的自适应投影分解和新型时频分布的构造。因此，本书拟从这四个方面进行深入研究，提出新的解决问题的方法，并解决 ISAR 成像中存在的问题。

2.6　本章小结

首先，本章介绍了 ISAR 成像的距离-多普勒算法，并以实测数据为例说明距离-多普勒算法不适用于目标做复杂运动的情况。然后，本章讨论了复杂运动目标 ISAR 成像的基本原理以及相应的距离-瞬时多普勒成像算法，在目标近似成等加速旋转的情况下，应用距离-瞬时多普勒成像算法可以解决复杂运动目标的成像问题。同时，本章讨论了两种超分辨算法在复杂运动目标 ISAR 成像中的应用，在保持相应横向分辨率的条件下减小了成像角度。最后，本章对复杂运动目标回波信号特点进行归纳与总结，进而为本书后续章节的介绍奠定了基础。

参考文献

[1] Trintinalia L C, Ling H. Joint time-frequency ISAR using adaptive processing[J]. IEEE Transactions on Antennas and Propagation, 1997, 45(2): 221-227.

[2] Li G, Zhang H, Wang X Q, et al. ISAR 2-D imaging of uniformly rotating targets via matching pursuit[J]. IEEE Transactions on Aerospace and Electronic Systems, 2012, 48(2): 1838-1846.

[3] Wong S K, Duff G, Riseborough E. Distortion in the inverse synthetic aperture radar(ISAR) images of a target with time-varying perturbed motion[J]. IEE Proceedings—Radar Sonar and Navigation, 2003, 150(4): 221-227.

[4] Chen V C, Miceli W J. Time-varying spectral analysis for radar imaging of maneuvering targets[J]. IEE Proceedings—Radar Sonar and Navigation, 1998, 145(5): 262-268.

[5] Gao Z Z, Li Y C, Xing M D, et al. ISAR imaging of manoeuvring targets with the range instantaneous chirp rate technique[J]. IET Radar Sonar and Navigation, 2009, 3(5): 449-460.

[6] 王根原，保铮，孙晓兵. 基于匀加速多普勒频率模型 ISAR 成像[J]. 电子学报，1997，25(6)：58-61.

[7] Wang Y, Jiang Y C. A novel algorithm for estimating the rotation angle in ISAR imaging[J]. IEEE Geoscience and Remote Sensing Letters, 2008, 5(4): 608-609.

[8] 保铮，王根原，罗琳. 逆合成孔径雷达的距离-瞬时多普勒成像方法[J]. 电子学报，1998，

26(12):79-83.

[9] 王勇,姜义成. CAPON方法在ISAR成像中的应用[J]. 哈尔滨工业大学学报,2007,39(11):1751-1755.

[10] 王根原,保铮. 一种基于自适应Chirplet分解的逆合成孔径雷达成像方法[J]. 电子学报,1999,27(3):29-31.

[11] Xia X G, Wang G Y, Chen V C. Quantitative SNR analysis for ISAR imaging using joint time-frequency analysis—Short time Fourier transform[J]. IEEE Transactions on Aerospace and Electronic Systems,2002,38(2):649-659.

[12] 邢孟道,保铮. ISAR复杂运动目标的平动补偿和瞬时成像研究[J]. 电子学报,2001,29(6):733-737.

[13] Wang Y, Jiang Y C. Detection and parameter estimation of multicomponent LFM signal based on the cubic phase function[J]. EURASIP Journal on Advances in Signal Processing,2008:743985-1-743985-7.

[14] 保铮,孙长印,邢孟道. 复杂运动目标的逆合成孔径雷达成像原理与算法[J]. 电子学报,2000,28(6):24-39.

[15] Wang Y, Jiang Y C. ISAR imaging of three-dimensional rotation target based on two-order match Fourier transform[J]. IET Signal Processing,2012,6(2):159-169.

[16] 卢光跃,保铮. 复杂运动目标ISAR距离瞬时多普勒成像实现方法[J]. 系统工程与电子技术,1999,21(7):30-32.

[17] 卢光跃,保铮. 基于瞬时谱估计的ISAR距离瞬时多普勒成像算法[J]. 西安电子科技大学学报,1998,25(5):593-597.

[18] 邢孟道,保铮,郑义明,等. 适合于大型平稳和复杂运动目标的成像算法[J]. 信号处理,2001,17(1):47-55.

[19] 邢孟道,保铮,冯大政. 基于瞬时幅度和调频率估计的复杂运动目标成像方法[J]. 西安电子科技大学学报,2001,28(1):22-26.

[20] 马长征,张守宏. 匀加速旋转目标ISAR成像的横向分辨率[J]. 西安电子科技大学学报,1999,26(2):254-256.

[21] 邢孟道,保铮. 外场实测数据的舰船目标ISAR成像[J]. 电子与信息学报,2001,23(12):1271-1277.

[22] 李玺,刘国岁,单荣光,等. 基于熵准则的匀速直线运动目标的转动补偿[J]. 电子科学学刊,2000,22(2):265-273.

[23] 王根原. 复杂运动目标的逆合成孔径雷达成像研究[D],西安:西安电子科技大学,1998.

[24] 邢孟道. 基于实测数据的雷达成像方法研究[D]. 西安:西安电子科技大学,2002.

[25] 卢光跃. 逆合成孔径雷达(ISAR)成像技术的改进[D]. 西安:西安电子科技大学,1999.

[26] 邹虹. 多分量线性调频信号的时频分析[D]. 西安:西安电子科技大学,2000.

[27] 王小宁,许家栋. 离散调频-傅里叶变换及其在雷达成像中的应用[J]. 系统工程与电子技术,2002,24(3):14-15.

[28] Chen V C, Qian S. Joint time-frequency analysis for radar range-Doppler imaging[J]. IEEE

Transactions Aerospace and Electronic Systems,1998,34(2):486-499.

[29] Chen V C,Ling H. ISAR motion compensation via adaptive joint time-frequency technique[J]. IEEE Transactions Aerospace and Electronic Systems,1998,34(2):670-676.

[30] Berizzi F,Mese E D. High resolution ISAR imaging of maneuvering targets by means of the range instantaneous Doppler technique:Modeling and performance analysis[J]. IEEE Transactions on Image Processing,2001,10(12):1880-1890.

[31] 刘爱芳,刘中,路锦辉. 基于 Radon-ambiguity 变换的 ISAR 成像算法[J]. 现代雷达,2003,25(6):12-14.

[32] 黄小红,姜卫东,邱兆坤,等. 基于时频的逆合成孔径雷达的距离-瞬时多普勒成像方法[J]. 国防科技大学学报,2002,24(6):34-36.

[33] 科恩. 时-频分析理论与应用[M]. 白居宪,译. 西安:西安交通大学出版社,1998.

[34] 张贤达,保铮. 非平稳信号分析与处理[M]. 北京:国防工业出版社,1998.

[35] 成萍,姜义成,许荣庆. 一种新的基于稀疏贝叶斯学习的 ISAR 成像方法[J]. 哈尔滨工业大学学报,2007,39(5):730-732.

[36] 成萍,姜义成,许荣庆. 基于自适应 Chirplet 变换的 ISAR 瞬时成像的快速算法[J]. 电子与信息学报,2005,27(12):1867-1871.

[37] Barkat B,Boashash B. A high-resolution quadratic time-frequency distribution for multicomponent signals analysis[J]. IEEE Transactions on Signal Processing, 2001, 49(10): 2232-2239.

[38] Li J,Stoica P. Efficient mixed-spectrum estimation with applications to target feature extraction[J]. IEEE Transactions on Signal Processing,1996,44(2):281-295.

[39] Li J,Stoica P. An adaptive filtering approach to spectral estimation and SAR imaging[J]. IEEE Transactions on Signal Processing,1996,44(6):1469-1484.

[40] 殷勤业,倪志芳,钱世锷,等. 自适应旋转投影分解法[J]. 电子学报,1997,25(4):52-58.

[41] 王勇. 机动飞行目标 ISAR 成像算法研究[D]. 哈尔滨:哈尔滨工业大学,2004.

[42] 王勇. 基于时频分析技术的复杂运动目标 ISAR 成像算法研究[D]. 哈尔滨:哈尔滨工业大学,2008.

第3章　基于信号分解的复杂运动目标ISAR成像

3.1 引　　言

信号分解理论在信号处理领域占有重要的地位，它是一种信号的参数化时频表示方法。其基本原理是将待分析信号分解成一系列基函数的线性组合，进而反映信号的内部特征。其中，Qian 和 Mallat 分别提出了基于 Gauss 函数集的自适应投影匹配分解法，由于所用的基函数频率不变，即对时频平面的划分是一种格型分割，无法对变频信号进行有效的匹配；在此基础上，人们又提出用 Gauss 包络线性调频信号作为基函数集的自适应旋转投影分解法，将基函数的参数扩展为四维，即信号的自适应 Chirplet 分解。通过将信号分解成为一系列 Chirplet 基函数的线性组合，可以了解信号的更为细节的信息[1,2]。

Chirplet 基函数可定义如下：

$$g_n(t)=(\pi\sigma_n^2)^{-0.25}\exp\left\{-\frac{(t-t_n)^2}{2\sigma_n^2}+\mathrm{j}\omega_n(t-t_n)+\mathrm{j}\beta_n(t-t_n)^2\right\} \tag{3.1}$$

式中，σ_n 为 Chirplet 基函数的时间宽度；t_n 为 Chirplet 基函数的时间中心；ω_n 为 Chirplet 基函数的初始频率；β_n 为 Chirplet 基函数的调频率。

Chirplet 基函数的 Wigner-Ville 分布（WVD）具有如下形式：

$$\mathrm{WVD}_{g_n}(t,\omega)=2\exp\left\{-\frac{(t-t_n)^2}{\sigma_n^2}-4\sigma_n^2\left[(\omega-\omega_n)/2-\beta_n(t-t_n)\right]^2\right\} \tag{3.2}$$

由式(3.2)可见，Chirplet 基函数的 WVD 具有非负能量，在联合时频分析中起着重要的作用。

此时，任意信号 $s(t)$ 可以表示成如下形式：

$$s(t)=\sum_{n=0}^{\infty}C_n g_n(t) \tag{3.3}$$

式中，C_n 为 Chirplet 基函数的加权系数。

目前，Chirplet 分解算法的主要缺点是运算量大，尤其是参数初值的估计，需要在一定范围内进行搜索或者自适应迭代等，不利于具体的应用。由于 Chirplet 基函数包含的未知参数较多，目前还没有非常有效的估计算法，这也是自适应 Chirplet 分解法正在探讨的一个主要问题[3-26]。对于复杂信号，自适应 Chirplet 分解法对信号的逼近程度有时不高，如何对 Chirplet 基函数进行推广以及获取此时的信号分解算法也是尚未研究的问题。

因此，本章首先提出信号自适应 Chirplet 分解的快速算法；然后介绍修正型自适应 Chirplet 分解的概念，将 Chirplet 基函数推广到三次相位信号的形式，以很好地逼近信号中的非线性时变结构成分，同时给出相应的快速分解算法；最后，介绍基于信号分解的复杂运动目标 ISAR 成像方法。

3.2　自适应 Chirplet 分解的快速算法

本节提出一种新的自适应 Chirplet 分解的快速算法，利用计算信号的三次相位函数，得到其能量分布集中于信号的调频率曲线上的结论，此时通过谱峰检测可同时获得 Chirplet 调频率、时间中心和幅度的估计，通过解线性调频技术获得其初始频率和时间宽度的估计。算法实现比较简单，计算量小，且具有较高的参数估计精度，能够保留信号更多的时频特性。

3.2.1　单分量信号参数估计

考虑单分量信号

$$s(t)=C_0(\pi\sigma_0^2)^{-0.25}\exp\left[-\frac{(t-t_0)^2}{2\sigma_0^2}+\mathrm{j}\omega_0(t-t_0)+\mathrm{j}\beta_0(t-t_0)^2\right] \tag{3.4}$$

其三次相位函数定义为

$$\mathrm{CP}(t,u)=\int_0^{+\infty}s(t+\tau)s(t-\tau)\mathrm{e}^{-\mathrm{j}u\tau^2}\mathrm{d}\tau \tag{3.5}$$

将式(3.4)代入式(3.5)可得

$$\mathrm{CP}(t,u)=C_0^2(\pi\sigma_0^2)^{-0.5}\exp\left[-\frac{(t-t_0)^2}{\sigma_0^2}+2\mathrm{j}\omega_0(t-t_0)+2\mathrm{j}\beta_0(t-t_0)^2\right]\times\int_0^{+\infty}\exp\left[-\frac{\tau^2}{\sigma_0^2}+\mathrm{j}\tau^2(2\beta_0-u)\right]\mathrm{d}\tau \tag{3.6}$$

这里

$$\int_0^{+\infty}\exp\left[-\frac{\tau^2}{\sigma_0^2}+\mathrm{j}\tau^2(2\beta_0-u)\right]\mathrm{d}\tau=\frac{\sqrt{\pi}}{2\sqrt[4]{(2\beta_0-u)^2+\dfrac{1}{\sigma_0^4}}}\exp(\mathrm{j}\phi) \tag{3.7}$$

式中

$$\phi=\frac{1}{2}\arctan\frac{1}{\sigma_0^2(u-2\beta_0)}-\frac{\pi}{4} \tag{3.8}$$

由式(3.6)和式(3.7)可以看出，当 $u=2\beta_0$ 时，有

$$|\mathrm{CP}(t,u)|=C_0^2(\pi\sigma_0^2)^{-0.5}\exp\left[-\frac{(t-t_0)^2}{\sigma_0^2}\right]\times\int_0^{+\infty}\exp\left(-\frac{\tau^2}{\sigma_0^2}\right)\mathrm{d}\tau$$

$$=\frac{1}{2}C_0^2\exp\left[-\frac{(t-t_0)^2}{\sigma_0^2}\right] \tag{3.9}$$

因此，可以通过 CP(t,u)的峰值位置获得参数 β_0 的估计。其他参数可通过解线性调频及傅里叶变换来进行估计。

3.2.2 多分量信号参数估计

下面考虑多分量 Chirplet 信号情况下基于三次相位函数的参数估计方法。这里以两个信号分量为例，形式如下：

$$\begin{aligned}s(t)=&C_1(\pi\sigma_1^2)^{-0.25}\exp\left[-\frac{(t-t_1)^2}{2\sigma_1^2}+\mathrm{j}\omega_1(t-t_1)+\mathrm{j}\beta_1(t-t_1)^2\right]\\&+C_2(\pi\sigma_2^2)^{-0.25}\exp\left[-\frac{(t-t_2)^2}{2\sigma_2^2}+\mathrm{j}\omega_2(t-t_2)+\mathrm{j}\beta_2(t-t_2)^2\right]\end{aligned} \tag{3.10}$$

此时，可得到结论：对于式(3.10)所示的多分量 Chirplet 信号，其三次相位函数在当 $t=\frac{2(\beta_1t_1-\beta_2t_2)-(\omega_1-\omega_2)}{2(\beta_1-\beta_2)}$时会产生虚假峰值，峰值位于 $u=\beta_1+\beta_2$。

具体证明过程如下。

将式(3.10)代入式(3.5)中，可得

$$\begin{aligned}&\mathrm{CP}(t,u)\\=&C_1^2(\pi\sigma_1^2)^{-0.5}\exp\left[-\frac{(t-t_1)^2}{\sigma_1^2}+2\mathrm{j}\omega_1(t-t_1)+2\mathrm{j}\beta_1(t-t_1)^2\right]\frac{\sqrt{\pi}}{2\sqrt[4]{(2\beta_1-u)^2+\frac{1}{\sigma_1^4}}}\exp(\mathrm{j}\phi_1)\\&+C_2^2(\pi\sigma_2^2)^{-0.5}\exp\left[-\frac{(t-t_2)^2}{\sigma_2^2}+2\mathrm{j}\omega_2(t-t_2)+2\mathrm{j}\beta_2(t-t_2)^2\right]\frac{\sqrt{\pi}}{2\sqrt[4]{(2\beta_2-u)^2+\frac{1}{\sigma_2^4}}}\exp(\mathrm{j}\phi_2)\\&+C_1C_2(\pi\sigma_1\sigma_2)^{-0.5}\exp\left[-\frac{(t-t_1)^2}{2\sigma_1^2}-\frac{(t-t_2)^2}{2\sigma_2^2}+\mathrm{j}\omega_1(t-t_1)+\mathrm{j}\omega_2(t-t_2)\right.\\&\left.+\mathrm{j}\beta_1(t-t_1)^2+\mathrm{j}\beta_2(t-t_2)^2\right]\\&\times\left\{\int_0^{+\infty}\exp\left\{-\tau^2\left(\frac{1}{2\sigma_1^2}+\frac{1}{2\sigma_2^2}\right)+\mathrm{j}\tau^2(\beta_1+\beta_2-u)+\tau\left(\frac{t-t_2}{\sigma_2^2}-\frac{t-t_1}{\sigma_1^2}\right)\right.\right.\\&\left.+\mathrm{j}\tau[(\omega_1-\omega_2)+2\beta_1(t-t_1)-2\beta_2(t-t_2)]\right\}\mathrm{d}\tau\\&+\int_0^{+\infty}\exp\left\{-\tau^2\left(\frac{1}{2\sigma_1^2}+\frac{1}{2\sigma_2^2}\right)+\mathrm{j}\tau^2(\beta_1+\beta_2-u)-\tau\left(\frac{t-t_2}{\sigma_2^2}-\frac{t-t_1}{\sigma_1^2}\right)\right.\\&\left.\left.-\mathrm{j}\tau[(\omega_1-\omega_2)+2\beta_1(t-t_1)-2\beta_2(t-t_2)]\right\}\mathrm{d}\tau\right\}\end{aligned} \tag{3.11}$$

式中

$$\phi_1=\frac{1}{2}\arctan\frac{1}{\sigma_1^2(u-2\beta_1)}-\frac{\pi}{4} \tag{3.12}$$

$$\phi_2=\frac{1}{2}\arctan\frac{1}{\sigma_2^2(u-2\beta_2)}-\frac{\pi}{4} \tag{3.13}$$

由式(3.11)可见，$\mathrm{CP}(t,u)$在$u=2\beta_1$和$u=2\beta_2$处产生两个峰值，分别代表了两个不同信号分量的参数估值。当满足如下条件时：

$$(\omega_1-\omega_2)+2\beta_1(t-t_1)-2\beta_2(t-t_2)=0 \tag{3.14}$$

式(3.11)可简化为

$$\begin{aligned}&\int_0^{+\infty}\exp\left\{-\tau^2\left(\frac{1}{2\sigma_1^2}+\frac{1}{2\sigma_2^2}\right)+\mathrm{j}\tau^2(\beta_1+\beta_2-u)\pm\tau\left(\frac{t-t_2}{\sigma_2^2}-\frac{t-t_1}{\sigma_1^2}\right)\right\}\mathrm{d}\tau\\&=\frac{\sqrt{\pi}}{2\sqrt[4]{(\beta_1+\beta_2-u)^2+\left(\dfrac{1}{2\sigma_1^2}+\dfrac{1}{2\sigma_2^2}\right)^2}}\exp\left\{\frac{\left(\dfrac{t-t_2}{\sigma_2^2}-\dfrac{t-t_1}{\sigma_1^2}\right)^2\left(\dfrac{1}{2\sigma_1^2}+\dfrac{1}{2\sigma_2^2}\right)}{4\left[\left(\dfrac{1}{2\sigma_1^2}+\dfrac{1}{2\sigma_2^2}\right)^2+(\beta_1+\beta_2-u)^2\right]}\right\}\exp(\mathrm{j}\phi_3)\end{aligned} \tag{3.15}$$

式中

$$\phi_3=\frac{1}{2}\arctan\frac{2\sigma_1^2\sigma_2^2(\beta_1+\beta_2-u)}{\sigma_1^2+\sigma_2^2}+\frac{\left(\dfrac{t-t_2}{\sigma_2^2}-\dfrac{t-t_1}{\sigma_1^2}\right)^2(\beta_1+\beta_2-u)}{4\left[\left(\dfrac{1}{2\sigma_1^2}+\dfrac{1}{2\sigma_2^2}\right)^2+(\beta_1+\beta_2-u)^2\right]} \tag{3.16}$$

由式(3.15)可见，当满足条件即式(3.14)时，$\mathrm{CP}(t,u)$会在$u=\beta_1+\beta_2$处产生虚假峰值。

为了抑制虚假峰值和不同信号分量间交叉项对多分量信号参数估计的影响，这里采用乘积型三次相位函数的方法，具体形式如下：

$$\mathrm{PCP}(u)=\prod_{l=1}^{L}\mathrm{CP}(t_l,u) \tag{3.17}$$

式中，t_l为L个不同时刻。

对于乘积型三次相位函数，由于不同信号分量间的交叉项散布在整个$\mathrm{CP}(t,u)$平面上，因此通过对不同时间切片处三次相位函数值进行相乘，可在很大程度上抑制交叉项和虚假峰值的影响。同时，信号自身项的位置由于和时间无关，可通过乘积的方式得到增强。因此，采用乘积型三次相位函数的方法可获得不同信号分量的参数估值。此时可采用类似于洁净技术的方法依次估计出每个信号分量，过程如下。

(1) 假定多分量信号模型具有如下形式：

$$s(t)=\sum_{n=0}^{N-1}C_n g_n(t) \tag{3.18}$$

式中，$g_n(t)$具有式(3.1)的形式；C_n 为加权系数。

(2) 初始化 $n=0$，且 $s_0(t)=s(t)$。

(3) 由 PCP(u)估计出最强信号分量的调频斜率 $\hat{\beta}_n$。

(4) 由估计出的 $\hat{\beta}_n$ 构造参考函数 $s_{\mathrm{ref1}}(t)=\mathrm{e}^{-\mathrm{j}\hat{\beta}_n t^2}$，并与原信号 $s(t)$相乘，得到

$$s_{d1}(t)=s(t)\cdot s_{\mathrm{ref1}}(t)=s(t)\mathrm{e}^{-\mathrm{j}\hat{\beta}_n t^2} \tag{3.19}$$

(5) 计算 $s_{d1}(t)$的傅里叶变换，并根据最大值的位置得到

$$\hat{\Omega}_n=\max_{\Omega_n}\left|\int_{-\infty}^{+\infty}s_{d1}(t)\mathrm{e}^{-\mathrm{j}\Omega_n t}\mathrm{d}t\right| \tag{3.20}$$

(6) 将 $\hat{\Omega}_n$ 处的窄谱滤出，并进行傅里叶逆变换，可得单频信号为

$$h(t)=\int_{-\infty}^{+\infty}\left[\mathrm{window}(\Omega_n)\cdot\int_{-\infty}^{+\infty}s_{d1}(t)\mathrm{e}^{-\mathrm{j}\Omega_n t}\mathrm{d}t\right]\mathrm{e}^{\mathrm{j}\Omega_n t}\mathrm{d}\Omega_n \tag{3.21}$$

其中窗函数 window(Ω_n)定义为

$$\mathrm{window}(\Omega_n)=\begin{cases}1, & \Omega_{nL}\leqslant\Omega_n\leqslant\Omega_{nR}\\ 0, & \text{其他}\end{cases} \tag{3.22}$$

式中，Ω_{nL} 和 Ω_{nR} 由 $\hat{\Omega}_n$ 附近的窄谱宽度决定。

(7) 由单频信号 $h(t)$的 WVD 估计出时间中心，结果如下：

$$\hat{t}_n=\arg\max_t|\mathrm{WVD}(t,f)| \tag{3.23}$$

(8) 构造参考函数 $s_{\mathrm{ref2}}(t)=\mathrm{e}^{-\mathrm{j}\hat{\beta}_n(t-\hat{t}_n)^2}$，并与原信号 $s(t)$相乘，可得

$$s_{d2}(t)=s(t)\cdot s_{\mathrm{ref2}}(t)=s(t)\mathrm{e}^{-\mathrm{j}\hat{\beta}_n(t-\hat{t}_n)^2} \tag{3.24}$$

(9) 计算 $s_{d2}(t)$的傅里叶变换，并通过峰值搜索，可得 $\hat{\omega}_n$ 的估计结果如下：

$$\hat{\omega}_n=\max_{\omega}\left|\int_{-\infty}^{+\infty}s_{d2}(t)\mathrm{e}^{-\mathrm{j}\omega t}\mathrm{d}t\right| \tag{3.25}$$

(10) 估计时间宽度 $\hat{\sigma}_n$ 为

$$\hat{\sigma}_n=\arg\max_{\sigma_n}|<s(t),q(t)>|^2 \tag{3.26}$$

这里

$$q(t)=(\pi\sigma_n^2)^{-0.25}\exp\left\{-\frac{(t-\hat{t}_n)^2}{2\sigma_n^2}+\mathrm{j}\hat{\omega}_n(t-\hat{t}_n)+\mathrm{j}\hat{\beta}_n(t-\hat{t}_n)^2\right\} \tag{3.27}$$

(11) 由式(3.28)估计出加权系数 $\hat{C}_n$：

$$|C_n|^2=\max_{g_n}|\langle s_n(t),g_n(t)\rangle|^2 \tag{3.28}$$

(12) 从信号 $s_n(t)$中滤掉估计出的第 n 个信号分量，方法如下。

① 将 $s_{d2}(t)$频谱中 $\hat{\omega}_n$ 附近的窄谱滤出，并计算其傅里叶逆变换，可得

$$z(t)=\int_{-\infty}^{+\infty}\left[\mathrm{win}(\omega)\cdot\int_{-\infty}^{+\infty}s_{d2}(t)\mathrm{e}^{-\mathrm{j}\omega t}\mathrm{d}t\right]\mathrm{e}^{\mathrm{j}\omega t}\mathrm{d}\omega \tag{3.29}$$

这里 win(ω)为带阻滤波器，具有如下形式：

$$\text{win}(\omega)=\begin{cases}0, & \hat{\omega}_n-\omega_L\leqslant\omega\leqslant\hat{\omega}_n+\omega_R\\ 1, & \text{其他}\end{cases}\tag{3.30}$$

式中，ω_L 和 ω_R 由 $\hat{\omega}_n$ 附近的窄谱宽度决定。

② 得到剩余信号为

$$s_n(t)=z(t)\mathrm{e}^{\mathrm{j}\hat{\beta}_n(t-\hat{t}_n)^2}\tag{3.31}$$

(13) 令 $n=n+1$，重复上述步骤，直到剩余信号的能量小于预先设定的门限 ε。

下面分别以仿真信号和蝙蝠回声定位信号为例，说明上述算法的有效性。

1. 仿真信号

该信号包含两个 Chirplet 分量，共 255 点，历时 20s，表 3.1 列出了每个分量参数的真值与其相应的估计值(分不含噪声和加 3dB 噪声两种情况)。可以看到，在不含噪声的理想情况下，该算法的估计精度较高；而信噪比为 3dB 时，各参数估计值的精度相应下降，其中，受噪声影响较大的参数是时间中心 t_n 与时间宽度 σ_n。

表 3.1　Chirplet 参数真实值与估计值的比较

序号	Chirplet 参数	C_n	σ_n	t_n	ω_n	β_n
1	T	2.0000	2.0000	8.0000	10.0000	0.5000
	E(不含噪声)	2.0413	2.0024	8.0315	10.0531	0.5000
	E(加 3dB 噪声)	2.1583	2.0024	8.5039	10.3673	0.5150
2	T	1.0000	4.0000	12.0000	5.0000	0.3000
	E(不含噪声)	0.9993	3.8659	11.9685	5.0265	0.3000
	E(加 3dB 噪声)	1.3193	4.5259	11.8898	5.0265	0.2950

注：T 表示真值；E 表示估计值

2. 蝙蝠回声定位信号

下面以一蝙蝠的回声定位信号为例来说明上述算法的有效性。该信号共 400 点，历时 2.5ms，图 3.1(a)所示为信号的时域波形；图 3.1(b)所示为相应的 WVD，从图中可以看出交叉项成分严重干扰着信号项；图 3.1(c)所示为抑制交叉项的 Choi-Williams 分布(CWD)，虽然在很大程度上抑制了交叉项的影响，但时频分辨率降低很多；图 3.1(d)所示为基于本节提出的自适应 Chirplet 分解算法依次分解出每个信号分量后，计算其 WVD 后的分析结果。可见，回波信号的成分被清晰地刻画出来，而且不含交叉项的影响。

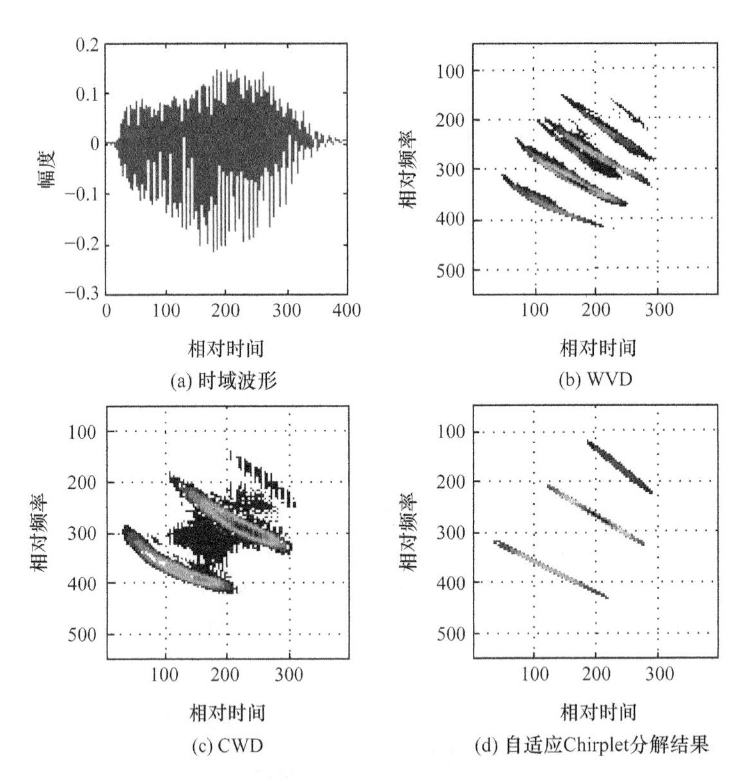

(a) 时域波形　(b) WVD

(c) CWD　(d) 自适应Chirplet分解结果

图 3.1　蝙蝠回波定位脉冲及其时频分布

由以上两个实验结果可见，该算法为自适应 Chirplet 分解的初值选取提供了一个新的方法，通过对三次相位函数进行峰值搜索，可同时获得 Chirplet 调频率、时间中心和幅度的估计；通过解线性调频技术获得其初始频率和时间宽度的估计。整个算法实现起来比较简单，且具有较高的参数估计精度。但是，该算法容易受噪声的影响，对信噪比要求较高，这限制了它的实际应用，因此，如何在低信噪比的情况下使得该算法继续有效，是需要进一步研究的问题。

3.3　基于自适应 Chirplet 分解的 ISAR 成像方法

本节以舰船目标的外场实测数据为例，给出基于信号自适应 Chirplet 分解的 ISAR 成像结果。

雷达工作在 X 波段，经过运动补偿后，采用距离-多普勒算法对每个距离单元的回波数据进行傅里叶变换，得到的 ISAR 成像结果如图 3.2 所示。这里对原回波数据在距离向上进行截取，只保留目标所在区域的回波数据，同时对成像结果进行 5 倍插值处理。

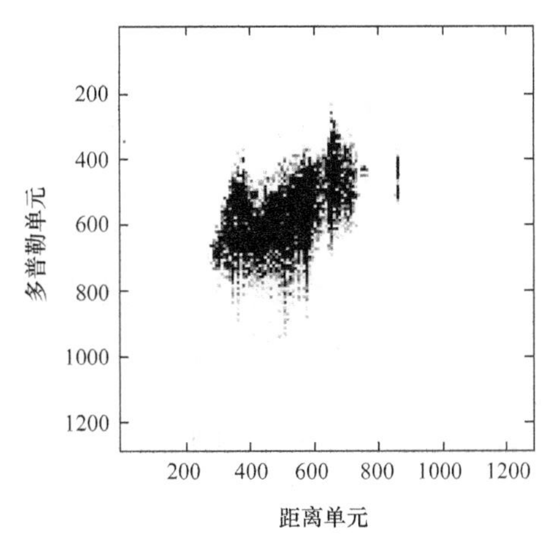

图3.2　距离-多普勒算法成像结果

由图3.2可见,所得ISAR像在方位向有散焦现象。图3.3为该段数据第780和第840距离单元回波的WVD。可见,散射点回波信号的多普勒频率随时间发生复杂的变化,这也说明了目标运动的复杂性。

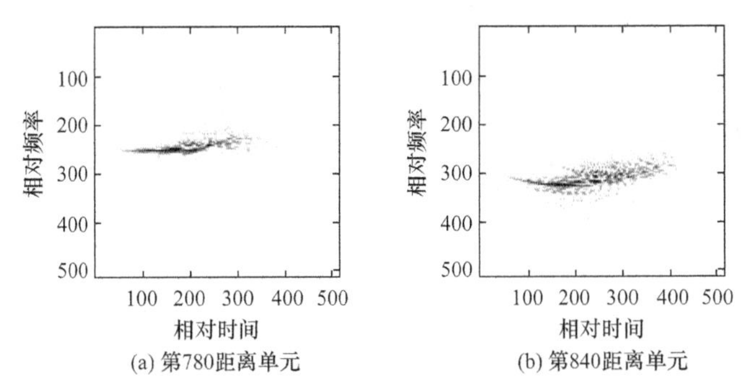

图3.3　回波数据时频分布

图3.4为采用自适应Chirplet分解法得到的舰船目标不同时刻的瞬态ISAR像。可见,目标的方位向聚焦良好,成像质量得到较大提高。

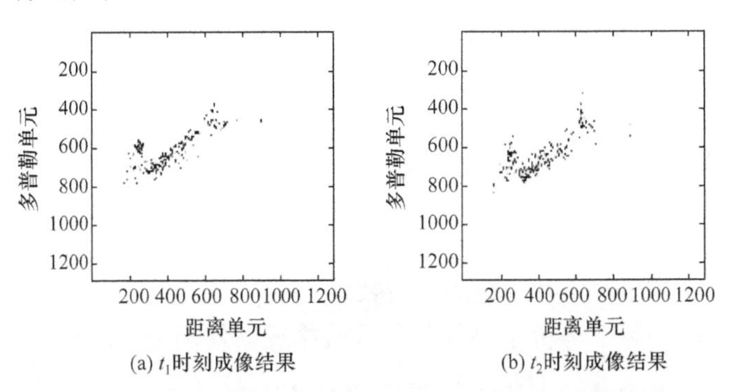

图3.4　基于自适应Chirplet分解法的ISAR成像结果

3.4　修正自适应 Chirplet 分解法及其应用

对于信号频率成分随时间呈线性变化的情况，自适应 Chirplet 分解法的分解精度较高。而对于信号频率成分随时间呈非线性变化的情况，采用自适应 Chirplet 分解法会增加基函数的个数，进而导致信号分解的精确性降低。因此，本节在自适应 Chirplet 分解的基础上提出修正的自适应 Chirplet 分解(modified adaptive Chirplet decomposition, MACD)方法。该方法是将传统的 Chirplet 基函数推广到三次相位信号的形式，可以很好地逼近信号中的非线性时变结构成分。下面给出具体的原理和实现方法[27-28]。

3.4.1　修正自适应 Chirplet 分解的基本原理

本节介绍的修正自适应 Chirplet 分解基函数具有如下形式：

$$h_k(t)=(\pi\sigma_k^2)^{-0.25}\exp\left\{-\frac{(t-t_k)^2}{2\sigma_k^2}+\mathrm{j}\omega_k(t-t_k)+\mathrm{j}\beta_k(t-t_k)^2+\mathrm{j}\gamma_k(t-t_k)^3\right\} \tag{3.32}$$

式中，σ_k、t_k、ω_k 和 β_k 分别为修正自适应 Chirplet 分解基函数的时间宽度、时间中心、初始频率和调频率；γ_k 定义为修正自适应 Chirplet 分解基函数的弯曲因子，它的定义使基函数 $h_k(t)$ 的时频关系变为曲线形式，如图 3.5 所示。

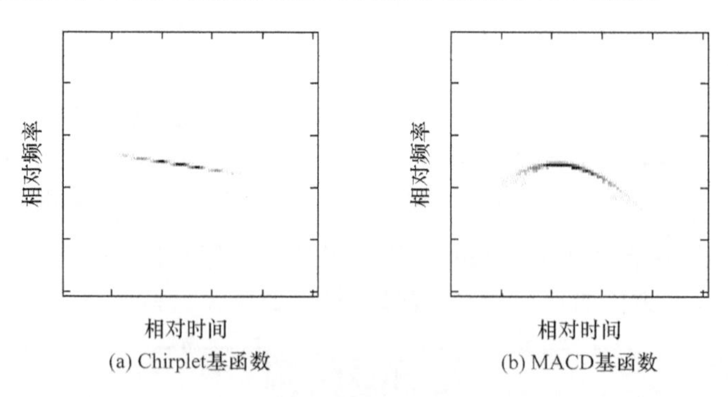

图 3.5　基函数的时频关系示意图

MACD 算法将待分析信号 $s(t)$ 表示为一组新的基函数 $h_k(t)$ 的线性组合，即

$$s(t)=\sum_{k=0}^{\infty}D_k h_k(t) \tag{3.33}$$

式中，D_k 为修正 Chirplet 基函数的加权系数。

该分解方法实际上等价于寻找与信号最接近的基函数，即

$$|D_k|^2=\max_{h_k}|\langle s_k(t),h_k(t)\rangle|^2 \tag{3.34}$$

式中

$$s_k(t)=s_{k-1}(t)-D_{k-1}h_{k-1}(t) \tag{3.35}$$

$s_k(t)$是 $s_{k-1}(t)$向基函数 $h_{k-1}(t)$作正交投影后的剩余量，$s_0(t)=s(t)$。

3.4.2　修正自适应 Chirplet 分解的最大似然方法

本节介绍修正自适应 Chirplet 分解的最大似然实现方法。该方法通过二维搜索来获得基函数参数的估计，具有较高的参数估计精度。下面是具体的实现过程。

对原信号 $s(t)=D_0h_0(t)$，构造如下参考信号：

$$s_{\text{ref}}(t)=\exp(-\text{j}\gamma t^3-\text{j}\beta t^2) \tag{3.36}$$

式中，γ 和 β 对应修正自适应 Chirplet 分解基函数的弯曲因子和调频率。

进而通过式(3.37)来获得其参数的估计：

$$\{\hat{\beta},\hat{\gamma}\}=\underset{\beta,\gamma}{\arg\max}\text{FFT}[s(t)s_{\text{ref}}(t)] \tag{3.37}$$

同时可得如下结果：

$$\begin{aligned}s(t)s_{\text{ref}}(t)=&D_0(\pi\sigma_0^2)^{-0.25}\exp\left[-\frac{(t-t_0)^2}{2\sigma_0^2}\right]\times\exp[\text{j}(\omega_0-2\beta_0t_0+3\gamma_0t_0^2)t]\\&\times\exp[\text{j}(\beta_0-\beta-3\gamma_0t_0)t^2]\times\exp[\text{j}(\gamma_0-\gamma)t^3]\end{aligned} \tag{3.38}$$

由式(3.38)可知，当满足条件

$$\begin{cases}\gamma=\gamma_0\\ \beta=\beta_0-3\gamma_0t_0\end{cases} \tag{3.39}$$

时，式(3.37)达到最大值。因此，可对式(3.37)进行二维峰值搜索来得到 γ_0 的估计值 $\hat{\gamma}_0$ 和 $\beta_0-3\gamma_0t_0$ 的估计值 $\hat{\beta}$。

下面根据 $\hat{\gamma}_0$ 和 $\hat{\beta}$ 构造参考函数

$$\hat{s}_{\text{ref}}(t)=\exp(-\text{j}\hat{\gamma}_0t^3-\text{j}\hat{\beta}t^2) \tag{3.40}$$

用来对原始信号 $s(t)$进行解调频，可得到一近似正弦信号。

计算该近似正弦信号的频率，可得

$$\hat{\varpi}=\max_{\varpi}\{\text{FFT}[s(t)\hat{s}_{\text{ref}}(t)]\} \tag{3.41}$$

设计一带通滤波器以滤出 ϖ 附近的窄谱，并进行傅里叶逆变换，得到近似正弦信号 $u(t)$，即

$$u(t)=\text{IFFT}\{\text{window}(\varpi)\times\text{FFT}[s(t)\hat{s}_{\text{ref}}(t)]\} \tag{3.42}$$

式中，IFFT 为快速傅里叶逆变换算子；$\text{window}(\varpi)=\begin{cases}1, & \varpi_L<\varpi<\varpi_R\\ 0, & \text{其他}\end{cases}$ 为带通滤波器，ϖ_L、ϖ_R 的数值可由 ϖ 附近窄谱的宽度来确定。

通过计算信号 $u(t)$的 WVD，可得到 $s(t)$的时间中心估计值 $\hat{t}_0$，即

$$\hat{t}_0=\underset{t}{\arg\max}[\mathrm{WVD}_u(t,\omega)] \tag{3.43}$$

进而得到调频率 β_0 的估值为

$$\hat{\beta}_0=\hat{\beta}+3\hat{\gamma}_0\hat{t}_0 \tag{3.44}$$

根据估计出的 $\hat{t}_0$、$\hat{\gamma}_0$ 和 $\hat{\beta}_0$ 构造参考函数

$$s'_{\mathrm{ref}}(t)=\exp[-\mathrm{j}\hat{\beta}_0(t-\hat{t}_0)^2-\mathrm{j}\hat{\gamma}_0(t-\hat{t}_0)^3] \tag{3.45}$$

进而可以得到初始频率 ω_0 的估值为

$$\hat{\omega}_0=\max_{\omega}\{\mathrm{FFT}[s(t)s'_{\mathrm{ref}}(t)]\} \tag{3.46}$$

时间宽度 σ_0 的估计可采用信号与基函数最匹配的原则来进行，即

$$\hat{\sigma}_0=\underset{\sigma}{\arg\max}|\langle s(t),h(t)\rangle|^2 \tag{3.47}$$

式中，$\langle\cdot\rangle$为内积运算，且

$$h(t)=(\pi\sigma^2)^{-0.25}\exp\left[-\frac{(t-\hat{t}_0)^2}{2\sigma^2}+\mathrm{j}\hat{\omega}_0(t-\hat{t}_0)+\mathrm{j}\hat{\beta}_0(t-\hat{t}_0)^2+\mathrm{j}\hat{\gamma}_0(t-\hat{t}_0)^3\right] \tag{3.48}$$

利用式(3.34)得到 D_0 的估值 $\hat{D}_0$。

上述过程可实现对单个修正自适应 Chirplet 基函数参数的估计。整个参数估计过程是通过二维搜索和傅里叶变换来实现的。与传统的自适应 Chirplet 分解法相比，MACD 算法可提高对信号的分解精度。但由于增加了一维的搜索过程，计算量也有所增加。

下面介绍基于洁净思想的多分量信号参数估计过程。

(1) 根据式(3.37)、(3.43)、(3.44)、(3.46)、(3.47)和(3.34)估计出第一个修正自适应 Chirplet 基函数分量 $s_1(t)$的弯曲因子 $\hat{\gamma}_1$、调频率 $\hat{\beta}_1$、时间中心 $\hat{t}_1$、初始频率 $\hat{\omega}_1$、时间宽度 $\hat{\sigma}_1$ 和加权系数 $\hat{D}_1$。

(2) 在原信号中把估计出的第一个信号分量减掉：

$$s_2(t)=\mathrm{IFFT}\{[1-\mathrm{window}(\omega)]\times\mathrm{FFT}[s(t)\mathrm{e}^{-\mathrm{j}\hat{\varphi}_1}]\}\mathrm{e}^{\mathrm{j}\hat{\varphi}_1} \tag{3.49}$$

式中，window(ω)如式(3.42)所示；$s(t)$为原信号，且

$$\hat{\varphi}_1=\hat{\omega}_1(t-\hat{t}_1)+\hat{\beta}_1(t-\hat{t}_1)^2+\hat{\gamma}_1(t-\hat{t}_1)^3 \tag{3.50}$$

(3) 重复以上步骤，直到剩余信号的能量小于某一阈值 ε，即

$$\int_{-\infty}^{+\infty}|s_{\mathrm{ref}}(t)|^2\mathrm{d}t\leqslant\varepsilon \tag{3.51}$$

3.4.3 修正自适应 Chirplet 分解的快速算法

本节将介绍一种修正自适应 Chirplet 分解的快速算法。该算法通过计算信号的一般化三次相位函数(generalized cubic phase function，GCPF)[29]来实现对基函数的参数估计。整个参数估计过程通过一维搜索来实现，具有较高的计算效率。下面是实现该方法的具体步骤。

考虑如下形式的修正自适应 Chirplet 分解基函数：

$$s(t)=D_k\sqrt[4]{\frac{1}{\pi\sigma_k^2}}\exp\left[-\frac{(t-t_k)^2}{2\sigma_k^2}+\mathrm{j}\omega_k(t-t_k)+\mathrm{j}\beta_k(t-t_k)^2+\mathrm{j}\gamma_k(t-t_k)^3\right] \tag{3.52}$$

定义其 GCPF 为

$$\mathrm{GCPF}(t,u)=\int_0^{+\infty}s(t+\tau)s(t-\tau)s^*(-t+\tau)s^*(-t-\tau)\exp(-\mathrm{j}ut\tau^2)\mathrm{d}\tau \tag{3.53}$$

将式(3.52)代入式(3.53)，可得

$$\begin{aligned}\mathrm{GCPF}(t,u)&=B_1B_2B_3\int_0^{+\infty}\exp\left(-\frac{2\tau^2}{\sigma_k^2}\right)\exp[\mathrm{j}\tau^2(12\gamma_k-u)t]\mathrm{d}\tau\\&=B_1B_2B_3\frac{\sqrt{\pi}}{2\sqrt[4]{(12\gamma_k-u)^2t^2+\dfrac{4}{\sigma_k^4}}}\exp(\mathrm{j}\Phi)\end{aligned} \tag{3.54}$$

式中

$$B_1=D_k^4\ (\pi\sigma_k^2)^{-1} \tag{3.55}$$

$$B_2=\exp\left[-\frac{2(t^2+t_k^2)}{\sigma_k^2}\right] \tag{3.56}$$

$$B_3=\exp[4\mathrm{j}t(\omega_k-2\beta_kt_k+\gamma_kt^2+3\gamma_kt_k^2)] \tag{3.57}$$

$$\Phi=\frac{1}{2}\arctan\frac{2}{\sigma_k^2t(u-12\gamma_k)}-\frac{\pi}{4} \tag{3.58}$$

由式(3.54)可见，对于式(3.52)所示的修正自适应 Chirplet 分解基函数，其 $|\mathrm{GCPF}(t,u)|$ 在 $u=12\gamma_k$ 处会产生峰值。对于多分量信号的情况，GCPF 的非线性特性会产生交叉项的影响，此时可以通过对 GCPF 沿时间轴进行积分运算来加以抑制。这里将其定义为积分型 GCPF(integrated generalized cubic phase function，IGCPF)，具体形式如下：

$$\mathrm{IGCPF}(u)=\int_0^{+\infty}|\mathrm{GCPF}(t,u)|\,\mathrm{d}t \tag{3.59}$$

此时，对于多分量的修正自适应 Chirplet 分解基函数，第一个信号分量的弯曲因子 γ_k 可由式(3.60)进行估计：

$$\gamma_k=\underset{u}{\arg\max}|\mathrm{IGCPF}(u)|/12 \tag{3.60}$$

因此，原来的修正自适应 Chirplet 分解基函数可以解调为

$$y(t)=s(t)\exp(-\mathrm{j}\gamma_kt^3)=y_1(t)+y_2(t) \tag{3.61}$$

式中

$$y_1(t)=D_k(\pi\sigma_k^2)^{-0.25}\exp\left[-\frac{(t-t_k)^2}{2\sigma_k^2}\right]\times\exp(\mathrm{j}\Phi_1)\times\exp(\mathrm{j}\Phi_2)\times\exp(\mathrm{j}\Phi_3) \tag{3.62}$$

$$y_2(t)=\sum_{m=0,m\neq k}^{\infty}D_m\sqrt[4]{\frac{1}{\pi\sigma_m^2}}\exp\left[-\frac{(t-t_m)^2}{2\sigma_m^2}+\mathrm{j}\omega_m(t-t_m)+\mathrm{j}\beta_m(t-t_m)^2+\mathrm{j}(\gamma_m-\gamma_k)(t-t_m)^3\right] \tag{3.63}$$

同时有

$$\Phi_1=t^2(\beta_k-3\gamma_k t_k) \tag{3.64}$$

$$\Phi_2=t(\omega_k-2\beta_k t_k+3\gamma_k t_k^2) \tag{3.65}$$

$$\Phi_3=(-\omega_k t_k+\beta_k t_k^2-\gamma_k t_k^3) \tag{3.66}$$

由式(3.64)～(3.66)可见，$y_1(t)$具有高斯调幅的线性调频信号形式，其调频率为$\hat{\beta}_k=\beta_k-3\gamma_k t_k$；$y_2(t)$为剩余的多分量修正自适应 Chirplet 分解基函数。下面采用式(3.5)所示的三次相位函数法估计信号 $y_1(t)$的调频率 $\hat{\beta}_k$，具体方法如下：

$$\begin{aligned}\mathrm{CPF}_{y_1}(t,v)&=\int_0^{+\infty}y_1(t+\tau)y_1(t-\tau)\exp(-\mathrm{j}v\tau^2)\mathrm{d}\tau\\&=D_k^2(\pi\sigma_k^2)^{-0.5}\exp\left[-\frac{(t-t_k)^2}{\sigma_k^2}\right]\times\exp(2\mathrm{j}\Phi_1)\times\exp(2\mathrm{j}\Phi_2)\times\exp(2\mathrm{j}\Phi_3)\\&\quad\times\int_0^{+\infty}\exp\left[-\frac{\tau^2}{\sigma_k^2}+\mathrm{j}\tau^2(2\hat{\beta}_k-v)\right]\mathrm{d}\tau\end{aligned} \tag{3.67}$$

因此有

$$|\mathrm{CPF}_{y_1}(t,v)|=D_k^2(\pi\sigma_k^2)^{-0.5}\exp\left[-\frac{(t-t_k)^2}{\sigma_k^2}\right]\frac{\sqrt{\pi}}{2\sqrt[4]{(2\hat{\beta}_k-v)^2+\frac{1}{\sigma_k^4}}} \tag{3.68}$$

由式(3.68)可见，$|\mathrm{CPF}_{y_1}(t,v)|$在 $v=2\hat{\beta}_k$ 处产生峰值，而 $y_2(t)$的三次相位函数能量是分散的。类似于 IGCPF，这里采用积分型 CPF(integrated cubic phase function, ICPF)对多分量线性调频信号的参数进行估计，以抑制交叉项的影响[29]。ICPF 可定义为

$$\mathrm{ICPF}(v)=\int_0^{+\infty}|\mathrm{CPF}_{y_1}(t,v)|\mathrm{d}t \tag{3.69}$$

因此，信号 $y_1(t)$的调频率 $\hat{\beta}_k$ 可估计为

$$\hat{\beta}_k=\underset{v}{\arg\max}|\mathrm{ICPF}(v)|/2 \tag{3.70}$$

进而，对原始信号 $y(t)$进行解调频处理，有

$$z(t)=y(t)\exp(-\mathrm{j}\hat{\beta}_k t^2)=z_1(t)+z_2(t) \tag{3.71}$$

式中

$$z_1(t)=D_k(\pi\sigma_k^2)^{-0.25}\exp\left[-\frac{(t-t_k)^2}{2\sigma_k^2}\right]\times\exp(\mathrm{j}\Phi_2)\times\exp(\mathrm{j}\Phi_3) \tag{3.72}$$

$$z_2(t)=y_2(t)\exp(-\mathrm{j}\hat{\beta}_k t^2) \tag{3.73}$$

由式(3.72)和式(3.73)可见，$y_1(t)$已被解调为单频信号 $z_1(t)$，而信号 $z_2(t)$仍具有多分量修正自适应 Chirplet 分解基函数的形式。

下面将信号 $z_1(t)$从信号 $z(t)$中分离出来以完成其他参数的估计。这个过程可由频域滤波来实现，具体方法如下。

(1) 计算信号 $z(t)$的傅里叶变换，结果中包含信号 $z_1(t)$的窄谱和信号 $z_2(t)$的宽谱两个部分。

(2) 设计一带通滤波器将信号 $z_1(t)$的窄谱滤出。滤波器的宽度由信号 $z_1(t)$的窄谱宽度来确定。

(3) 计算所滤出窄谱的傅里叶逆变换，即可将单频信号 $z_1(t)$从信号 $z(t)$中分离出来。

因此，信号 $z_1(t)$中所包含的时间中心 t_k 可通过计算其 WVD 来进行估计，结果如下：

$$t_k=\underset{t}{\operatorname{argmax}}|\mathrm{WVD}(t,f)| \tag{3.74}$$

经过上述步骤，第一个修正自适应 Chirplet 分解基函数分量的调频率 β_k 可估计为

$$\beta_k=\hat{\beta}_k+3\gamma_k t_k \tag{3.75}$$

进而，其他参数的估计可通过傅里叶变换并结合一维搜索过程来完成。

整个修正自适应 Chirplet 分解基函数的参数估计过程总结如下。

(1) 初始化式(3.33)中的 k，令 $k=0$。由式(3.60)估计第一个修正自适应 Chirplet 分解基函数的弯曲因子 γ_k。

(2) 将原修正自适应 Chirplet 分解基函数解调为式(3.61)所示的形式，由式(3.70)估计信号 $y_1(t)$的调频率 $\hat{\beta}_k$。

(3) 将信号 $y(t)$解调为式(3.71)所示的形式，进而由式(3.74)估计出时间中心 t_k。

(4) 根据式(3.75)估计第一个修正自适应 Chirplet 分解基函数的调频率 β_k。

(5) 构造参考函数

$$s_{\mathrm{ref}}(t)=\exp(-\mathrm{j}\beta_k(t-t_k)^2-\mathrm{j}\gamma_k(t-t_k)^3) \tag{3.76}$$

进而获得初始频率 ω_k 的估计结果：

$$\omega_k=\underset{\omega}{\operatorname{argmax}}\left|\int_{-\infty}^{+\infty}s(t)s_{\mathrm{ref}}(t)\exp(-\mathrm{j}\omega t)\mathrm{d}t\right| \tag{3.77}$$

(6) 由式(3.78)获得时间宽度 σ_k 的估计：

$$\sigma_k=\underset{\sigma_k}{\operatorname{argmax}}\left|\int_{-\infty}^{+\infty}s(t)h_k^*(t)\mathrm{d}t\right| \tag{3.78}$$

(7) 修正 Chirplet 基函数的加权系数 D_k 可估计为

$$|D_k|^2=\underset{h_k}{\arg\max}|\langle s(t),h_k(t)\rangle| \tag{3.79}$$

(8) 采用洁净技术将估计出的修正自适应 Chirplet 分解基函数分量从原始信号中分离。令 $k=k+1$,并重复上述步骤,直到估计出所有信号分量的参数或剩余信号的能量小于预定阈值。

3.4.4 修正自适应 Chirplet 分解实验结果

在 3.4.2 和 3.4.3 节中介绍了修正自适应 Chirplet 分解的两种方法,可实现对复杂信号的精确分解。这里以两个分量的三次相位信号为例,给出其修正自适应 Chirplet 分解的结果。假定信号模型如下:

$$s(t)=\sum_{i=1}^{2}A_i(t)\exp[\mathrm{j}(\eta_{i,1}t+\eta_{i,2}t^2+\eta_{i,3}t^3)] \tag{3.80}$$

式中,$t\in[-2\mathrm{s},2\mathrm{s}]$,信号的采样率为 64Hz。信号参数如表 3.2 所示。

表 3.2 信号参数

信号分量(i)	$A_i(t)$	$\eta_{i,1}$	$\eta_{i,2}$	$\eta_{i,3}$
1	2	1.2π	$\frac{1}{2}\times 2.3$	$\frac{1}{3}\times 5$
2	1	0.2π	$\frac{1}{2}\times 1.3$	$-\frac{1}{3}\times 14$

该信号的 WVD 如图 3.6(a)所示。可见,由于信号自身的非线性特性以及多分量信号分量的影响,此时 WVD 中的交叉项严重影响了对信号自身项的检测。图 3.6(b)为采用自适应 Chirplet 分解后不同信号分量的 WVD 结果,此时交叉项已得到很好地抑制,但传统自适应 Chirplet 分解对信号时变特性的刻画存在一定的失真。图 3.6(c)为采用修正自适应 Chirplet 分解后不同信号分量的重排平滑伪 Wigner-Ville 分布(reassigned smoothed pseudo Wigner Ville distribution,

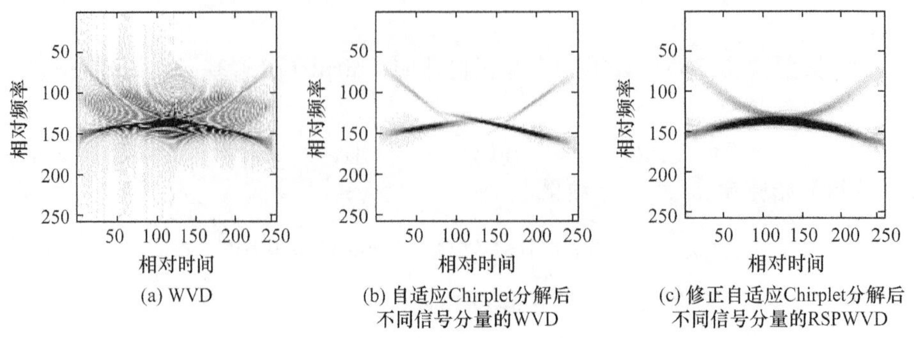

(a) WVD (b) 自适应Chirplet分解后不同信号分量的WVD (c) 修正自适应Chirplet分解后不同信号分量的RSPWVD

图 3.6 仿真信号时频分布

RSPWVD)。可见,修正自适应 Chirplet 分解法对复杂信号的分解精度要高于传统的自适应 Chirplet 分解法,可更好地反映信号的非线性特性。

3.4.5　基于修正自适应 Chirplet 分解的复杂运动目标 ISAR 成像

本节将介绍基于修正自适应 Chirplet 分解的复杂运动目标 ISAR 成像算法。通过对散射点回波信号进行修正自适应 Chirplet 分解,可进一步提高信号的参数估计精度,进而使成像质量得到进一步改善。

这里假定雷达数据已经过运动补偿处理,考虑到某些散射点回波并不是完整地存在于整个孔径,其回波信号幅度也是时变的,可将不同距离单元的目标回波信号刻画为变包络的多分量多项式相位信号。此时采用修正自适应 Chirplet 分解算法可以更精确地逼近原始信号,优于传统的自适应 Chirplet 分解算法。这里用一组 ISAR 外场实测数据来得到两种算法的成像结果。

选取一段雅克-42 飞机的复杂运动数据段,雷达发射线性调频信号,载频为 $f_0=5.52\text{GHz}$,发射信号带宽为 $B=400\text{MHz}$,脉宽为 $\tau=25.6\mu\text{s}$,脉冲重复频率为 $f_r=400\text{Hz}$,成像积累时间分别为 $t=3.84\text{s}$ 和 $t=5.12\text{s}$。这里的包络对齐采用积累互相关法,相位校正采用恒定相位差消除法。图 3.7 为采用距离-多普勒算法得到的成像结果。由于目标的运动状态复杂,此时得到的图像是模糊的,无法识别目标。图 3.8(a)和图 3.8(b)为采用自适应 Chirplet 分解法分别在 $t=0.51\text{s}$、$t=1.28\text{s}$ 时刻的瞬时成像结果。可见,与距离-多普勒算法成像结果相比,此时的成像质量有所提高,而且 ISAR 像可反映出目标不同时刻的姿态变化;但由于是对目标回波信号进行线性近似,对于复杂的时变信号会导致虚假散射点的产生,同时对某些散射点的定位也可能存在误差。图 3.9 (a)、(b)为采用本节介绍的修正自适应 Chirplet 算法在与图 3.8 (a)、(b)相同时刻的成像结果,此时的成像质量得到进一步的提高。

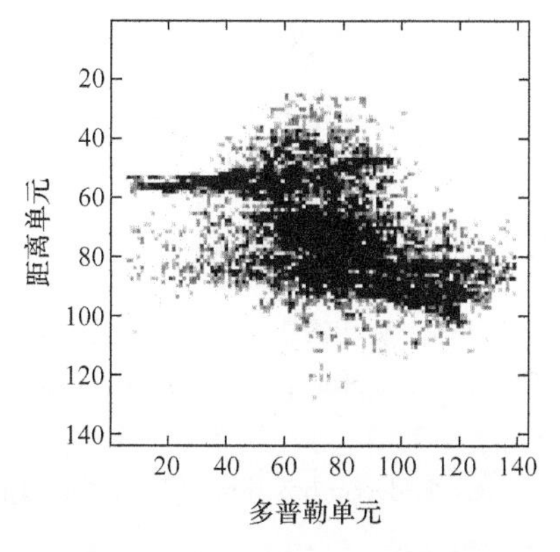

图 3.7　距离-多普勒算法成像结果

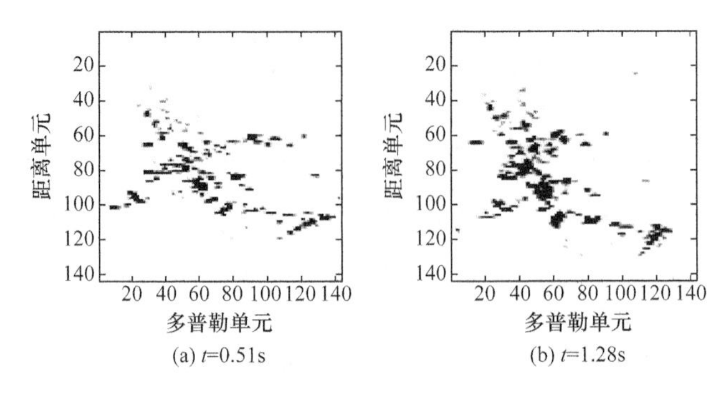

(a) t=0.51s　(b) t=1.28s

图 3.8　雅克-42 飞机的自适应 Chirplet 分解法成像结果

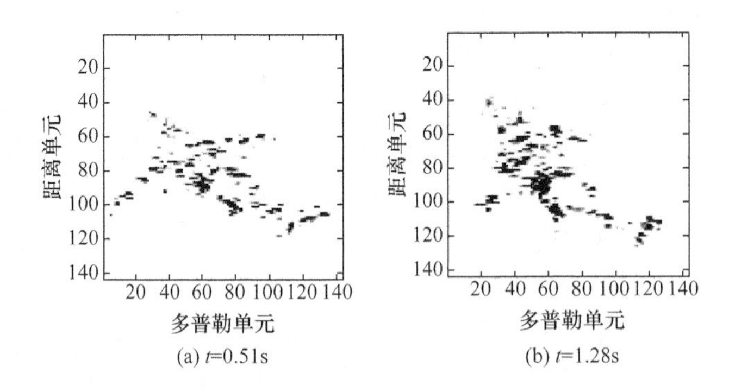

(a) t=0.51s　(b) t=1.28s

图 3.9　雅克-42 飞机的修正自适应 Chirplet 分解法成像结果

3.5　本章小结

本章介绍了基于信号处理领域中的一个重要内容——信号分解的复杂运动目标 ISAR 成像方法。首先提出基于三次相位函数的信号自适应 Chirplet 分解快速算法，并介绍其在 ISAR 成像中的应用；然后针对自适应 Chirplet 分解的不足，提出修正型自适应 Chirplet 分解的概念及其相应的分解算法，并应用于复杂运动运动目标的 ISAR 成像中，进一步提高了成像质量。

参考文献

[1] 殷勤业，倪志芳，钱世锷，等. 自适应旋转投影分解法[J]. 电子学报，1997，25(4)：52-58.

[2] Mann S，Haykin S. The Chirplet transform：Physical considerations[J]. IEEE Transactions on Signal Processing，1995，43(11)：2745-2761.

[3] Bultan A. A four-parameter atomic decomposition of Chirplets[J]. IEEE Transactions on Signal Processing，1999，47(3)：731-745.

[4] 邹虹，保铮. 一种有效的基于 Chirplet 自适应信号分解算法[J]. 电子学报，2001，29(4)：

515-517.

[5] Yin Q Y, Qian S, Feng A G. A fast refinement for adaptive Gaussian Chirplet decomposition[J]. IEEE Transactions on Signal Processing, 2002, 50(6): 1298-1306.

[6] 舒畅,宋叔飚,李中群,等. 基于先验估计的自适应Chirplet信号展开[J]. 电子与信息学报, 2005, 27(1): 21-25.

[7] Lu Y F, Demirli R, Cardoso G, et al. A successive parameter estimation algorithm for Chirplet signal decomposition[J]. IEEE Transactions on Ultrasonics, Ferroelectrics, and Frequency Control, 2006, 53(11): 2121-2131.

[8] Qian S, Chen D P. Adaptive Chirplet based signal approximation[J]. IEEE Transactions on Acoustics, Speech and Signal Processing, 1998, 3(5): 1781-1784.

[9] Mihovilovic D, Bracewell P N. Adaptive Chirplet representation of signals on time-frequency plane[J]. Electronics Letters, 1991, 27(13): 1159-1161.

[10] Greenberg J M, Wang Z S, Li J. New approaches for Chirplet approximation[J]. IEEE Transactions on Signal Processing, 2007, 55(2): 734-741.

[11] 冯爱刚,殷勤业,吕利. 基于Gaussian包络Chirplet自适应信号分解的快速算法[J]. 自然科学进展, 2002, 12(9): 982-988.

[12] 王勇,姜义成. 自适应Chirplet分解的ISAR成像方法[J]. 哈尔滨工业大学学报, 2008, 40(9): 1397-1399.

[13] 王勇,姜义成. 修正自适应Chirplet分解法及其快速实现[J]. 电子与信息学报, 2007, 29(9): 2124-2127.

[14] 王勇,姜义成. 基于自适应Chirplet分解的舰船目标ISAR成像[J]. 电子与信息学报, 2006, 28(6): 982-984.

[15] 王勇,姜义成. 一种自适应Chirplet分解的快速算法[J]. 电子学报, 2007, 35(4): 701-704.

[16] 王勇,姜义成. 一种新的信号分解算法及其在复杂运动目标ISAR成像中的应用[J]. 电子学报, 2007, 35(3): 445-449.

[17] Wang Y, Jiang Y C. Modified adaptive Chirplet decomposition and its fast implementation[C]. Proceedings of the 8th International Conference on Signal Processing, Guilin, 2006.

[18] Wang Y, Jiang Y C. An efficient implementation of the adaptive Chirplet decomposition[C]. Proceedings of the 8th International Conference on Signal Processing, Guilin, 2006.

[19] Wang Y, Jiang Y C. Modified adaptive Chirplet decomposition with application in ISAR imaging of maneuvering targets[J]. EURASIP Journal on Advances in Signal Processing, 2008, 2008(1): 456598-1-456598-8.

[20] Wang Y, Jiang Y C. ISAR imaging for three-dimensional rotation targets based on adaptive Chirplet decomposition[J]. Multidimensional Systems and Signal Processing, 2010, 21(1): 59-71.

[21] Wang Y. Radar imaging of non-uniformly rotating target via a novel approach for multi-component AM-FM signal parameter estimation[J]. Sensors, 2015, 15(3): 6905-6923.

[22] Wang Y, Zhao B, Jiang Y C. Inverse synthetic aperture radar imaging of targets with com-

plex motion based on cubic Chirplet decomposition[J]. IET Signal Processing, 2015, 9(5): 419-429.

[23] Wang Y, Wang Z F, Zhao B, et al. Compensation for high frequency vibration of platform in SAR imaging based on adaptive Chirplet decomposition[J]. IEEE Geoscience and Remote Sensing Letters, 2016, 13(6): 792-795.

[24] Wang Y, Jiang Y C. Approach for high resolution inverse synthetic aperture radar imaging of ship target with complex motion[J]. IET Signal Processing, 2013, 7(2): 146-157.

[25] 卢光跃,保铮. ISAR 成像中具有游动部件目标的包络对齐[J]. 系统工程与电子技术, 2000, 22(6): 12-14.

[26] Li J, Ling H. Application of Adaptive Chirplet representation for ISAR feature extraction from targets with rotating parts[J]. IEE Proceedings—Radar Sonar Navigation, 2003, 150(4): 284-291.

[27] 王勇. 机动飞行目标 ISAR 成像算法研究[D]. 哈尔滨:哈尔滨工业大学, 2004.

[28] 王勇. 基于时频分析技术的复杂运动目标 ISAR 成像算法研究[D]. 哈尔滨:哈尔滨工业大学, 2008.

[29] Wang P, Djurovic I, Yang J Y. Modifications of the cubic phase function[J]. Chinese Journal of Electronics. 2008, 17(1): 189-193.

第 4 章　基于时频分布的复杂运动目标 ISAR 成像

4.1 引　　言

复杂运动目标的散射点回波为多分量多项式相位信号，一般可近似为多分量线性调频信号，采用第 2 章的方法对信号进行参数估计，可以得到目标的瞬态逆合成孔径雷达(ISAR)像。本章直接应用能够抑制交叉项且时频分辨率较高的时频分布来代替传统的傅里叶变换对目标进行成像。

基于傅里叶变换的信号频域表示及其能量的频域分布揭示了信号在频域的特征，它们在传统的信号分析与处理的发展史上发挥了极其重要的作用。但是，傅里叶变换是一种整体变换，即对信号的表征要么完全在时域，要么完全在频域，作为频域表示的功率谱并不能告诉我们其中某种频率分量出现在什么时候及其变化的情况，而这对非平稳信号非常重要。因此，需要使用时间和频率的联合函数来表示信号，以体现其时变谱特征。这种表示简称为信号的时频表示，也称为时频分布。

本章首先介绍线性时频分布，包括常用的短时傅里叶变换(STFT)和 Gabor 变换；然后介绍非线性时频分布及其特性，包括建立在 Wigner-Ville 分布(WVD)基础上的 Cohen 类时频分布；最后针对 Cohen 类时频分布存在的交叉项干扰问题，重点研究新型时频分布的构造方法，可在抑制交叉项的同时保持较高的时频聚集性。另外，还给出了上述时频分布方法在复杂运动目标 ISAR 成像中的作用。

4.1.1 线性时频分布

在各种时频分布中，最简单的就是 STFT，它是对信号 $s(t)$进行加窗处理，再计算其傅里叶变换。对每一时刻都进行这种处理，结果就是短时傅里叶变换，即

$$\mathrm{STFT}(t,f)=\int_{-\infty}^{\infty}s(u)h^{*}(u-t)\mathrm{e}^{-\mathrm{j}2\pi fu}\,\mathrm{d}u \tag{4.1}$$

式中，$h(\cdot)$为短时分析窗；* 代表复数共轭。

从式(4.1)可以看出，正是窗函数 $h(t)$的时间移位和频率移位使 STFT 具有了局域特性，它既是时间的函数，又是频率的函数。对于一定的时刻 t，$\mathrm{STFT}(t,f)$可视为该时刻的“局部频谱”，如图 4.1 所示。

然而，傅里叶变换所固有的时间-频率分辨率的相互制约性在这里依然存在，STFT 的时间-频率分辨率完全取决于所加窗的大小。对此，许多学者都提出根据

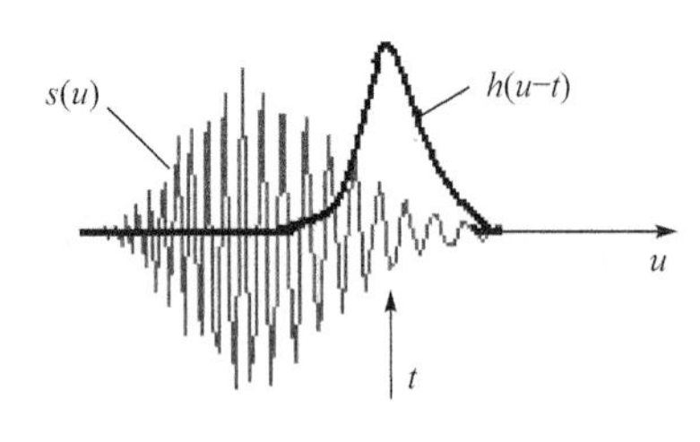

图 4.1　短时傅里叶变换示意图

不同信号的时变谱规律自适应设计窗长的方法，但仍不能避免 STFT 时频分辨率较低的缺点。

此外，Gabor 变换也是一种线性时频表示，它是 Gabor 提出的一种同时用时间和频率表示一个时间函数的方法。小波变换是近年来提出的一种新的线性时频表示，由法国地球物理学家 J. Morlet 提出，逐渐成为一种基础坚实、应用广泛的信号分析工具。下面以蝙蝠回波定位信号为例，给出上述三种线性时频分布的结果，如图 4.2 所示。

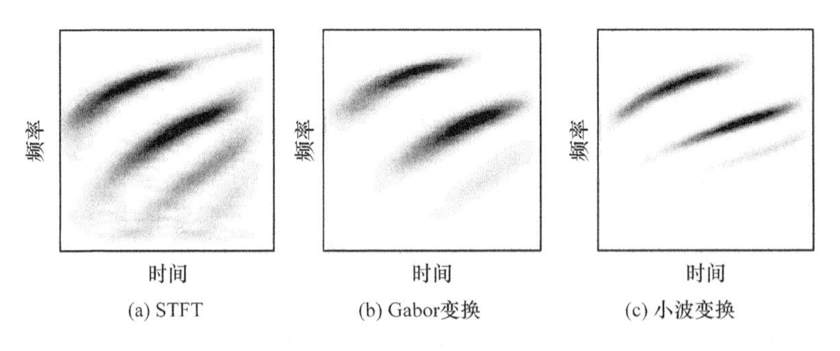

图 4.2　信号线性时频表示

4.1.2　非线性时频分布

在各种非线性时频分布中，应用最为广泛的是 Cohen 类时频分布，又称为双线性时频分布。它的实质是将信号的能量分布于时频平面内，其基础是 Wigner 在研究量子力学时提出的一种分布——WVD：

$$\mathrm{WVD}(t,f)=\int_{-\infty}^{+\infty}s\left(t+\frac{\tau}{2}\right)s^{*}\left(t-\frac{\tau}{2}\right)\mathrm{e}^{-\mathrm{j}2\pi f\tau}\,\mathrm{d}\tau \tag{4.2}$$

WVD 因具有良好的时频聚集性而受到广泛的关注，成为时频分析技术领域的基础和核心。已经证明，WVD 的时频聚集性是所有时频分布中最高的，因为它的时间-带宽积可达到 Heisenberg 测不准原理给出的下界。但 WVD 存在两个问题：一是在分析多分量信号时存在严重的交叉项干扰问题，这是因为 WVD 属于二次型时频分布（信号 $s(t)$ 在式(4.2)的右端出现两次），两信号之和的 WVD 并非每一个信号的 WVD 之和，其中多出一个附加项，即为交叉项。任何两个信号分量之间都会产生交叉项，若信号中包含 N 个分量，则交叉项的数目为 C_N^2。交叉项的存在严重地干扰着人们对 WVD 的解释，当信号的组成成分变得复杂时，WVD 给出的时频分布甚至变得毫无意义。二是 WVD 仅对线性调频信号或单频信号具有最佳的时频聚集性，当待分析信号的瞬时频率呈非线性变化时，WVD 的时频聚集性明显恶化，从而降低了信号分辨能力。由于 WVD 存在以上两个方面的问题，对它们的分析与研究构成了整个时频分析领域中的主要研究内容，这也是本章的研究内容之一。

在交叉项的抑制方面，一项重要的工作是由 Choi 和 Williams[1] 提出的 Choi-Williams 分布(CWD)，他们通过选择合适的核函数，使得交叉项减到最小，同时保持信号自身项所期望的聚集特性。之后，通过设计不同的核函数，人们提出了锥形核时频分布、减小交叉项分布、Page 分布和 Born-Jordan 分布等，均在很大程度上抑制了交叉项的影响[1-10]。20 世纪 60 年代中期，Cohen 发现众多的时频分布只是 WVD 的变形，它们可以用统一的形式表示，概括地讲，在这种统一的形式表示中，不同的时频分布只是体现在核函数形式的选择上，而对于时频分布各种性质的要求则反映在对核函数的约束条件上。这种统一的时频分布现在习惯称为 Cohen 类时频分布，表示为

$$P(t,f)=\int_{-\infty}^{+\infty}\int_{-\infty}^{+\infty}\int_{-\infty}^{+\infty}s\left(u+\frac{\tau}{2}\right)s^{*}\left(u-\frac{\tau}{2}\right)\phi(\tau,\nu)\mathrm{e}^{-\mathrm{j}2\pi(t\nu+\tau f-u\nu)}\mathrm{d}u\mathrm{d}\tau\mathrm{d}\nu \tag{4.3}$$

式中，$\phi(\tau,\nu)$称为核函数。

Cohen 类时频分布的意义在于通过设计核函数，就能产生具有所需特性的时频分布，但这种方法是以牺牲整个分布的时频分辨率为代价的。

此外，为了适应不同信号类型的需要，人们提出了自适应核函数的设计方法以及相应的时频分布；同时，仿射类双线性时间-尺度分布、重排类双线性时频分布、参数化时频分布等也被相继提了出来，均以抑制交叉项为主要目的[11-18]。这里仍以蝙蝠回波定位信号为例，给出目前比较常用的各类时频分布图，以期对各种时频分布的交叉项有一个直观的了解，如图 4.3～图 4.5 所示。

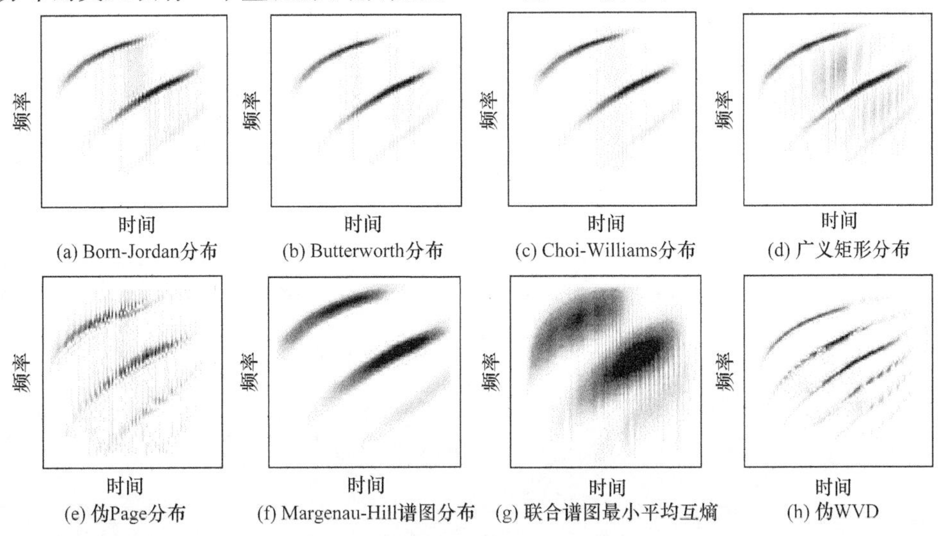

(a) Born-Jordan分布　(b) Butterworth分布　(c) Choi-Williams分布　(d) 广义矩形分布

(e) 伪Page分布　(f) Margenau-Hill谱图分布　(g) 联合谱图最小平均互熵　(h) 伪WVD

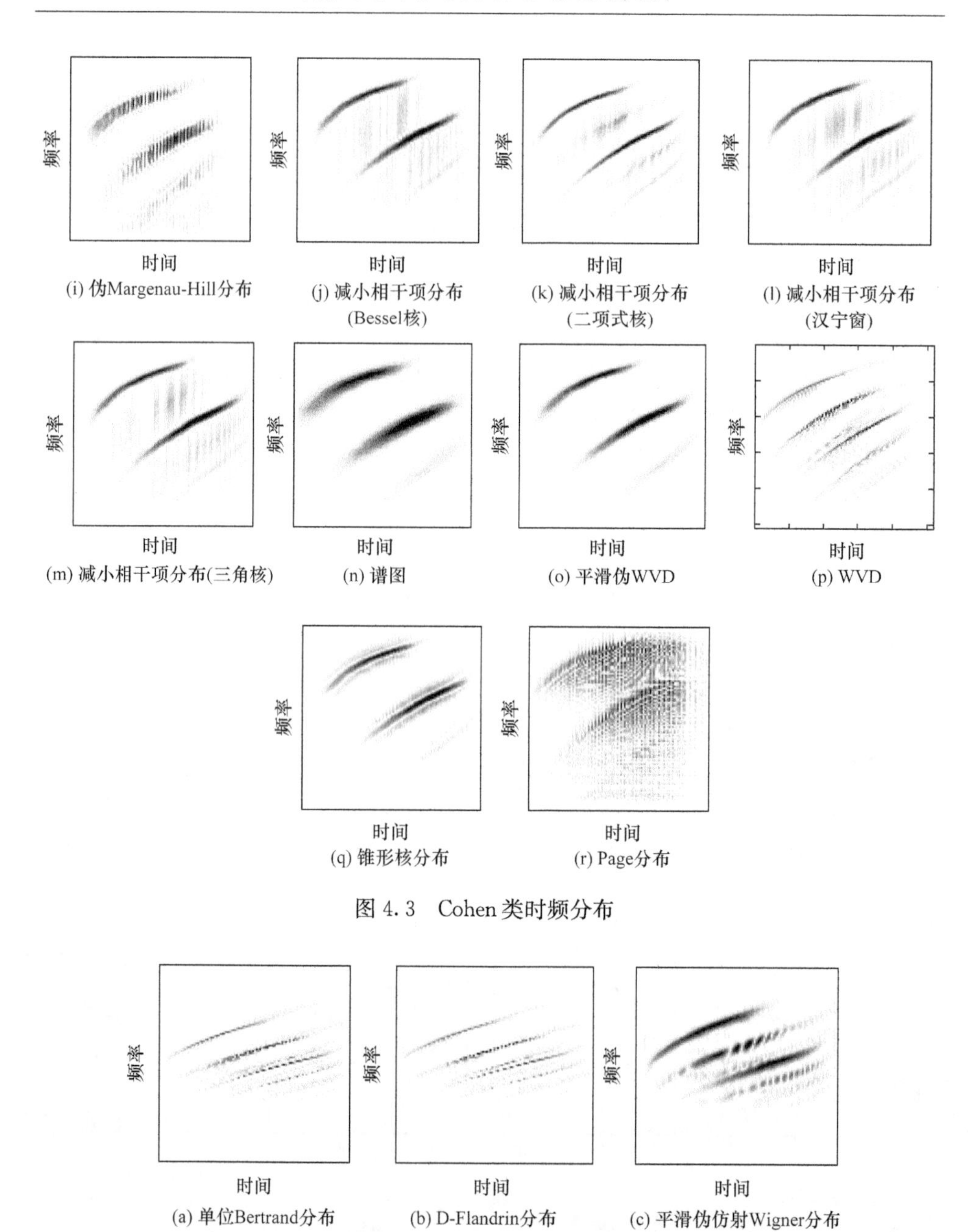

(i) 伪Margenau-Hill分布　(j) 减小相干项分布(Bessel核)　(k) 减小相干项分布(二项式核)　(l) 减小相干项分布(汉宁窗)

(m) 减小相干项分布(三角核)　(n) 谱图　(o) 平滑伪WVD　(p) WVD

(q) 锥形核分布　(r) Page分布

图 4.3　Cohen 类时频分布

(a) 单位Bertrand分布　(b) D-Flandrin分布　(c) 平滑伪仿射Wigner分布

图 4.4　仿射类双线性时频分布

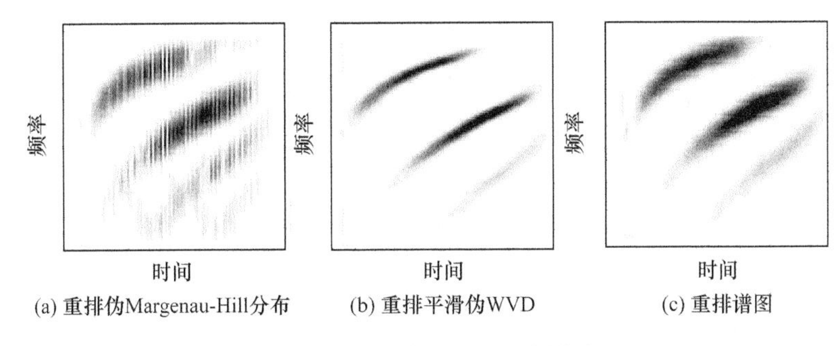

(a) 重排伪Margenau-Hill分布　(b) 重排平滑伪WVD　(c) 重排谱图

图 4.5　重排类双线性时频分布

4.2　基于传统时频分布的复杂运动目标 ISAR 成像

4.2.1　线性时频分布

线性时频分布包括信号的 Gabor 表示和 STFT。这两种时频分布对于多分量信号不存在交叉项，但时频分辨率略低，可以用于复杂运动目标的 ISAR 成像。下面以仿真信号为例，比较 Gabor 表示和 STFT 的时频分布特点。

设有三个幅度恒定的线性调频信号，如图 4.6(a)～(c)所示。

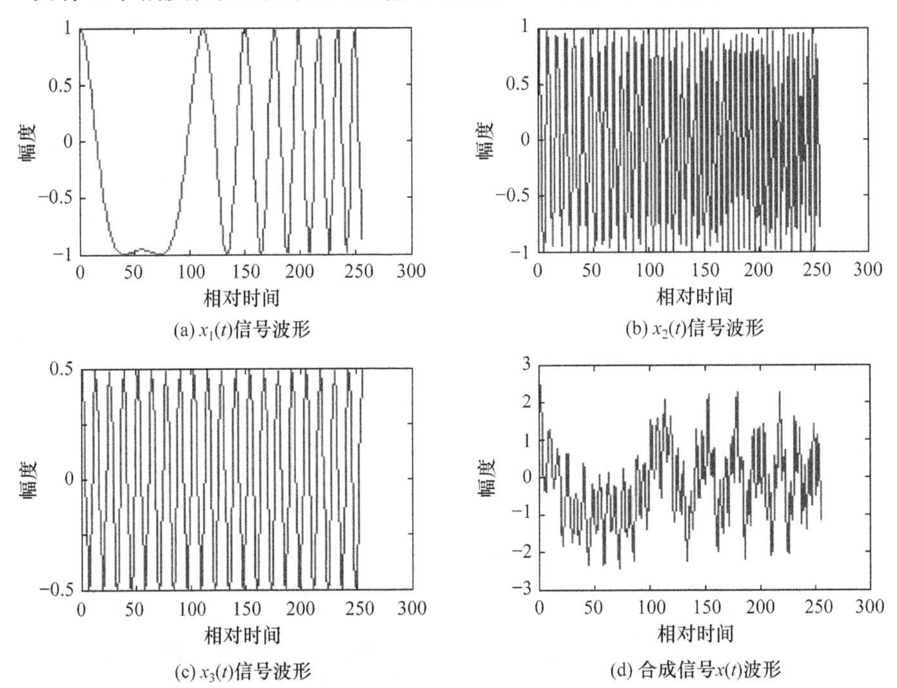

(a) $x_1(t)$信号波形　(b) $x_2(t)$信号波形

(c) $x_3(t)$信号波形　(d) 合成信号$x(t)$波形

图 4.6　原信号及其分量

$$\begin{cases} x_1(t)=\exp[\mathrm{j}(-0.5\times 0.3589t^2+0.5\pi t)] \\ x_2(t)=\exp[\mathrm{j}(0.5\times 0.4589t^2+3\pi t)] \\ x_3(t)=0.5\exp(-\mathrm{j}2\pi t) \end{cases}$$

$$x(t)=x_1(t)+x_2(t)+x_3(t)$$

每个信号的处理长度为 256 点，图 4.6(d)所示为合成信号。该信号的 STFT 和 Gabor 变换如图 4.7 所示。

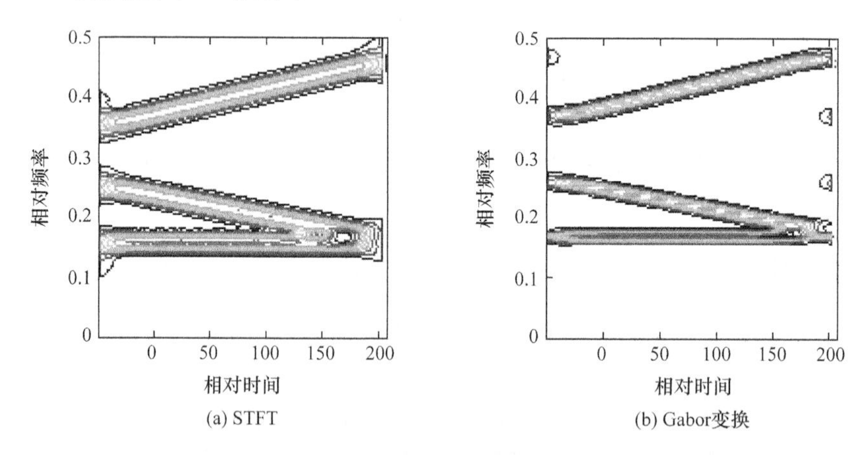

图 4.7 仿真信号线性时频分布

由图 4.7(a)、(b)可知，对于多分量线性调频信号，STFT 和 Gabor 变换均不存在交叉项，且 Gabor 变换的时频分辨率高于 STFT。将其应用于 ISAR 成像时，对回波每一个距离单元的数据进行 STFT 或 Gabor 变换，得到其时频分布图，由于不存在交叉项的影响，可以直接从时频分布图上得到散射点的横向分布，完成 ISAR 成像。图 4.8 显示了安-26 飞机某距离单元的 STFT 和 Gabor 变换。

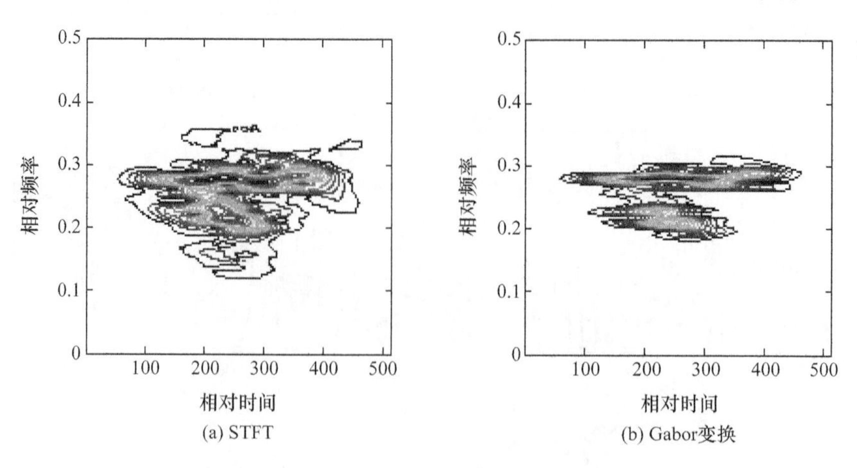

图 4.8 安-26 飞机第 128 距离单元时频分布

对选取的数据段进行运动补偿后，分别采用传统 FFT 方法和基于 STFT 及 Gabor 变换的时频分布方法得到的 ISAR 像如图 4.9 所示。

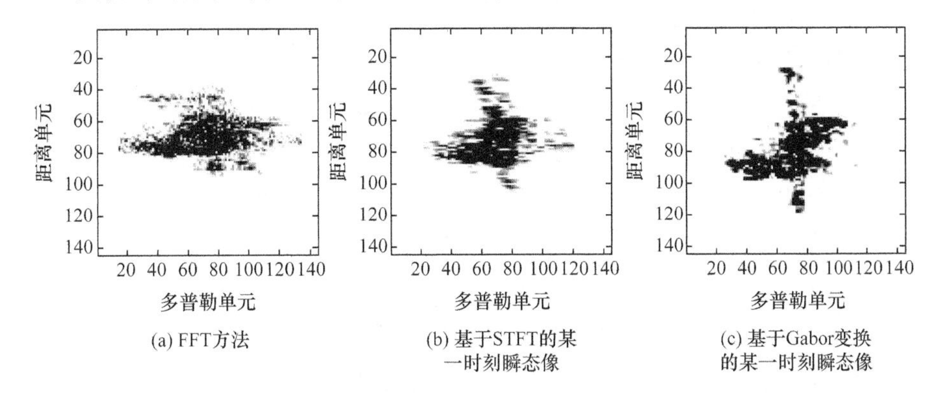

(a) FFT方法　(b) 基于STFT的某一时刻瞬态像　(c) 基于Gabor变换的某一时刻瞬态像

图 4.9　安-26 飞机成像结果

可以看出，由于目标的运动状态比较复杂，传统 FFT 方法得到的 ISAR 像已经非常模糊，而采用基于 STFT 及 Gabor 变换的时频分布方法得到的 ISAR 瞬时像则比较清晰，正确反映了目标的形状与姿态。

4.2.2　双线性时频分布

这里首先介绍两种双线性时频分布——平滑伪 Wigner-Ville 分布(SPWVD)和谱图(spectrum，SP)。

1. SPWVD

对于信号 $s(t)$，有

$$\mathrm{SPWD}(t,f)=\int_{-\infty}^{+\infty}\int_{-\infty}^{+\infty}g(u)h(\tau)s\left(t-u+\frac{\tau}{2}\right)s^*\left(t-u-\frac{\tau}{2}\right)\mathrm{e}^{-\mathrm{j}2\pi f\tau}\mathrm{d}u\mathrm{d}\tau \tag{4.4}$$

式中，$g(u)$和 $h(\tau)$为两个实的偶窗函数。

2. SP

对于信号 $s(t)$，有

$$\mathrm{SP}(t,f)=\left|\int_{-\infty}^{+\infty}s(u)h^*(u-t)\mathrm{e}^{-\mathrm{j}2\pi fu}\mathrm{d}u\right|^2 \tag{4.5}$$

式中，$h(t)$为窗函数。

仍以 4.2.1 节的仿真信号为例，比较这两种双线性时频分布的特点，如图 4.10 所示。

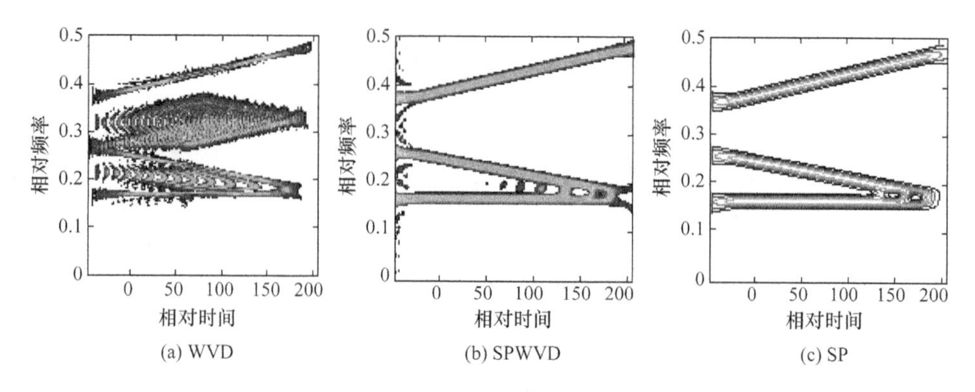

图 4.10　仿真信号的时频分布

可见,相对于信号的 WVD,SPWVD 在很大程度上抑制了交叉项,且时频分辨率很高;SP 虽然是双线性时频分布,但不存在交叉项的影响,其时频分辨率也较高。

针对雅克-42 飞机复杂运动的实测数据,分别采用 SPWVD 和 SP 进行横向成像,可使成像质量大为提高。图 4.11 所示为目标回波某一距离单元数据的 SPWVD 和 SP。

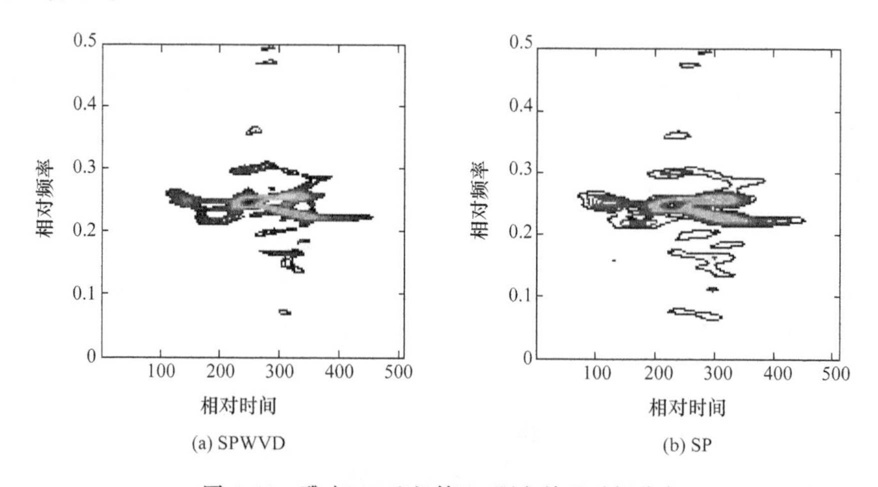

图 4.11　雅克-42 飞机第 83 距离单元时频分布

由图 4.11 可见,此时目标的运动比较复杂,散射点回波的频率随时间呈非线性变化。图 4.12 所示为选取的雅克-42 飞机复杂运动数据段经过运动补偿后,分别采用传统的 FFT 方法和基于 SPWVD 及 SP 的成像结果,可见基于 SPWVD 及 SP 的 ISAR 瞬态像非常清晰,而 FFT 方法的成像结果则非常模糊,难以识别。对比图 4.12(b)和(c),可见 SPWVD 所成 ISAR 像质量高于 SP。

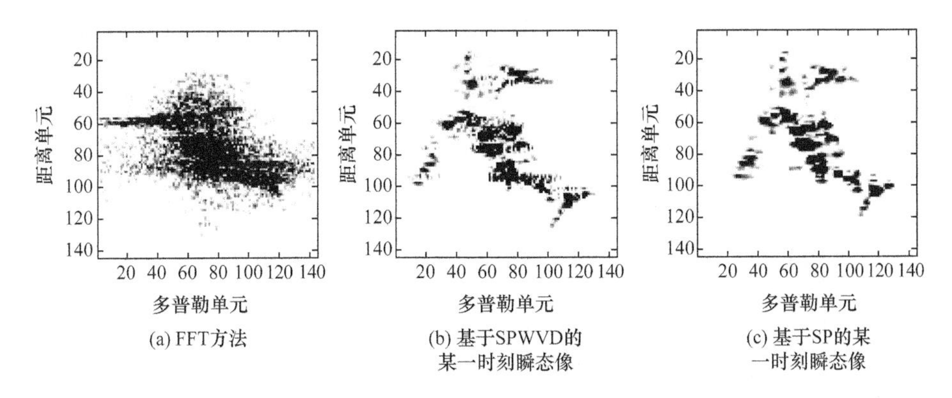

图 4.12　雅克-42 飞机复杂运动成像结果

4.2.3　一种新的时频分布

2001 年，Barkat 和 Boashash 提出了一种时频分布，可以在保持较高时频分辨率的同时抑制交叉项，尤其对多分量线性调频信号的分析有着很好的效果[18]。这种时频分布是从模糊域滤波的观点出发进行分析得到的，这里分析了 Cohen 类时频分布与模糊函数的关系，通过计算机仿真验证这种新的时频分布在抑制多分量线性调频信号交叉项上的优越性，并与其他的抑制交叉项的方法进行比较，最后把它应用于复杂运动目标的 ISAR 成像中，仿真数据和外场实测数据结果表明这种方法的可行性。

Cohen 于 20 世纪 60 年代将众多的时频分布用统一的形式表示，不同的时频分布只是体现在积分变换核的函数形式的选择上，这种统一的时频分布通常称为 Cohen 类时频分布，定义如式(4.3)。

信号的模糊函数定义为

$$A_z(\tau,\upsilon)=\int_{-\infty}^{+\infty}z\left(t+\frac{\tau}{2}\right)z^*\left(t-\frac{\tau}{2}\right)\mathrm{e}^{\mathrm{j}2\pi t\upsilon}\,\mathrm{d}t \tag{4.6}$$

因此有

$$P(t,f)=\int_{-\infty}^{+\infty}\int_{-\infty}^{+\infty}A_z(\tau,\upsilon)\phi(\tau,\upsilon)\mathrm{e}^{-\mathrm{j}2\pi(t\upsilon+\tau f)}\,\mathrm{d}\tau\mathrm{d}\upsilon \tag{4.7}$$

可以看出，Cohen 类时频分布是以核函数加权的模糊函数的二维傅里叶变换；如果 $\phi(\tau,\upsilon)=1$，即不加核函数，则式(4.7)退化为 WVD，于是 $\phi(\tau,\upsilon)$ 可视为模糊域的滤波函数，将模糊函数中不需要的分量滤掉。此外，模糊函数有一个非常有用的性质：对于多分量信号，其模糊函数对应于信号成分的项主要位于原点附近，而其相干项则离原点有一定的距离，可由图 4.13 和图 4.14 看出。图 4.13 所示为两个具有高斯幅度的线性调频脉冲信号构成的合成信号的 WVD 及其模糊函数，图 4.14 所示为三个等幅线性调频信号构成的合成信号的 WVD 及其模糊函数。可以看出，如果对信号的模糊函数在原点处用二维低通滤波器进行滤波，再通过二维傅里叶变换返回到信号的 WVD，将使信号的交叉项得到衰减，不同形式的低通滤波器对交叉项有不同程度的抑制。

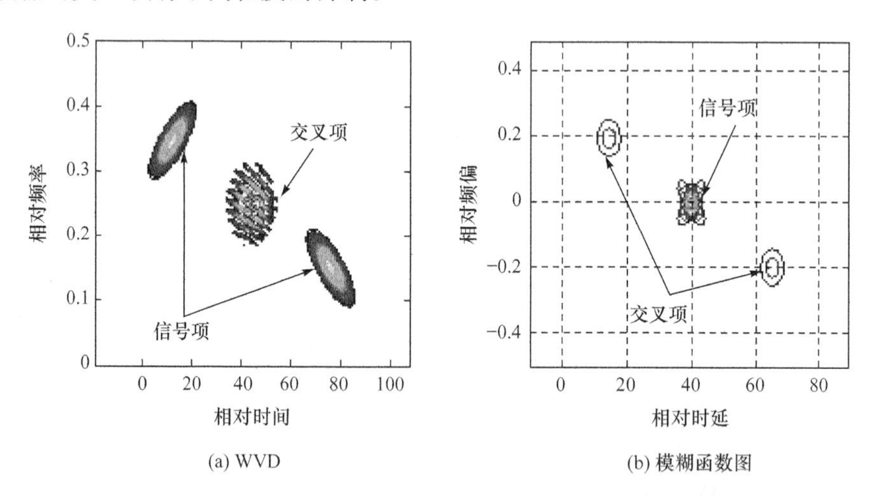

图 4.13 两个具有高斯幅度的线性调频脉冲信号构成的合成信号的时频分布与模糊函数

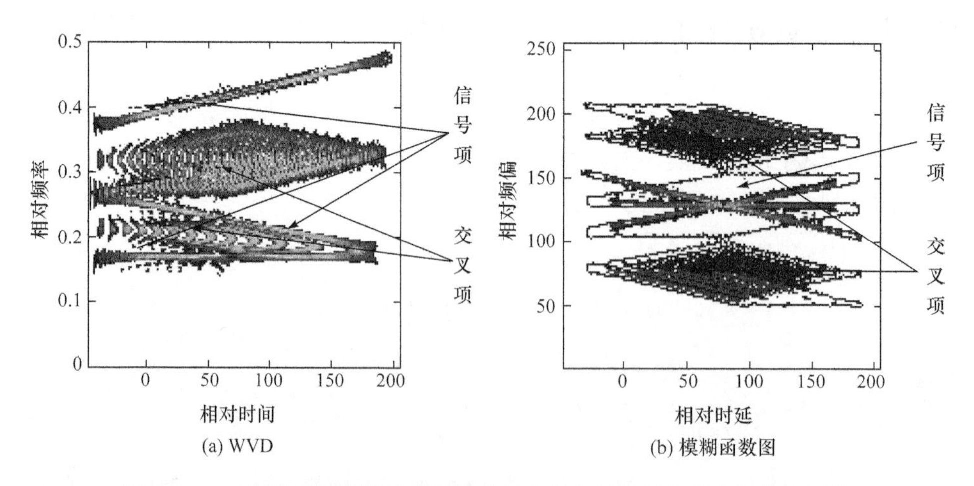

图 4.14 三个等幅线性调频信号构成的合成信号的时频分布与模糊函数

Barkat 和 Boashash 通过设计合适的核函数对模糊函数进行滤波，得到一种实用的抑制交叉项的时频分布[18]，其设计思想如下。

首先从时间-时延域上推导这种新的时频分布的核函数，考虑一个时间函数 $1/\cosh^2(t)$，再把它扩展到时间-时延域中，得到一个二维函数 $|\tau|/\cosh^2(t)$；然后取一个参数 α，得到的核函数为 $G(t,\tau)=\left|\dfrac{|\tau|}{\cosh^2(t)}\right|^{\alpha}$，对其进行傅里叶变换得到在模糊域的核函数，它是以原点为中心有着尖锐边缘的二维函数，而 α 是控制其边缘尖锐程度的实数。

这里仍以 4.2.1 节的仿真信号为例来验证这种新的时频分布在抑制交叉项方面的优越性。图 4.15(a)所示为信号的 Choi-Williams 分布(CWD)，虽然减少了大部分交叉项，但是降低了时频聚集性，影响了信号的时频分辨力；图 4.15(b)所示为 Barkat 和 Boashash 提出的时频分布，交叉项得到明显的抑制，同时也保持了较高的时频分辨率。

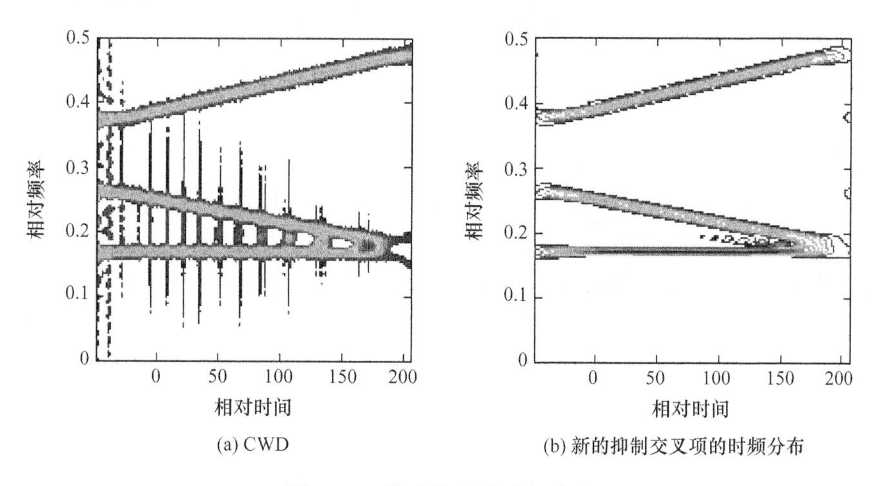

图 4.15　仿真信号的时频分布

下面把这种新的抑制交叉项的时频分布应用于复杂运动目标的 ISAR 成像中，选取雅克-42 飞机复杂运动数据段，经过运动补偿后，对每个距离单元数据进行时频分析，得到散射点的横向分布，成像结果如图 4.16 所示。图 4.16(a)所示为传统 FFT 方法的成像结果，非常模糊，无法识别；图 4.16(b)所示为基于 CWD 得到的 ISAR 像，质量有所提高，但有横条干扰；图 4.16(c)所示为基于新的时频分布得到的瞬态像，清晰地反映了目标的形状与姿态。

4.2.4　重排时频分布

重排方法是一种信号表示的处理方法，主要通过对信号进行重排，以提高信号分量的时频聚集性，同时抑制交叉项，原理如下。

首先，Cohen 类分布中有一大类成员都可以理解为经过二维滤波之后的

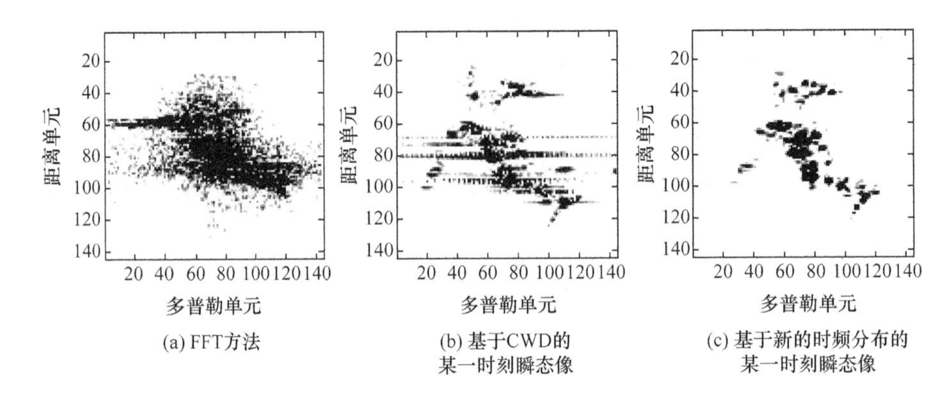

(a) FFT方法　　(b) 基于CWD的某一时刻瞬态像　　(c) 基于新的时频分布的某一时刻瞬态像

图 4.16　雅克-42 飞机复杂运动成像结果

WVD,且可以借助时频卷积由 WVD 导出,用公式表示为

$$\begin{aligned}P(t,f)&=\int_{-\infty}^{+\infty}\int_{-\infty}^{+\infty}\phi(t-t',f-f')W(t',f')\mathrm{d}t'\mathrm{d}f'\\&=\int_{-\infty}^{+\infty}\int_{-\infty}^{+\infty}\phi(t',f')W(t-t',f-f')\mathrm{d}t'\mathrm{d}f'\end{aligned}\tag{4.8}$$

式(4.8)表明,时频分布在时频平面任意点(t,f)的值是所有乘积项 $\phi(t',f')W(t-t',f-f')$之和,它可看成在(t,f)的邻近点$(t-t',f-f')$上的加权 WVD。于是,时频分布 $P(t,f)$是在以(t,f)点为中心的邻域内的信号能量的平均值,并以核函数 $\phi(t',f')$的基本支撑区为其支撑区。这一求平均的运算不仅可以使振荡的交叉项衰减,而且会使信号分量扩散。原时频坐标(t,f)经过重排后得到的新坐标 $\hat{t}$ 和 $\hat{f}$ 定义为

$$\hat{t}(t,f)=t-\frac{\int_{-\infty}^{+\infty}\int_{-\infty}^{+\infty}t'\cdot\phi(t',f')W(t-t',f-f')\mathrm{d}t'\mathrm{d}f'}{\int_{-\infty}^{+\infty}\int_{-\infty}^{+\infty}\phi(t',f')W(t-t',f-f')\mathrm{d}t'\mathrm{d}f'}\tag{4.9}$$

$$\hat{f}(t,f)=f-\frac{\int_{-\infty}^{+\infty}\int_{-\infty}^{+\infty}f'\cdot\phi(t',f')W(t-t',f-f')\mathrm{d}t'\mathrm{d}f'}{\int_{-\infty}^{+\infty}\int_{-\infty}^{+\infty}\phi(t',f')W(t-t',f-f')\mathrm{d}t'\mathrm{d}f'}\tag{4.10}$$

这里,$\hat{t}(t,f)$和 $\hat{f}(t,f)$称为重排算子。

如果选择合适的平滑核,那么重排后的分布能够将交叉项的抑制与信号时频聚集性的提高有效地结合起来。

以 4.2.1 节的仿真信号为例,比较其 SPWVD 和重排 SPWVD,如图 4.17 所示。可以看出,SPWVD 经过重排后,不但信号的时频聚集性有所提高,而且交叉项得到很好的抑制。基于此,可以将其应用于复杂运动目标的 ISAR 成像中。

选取雅克-42 飞机复杂运动数据段,经过运动补偿后,对每个距离单元数据进

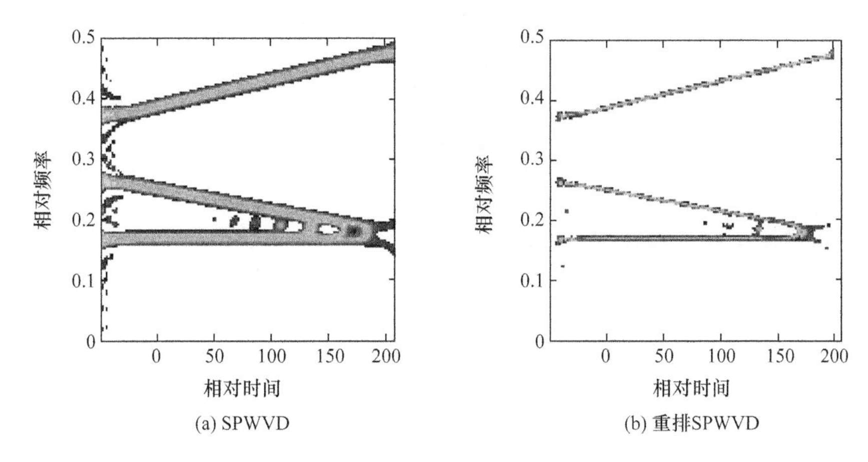

(a) SPWVD　(b) 重排SPWVD

图 4.17　仿真信号时频分布

行重排 SPWVD,得到散射点不同时刻的横向分布,成像结果如图 4.18 所示。可见基于重排 SPWVD 得到的 ISAR 瞬态像清晰地反映了目标的形状。

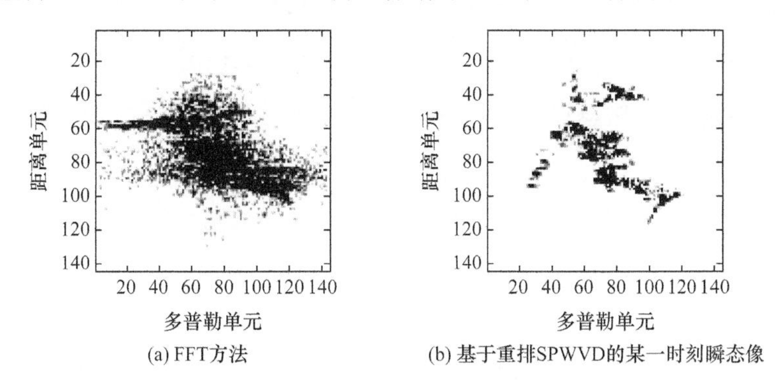

(a) FFT方法　(b) 基于重排SPWVD的某一时刻瞬态像

图 4.18　雅克-42 飞机复杂运动成像结果

4.3　新型时频分布的构造及其在 ISAR 成像中的应用

时频分布是分析时变非平稳信号的有力工具,被广泛应用于分析处理语音信号、声学信号、生物信号以及雷达和声呐信号等[19-53]。目前应用最多的时频分布是 Cohen 类时频分布,如 WVD、CWD 和 Page 分布等。其中,WVD 是一种最基本也是应用最多的时频分布,这里将式(4.2)中 WVD 的定义改写为

$$\mathrm{WVD}(t,\omega)=\int_{-\infty}^{\infty} z\left(t+\frac{\tau}{2}\right) z^{*}\left(t-\frac{\tau}{2}\right) \mathrm{e}^{-\mathrm{j}\omega\tau} \mathrm{d}\tau \tag{4.11}$$

式中,$z(t)$为一解析信号,且 $w=2\pi f$。

对于单分量的线性调频信号,WVD 具有理想的时频聚集性,然而,在以下两

种情况下，将会产生交叉项的影响：①信号频率随时间呈非线性变化；②信号包含多个分量。此时的交叉项是二次型或双线性时频分布的固有结果，它们来自多分量信号中不同信号分量之间的交叉作用，而且是比较严重的。交叉项的存在会干扰真实信号的特征，使得对时频分布的分析、解释变得困难。为了有效地抑制交叉项，并且适用于各类信号，人们做了大量的工作。针对第一种情况，各种高阶时频分布被相继提了出来，对于某些特定类型的信号，消除了交叉项的影响，但该方法不具有普遍性。而后，人们提出了L类、S类时频分布，在抑制交叉项的同时保持了很高的时频聚集性，但此类时频分布是通过反复迭代来实现的，计算量较大[19-32]。针对第二种情况，许多基于核函数设计的方法被提了出来，在很大程度上抑制了多分量信号中的交叉项，但往往都是以牺牲时频聚集性为代价的，且对复杂的信号，此方法仍显得无能为力[1-12]。

本节旨在构造新型时频分布，即在抑制交叉项的同时保持较高的时频聚集性且具有较小的计算量，研究基于该类时频分布的复杂运动目标ISAR成像方法。

4.3.1 基于Wigner-Ville分布和L-Wigner-Ville分布的核函数设计方案

本节在WVD和L-Wigner-Ville分布（L-Wigner-Ville distribution，LWVD）的基础上构造新的核函数，相应的时频分布在抑制交叉项的同时保持较高的时频聚集性。

1. WVD和LWVD核函数特点

对于如下形式的解析信号 $z(t)$：

$$z(t)=A\mathrm{e}^{\mathrm{j}\phi(t)} \tag{4.12}$$

式中，A 代表信号幅值；$\phi(t)$ 为相位。

下面分别分析其WVD和LWVD核函数的特点。

1) WVD核函数

WVD的定义如式(4.11)所示，信号 $z(t)$ 的WVD核函数可表示为

$$\begin{aligned} z\left(t+\frac{\tau}{2}\right)z^*\left(t-\frac{\tau}{2}\right) &= A^2\mathrm{e}^{\mathrm{j}\left[\phi\left(t+\frac{\tau}{2}\right)-\phi\left(t-\frac{\tau}{2}\right)\right]} \\ &= A^2\mathrm{e}^{\mathrm{j}[\phi'(t)\tau+2\phi^{(3)}(t)\tau^3/(2^3 3!)+2\phi^{(5)}(t)\tau^5/(2^5 5!)+\cdots]} \end{aligned} \tag{4.13}$$

这里，对 $\phi(t\pm\tau/2)$ 在 t 处进行Taylor级数展开。将式(4.13)代入式(4.12)中，$z(t)$ 的WVD可以表示为

$$\mathrm{WVD}(t,\omega)=A^2\delta(\omega-\phi'(t)) *_t \mathrm{IFT}_\tau\{\mathrm{e}^{\mathrm{j}[2\phi^{(3)}(t)\tau^3/(2^3 3!)+2\phi^{(5)}(t)\tau^5/(2^5 5!)+\cdots]}\} \tag{4.14}$$

式中，$\delta(\cdot)$ 为冲击函数；IFT代表傅里叶逆变换；$*_t$ 代表时域卷积。

对于线性调频信号，$\phi^{(3)}(t)=\phi^{(5)}(t)=\cdots=0$，其WVD完全集中于瞬时频率上，即 $\mathrm{WVD}(t,\omega)=A^2\delta(\omega-\phi'(t))$。

2) LWVD核函数

在WVD的基础上，Stankovic[22]提出一类新的时频分布——L类时频分布，进一步提高了时频聚集性，其中，对于解析信号 $z(t)$，其L类Wigner-Ville分布(LWVD)定义为

$$\mathrm{LWVD}(t,\omega)=\int_{-\infty}^{+\infty}z^{L}\left(t+\frac{\tau}{2L}\right)z^{*L}\left(t-\frac{\tau}{2L}\right)\mathrm{e}^{-\mathrm{j}\omega\tau}\mathrm{d}\tau \tag{4.15}$$

式中，L 为一正整数。

由式(4.15)可以看出，当 $L=1$ 时，信号的LWVD简化为WVD，因此，LWVD可以看成WVD的推广形式。信号 $z(t)$ 的LWVD核函数可表示为

$$\begin{aligned}z^{L}\left(t+\frac{\tau}{2L}\right)z^{*L}\left(t-\frac{\tau}{2L}\right)&=A^{2L}\mathrm{e}^{\mathrm{j}L\left[\phi\left(t+\frac{\tau}{2L}\right)-\phi\left(t-\frac{\tau}{2L}\right)\right]}\\&=A^{2L}\mathrm{e}^{\mathrm{j}\left[\phi'(t)\tau+2\phi^{(3)}(t)\tau^{3}/(2^{3}L^{2}3!)+2\phi^{(5)}(t)\tau^{5}/(2^{5}L^{4}5!)+\cdots\right]}\end{aligned} \tag{4.16}$$

这里，对 $\phi(t\pm\tau/2L)$ 在 t 处进行Taylor级数展开。将式(4.16)代入式(4.15)中，$z(t)$ 的LWVD可以表示为

$$\mathrm{LWVD}(t,\omega)=A^{2L}\delta(\omega-\phi'(t))*_{t}\mathrm{IFT}_{\tau}\{\mathrm{e}^{\mathrm{j}\left[2\phi^{(3)}(t)\tau^{3}/(2^{3}L^{2}3!)+2\phi^{(5)}(t)\tau^{5}/(2^{5}L^{4}5!)+\cdots\right]}\} \tag{4.17}$$

对于线性调频信号，$\phi^{(3)}(t)=\phi^{(5)}(t)=\cdots=0$，其LWVD完全集中于瞬时频率上，即 $\mathrm{LWVD}(t,\omega)=A^{2L}\delta(\omega-\phi'(t))$。

当信号 $z(t)$ 的瞬时频率随时间呈非线性变化时，$\phi(t)$ 的高阶导数(三阶，五阶，…)开始出现，导致其WVD和LWVD有所展宽，并不完全集中于瞬时频率上，这可由式(4.14)和式(4.17)看出。因此，对于非线性调频信号，需对其WVD和LWVD核函数进行修正，以抑制相位高阶导数的影响。

2. 核函数设计方案

这里定义两种相位校正函数(phase adjust function，PAF)，分别称为指数型PAF(exponential PAF，EPAF)和复时间延迟型PAF(complex lag PAF，CLPAF)，并结合WVD和LWVD核函数设计出新的时频分布核函数。

定义4.1 解析信号 $z(t)$ 的EPAF定义为

$$\mathrm{EPAF}(t,\tau)=\prod_{k=1}^{K}\left[z(t+2^{k-1}\tau)z^{*}(t-2^{k-1}\tau)\right]^{c_{k}} \tag{4.18}$$

定义4.2 解析信号 $z(t)$ 的CLPAF定义为

$$\mathrm{CLPAF}(t,\tau)=\prod_{k=1}^{K}\left[z(t+d_{k}\tau)z^{*}(t-d_{k}\tau)\right] \tag{4.19}$$

式(4.18)和式(4.19)中的 $c_k(k=1,2,\cdots,K)$ 和 $d_k(k=1,2,\cdots,K)$ 为待定系数。根据以上两个定义,可设计出如下四种类型的时频分布。

定义 4.3 基于 WVD 核函数和 EPAF 的时频分布定义为

$$\mathrm{WVD}_{\mathrm{EPAF}}(t,\omega)=\int_{-\infty}^{\infty} z\left(t+C\frac{\tau}{2}\right)z^*\left(t-C\frac{\tau}{2}\right)\mathrm{EPAF}(t,\tau)\mathrm{e}^{-\mathrm{j}\omega\tau}\,\mathrm{d}\tau \tag{4.20}$$

式中,C 为一常数。常数 C、系数 $c_k(k=1,2,\cdots,K)$ 满足如下关系:

$$\begin{cases} C+\sum\limits_{k=1}^{K}2^k c_k=1 \\ \dfrac{1}{2^{2m}}C^{2m+1}+\sum\limits_{k=1}^{K}2^{2m(k-1)+k}c_k=0, \quad m=1,2,\cdots,K \end{cases} \tag{4.21}$$

此时

$$\begin{aligned}\mathrm{WVD}_{\mathrm{EPAF}}(t,\omega)=&A^{2\left(1+\sum\limits_{k=1}^{K}c_k\right)}\delta(\omega-\phi'(t))*_t\mathrm{IFT}_\tau\{\mathrm{e}^{\mathrm{j}[2\phi^{(2K+3)}(t)(\tau C)^{2K+3}/2^{2K+3}(2K+3)!]}\\ &\times\mathrm{e}^{\mathrm{j}[2\phi^{(2K+5)}(t)(\tau C)^{2K+5}/2^{2K+5}(2K+5)!+o(c_k)+\cdots]}\}\end{aligned} \tag{4.22}$$

证明 对 $z(t+2^{k-1}\tau)z^*(t-2^{k-1}\tau)$ 进行 Taylor 级数展开,得

$$z(t+2^{k-1}\tau)z^*(t-2^{k-1}\tau)=A^2\mathrm{e}^{\mathrm{j}[\phi'(t)2^k\tau+2(2^{k-1}\tau)^3\phi^{(3)}(t)/3!+2(2^{k-1}\tau)^5\phi^{(5)}(t)/5!+\cdots]} \tag{4.23}$$

将式(4.23)和式(4.13)$\left(用 C\dfrac{\tau}{2}代替\dfrac{\tau}{2}\right)$代入式(4.20)中,即可得到式(4.21)和式(4.22)。其中,$o(c_k)$ 为与系数 $c_k(k=1,2,\cdots,K)$ 有关的高阶小量。

定义 4.4 基于 WVD 核函数和 CLPAF 的时频分布定义为

$$\mathrm{WVD}_{\mathrm{CLPAF}}(t,\omega)=\int_{-\infty}^{\infty} z\left(t+D\frac{\tau}{2}\right)z^*\left(t-D\frac{\tau}{2}\right)\mathrm{CLPAF}(t,\tau)\mathrm{e}^{-\mathrm{j}\omega\tau}\,\mathrm{d}\tau \tag{4.24}$$

式中,D 为一常数,且常数 D、系数 $d_k(k=1,2,\cdots,K)$ 满足如下关系:

$$\begin{cases} D+2\sum\limits_{k=1}^{K}d_k=1 \\ \dfrac{1}{2^{2m}}D^{2m+1}+2\sum\limits_{k=1}^{K}d_k^{2m+1}=0, \quad m=1,2,\cdots,K \end{cases} \tag{4.25}$$

此时

$$\begin{aligned}\mathrm{WVD}_{\mathrm{EPAF}}(t,\omega)=&A^{2(K+1)}\delta(\omega-\phi'(t))*_t\mathrm{IFT}_\tau\{\mathrm{e}^{\mathrm{j}[2\phi^{(2K+3)}(t)(\tau D)^{2K+3}/2^{2K+3}(2K+3)!]}\\ &\times\mathrm{e}^{\mathrm{j}[2\phi^{(2K+5)}(t)(\tau D)^{2K+5}/2^{2K+5}(2K+5)!+o(d_k)+\cdots]}\}\end{aligned} \tag{4.26}$$

证明 对 $z(t+d_k\tau)z^*(t-d_k\tau)$ 进行 Taylor 级数展开,可得

$$z(t+d_k\tau)z^*(t-d_k\tau)=A^2\mathrm{e}^{\mathrm{j}[2\phi'(t)d_k\tau+2(d_k\tau)^3\phi^{(3)}(t)/3!+2(d_k\tau)^5\phi^{(5)}(t)/5!+\cdots]} \tag{4.27}$$

将式(4.27)和式(4.13)$\left(用 D\frac{\tau}{2}代替\frac{\tau}{2}\right)$代入式(4.24)中，即可得到式(4.25)和式(4.26)。其中，$o(d_k)$为与系数 $d_k(k=1,2,\cdots,K)$有关的高阶小量。

注 4.1　由式(4.22)和式(4.26)可以看出，对于任意信号 $z(t)$，$\mathrm{WVD_{EPAF}}(t,\omega)$和 $\mathrm{WVD_{CLPAF}}(t,\omega)$可以集中在其瞬时频率上，而展宽部分取决于相位 $\phi(t)$的$(2K+3)$阶导数，因此，对于最高相位次数不超过$(2K+2)$的多项式相位信号，$\mathrm{WVD_{EPAF}}(t,\omega)$和 $\mathrm{WVD_{CLPAF}}(t,\omega)$完全集中在其瞬时频率上，即对瞬时频率的估计是无偏的。此外，对于任意形式的信号 $z(t)$，因为 $1/2^{2K+3}(2K+3)!\rightarrow 0$，以 $K=2$ 为例，$1/2^{2K+3}(2K+3)!=1/645120$，所以，$\mathrm{WVD_{EPAF}}(t,\omega)$和 $\mathrm{WVD_{CLPAF}}(t,\omega)$也几乎完全集中在瞬时频率上，误差极小。因此，$\mathrm{WVD_{EPAF}}(t,\omega)$和 $\mathrm{WVD_{CLPAF}}(t,\omega)$具有普遍性。

注 4.2　式(4.21)和式(4.25)为超越方程组，包含$(K+1)$个未知数，如果 K 比较大，解起来将非常烦琐。但从上面的分析可知，当 $K=2$ 时，$\mathrm{WVD_{EPAF}}(t,\omega)$和 $\mathrm{WVD_{CLPAF}}(t,\omega)$即可满足精度要求。因此，这里分别以 $K=1$ 和 $K=2$ 为例，给出每个方程组的两组解：

(1) 对于方程组(4.21)，当 $K=1$ 时，$C=-2.38$，$c_1=1.69$。

(2) 对于方程组(4.21)，当 $K=2$ 时，$C=-2.58$，$c_1=1.67$，$c_2=0.06$。

(3) 对于方程组(4.25)，当 $K=1$ 时，$D=0.50-0.29\mathrm{i}$，$d_1=0.25+0.15\mathrm{i}$。

(4) 对于方程组(4.25)，当 $K=2$ 时，$D=0.28-0.27\mathrm{i}$，$d_1=0.21$，$d_2=0.14+0.14\mathrm{i}$。其中，i 为虚数单位。

定义 4.5　基于 LWVD 核函数和 EPAF 的时频分布定义为

$$\mathrm{LWVD_{EPAF}}(t,\omega)=\int_{-\infty}^{\infty}z^L\left(t+\frac{\tau}{2L}\right)z^{*L}\left(t-\frac{\tau}{2L}\right)\mathrm{EPAF}(t,\tau)\mathrm{e}^{-\mathrm{j}\omega c\tau}\mathrm{d}\tau \tag{4.28}$$

式中，L 为一正整数；$c=1+\sum_{k=1}^{K}2^k c_k$。常数 L、系数 $c_k(k=1,2,\cdots,K)$满足如下关系：

$$\left(\frac{1}{2L}\right)^{2m}+\sum_{k=1}^{K}2^{2m(k-1)+k}c_k=0,\quad m=1,2,\cdots,K \tag{4.29}$$

此时

$$\begin{aligned}\mathrm{LWVD_{EPAF}}(t,\omega)=&A^{2\left(L+\sum_{k=1}^{K}c_k\right)}\delta(\omega-\phi'(t))*_t\mathrm{IFT}_\tau\{\mathrm{e}^{\mathrm{j}[2\phi^{(2K+3)}(t)\tau^{2K+3}/(2^{2K+3}L^{2K+2}(2K+3)!)]}\\&\times\mathrm{e}^{\mathrm{j}[2\phi^{(2K+5)}(t)\tau^{2K+5}/(2^{2K+5}L^{2K+4}(2K+5)!)+o(c_k)+\cdots]}\}\end{aligned} \tag{4.30}$$

证明　将式(4.23)和式(4.16)(用 $\tau/(2L)$代替 $\tau/2$)代入式(4.28)中，即可得到式(4.29)和式(4.30)。其中，$o(c_k)$为与系数 $c_k(k=1,2,\cdots,K)$有关的高阶

小量。

定义 4.6 基于 LWVD 核函数和 CLPAF 的时频分布定义为

$$\mathrm{LWVD}_{\mathrm{CLPAF}}(t,\omega)=\int_{-\infty}^{\infty} z^{L}\left(t+\frac{\tau}{2L}\right) z^{*L}\left(t-\frac{\tau}{2L}\right) \mathrm{CLPAF}(t,\tau) \mathrm{e}^{-\mathrm{j}\omega\tilde{d}\tau} \mathrm{d}\tau \tag{4.31}$$

式中，$\tilde{d}=1+2\sum_{k=1}^{K} d_k$；常数 L、系数 $d_k(k=1,2,\cdots,K)$ 满足如下关系：

$$\left(\frac{1}{2L}\right)^{2m}+2\sum_{k=1}^{K} d_k^{2m+1}=0, \quad m=1,2,\cdots,K \tag{4.32}$$

此时

$$\begin{aligned}\mathrm{LWVD}_{\mathrm{CLPAF}}(t,\omega)=&A^{2(L+K)}\delta(\omega-\phi'(t)) *_t \\ &\mathrm{IFT}_\tau\left\{\mathrm{e}^{\mathrm{j}\{2\phi^{(2K+3)}(t)\tau^{2K+3}/[2^{2K+3}L^{2K+2}(2K+3)!]+2\phi^{(2K+5)}(t)\tau^{2K+5}/[2^{2K+5}L^{2K+4}(2K+5)!]+o(d_k)+\cdots\}}\right\}\end{aligned} \tag{4.33}$$

证明 将式(4.27)和式(4.16)(用 $\tau/(2L)$ 代替 $\tau/2$)代入式(4.31)中，即可得到式(4.32)和式(4.33)。其中，$o(d_k)$ 为与系数 $d_k(k=1,2,\cdots,K)$ 有关的高阶小量。

注 4.3 如注 4.1 所示，$\mathrm{LWVD}_{\mathrm{EPAF}}(t,\omega)$ 和 $\mathrm{LWVD}_{\mathrm{CLPAF}}(t,\omega)$ 也几乎完全集中在信号的瞬时频率上。在 L 已知的情况下，由式(4.29)可知，系数 $c_k(k=1,2,\cdots,K)$ 满足如下方程组：

$$V^{\mathrm{T}}C=B \tag{4.34}$$

式中

$$V=\begin{bmatrix} 1 & 1 & 1 & \cdots & 1 \\ 2^3 & 2^5 & 2^7 & \cdots & 2^{2K+1} \\ 2^6 & 2^{10} & 2^{14} & \cdots & 2^{2(2K+1)} \\ \vdots & \vdots & \vdots & & \vdots \\ (2^3)^{K-1} & (2^5)^{K-1} & (2^7)^{K-1} & \cdots & (2^{2K+1})^{K-1} \end{bmatrix}_{K\times K},$$

$$C=\begin{bmatrix} c_1 \\ c_2 \\ c_3 \\ \vdots \\ c_K \end{bmatrix}_{K\times 1}, \quad B=\begin{bmatrix} -\frac{1}{2}\left(\frac{1}{2L}\right)^2 \\ -\frac{1}{2}\left(\frac{1}{2L}\right)^4 \\ \vdots \\ -\frac{1}{2}\left(\frac{1}{2L}\right)^{2K} \end{bmatrix}_{K\times 1}$$

不难看出，矩阵 V 为 Vandermonde 矩阵，且 $\det(V)=\prod_{1\leqslant j<i\leqslant K}(2^{2i+1}-2^{2j+1})$，$K\geqslant 2$。

因此，式(4.29)所表示的方程组是有解的，且唯一。这里假定 $L=2$，分别以 $K=1$ 和 $K=2$ 为例给出式(4.29)的两组解：

(1) $L=2, K=1, c_1=-\frac{1}{32}, c=\frac{15}{16}$。

(2) $L=2, K=2, c_1=-\frac{21}{512}, c_2=\frac{5}{4096}, c=\frac{945}{1024}$。

同理，假定 $L=2$，给出式(4.32)的两组解：

(1) $L=2, K=1, d_1=0.16-0.27\mathrm{i}, d=1.32-0.54\mathrm{i}$。

(2) $L=2, K=2, d_1=0.19-0.20\mathrm{i}, d_2=0.19+0.20\mathrm{i}, d=1.76$。

注 4.4　将 $\mathrm{WVD}_{\mathrm{EPAF}}(t,\omega)$、$\mathrm{WVD}_{\mathrm{CLPAF}}(t,\omega)$、$\mathrm{LWVD}_{\mathrm{EPAF}}(t,\omega)$ 和 $\mathrm{LWVD}_{\mathrm{CLPAF}}(t,\omega)$ 统一记为 $\mathrm{NTFD}(t,\omega)$，此时 $\mathrm{NTFD}(t,\omega)$ 满足如下性质.

(1) 实值性。对于任意解析信号 $z(t)=A\mathrm{e}^{\mathrm{j}\phi(t)}$，$\mathrm{NTFD}(t,\omega)=\mathrm{NTFD}^*(t,\omega)$。

(2) 时移不变性。$z(t)\rightarrow\mathrm{NTFD}(t,\omega)\Leftrightarrow z(t-t_0)\rightarrow\mathrm{NTFD}(t-t_0,\omega)$。

(3) 频移不变性。$z(t)\rightarrow\mathrm{NTFD}(t,\omega)\Leftrightarrow z(t)\exp\{\mathrm{j}\omega_0 t\}\rightarrow\mathrm{NTFD}(t,\omega-\omega_0)$。

(4) 时频伸缩性。$z(t)\rightarrow\mathrm{NTFD}(t,\omega)\Leftrightarrow\sqrt{|a|}z(at)\rightarrow\mathrm{const}(a)\times\mathrm{NTFD}\left(at,\frac{\omega}{a}\right)$，其中 $\mathrm{const}(a)$ 为一与 a 有关的常数。

注 4.5　在研究 $\mathrm{NTFD}(t,\omega)$ 的计算方法之前，首先对交叉项进行分类。根据交叉项的特点和产生的根源将其分为两类，分别称为自交叉项和互交叉项，定义如下。

自交叉项：对于阶次大于2的多项式相位信号，其二次型时频分布将会产生大量的虚假信息，即为自交叉项。也可以说，自交叉项是由信号自身的非线性特性而产生的。

互交叉项：互交叉项产生在信号存在多个分量的情况之下，对于二次型时频分布，由于不同信号分量之间的相互作用而产生大量的虚假信息，它是二次型时频分布的固有特点。

注 4.6　由傅里叶变换的性质，可将式(4.20)、式(4.24)、式(4.28)和式(4.31)改写为WVD(LWVD)与EPAF(CLPAF)的卷积形式：

$$\mathrm{WVD}_{\mathrm{EPAF}}(t,\omega)=\frac{1}{C}\mathrm{WVD}\left(t,\frac{\omega}{C}\right)*_{\omega}\mathrm{EPAFF}(t,\omega) \tag{4.35}$$

$$\mathrm{WVD}_{\mathrm{CLPAF}}(t,\omega)=\frac{1}{\mathrm{Re}(D)}\mathrm{WVD}\left(t,\frac{\omega}{\mathrm{Re}(D)}\right)*_{\omega}\mathrm{CLPAFF}(t,\omega) \tag{4.36}$$

$$\mathrm{LWVD}_{\mathrm{EPAF}}(t,\omega)=\mathrm{LWVD}(t,\omega)*_{\omega}\mathrm{EPAFF}\left(t,\frac{\omega}{c}\right) \tag{4.37}$$

$$\mathrm{LWVD}_{\mathrm{CLPAF}}(t,\omega)=\mathrm{LWVD}(t,\omega)*_{\omega}\mathrm{CLPAFF}\left(t,\frac{\omega}{\mathrm{Re}(d)}\right) \tag{4.38}$$

式中，$\mathrm{EPAFF}(t,\omega)=\mathrm{FT}_{\tau}\{\mathrm{EPAF}(t,\tau)\}$，$\mathrm{CLPAFF}(t,\omega)=\mathrm{FT}_{\tau}\{\mathrm{CLPAF}(t,\tau)\}$，FT代表傅里叶变换；Re(·)代表取实部运算；$*_{\omega}$代表频域卷积。

由式(4.35)～式(4.38)可知，$\mathrm{WVD}_{\mathrm{EPAF}}(t,\omega)$、$\mathrm{WVD}_{\mathrm{CLPAF}}(t,\omega)$、$\mathrm{LWVD}_{\mathrm{EPAF}}(t,\omega)$和$\mathrm{LWVD}_{\mathrm{CLPAF}}(t,\omega)$可由信号的WVD(LWVD)与PAF(EPAF或CLPAF)的频域卷积得到。此时，对于单分量的非线性调频信号，就可以抑制自交叉项的影响；但对于多分量信号的情况，由于WVD(LWVD)会产生信号间的互交叉项，实际计算WVD(LWVD)时可通过STFT来实现。下面将针对多分量信号的情况，介绍如何抑制分量间的互交叉项影响。

3. 时频分布的离散实现

对于如下形式的多分量信号：

$$z(n)=\sum_{p=1}^{P}z_p(n),\quad -\frac{N}{2}\leqslant n\leqslant\frac{N}{2}-1 \tag{4.39}$$

式中，P为信号分量个数；N为信号长度(偶数)，假定信号的采样率为1。其STFT为

$$|\mathrm{STFT}_z(n,f)|^2=|\mathrm{FT}_m\{w(m)z(n+m)\}|^2=\sum_{p=1}^{P}|\mathrm{STFT}_{z_p}(n,f)|^2 \tag{4.40}$$

式中，$w(m)$为窗函数。进而，可以通过STFT得到WVD和LWVD：

$$\begin{aligned}\mathrm{WVD}(n,f)=\mathrm{LWVD}_1(n,f)=&|\mathrm{STFT}(n,f)|^2\\&+2\sum_{i=1}^{N_p}\mathrm{Re}\{\mathrm{STFT}(n,f+i)\mathrm{STFT}^*(n,f-i)\}\end{aligned} \tag{4.41}$$

$$\mathrm{LWVD}_{2L}(n,f)=\mathrm{LWVD}_L^2(n,f)+2\sum_{i=1}^{N_p}\mathrm{LWVD}_L(n,f+i)\mathrm{LWVD}_L(n,f-i) \tag{4.42}$$

式中，$2N_p+1$为窗函数$w(m)$的长度。由于STFT为线性变换，对于多分量信号不会产生交叉项，因此，基于STFT得到的WVD和LWVD也不存在交叉项的影响，且WVD和LWVD是通过STFT的迭代来实现的，其时频聚集性要优于STFT。下面计算每个信号分量的相位校正函数$\mathrm{EPAF}_{z_p}(n,m)$和$\mathrm{CLPAF}_{z_p}(n,m)$，采用洁净技术，可由以下步骤来实现。

(1) 计算n时刻信号$\mathrm{STFT}_z(n,f)$最大值的位置$f_1(n)$：

$$f_1(n)=\arg\max_f \mathrm{STFT}_z(n,f) \tag{4.43}$$

(2) 以$f_1(n)$为中心，设计一带通滤波器，假设其长度为$2M_f+1$，其中M_f的大小由n时刻信号的频谱宽度来确定，根据式(4.44)计算第一个信号分量的相位校正函数：

$$\begin{aligned}&\mathrm{EPAF}_{z_1}(n,m)\\&=\prod_{k=1}^{K}\left\{\sum_{f_1=-M_f}^{M_f}\sum_{f_2=-M_f}^{M_f}\mathrm{STFT}_z[n,f_1+f_1(n)]\mathrm{STFT}_z^*[n,f_2\right.\\&\left.\quad+f_1(n)]\mathrm{e}^{\mathrm{j}(2\pi/N)[(n+2^{k-1}m)f_1-(n-2^{k-1}m)f_2]}\right\}^{c_k}\end{aligned}\tag{4.44}$$

$$\begin{aligned}&\mathrm{CLPAF}_{z_1}(n,m)\\&=\prod_{k=1}^{K}\left\{\sum_{f_1=-M_f}^{M_f}\sum_{f_2=-M_f}^{M_f}\mathrm{STFT}_z[n,f_1+f_1(n)]\mathrm{STFT}_z^*[n,f_2\right.\\&\left.\quad+f_1(n)]\mathrm{e}^{\mathrm{j}(2\pi/N)[(n+d_km)f_1-(n-d_km)f_2]}\right\}\end{aligned}\tag{4.45}$$

(3) 令 $\mathrm{STFT}_z(n,f)=0, f\in[f_1(n)-M_f, f_1(n)+M_f]$，重复步骤(1)～步骤(3)，直到检测出所有的信号分量，或者剩余信号的能量低于某一预定门限时。

此时，相位校正函数的频谱可计算为

$$\mathrm{EPAFF}(n,f)=\mathrm{FT}_m\left\{\sum_{p=1}^{P}\mathrm{EPAF}_{z_p}(n,m)\right\}\tag{4.46}$$

$$\mathrm{CLPAFF}(n,f)=\mathrm{FT}_m\left\{\sum_{p=1}^{P}\mathrm{CLPAF}_{z_p}(n,m)\right\}\tag{4.47}$$

进而，式(4.35)～式(4.38)可写为

$$\mathrm{WVD}_{\mathrm{EPAF}}(n,f)=\sum_{i=1}^{N_p}\mathrm{WVD}\left(n,f+\left[\frac{i}{C}\right]\right)\mathrm{EPAFF}(n,f-i)\tag{4.48}$$

$$\mathrm{WVD}_{\mathrm{CLPAF}}(n,f)=\sum_{i=1}^{N_p}\mathrm{WVD}\left(n,f+\left[\frac{i}{\mathrm{Re}(D)}\right]\right)\mathrm{CLPAFF}(n,f-i)\tag{4.49}$$

$$\mathrm{LWVD}_{\mathrm{EPAF}}(n,f)=\sum_{i=1}^{N_p}\mathrm{LWVD}(n,f+i)\mathrm{EPAFF}\left(n,f-\left[\frac{i}{c}\right]\right)\tag{4.50}$$

$$\mathrm{LWVD}_{\mathrm{CLPAF}}(n,f)=\sum_{i=1}^{N_p}\mathrm{LWVD}(n,f+i)\mathrm{CLPAFF}\left(n,f-\left[\frac{i}{\mathrm{Re}(d)}\right]\right)\tag{4.51}$$

式(4.48)～式(4.51)中，[・]为取整运算。

此时，对于多分量信号 $z(n)$，$\mathrm{WVD}_{\mathrm{EPAF}}(n,f)$、$\mathrm{WVD}_{\mathrm{CLPAF}}(n,f)$、$\mathrm{LWVD}_{\mathrm{EPAF}}(n,f)$ 和 $\mathrm{LWVD}_{\mathrm{CLPAF}}(n,f)$ 中的交叉项(包括信号自身非线性产生的自交叉项和信号分量间的互交叉项)已经得到有效的抑制，且时频聚集性也比较高。

4. 仿真算例

(1) 以由三个三阶多项式相位信号分量组成的合成信号为例，其解析表达式为

$$z(n)=\sum_{p=1}^{3}b_{p0}\mathrm{e}^{\mathrm{j}(a_{p0}+a_{p1}n+a_{p2}n^2+a_{p3}n^3)}+v(n)\tag{4.52}$$

式中，$n\in[-128,127]$，信号采样率为 1；$v(n)$ 为加性高斯白噪声，方差 $\sigma^2=0.1$。各个分量参数如表 4.1 所示。

表 4.1 仿真所用信号参数值

分量(p) \ 参数	b_{p0}	a_{p0}	a_{p1}	a_{p2}	a_{p3}
1	2.00	1.00	0.39	0.005	0.00003
2	2.00	−1.00	−0.78	0.001	−0.00001
3	2.00	−2.00	0.78	−0.001	−0.00002

在计算 WVD 和 LWVD 时，取 $N_p=3$。计算四种新型时频分布时所选取的参数如表 4.2 所示。

表 4.2 计算四种新型时频分布时所选取的参数

新型时频分布类型	选取的参数
$\mathrm{WVD}_{\mathrm{EPAF}}(n,f)$	$K=1,C=-2.38,c_1=1.69$
$\mathrm{WVD}_{\mathrm{CLPAF}}(n,f)$	$K=1,D=0.50-0.29\mathrm{i},d_1=0.25+0.15\mathrm{i}$
$\mathrm{LWVD}_{\mathrm{EPAF}}(n,f)$	$L=2,K=1,c_1=-1/32$
$\mathrm{LWVD}_{\mathrm{CLPAF}}(n,f)$	$L=2,K=1,d_1=0.16-0.27\mathrm{i}$

此时，该信号的 WVD、CWD、Zhao-Atlas-Marks 分布（Zhao-Atlas-Marks distribution，ZAM）、STFT 和四种新型时频分布如图 4.19 所示。

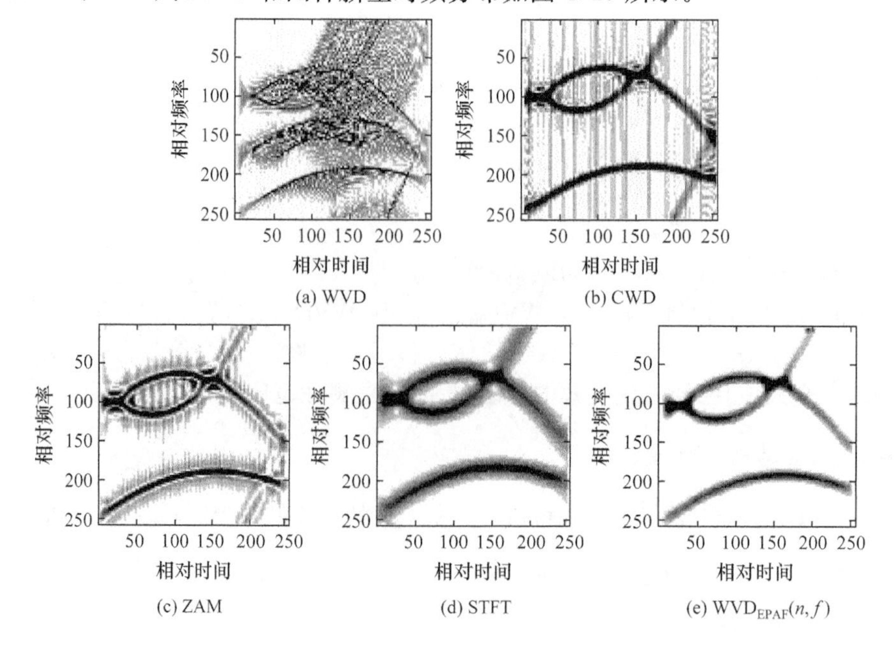

(a) WVD (b) CWD

(c) ZAM (d) STFT (e) $\mathrm{WVD}_{\mathrm{EPAF}}(n,f)$

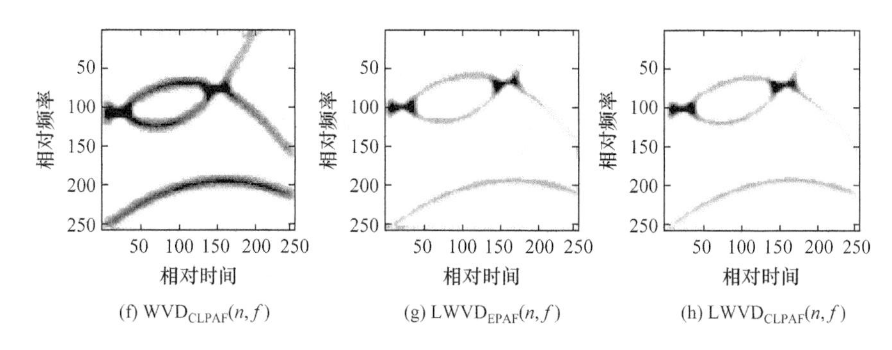

(f) $WVD_{CLPAF}(n,f)$　(g) $LWVD_{EPAF}(n,f)$　(h) $LWVD_{CLPAF}(n,f)$

图 4.19　仿真信号时频分布图

由图 4.19 可见，由于信号包含多个分量，每个信号分量的非线性特性使得其 WVD 中的交叉项大量存在，而且掩盖了信号自身的特征；CWD 和 ZAM 中的交叉项得到很大程度的抑制，但是以牺牲时频分辨率为代价的；STFT 虽然不存在交叉项的影响，但时频聚集性较 WVD 降低许多。而本章提出的四种新型时频分布在抑制交叉项的同时，保持了较高的时频聚集性。另外，由于每个信号分量均为三阶多项式相位信号，由式(4.22)、式(4.26)、式(4.30)和式(4.33)可知，此时的时频分布完全集中在信号分量的瞬时频率曲线上，即对瞬时频率的估计是无偏的。

(2) 以一正弦调频信号和三阶多项式相位信号的合成信号为例，其解析表达式为

$$\begin{aligned} z(n)=&\exp\{j[4\cos(\pi n/54)+4\cos(\pi n/30)+5\sin(\pi n/54)]\}\\ &+\exp[j(-1-\pi n/4+1\times10^{-3}n^2-1\times10^{-5}n^3)]+v(n) \end{aligned} \tag{4.53}$$

式中，$n\in[-128,127]$，信号采样率为 1；$v(n)$ 为加性高斯白噪声，方差 $\sigma^2=0.1$。在计算 WVD 和 LWVD 时，取 $N_p=3$。

计算四种新型时频分布时所选取的参数如表 4.3 所示。

表 4.3　计算四种新型时频分布时所选取的参数

新型时频分布类型	选取的参数
$WVD_{EPAF}(n,f)$	$K=2,C=-2.58,c_1=1.67,c_2=0.06$
$WVD_{CLPAF}(n,f)$	$K=2,D=0.28-0.27i,d_1=0.21,d_2=0.14+0.14i$
$LWVD_{EPAF}(n,f)$	$L=2,K=2,c_1=-21/512,c_2=5/4096$
$LWVD_{CLPAF}(n,f)$	$L=2,K=2,d_1=0.19-0.20i,d_2=0.19+0.20i$

此时，该信号的 WVD、CWD、ZAM、STFT 以及四种新型时频分布如图 4.20 所示。

该信号的非线性特性比较强，在计算这四种新型时频分布时，取 $K=2$。由注 4.2 可知，此时时频分布不完全集中在信号分量的瞬时频率曲线上，存在一定的误

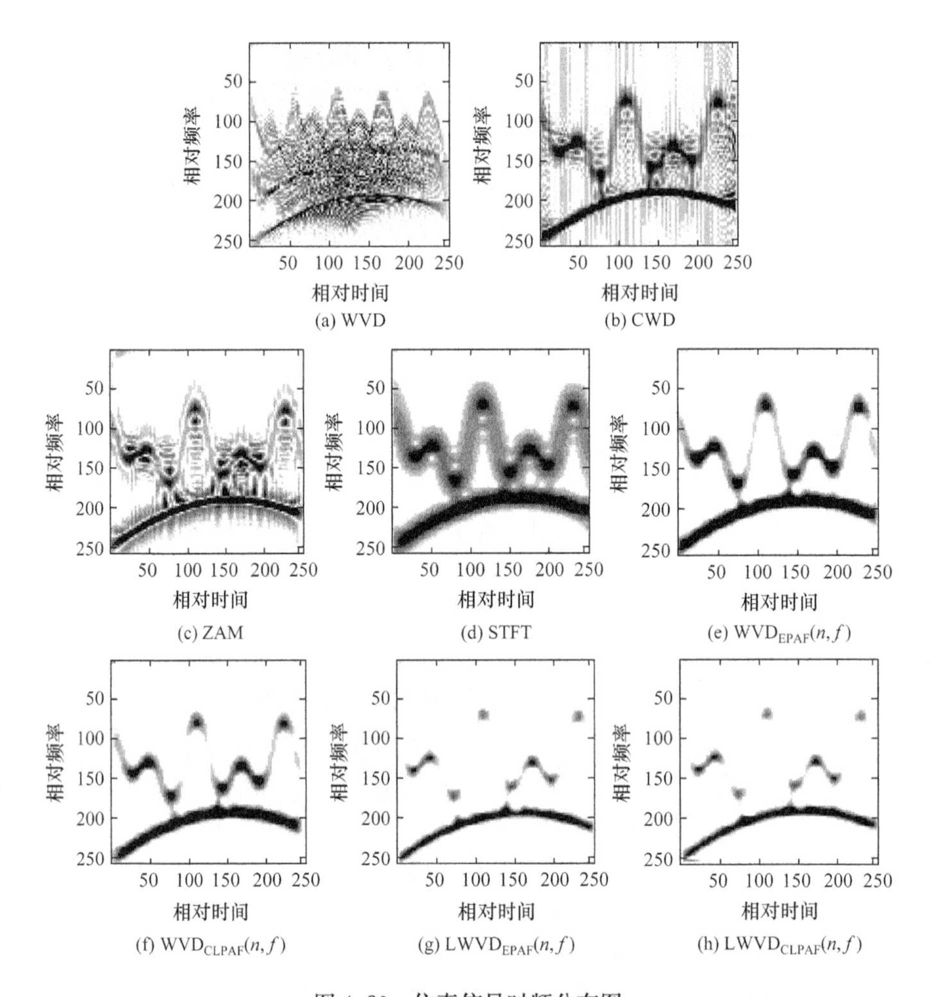

图 4.20　仿真信号时频分布图

差，但误差极小(为 $10^{-5}\sim10^{-6}$ 数量级)，完全可以忽略，这可由图 4.20(e)～(h)看出，交叉项(信号自身非线性产生的自交叉项和信号分量间的互交叉项)已经得到有效的抑制，且时频聚集性也很高。

4.3.2　基于指数型相位匹配原理的核函数设计方案

对于式(4.12)所示的解析信号 $z(t)$，本节构造的核函数具有如下形式：

$$\mathrm{Ker}(t,\tau)=\prod_{k=0}^{K}\left[z(t+2^{k-1}\tau)z^{*}(t-2^{k-1}\tau)\right]^{a_k} \tag{4.54}$$

相应的时频分布定义为

$$\mathrm{WDP}(t,\omega)=\int_{-\infty}^{+\infty}\mathrm{Ker}(t,\tau)\exp(-\mathrm{j}\omega\tau)\mathrm{d}\tau \tag{4.55}$$

此时，有如下结论成立：

$\forall K \in \mathrm{N}, \exists \alpha_k (k=0,1,\cdots,K) \in \mathrm{Q}$，使得

$$\mathrm{WDP}(t,\omega) = A^{2\sum_{k=0}^{K}\alpha_k}\delta[\omega - \phi'(t)] *_t \mathrm{IFT}_\tau\{\exp[\mathrm{j}R(t,\tau)]\} \tag{4.56}$$

式中，N 和 Q 分别代表自然数集合和有理数集合；$\delta(\cdot)$为 Dirac 函数；IFT 代表傅里叶逆变换；$*$ 代表卷积；$R(t,\tau)$为相位余项，具有如下形式：

$$R(t,\tau) = \sum_{l=1}^{\infty}\left[\frac{\phi^{(2K+2l+1)}(t)\tau^{2K+2l+1}}{2^{2K+2l}(2K+2l+1)!}\sum_{k=0}^{K}\alpha_k 2^{(2K+2l+1)k}\right] \tag{4.57}$$

式中，$\phi^{(s)}(t)$为$\phi(t)$的 s 阶导数。式(4.56)可证明如下。

证明　对 $z(t+2^{k-1}\tau)z^*(t-2^{k-1}\tau)$进行 Taylor 级数展开，如式(4.23)所示。分别计算 $\phi'(t),\phi'''(t),\cdots,\phi^{(2K+1)}(t)$的系数 $d_1,d_2,\cdots,d_{K+1}$，有如下结果：

$$\begin{cases} d_1 = \tau(\alpha_0 + 2\alpha_1 + 2^2\alpha_2 + \cdots + 2^K\alpha_K) \\ d_2 = \dfrac{\tau^3}{2^2 3!}[\alpha_0 + 2^3\alpha_1 + (2^3)^2\alpha_2 + \cdots + (2^3)^K] \\ \quad\vdots \\ d_{K+1} = \dfrac{\tau^{2K+1}}{2^{2K}(2K+1)!}[\alpha_0 + 2^{2K+1}\alpha_1 + (2^{2K+1})^2\alpha_2 + \cdots + (2^{2K+1})^K] \end{cases} \tag{4.58}$$

令式(4.58)中的 $d_2 = d_3 = \cdots = d_{K+1} = 0$，且 $\alpha_0 + 2\alpha_1 + 2^2\alpha_2 + \cdots + 2^K\alpha_K = 1$，即可得到式(4.55)，此时，系数 $\alpha_k(k=0,1,\cdots,K)$满足如式(4.35)所示的方程组，其中

$$V = \begin{bmatrix} 1 & 1 & 1 & \cdots & 1 \\ 2^1 & 2^3 & 2^5 & \cdots & 2^{2K+1} \\ 2^2 & (2^3)^2 & (2^5)^2 & \cdots & (2^{2K+1})^2 \\ \vdots & \vdots & \vdots & & \vdots \\ 2^K & (2^3)^K & (2^5)^K & \cdots & (2^{2K+1})^K \end{bmatrix}_{(K+1)\times(K+1)}, \quad C = \begin{bmatrix} \alpha_0 \\ \alpha_1 \\ \alpha_2 \\ \vdots \\ \alpha_K \end{bmatrix}_{(K+1)\times 1}, \quad B = \begin{bmatrix} 1 \\ 0 \\ 0 \\ \vdots \\ 0 \end{bmatrix}_{(K+1)\times 1}$$

采用 Vandermonde 方程组的快速求解算法，给出两个具体算例。

(1) $K=1$ 时，$\alpha_0 = \dfrac{4}{3}, \alpha_1 = -\dfrac{1}{6}$，相应的 $\mathrm{WDP}(t,\omega)$具有如下形式：

$$\mathrm{WDP}(t,\omega) = \int_{-\infty}^{+\infty}\left[z\left(t+\frac{\tau}{2}\right)z^*\left(t-\frac{\tau}{2}\right)\right]^{\frac{4}{3}}[z(t+\tau)z^*(t-\tau)]^{-\frac{1}{6}}\exp(-\mathrm{j}\omega\tau)\mathrm{d}\tau \tag{4.59}$$

(2) $K=2$ 时，$\alpha_0 = \dfrac{64}{45}, \alpha_1 = -\dfrac{2}{9}, \alpha_2 = \dfrac{1}{180}$，相应的 $\mathrm{WDP}(t,\omega)$具有如下形式：

$$\mathrm{WDP}(t,\omega) = \int_{-\infty}^{+\infty}\left[z\left(t+\frac{\tau}{2}\right)z^*\left(t-\frac{\tau}{2}\right)\right]^{\frac{64}{45}}[z(t+\tau)z^*(t-\tau)]^{-\frac{2}{9}} \times [z(t+2\tau)z^*(t-2\tau)]^{\frac{1}{180}}\exp(-\mathrm{j}\omega\tau)\mathrm{d}\tau \tag{4.60}$$

特别地，对于如下形式的具有常数幅值、最高相位次数为 p 的多项式相位信号，有

$$z(t)=A\exp[\mathrm{j}\phi(t)]=A\exp\left(\mathrm{j}\sum_{i=0}^{p}a_i t^i\right) \tag{4.61}$$

式中，A 为信号幅度；$a_i(i=0,1,\cdots,p)$ 为相位系数；$t\in[0,T]$。当

$$K=\left\{\frac{p-2}{2}[1+(-1)^p]+\frac{p-1}{2}[1-(-1)^p]\right\}/2 \tag{4.62}$$

时，相位余项 $R(t,\tau)\equiv 0$，即 $\mathrm{WDP}(t,\omega)$ 完全集中在 p 阶多项式相位信号的瞬时频率上，这可由式(4.57)得到。

从式(4.59)、式(4.60)可以清楚地看出，$\mathrm{WDP}(t,\omega)$ 的核函数均具有信号的分数次幂乘积形式，这便是本节提出的指数型相位匹配原理。它的优点在于整个实现过程中不需要插值与补零运算，这是传统的多项式 WVD 所无法比拟的，因为多项式 WVD 中的时间延迟系数往往都不是整数，需要插值与补零才能完成其离散实现；而本节所提出的指数型相位匹配原理，可等效为将多项式 WVD 中的非整数型的时间延迟系数转移到信号的幂的位置上，这就避免了插值与补零运算，从而极大地减少了计算量。但是，信号的分数次幂运算，往往对噪声非常敏感，在信噪比较低的情况下，效果不是很好，这也说明了事物的一分为二性。此外，$\mathrm{WDP}(t,\omega)$ 具有双线性时频分布的一些基本性质，这里列举如下（证明过程从略，可由 $\mathrm{WDP}(t,\omega)$ 的定义直接得到）。

(1) 实值性。对于任意解析信号 $z(t)=A\mathrm{e}^{\mathrm{j}\phi(t)}$，$\mathrm{WDP}(t,\omega)=\mathrm{WDP}^*(t,\omega)$。

(2) 时移不变性。$z(t)\rightarrow\mathrm{WDP}(t,\omega)\Leftrightarrow z(t-t_0)\rightarrow\mathrm{WDP}(t-t_0,\omega)$。

(3) 频移不变性。$z(t)\rightarrow\mathrm{WDP}(t,\omega)\Leftrightarrow z(t)\exp(\mathrm{j}\omega_0 t)\rightarrow\mathrm{WDP}(t,\omega-\omega_0)$。

(4) 时频伸缩性。$z(t)\rightarrow\mathrm{WDP}(t,\omega)\Leftrightarrow\sqrt{|a|}\,z(at)\rightarrow\mathrm{const}(a)\times\mathrm{WDP}\left(at,\frac{\omega}{a}\right)$，其中 $\mathrm{const}(a)$ 为一个与 a 有关的常数。

将式(4.55)改写为如下形式：

$$\mathrm{WDP}(t,\omega)=\int_{-\infty}^{+\infty}\left[z\left(t+\frac{\tau}{2}\right)z^*\left(t-\frac{\tau}{2}\right)\right]\times W(t,\tau)\exp(-\mathrm{j}\omega\tau)\mathrm{d}\tau \tag{4.63}$$

式中，$W(t,\tau)$ 为相位校正函数，具有如下形式：

$$W(t,\tau)=\left[z\left(t+\frac{\tau}{2}\right)z^*\left(t-\frac{\tau}{2}\right)\right]^{\alpha_0-1}\prod_{k=1}^{K}\left[z(t+2^{k-1}\tau)z^*(t-2^{k-1}\tau)\right]^{\alpha_k} \tag{4.64}$$

进而，由傅里叶变换的性质，式(4.63)可重新写为

$$\mathrm{WDP}(t,\omega)=\mathrm{WVD}(t,\omega)*_{\omega}\mathrm{FT}_{\tau}\{W(t,\tau)\} \tag{4.65}$$

以后的过程类似于 4.3.1 节中所设计的时频分布的计算，在采用洁净技术计

算每个信号分量的相位校正函数 $W_{z_p}(n,m)$ 时，第一个信号分量的相位校正函数 $W_{z_1}(n,m)$ 具有如下形式：

$$\begin{aligned} & W_{z_1}(n,m) \\ &= \left\{ \sum_{f_1=-M_f}^{M_f} \sum_{f_2=-M_f}^{M_f} \mathrm{STFT}_z[n,f_1+f_1(n)]\mathrm{STFT}_z^*[n,f_2+f_1(n)]\mathrm{e}^{\mathrm{j}(2\pi/N)[(n+m)f_1-(n-m)f_2]} \right\}^{\alpha_0-1} \\ &\quad \times \prod_{k=1}^{K} \left\{ \sum_{f_1=-M_f}^{M_f} \sum_{f_2=-M_f}^{M_f} \mathrm{STFT}_z[n,f_1+f_1(n)]\mathrm{STFT}_z^*[n,f_2+f_1(n)] \right. \\ &\quad \left. \times \mathrm{e}^{\mathrm{j}(2\pi/N)[(n+2^k m)f_1-(n-2^k m)f_2]} \right\}^{\alpha_k} \end{aligned} \tag{4.66}$$

此时，相位校正函数 $W_z(n,m)$ 的频谱可计算为

$$\mathrm{WF}(n,f) = \mathrm{FT}_m\left[\sum_{p=1}^{P} W_{z_p}(n,m)\right] \tag{4.67}$$

进而，WDP(n,f) 可由式(4.68)得到，即

$$\mathrm{WDP}(n,f) = \sum_{i=1}^{N_p} \mathrm{LWVD}(n,f+i)\mathrm{WF}(n,f-i) \tag{4.68}$$

下面仍以 4.3.1 节中的两个仿真算例为例来说明 WDP(t,ω) 的有效性。

(1) 对于式(4.52)，计算 WDP(n,f) 时，取 $K=1$，此时 $\alpha_0=\frac{4}{3}$，$\alpha_1=-\frac{1}{6}$，相应的 WDP(n,f) 具有式(4.59)的形式；计算 LWVD 时，取 $N_p=3$。此时，该信号的 WVD、ZAM、SP 和 WDP(n,f) 如图 4.21 所示。

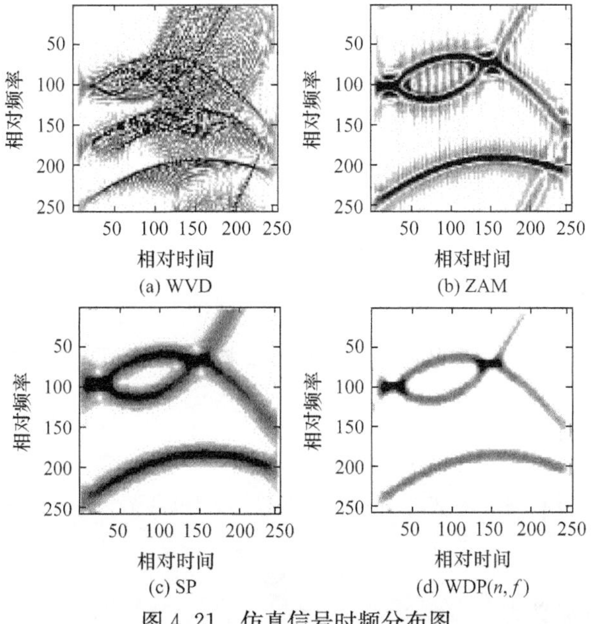

图 4.21　仿真信号时频分布图

可见，WDP(n,f)在抑制交叉项的同时保持了很高的时频聚集性。

(2) 对于式(4.53)，计算 WDP(n,f)时，取 $K=2$，此时，$\alpha_0=\frac{64}{45}$，$\alpha_1=-\frac{2}{9}$，$\alpha_2=\frac{1}{180}$，相应的 WDP(n,f)具有式(4.60)的形式；计算 LWVD 时，取 $N_p=3$。此时，该信号的 WVD、ZAM、SP 和 WDP(n,f)如图 4.22 所示。

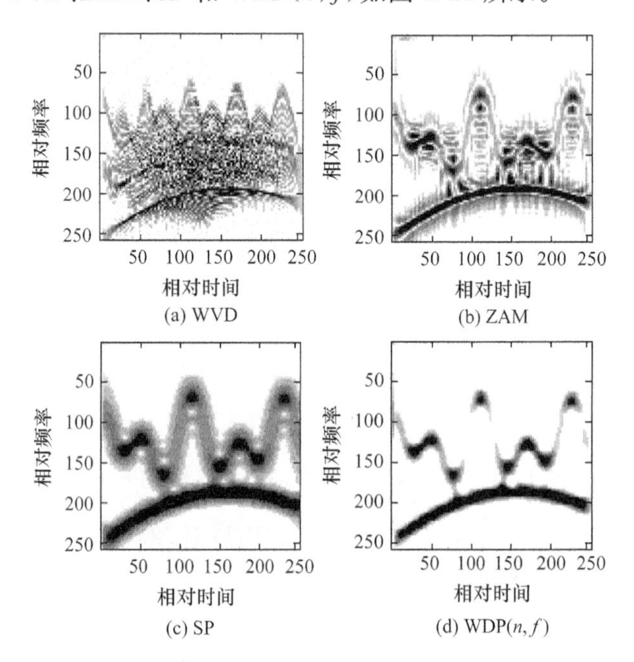

(a) WVD (b) ZAM (c) SP (d) WDP(n,f)

图 4.22 仿真信号时频分布图

可见，相对于其他三种时频分布，WDP(n,f)中的交叉项(信号自身非线性产生的自交叉项以及信号分量间的互交叉项)已经得到有效的抑制，且时频聚集性也很高。

4.3.3 具有复数时间延迟变量的时频分布的构造

对于式(4.12)所示的解析信号 $z(t)$，本节构造的核函数具有如下形式：

$$\begin{aligned}\mathrm{Ker}(t,\tau) &= \prod_{k=0}^{K}\mathrm{Ker}_k(t,\tau)\\ &= \prod_{k=0}^{K}\left[z(t+2^{k-1}\tau)z^*(t-2^{k-1}\tau)z^{-\mathrm{j}}(t+\mathrm{j}2^{k-1}\tau)z^{\mathrm{j}}(t-\mathrm{j}2^{k-1}\tau)\right]^{c_k}\end{aligned} \tag{4.69}$$

相应的时频分布定义为

$$\mathrm{CTD}(t,\omega)=\int_{-\infty}^{+\infty}\mathrm{Ker}(t,\tau)\mathrm{e}^{-\mathrm{j}\omega\tau}\mathrm{d}\tau \tag{4.70}$$

此时,有如下结论成立:

$\forall K\in\mathrm{N}$, $\exists c_k(k=0,1,\cdots,K)\in\mathrm{Q}$,使得

$$\mathrm{CTD}(t,\omega)=A^{2\sum_{k=0}^{K}c_k}\delta(\omega-\phi'(t))*_t\mathrm{IFT}_\tau\{\exp[\mathrm{j}R(t,\tau)]\} \tag{4.71}$$

$R(t,\tau)$为相位余项,具有如下形式:

$$R(t,\tau)=\sum_{l=1}^{\infty}\left[\frac{\phi^{(4K+4l+1)}(t)\tau^{4K+4l+1}}{4^{4K+4l}(4K+4l+1)!}\sum_{k=0}^{K}c_k2^{(4K+4l+1)k}\right] \tag{4.72}$$

证明　对 $z(t+2^{k-1}\tau)z^*(t-2^{k-1}\tau)$进行 Taylor 级数展开,如式(4.23)所示。再对 $z(t\pm\mathrm{j}2^{k-1}\tau)$进行 Taylor 级数展开,可得

$$z^{-\mathrm{j}}(t+\mathrm{j}2^{k-1}\tau)z^{\mathrm{j}}(t-\mathrm{j}2^{k-1}\tau)=\mathrm{e}^{\mathrm{j}[\phi'(t)2^k\tau-2(2^{k-1}\tau)^3\phi^{(3)}(t)/3!+\cdots]} \tag{4.73}$$

将式(4.23)和式(4.73)代入式(4.69)中,分别计算 $\phi'(t)$, $\phi^{(5)}(t)$, $\cdots$, $\phi^{(4K+1)}(t)$的系数 $d_1,d_2,\cdots,d_{K+1}$,有如下结果:

$$d_k=\frac{\tau^{4k-3}}{2^{4k-5}(4k-3)!}\sum_{h=0}^{K}c_h(2^{4k-3})^h,\quad k=1,2,\cdots,K+1 \tag{4.74}$$

令 $d_2=d_3=\cdots=d_{K+1}=0$, $d_1=\tau$,即可得到式(4.71)。此时,系数 $c_k(k=0,1,\cdots,K)$满足如式(4.34)所示的方程组,其中

$$V=\begin{bmatrix}1 & 1 & 1 & \cdots & 1\\ 2 & 2^5 & 2^9 & \cdots & 2^{4K+1}\\ 2^2 & 2^{10} & 2^{18} & \cdots & 2^{2(4K+1)}\\ \vdots & \vdots & \vdots & & \vdots\\ 2^K & (2^5)^K & (2^9)^K & \cdots & (2^{4K+1})^K\end{bmatrix}_{(K+1)\times(K+1)}$$

$$C=\begin{bmatrix}c_0\\ c_1\\ c_2\\ \vdots\\ c_K\end{bmatrix}_{(K+1)\times 1},\quad B=\begin{bmatrix}1/2\\ 0\\ 0\\ \vdots\\ 0\end{bmatrix}_{(K+1)\times 1}$$

采用 Vandermonde 方程组的快速求解算法,给出两个具体算例。

(1) $K=0$,此时 $c_0=1/2$,相应的 $\mathrm{CTD}(t,\omega)$具有如下形式:

$$\mathrm{CTD}(t,\omega)=\int_{-\infty}^{+\infty}\left[z\left(t+\frac{\tau}{2}\right)z^*\left(t-\frac{\tau}{2}\right)z^{-\mathrm{j}}\left(t+\mathrm{j}\frac{\tau}{2}\right)z^{\mathrm{j}}\left(t-\mathrm{j}\frac{\tau}{2}\right)\right]^{1/2}\mathrm{e}^{-\mathrm{j}\omega\tau}\mathrm{d}\tau \tag{4.75}$$

(2) $K=1$,此时 $c_0=8/15$, $c_1=-1/60$,相应的 $\mathrm{CTD}(t,\omega)$具有如下形式:

$$\begin{aligned}\mathrm{CTD}(t,\omega)=&\int_{-\infty}^{+\infty}\left[z\left(t+\frac{\tau}{2}\right)z^*\left(t-\frac{\tau}{2}\right)z^{-\mathrm{j}}\left(t+\mathrm{j}\frac{\tau}{2}\right)z^{\mathrm{j}}\left(t-\mathrm{j}\frac{\tau}{2}\right)\right]^{8/15}\\ &\times[z(t+\tau)z^*(t-\tau)z^{-\mathrm{j}}(t+\mathrm{j}\tau)z^{\mathrm{j}}(t-\mathrm{j}\tau)]^{-1/60}\mathrm{e}^{-\mathrm{j}\omega\tau}\mathrm{d}t\end{aligned} \tag{4.76}$$

对于如式(4.61)所示的多项式相位信号 $z(t)$，当

$$K \geqslant \left[\frac{p-1}{4}\right] \tag{4.77}$$

时，相位余项 $R(t,\tau)\equiv 0$，即 $\mathrm{CTD}(t,\omega)$完全集中在 p 阶多项式相位信号的瞬时频率上，这可由式(4.72)得到。

$\mathrm{CTD}(t,\omega)$的性质与 4.3.2 节提出的 $\mathrm{WDP}(t,\omega)$类似，这里从略。

对于解析信号 $z(t)=A\mathrm{e}^{\mathrm{j}\phi(t)}$，有如下结论成立：

$$z^{-\mathrm{j}}(t+\mathrm{j}2^{k-1}\tau)z^{\mathrm{j}}(t-\mathrm{j}2^{k-1}\tau)=\mathrm{e}^{\mathrm{j}\ln|z(t-\mathrm{j}2^{k-1}\tau)/z(t+\mathrm{j}2^{k-1}\tau)|} \tag{4.78}$$

证明　由于

$$\begin{aligned} z(t\pm\mathrm{j}2^{k-1}\tau) &= A\mathrm{e}^{\mathrm{j}\phi(t\pm\mathrm{j}2^{k-1}\tau)} \\ &= A\mathrm{e}^{\mathrm{j}\phi(t)\mp\phi'(t)2^{k-1}\tau-\mathrm{j}\phi^{(2)}(t)(2^{k-1}\tau)^2/2!\pm\phi^{(3)}(t)(2^{k-1}\tau)^3/3!+\cdots} \end{aligned} \tag{4.79}$$

有

$$\frac{z(t-\mathrm{j}2^{k-1}\tau)}{z(t+\mathrm{j}2^{k-1}\tau)}=\mathrm{e}^{2\phi'(t)2^{k-1}\tau-2\phi^{(3)}(t)(2^{k-1}\tau)^3/3!+\cdots} \tag{4.80}$$

进而有

$$\mathrm{e}^{\mathrm{j}\ln|z(t-\mathrm{j}2^{k-1}\tau)/z(t+\mathrm{j}2^{k-1}\tau)|}=\mathrm{e}^{\mathrm{j}\phi'(t)2^{k}\tau-\mathrm{j}2\phi^{(3)}(t)(2^{k-1}\tau)^3/3!+\cdots} \tag{4.81}$$

将 $z^{-\mathrm{j}}(t+\mathrm{j}2^{k-1}\tau)z^{\mathrm{j}}(t-\mathrm{j}2^{k-1}\tau)$进行 Taylor 级数展开，如式(4.73)所示，结合式(4.81)即可得到式(4.78)。

$\mathrm{CTD}(t,\omega)$可由以下步骤实现。

(1) 令 $\mathrm{CTD}_k(t,\omega)=\int_{-\infty}^{+\infty}\mathrm{Ker}_k(t,\tau)\mathrm{e}^{-\mathrm{j}\omega\tau}\mathrm{d}\tau$，结合式(4.69)和式(4.70)，$\mathrm{CTD}(t,\omega)$ 可以写为

$$\mathrm{CTD}(t,\omega)=\mathrm{CTD}_0(t,\omega)*_\omega\mathrm{CTD}_1(t,\omega)*_\omega\cdots*_\omega\mathrm{CTD}_K(t,\omega) \tag{4.82}$$

(2) 将 $\mathrm{CTD}_k(t,\omega)$改写为

$$\mathrm{CTD}_k(t,\omega)=\int_{-\infty}^{+\infty}[z(t+2^{k-1}\tau)z^*(t-2^{k-1}\tau)]W_k(t,\tau)\mathrm{e}^{-\mathrm{j}\omega\tau}\mathrm{d}\tau \tag{4.83}$$

式中，$W_k(t,\tau)$为相位校正函数，具有如下形式：

$$W_k(t,\tau)=[z(t+2^{k-1}\tau)z^*(t-2^{k-1}\tau)]^{c_k-1}[z^{-\mathrm{j}}(t+\mathrm{j}2^{k-1}\tau)z^{\mathrm{j}}(t-\mathrm{j}2^{k-1}\tau)]^{c_k} \tag{4.84}$$

(3) 由傅里叶变换的性质，$\mathrm{CTD}_k(t,\omega)$可写为

$$\mathrm{CTD}_k(t,\omega)=\mathrm{WD}_k(t,\omega)*_\omega\mathrm{FT}_\tau[W_k(t,\tau)] \tag{4.85}$$

式中，$\mathrm{WD}_k(t,\omega)$为信号的 WVD 经过尺度变换后的结果，具有如下形式：

$$\mathrm{WD}_k(t,\omega)=\int_{-\infty}^{+\infty}z(t+2^{k-1}\tau)z^*(t-2^{k-1}\tau)\mathrm{e}^{-\mathrm{j}\omega\tau}\mathrm{d}\tau=2^{-k}\mathrm{WVD}_k(t,2^{-k}\omega) \tag{4.86}$$

以后的过程类似于 4.3.1 节中所设计的时频分布的计算，在采用洁净技术计算每个信号分量的相位校正函数 $W_{z_p}(n,m)$ 时，第一个信号分量的相位校正函数 $W_{z_1}(n,m)$ 具有如下形式：

$$\begin{aligned}
&W_{z_1}(n,m)\\
&=w(m)\left\{\sum_{f_1=-M_f}^{M_f}\sum_{f_2=-M_f}^{M_f}\mathrm{STFT}_z[n,f_1+f_1(n)]\mathrm{STFT}_z^*[n,f_2+f_1(n)]\right.\\
&\quad\left.\times\exp\{\mathrm{j}(2\pi/N)[(n+2^k m)f_1-(n-2^k m)f_2]\}\right\}^{c_k-1}\\
&\quad\times\exp\left\{\mathrm{j}c_k\ln\left|\frac{\sum_{f_1=-M_f}^{M_f}\mathrm{STFT}_z[n,f_1+f_1(n)]\exp[\mathrm{j}(2\pi/N)(n-\mathrm{j}2^k m)f_1]}{\sum_{f_2=-M_f}^{M_f}\mathrm{STFT}_z[n,f_2+f_1(n)]\exp[\mathrm{j}(2\pi/N)(n+\mathrm{j}2^k m)f_2]}\right|\right\}
\end{aligned}\tag{4.87}$$

此时，相位校正函数 $W_z(n,m)$ 的频谱可计算为

$$\mathrm{WF}_k(n,f)=\mathrm{FT}_m\left[\sum_{p=1}^{P}W_{z_p}(n,m)\right]\tag{4.88}$$

进而，$\mathrm{CTD}_k(n,f)$ 可由式(4.89)得到，即

$$\mathrm{CTD}_k(n,f)=\sum_{l=-L}^{L}\mathrm{WD}_k(n,f+l)\mathrm{WF}_k(n,f-l)\tag{4.89}$$

最后，$\mathrm{CTD}(n,f)$ 可由式(4.82)实现。

下面仍以 4.3.1 节中的两个仿真算例为例，说明 $\mathrm{CTD}(n,f)$ 的有效性。

(1) 对于式(4.52)，计算 $\mathrm{CTD}(n,f)$ 时，取 $K=0$，此时 $c_0=1/2$，相应的 $\mathrm{CTD}(n,f)$ 具有式(4.75)的形式。该信号的 WVD、ZAM、STFT 和 $\mathrm{CTD}(n,f)$ 如图 4.23 所示。可见，$\mathrm{CTD}(n,f)$ 在抑制交叉项的同时保持了很高的时频聚集性。

(2) 对于式(4.53)，计算 $\mathrm{CTD}(n,f)$ 时，取 $K=1$，此时，$c_0=8/15$，$c_1=-1/60$，相应的 $\mathrm{CTD}(n,f)$ 具有式(4.76)的形式。该信号的 WVD、ZAM、STFT 和 $\mathrm{CTD}(n,f)$ 如图 4.24 所示。

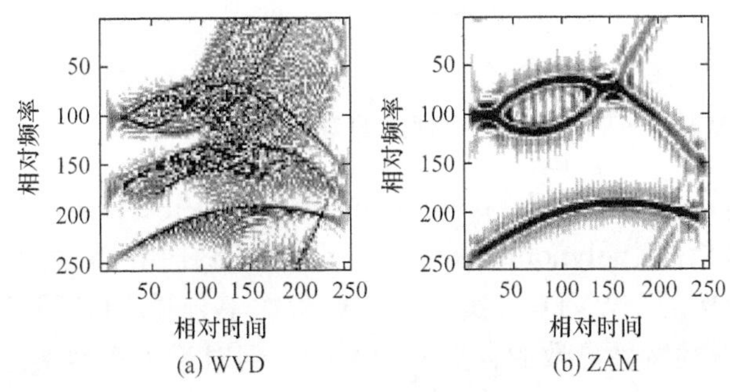

(a) WVD　　(b) ZAM

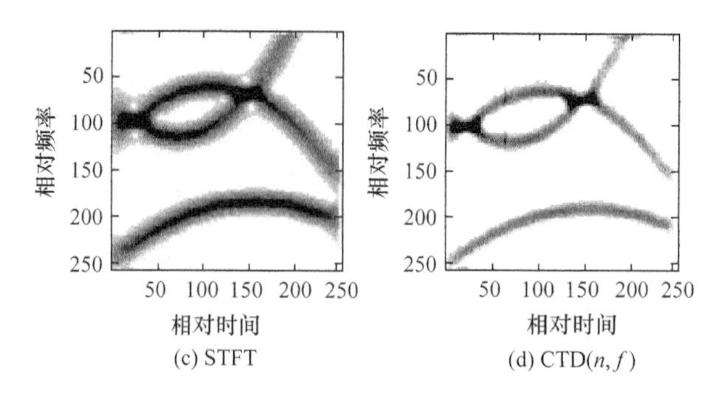

图 4.23　仿真信号时频分布图(一)

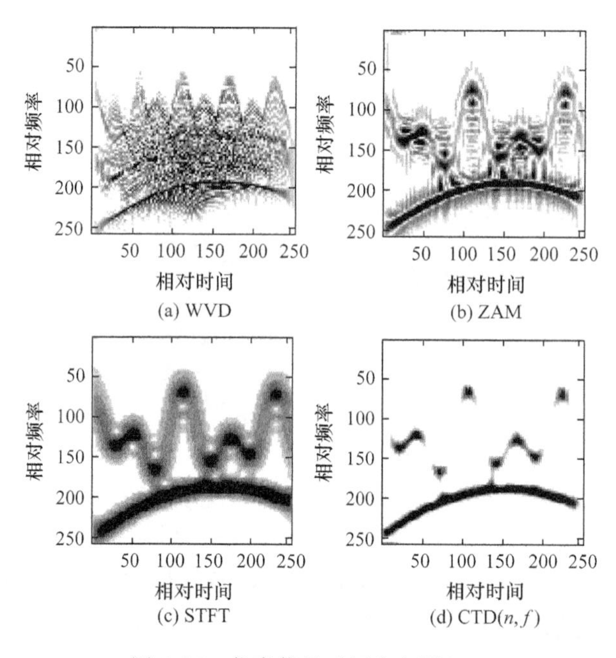

图 4.24　仿真信号时频分布图(二)

可见,相对于其他三种时频分布,CTD(n,f)中的交叉项(信号自身非线性产生的自交叉项和信号分量间的互交叉项)已经得到有效的抑制,且时频聚集性也很高。

4.3.4　多项式 Wigner-Ville 分布的频域卷积实现

多项式 Wigner-Ville 分布(polynomial Wigner-Ville distribution, PWVD)是分析多项式相位信号(polynomial phase signal, PPS)时频特性的一种有力工具。通过构造不同阶次的 PWVD,可实现对任意阶次单分量 PPS 瞬时频率的无偏估计,消除信号非线性特性导致的自交叉项影响。但对于大多数实际情况下的多分量 PPS,其 PWVD 中包含了信号分量间相互作用产生的大量的互交叉项。因此,本节根据 PWVD 的结构特点,提出一种通过频域卷积来实现 PWVD 的方法,将其分解成一系列 WVD 或 LWVD 的卷积,而 WVD 或 LWVD 可由 STFT 来计算,这样即可消除信号分量间的互交叉项影响,同时保持较高的时频聚集性。

1. PWVD

考虑如下形式的具有常数幅值、最高相位次数为 p 的多项式相位信号:

$$z(t)=A\exp[\mathrm{j}\phi(t)]=A\exp\left(\mathrm{j}\sum_{i=0}^{p}a_i t^i\right) \tag{4.90}$$

式中,A 为信号幅度;$a_i(i=0,1,\cdots,p)$为相位系数;$t\in[0,T]$。

瞬时频率为一$(p-1)$阶的多项式相位信号定义为

$$f_i(t)=\frac{1}{2\pi}\frac{\mathrm{d}\phi(t)}{\mathrm{d}t}=\frac{1}{2\pi}\sum_{i=1}^{p}ia_i t^{i-1} \tag{4.91}$$

PWVD 定义为

$$W_z^{(q)}(t,f)=\int_{-\infty}^{+\infty}\left[\prod_{i=1}^{q/2}z(t+c_i\tau)z^*(t+c_{-i}\tau)\right]\mathrm{e}^{-\mathrm{j}2\pi f\tau}\mathrm{d}\tau \tag{4.92}$$

式中,q 为一偶数,代表 PWVD 的阶数。通过调整系数 c_i 和 $c_{-i}(i=1,2,\cdots,q/2)$,使得 PWVD 集中在信号的瞬时频率上,即

$$W_z^{(q)}(t,f)=A^q\delta[f-f_i(t)] \tag{4.93}$$

式中,$f_i(t)$为信号的瞬时频率,如式(4.92)所示。

由于 PWVD 的实值性,有 $c_i=-c_{-i}$。特别地,当 $q=2$,$c_1=-c_{-1}=0.5$ 时,PWVD 退化为 WVD,因此,WVD 为 PWVD 的一个特例。以 $q=6$ 为例,系数 c_i 和 c_{-i}的一组解为:$c_1=-c_{-1}\approx-0.85$,$c_2=-c_{-2}\approx0.675$,$c_3=-c_{-3}\approx0.675$,此时,相应的核函数为

$$\mathrm{Ker}_z^{(6)}(t,\tau)=[z(t+0.675\tau)z^*(t-0.675\tau)]^2\times[z(t-0.85\tau)z^*(t+0.85\tau)] \tag{4.94}$$

图 4.25 给出了一个三次相位信号的 WVD 与 6 阶 PWVD 二维平面图。由图 4.25(a)可见,由于该信号的非线性特性,其 WVD 中包含大量的虚假信息(自交叉项);而图 4.25(b)所示的 6 阶 PWVD 则具有很好的时频聚集性,不存在自交叉项的影响。

2. PWVD 的频域卷积实现方法

由前面可知,对于单分量的非线性调频信号,PWVD 可对其瞬时频率进行无偏估计,所得时频分布不存在自交叉项的影响,本节将研究多分量信号情况下如何抑制信号分量间的互交叉项影响。基于此,本节提出 PWVD 的频域卷积实现方

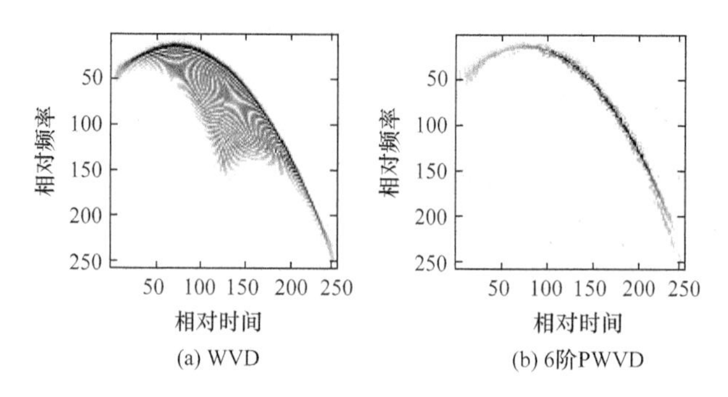

图 4.25　三次相位信号时频分布图

法。式(4.92)所示的 PWVD 核函数可重新写为

$$\mathrm{Ker}_z^{(q)}(t,\tau)=\prod_{i=1}^{q/2}z(t+c_i\tau)z^*(t-c_i\tau)=\prod_{i=1}^{n_1}\left[z(t+c_i\tau)z^*(t-c_i\tau)\right]^{k_i}\tag{4.95}$$

式中,n_1 为不同系数 c_i 的个数;$k_i(i=1,2,\cdots,n_1)$ 为每个系数 c_i 出现的次数。因此有,$\sum_{i=1}^{n_1}k_i=q/2$,且 $c_i\neq c_j$,$\forall\, i\neq j$。令 $c_i\tau=\frac{\tau'}{2k_i}$,$i=1,2,\cdots,n_1$,则 $\mathrm{d}\tau=\frac{\mathrm{d}\tau'}{2c_ik_i}$,此时,式(4.92) 可写为

$$\begin{aligned}W_z^{(q)}(t,f)=&\frac{1}{2c_ik_i}\int_{-\infty}^{+\infty}\left[z\left(t+\frac{\tau'}{2k_i}\right)z^*\left(t-\frac{\tau'}{2k_i}\right)\right]^{k_i}\\&\times\prod_{j=1,j\neq i}^{n_1}\left[z\left(t+\frac{c_j\tau'}{2c_ik_i}\right)z^*\left(t-\frac{c_j\tau'}{2c_ik_i}\right)\right]^{k_j}\mathrm{e}^{-\mathrm{j}2\pi\frac{\tau'}{2c_ik_i}}\mathrm{d}\tau'\end{aligned}\tag{4.96}$$

进而,可将 $W_z^{(q)}(t,f)$表示为

$$W_z^{(q)}(t,f)=\frac{1}{2c_ik_i}\mathrm{LWVD}_{k_i}(t,f)\otimes\mathrm{WD}(t,f)\tag{4.97}$$

式中

$$\mathrm{LWVD}_{k_i}(t,f)=\int_{-\infty}^{+\infty}\left[z\left(t+\frac{\tau}{2k_i}\right)z^*\left(t-\frac{\tau}{2k_i}\right)\right]^{k_i}\mathrm{e}^{-\mathrm{j}2\pi f\tau}\mathrm{d}\tau\tag{4.98}$$

$$\mathrm{WD}(t,f)=\int_{-\infty}^{+\infty}\prod_{j=1,j\neq i}^{n_1}\left[z\left(t+\frac{c_j\tau}{2c_ik_i}\right)z^*\left(t-\frac{c_j\tau}{2c_ik_i}\right)\right]^{k_j}\mathrm{e}^{-\mathrm{j}2\pi f\tau}\mathrm{d}\tau\tag{4.99}$$

$\otimes$代表频域卷积。$\mathrm{LWVD}_{k_i}(t,f)$可通过 STFT 的迭代来实现,具体过程如式(4.42)所示。这里,分析 WD(t,f)的实现方法。由式(4.99)可以看出,[]中的乘积项具有 WVD 核函数的特点,且经过了尺度变换,尺度因子为 $A_{ji}=\frac{c_j}{c_ik_i}$,有

$$\mathrm{WVD}_{A_{ji}}(t,f)=\int_{-\infty}^{+\infty} z\left(t+A_{ji}\frac{\tau}{2}\right)z^{*}\left(t-A_{ji}\frac{\tau}{2}\right)\mathrm{e}^{-\mathrm{j}2\pi f\tau}\mathrm{d}\tau=\frac{1}{|A_{ji}|}\mathrm{WVD}\left(t,\frac{f}{A_{ji}}\right) \tag{4.100}$$

同时，令

$$\underbrace{\mathrm{WVD}_{A_{ji}}(t,f)\otimes\mathrm{WVD}_{A_{ji}}(t,f)\otimes\cdots\otimes\mathrm{WVD}_{A_{ji}}(t,f)}_{k_j\text{次}}=W_j(t,f),\quad j=1,2,\cdots,n_1;j\neq i \tag{4.101}$$

因此，WD(t,f)可计算为

$$\mathrm{WD}(t,f)=W_1(t,f)\otimes W_2(t,f)\otimes\cdots\otimes W_{i-1}(t,f)\otimes W_{i+1}(t,f)\otimes\cdots\otimes W_{n_1}(t,f) \tag{4.102}$$

此时，根据式(4.97)，即可由 $\mathrm{LWVD}_{k_i}(t,f)$ 与 $\mathrm{WD}(t,f)$ 的频域卷积得到 $W_z^{(q)}(t,f)$。由傅里叶变换的性质可知，在从时域乘积变换到频域卷积的过程中，需乘以常数 $1/(2\pi)$，本书的推导过程省去了这一常数，但不影响对时频分布的计算。而 $\mathrm{LWVD}_{k_i}(t,f)$ 与 $\mathrm{WVD}(t,f)$ 均可由 STFT 的迭代实现，对于多分量信号，消除了信号分量间的互交叉项影响，因此，经过频域卷积后得到的 $W_z^{(q)}(t,f)$ 真实地反映了信号自身的时频特性而不包含交叉项的影响。

3. 仿真算例

以由两个四阶多项式相位信号分量组成的合成信号为例，其解析表达式为

$$z(n)=\sum_{p=1}^{2} b_{p0}\,\mathrm{e}^{\mathrm{j}(a_{p0}+a_{p1}n+a_{p2}n^2+a_{p3}n^3+a_{p4}n^4)} \tag{4.103}$$

式中，$n\in[-128,127]$，信号采样率为 1。

各个分量参数如表 4.4 所示。

表 4.4　仿真所用信号参数值

参数(p)	b_{p0}	a_{p0}	a_{p1}	a_{p2}	a_{p3}	a_{p4}
1	1.00	1.00	0.39	0.005	1×10^{-5}	5×10^{-7}
2	1.00	−1.00	0.78	−0.005	-2×10^{-5}	-1×10^{-7}

计算其 8 阶 PWVD，所用核函数如下：

$$\mathrm{Ker}_z^{(8)}(t,\tau)=[z(t+0.316\tau)z^{*}(t-0.316\tau)]^3\times[z(t-0.45\tau)z^{*}(t+0.45\tau)] \tag{4.104}$$

计算过程中所涉及的各个参量值为：$q=8$，$n_1=2$，$k_1=3$，$k_2=1$，$A_{21}=0.15/0.316$，$N_p=3$。图 4.26(a)所示为直接根据定义计算得到的 8 阶 PWVD 分布图，可见，此时时频平面上充满了信号分量间相互作用产生的交叉项，严重影响了对信号自身项的检测；图 4.26(b)所示为根据本节所提出的频域卷积方法计算

得到的 8 阶 PWVD 分布图,此时交叉项已经得到有效的抑制,同时保持着较高的时频聚集性。

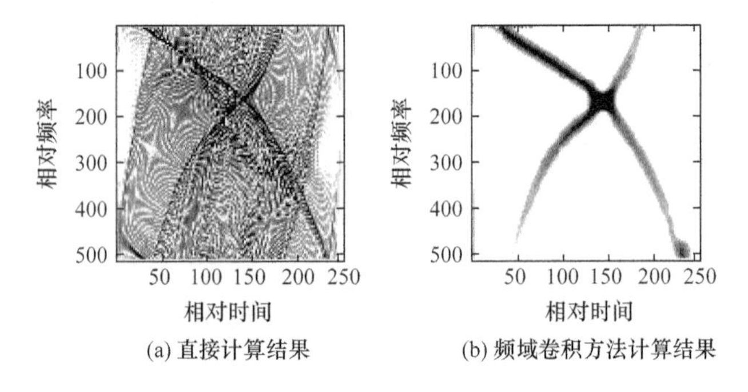

图 4.26　多分量多项式相位信号 8 阶 PWVD 分布图

4.3.5　四阶复时间延迟型多项式 Wigner-Ville 分布

本节提出一种针对多分量多项式相位信号(PPS)的时频分布——四阶复时间延迟型多项式 Wigner-Ville 分布。该时频分布全部采用复数时间延迟变量,对于阶次不超过四次的 PPS 具有最佳的时频聚集性;对于多分量信号的情况,提出基于频域卷积来实现该时频分布的算法,可抑制信号分量间的交叉项影响。

由 4.3.4 节可知,为满足式(4.93),PWVD 的系数 c_i 和 c_{-i}需满足以下条件:

$$\begin{cases} c_i = -c_{-i} \\ \sum\limits_{i=1}^{q/2} c_i = \dfrac{1}{2} \\ \sum\limits_{i=1}^{q/2} c_i^m = 0, \quad m = 3,5,\cdots,p \end{cases} \tag{4.105}$$

下面考虑阶次 $3 \leqslant p \leqslant 4$ 的多项式相位信号 $z(t)$,如式(4.90)所示,计算其四阶 PWVD 的系数 c_1 和 c_2。由式(4.105)可得,c_1 和 c_2 满足如下方程组:

$$\begin{cases} c_1 + c_2 = 0.5 \\ c_1^3 + c_2^3 = 0 \end{cases} \tag{4.106}$$

该方程组的解为

$$\begin{cases} c_1 = \dfrac{1}{4}\left(1 \pm \dfrac{\mathrm{j}}{\sqrt{3}}\right) \\ c_2 = \dfrac{1}{4}\left(1 \mp \dfrac{\mathrm{j}}{\sqrt{3}}\right) \end{cases} \tag{4.107}$$

此时,四阶复时间延迟型多项式 Wigner-Ville 分布定义为

$$\mathrm{CPW}^{(4)}(t,f) = \int_{-\infty}^{+\infty} z(t + c_1\tau) z^*(t - c_1\tau) z(t + c_2\tau) z^*(t - c_2\tau) \mathrm{e}^{-\mathrm{j}2\pi f\tau} \mathrm{d}\tau \tag{4.108}$$

对于单个分量且阶次不超过四次的多项式相位信号，该分布对其瞬时频率的估计是无偏的，这可由上面的分析过程得到。对于一般的阶次超过四次的多项式相位信号，人们已经证明了该分布对瞬时频率的估计精度明显优于传统的具有实数时间延迟变量的 PWVD。但是，对于多个分量的多项式相位信号，该分布仍然存在信号分量间相互作用而产生的交叉项影响，因此，本节提出基于频域卷积来实现该分布的算法，达到抑制交叉项的目的。

经过简单的变量替换，式(4.108)可以改写为

$$\mathrm{CPW}^{(4)}(t,f)=\frac{1}{2c_1}\int_{-\infty}^{+\infty}z\left(t+\frac{\tau}{2}\right)z^*\left(t-\frac{\tau}{2}\right)z\left(t+C\frac{\tau}{2}\right)z^*\left(t-C\frac{\tau}{2}\right)\mathrm{e}^{-\mathrm{j}2\pi f\frac{\tau}{2c_1}}\mathrm{d}\tau \tag{4.109}$$

式中，$C=c_2/c_1$。

进一步，式(4.109)可以写成如下的频域卷积的形式：

$$\mathrm{CPW}^{(4)}(t,f)=\frac{1}{4\pi c_1}\mathrm{WVD}(t,f)*_f\mathrm{WVD}_C(t,f) \tag{4.110}$$

式中，$\mathrm{WVD}(t,f)$为信号的 WVD，且

$$\mathrm{WVD}_C(t,f)=\int_{-\infty}^{+\infty}z\left(t+C\frac{\tau}{2}\right)z^*\left(t-C\frac{\tau}{2}\right)\mathrm{e}^{-\mathrm{j}2\pi f\tau}\mathrm{d}\tau=\frac{1}{\mathrm{Re}(C)}\mathrm{WVD}\left[t,\frac{f}{\mathrm{Re}(C)}\right] \tag{4.111}$$

因此，四阶复时间延迟型多项式 WVD 的 $\mathrm{CPW}^{(4)}(t,f)$可由信号的 $\mathrm{WVD}(t,f)$与它经过频率尺度变换后的结果 $\mathrm{WVD}_C(t,f)$在频域进行卷积后得到。而 $\mathrm{WVD}(t,f)$可由信号 STFT 的迭代来实现，STFT 是一种线性变换，经过迭代后得到的 $\mathrm{WVD}(t,f)$对于多分量信号不含交叉项的影响，因此，$\mathrm{CPW}^{(4)}(t,f)$中的交叉项也得到了抑制，同时保持了较高的时频聚集性。

以由三个四阶多项式相位信号分量组成的合成信号为例，其解析表达式为

$$z(n)=\sum_{p=1}^{3}b_{p0}\,\mathrm{e}^{\mathrm{j}(a_{p0}+a_{p1}n+a_{p2}n^2+a_{p3}n^3+a_{p4}n^4)} \tag{4.112}$$

式中，$n\in[-128,127]$，信号采样率为 1。各个分量参数如表 4.5 所示。

表 4.5　仿真所用信号参数值

分量(p) \ 参数	b_{p0}	a_{p0}	a_{p1}	a_{p2}	a_{p3}	a_{p4}
1	1.00	1.00	0.39	5×10^{-3}	1×10^{-5}	5×10^{-7}
2	1.00	−1.00	−0.78	-5×10^{-3}	-2×10^{-5}	-1×10^{-7}
3	1.00	−10.0	−0.78	1×10^{-3}	3×10^{-5}	0

此时，该信号的 WVD、ZAM、SP 和 $\mathrm{CPW}^{(4)}(t,f)$如图 4.27 所示。由图 4.27 可见，采用本节所提出的基于频域卷积的方法计算出的时频分布 $\mathrm{CPW}^{(4)}(t,f)$，在

抑制交叉项的同时,保持了很高的时频聚集性。同时,由于每个信号分量为四阶多项式相位信号,此时 $CPW^{(4)}(t,f)$完全集中在信号分量的瞬时频率曲线上,即对瞬时频率的估计是无偏的。

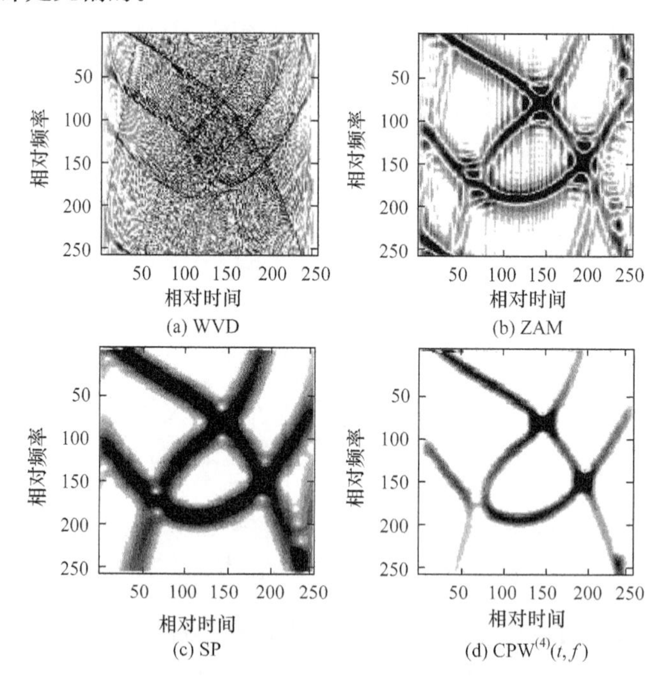

图 4.27 仿真信号时频分布图

4.3.6 基于新型时频分布的复杂运动目标 ISAR 成像方法

在复杂运动目标的 ISAR 成像中,一种方法是将雷达回波每个距离单元的信号近似为多分量多项式相位信号,对其进行参数估计,进而得到散射点的瞬时横向分布,完成成像处理。另一种方法是对每个距离单元的信号直接进行时频分析,得到不同时刻的瞬时频率分布,进而得到目标的距离-瞬时多普勒像。这个过程也可理解为:用时频聚集性比较高同时不受交叉项影响的时频分布代替傅里叶变换进行横向成像,可以得到目标的瞬态 ISAR 像。本节介绍本章所提出的几种新型时频分布在复杂运动目标 ISAR 成像中的应用。

以波音 727 飞机数据为例,雷达发射步进频率信号,载频为 9GHz,带宽为 150MHz,发射 256 个回波,每个回波采样 64 点,回波数据已经过运动补偿。分别采用传统的距离-多普勒算法、WVD 时频方法、CWD 时频方法、ZAM 时频方法、SP 时频方法和本章提出的几种新型时频方法得到的 ISAR 像如图 4.28 所示。由于目标的复杂运动性,采用距离-多普勒算法得到的图像很模糊,基于 WVD 时频方法得到的图像存在严重的交叉项干扰,而 CWD、ZAM、SP 时频方法的交叉项得到很大抑制，但得到的图像分辨率比较低，散射点模糊。本章提出的几种新型时频方法不含有交叉项，且时频聚集性非常高，得到的图像清晰，散射点定位准确。

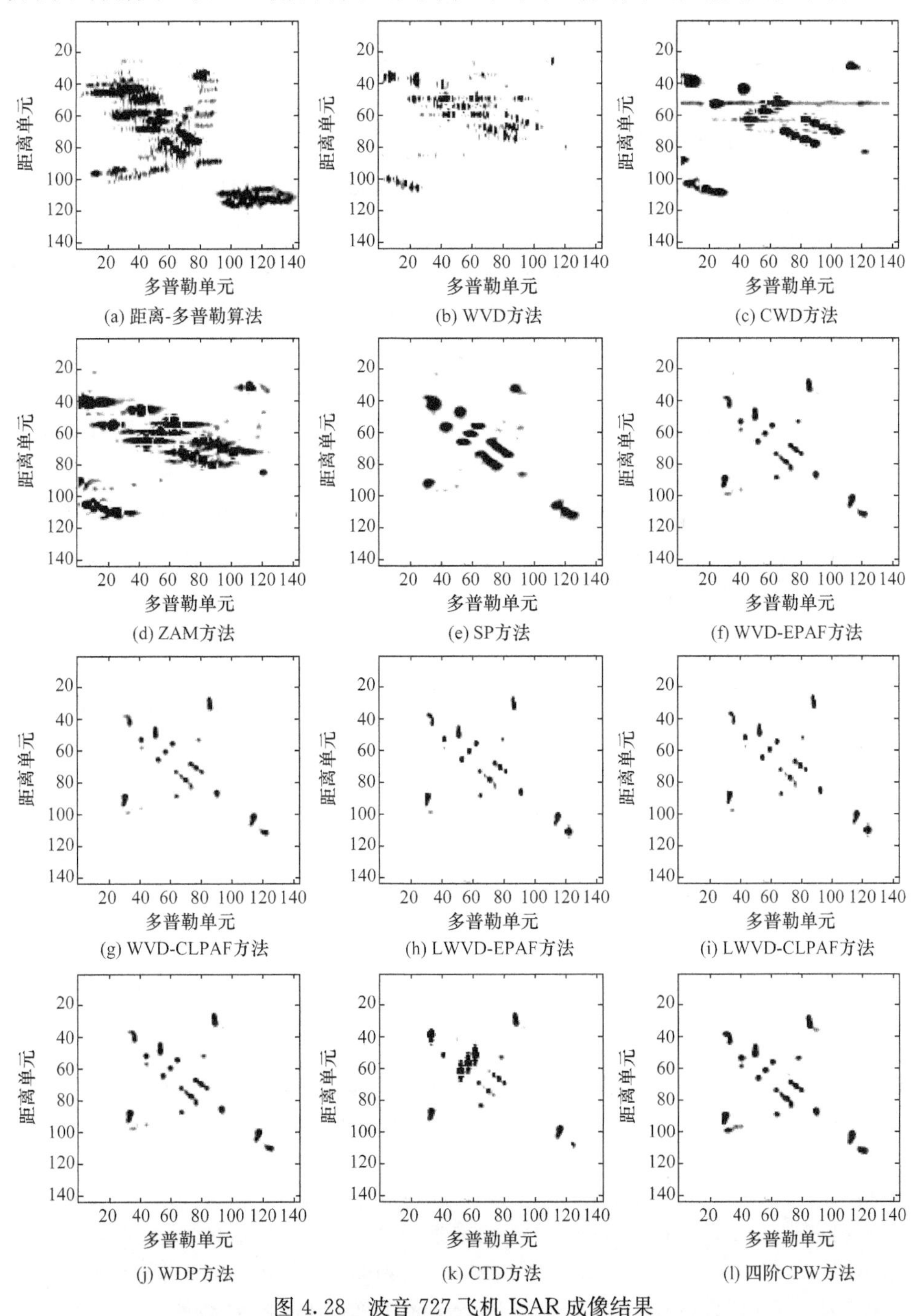

图 4.28　波音 727 飞机 ISAR 成像结果

4.4 本章小结

首先，本章介绍了几种时频分布在复杂运动目标ISAR成像中的应用，其中，STFT和Gabor变换的计算量最小，但时频分辨率较低；二次型的时频分布——SPWVD和SP计算量较大，但时频分辨率较高；新的抑制交叉项的时频分布计算量较小，且时频分辨率较高；重排的时频分布计算量最大，但时频分辨率是最高的。用这些时频分布代替傅里叶变换进行ISAR成像，效果非常好。

接着，本章构造了三种新型时频分布核函数，即基于WVD和LWVD的核函数设计方案、基于指数型相位匹配原理的核函数设计方案、具有复数时间延迟变量的核函数设计方案。相应的时频分布对多分量多项式相位信号而言具有较高的时频聚集性，同时抑制（消除）了交叉项的影响。

然后，本章提出了传统多项式WVD的频域卷积实现方法，以及一种特殊类型的四阶复时间延迟型多项式WVD，均以抑制（消除）交叉项为目的。

最后，本章介绍了新型时频分布在复杂运动目标ISAR成像中的具体应用。本章的内容对于信号的时频表示具有较大的理论和应用价值，进一步需要研究的是其在信号处理领域中更广泛的应用方向。

参考文献

[1] Choi H, Williams W J. Improved time-frequency representation of multicomponent signals using exponential kernels[J]. IEEE Transactions on Acoustics, Speech and Signal Processing, 1989, 37(6): 862-871.

[2] Zhao Y X, Atlas L E, Marks R J. The use of cone-shaped kernels for generalized time-frequency representations of nonstationary signals[J]. IEEE Transactions on Acoustics, Speech and Signal Processing, 1990, 38(7): 1084-1091.

[3] Oh S, Marks R J. Some properties of the generalized time frequency representation with cone-shaped kernel[J]. IEEE Transactions on Signal Processing, 1992, 40(7): 1735-1745.

[4] Jeong J, Williams W J. Kernel design for reduced interference distributions[J]. IEEE Transactions on Signal Processing, 1992, 40(2): 402-419.

[5] Costa A H, Boudreaux-Bartels G F. Design of time-frequency representations using a multiform, tiltable exponential kernel[J]. IEEE Transactions on Signal Processing, 1995, 43(10): 2283-2301.

[6] Stankovic L. Auto-term representation by the reduced interference distributions: A procedure for kernel design[J]. IEEE Transactions on Signal Processing, 1996, 44(6): 1557-1563.

[7] Amin M G. Minimum variance time-frequency distribution kernels for signals in additive noise[J]. IEEE Transactions on Signal Processing, 1996, 44(9): 2352-2356.

[8] Jones D L, Baraniuk R G. An adaptive optimal-kernel time-frequency representation[J]. IEEE Transactions on Signal Processing, 1995, 43(10): 2361-2371.

[9] Ristic B, Boashash B. Kernel design for time-frequency signal analysis using the Radon transform[J]. IEEE Transactions on Signal Processing, 1993, 41(5): 1996-2008.

[10] Gillespie B W, Atlas L E. Optimizing time-frequency kernels for classification[J]. IEEE Transactions on Signal Processing, 2001, 49(3): 485-496.

[11] 邹虹, 保铮. 用于多分量线性调频信号的自适应核分布分析[J]. 电子与信息学报, 2002, 24(3): 314-319.

[12] Rioul O, Flandrin P. Time-scale energy distributions: A general class extending wavelet transforms[J]. IEEE Transactions on Signal Processing, 1992, 40(7): 1746-1757.

[13] Goncalves P, Baraniuk R G. Pseudo affine Wigner distributions: Definition and kernel formulation[J]. IEEE Transactions on Signal Processing, 1998, 46(6): 1505-1516.

[14] Auger F, Flandrin P. Improving the readability of time-frequency and time-scale representations by the reassignment method[J]. IEEE Transactions on Signal Processing, 1995, 43(5): 1068-1089.

[15] Mallat S, Zhang Z. Matching pursuits with time-frequency dictionaries[J]. IEEE Transactions on Signal Processing, 1993, 41(12): 3397-3415.

[16] Boashash B, O'Shea P. Polynomial Wigner-Ville distributions and their relationship to time-varying higher order spectra[J]. IEEE Transactions on Signal Processing, 1994, 42(1): 216-220.

[17] Barkat B, Boashash B. Design of higher order polynomial Wigner-Ville distributions[J]. IEEE Transactions on Signal Processing, 1999, 47(9): 2608-2611.

[18] Barkat B, Boashash B. A high-resolution quadratic time-frequency distribution for multicomponent signals analysis[J]. IEEE Transactions on Signal Processing, 2001, 49(10): 2232-2239.

[19] Stankovic L. On the realization of the polynomial Wigner-Ville distribution for multicomponent signals[J]. IEEE Signal Processing Letters, 1998, 5(7): 157-159.

[20] Ristic B, Boashash B. Instantaneous frequency estimation of quadratic and cubic FM signals using the cross polynomial Wigner-Ville distribution[J]. IEEE Transactions on Signal Processing, 1996, 44(6): 1549-1553.

[21] Ristic B, Boashash B. Relationship between the polynomial and the higher order Wigner-Ville distribution[J]. IEEE Signal Processing Letters, 1995, 2(12): 227-229.

[22] Stankovic L. A multitime definition of the Wigner higher order distribution: L-Wigner distribution[J]. IEEE Signal Processing Letters, 1994, 1(7): 106-109.

[23] Stankovic L. A method for time-frequency analysis[J]. IEEE Transactions on Signal Processing, 1994, 42(1): 225-229.

[24] Stankovic L. A time-frequency distribution concentrated along the instantaneous frequency[J]. IEEE Signal Processing Letters, 1996, 3(3): 89-91.

[25] Stankovic L. L-class of time-frequency distributions[J]. IEEE Signal Processing Letters, 1996, 3(1): 22-25.

[26] Stankovic L. Highly concentrated time-frequency distributions: Pseudo quantum signal representation[J]. IEEE Transactions on Signal Processing, 1997, 45(3): 543-551.

[27] Stankovic L. A method for improved distribution concentration in the time-frequency analysis of multicomponent signals using the L-Wigner distribution[J]. IEEE Transactions on Signal Processing, 1995, 43(5): 1262-1268.

[28] Stankovic L, Katkovnik V. Instantaneous frequency estimation using higher order L-Wigner distributions with data-driven order and window length[J]. IEEE Transactions on Information Theory, 2000, 46(1): 302-311.

[29] Stankovic L. S-class of time-frequency distributions[J]. IEE Proceedings—Vision, Image and Signal Processing, 1997, 144(2): 57-64.

[30] Stankovic L, Thayaparan T, Dakovic M. Signal decomposition by using the S-Method with application to the analysis of HF radar signals in sea-clutter[J]. IEEE Transactions on Signal Processing, 2006, 54(11): 4332-4342.

[31] Stankovic L. Time-frequency distributions with complex argument[J]. IEEE Transactions on Signal Processing, 2002, 50(3): 475-486.

[32] Stankovic S, Stankovic L. Introducing time-frequency distribution with a 'complex-time' argument[J]. Electronics Letters, 1996, 32(14): 1265-1267.

[33] Cohen L, Posch T E. Positive time-frequency distribution functions[J]. IEEE Transactions on Acoustics, Speech and Signal Processing, 1985, 33(1): 31-38.

[34] Groutage D. A fast algorithm for computing minimum cross-entropy positive time-frequency distributions[J]. IEEE Transactions on Signal Processing, 1997, 45(8): 1954-1970.

[35] Shah S I, Loughlin P J, Chaparro L, et al. Informative priors for minimum cross-entropy positive time-frequency distributions[J]. IEEE Signal Processing Letters, 1997, 4(6): 176-177.

[36] Fonollosa J R. Positive time-frequency distributions based on joint marginal constrains[J]. IEEE Transactions on Signal Processing, 1996, 44(8): 2086-2091.

[37] Stankovic S, Stankovic L, Uskokovic Z. On the local frequency, group shift, and cross-terms in some multidimensional time-frequency distributions: A method for multidimensional time-frequency analysis[J]. IEEE Transactions on Signal Processing, 1995, 43(7): 1719-1724.

[38] Mottin E C, Pai A. Discrete time and frequency Wigner-Ville distribution: Moyal's formula and aliasing[J]. IEEE Signal Processing Letters, 2005, 12(7): 508-511.

[39] Hormigo J, Cristobal G. High resolution spectral analysis of images using the pseudo Wigner distribution[J]. IEEE Transactions on Signal Processing, 1998, 46(6): 1757-1764.

[40] Zhu Y M, Goutte R. Analysis and comparison of space/spatial frequency and multiscale methods for texture segmentation[J]. Optical Engineering, 1995, 34(1): 269-282.

[41] Zhang B, Sato S. A time-frequency distribution of Cohen's class with a compound kernel and its application to speech signal processing[J]. IEEE Transactions on Signal Processing, 1994, 42(1): 54-64.

[42] 王勇,姜义成. 基于两种时频分布的ISAR成像方法[J]. 现代雷达,2006,28(1):35-37.

[43] 王勇,姜义成. 基于LWVD的复杂运动目标ISAR成像新方法[J]. 哈尔滨工业大学学报,2008,40(1):35-38.

[44] 王勇,姜义成. 多项式Wigner-Ville分布的频域卷积实现. 电子与信息学报,2008,30(2):286-289.

[45] 王勇,姜义成. 一种抑制时频分布交叉项的新方法[J]. 电子学报,2008,36(12A):161-165.

[46] Wang Y,Jiang Y C. Generalized time-frequency distributions for multicomponent polynomial phase signals[J]. Signal Processing,2008,88(4):984-1001.

[47] Wang Y,Jiang Y C. New approaches for construction of time-frequency kernels[J]. Chinese Journal of Electronics,2009,18(1):101-104.

[48] Wang Y,Jiang Y C. Fourth order complex-lag PWVD for multi-component signals with application in ISAR imaging of maneuvering targets[J]. Circuits Systems and Signal Processing,2010,29(3):449-457.

[49] Wang Y,Jiang Y C. New time-frequency distribution based on the polynomial Wigner-Ville distribution and L-class of Wigner-Ville distribution[J]. IET Signal Processing,2010,4(2):130-136.

[50] Wang Y,Jiang Y C. ISAR imaging of maneuvering target based on the L-class of fourth order complex-lag PWVD[J]. IEEE Transactions on Geoscience and Remote Sensing,2010,48(3):1518-1527.

[51] Wang Y. New method of time-frequency representation for ISAR imaging of ship targets[J]. Journal of Systems Engineering and Electronics,2012,23(4):502-511.

[52] 王勇. 机动飞行目标ISAR成像算法研究[D]. 哈尔滨:哈尔滨工业大学,2004.

[53] 王勇. 基于时频分析技术的复杂运动目标ISAR成像算法研究[D]. 哈尔滨:哈尔滨工业大学,2008.

第 5 章　基于三次相位信号参数估计的复杂运动目标 ISAR 成像

5.1 引　　言

本章在目标复杂运动情况下，用多分量三次相位信号（cubic phase signal，CPS）来刻画回波信号，进而分别提出基于多分量三次相位信号参数估计的复杂运动目标 ISAR 成像新方法。这些方法在保持较高参数估计精度的同时具有较小的计算量，应用于复杂运动目标的 ISAR 成像中可显著提高成像质量。

本章首先建立目标复杂运动情况下的回波信号模型；然后分别介绍基于局域多项式 Wigner 分布（local polynomial Wigner distribution，LPWD）、积分型高阶模糊函数（integrated high order ambiguity function，IHAF）和三阶匹配傅里叶变换（third order matched Fourier transform，TMFT）的 CPS 参数估计方法，同时给出算法的渐进统计特性；最后将上述参数估计方法应用于复杂运动目标的 ISAR 成像中，可显著提高目标的雷达成像质量。

5.2 复杂运动目标回波特性分析

这里假定运动补偿已经完成，运动目标与雷达的几何关系示意图如图 5.1 所示。雷达位于坐标平面（xOy）上，雷达视线与 y 轴重合，雷达与目标旋转中心 O 间的距离为 $R_{\mathrm{ref}}(t_m)$。目标上任一散射点的坐标为（x_i，y_i），$R(t_m)$ 为该散射点到雷达的距离，t_m 为慢时间变量。

假定雷达发射线性调频信号，具有如下形式：

$$s(\tilde{t})=\mathrm{rect}\left(\frac{\tilde{t}}{T_p}\right)\exp\left[\mathrm{j}2\pi\left(f_c\tilde{t}+\frac{1}{2}k\tilde{t}^2\right)\right] \tag{5.1}$$

式中，$\mathrm{rect}(\tilde{t})=\begin{cases}1, & |\tilde{t}|\leqslant 1/2\\ 0, & |\tilde{t}|>1/2\end{cases}$，$\tilde{t}$ 为快时间变量；T_p 为发射脉冲宽度；f_c 为载频；k 为调频斜率。第 i 个散射点的回波信号形式为

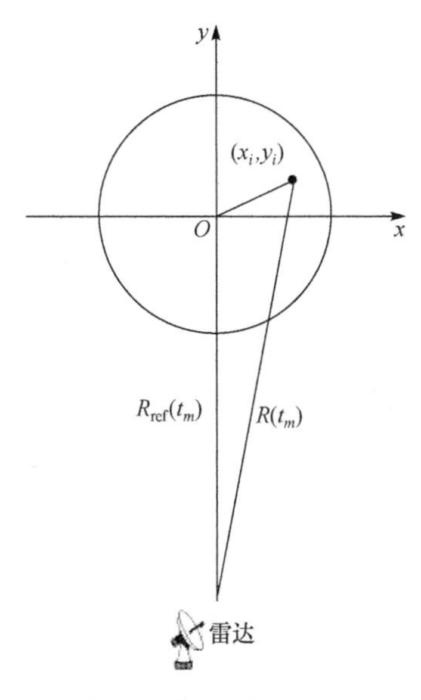

图 5.1　雷达视线坐标系

$$s(\tilde{t},t_m)$$
$$=\sigma(t_m)\mathrm{rect}\left[\frac{\tilde{t}-2R(t_m)/c}{T_p}\right]\exp\left\{\mathrm{j}2\pi\left\{f_c[\tilde{t}-2R(t_m)/c]+\frac{1}{2}k\,[\tilde{t}-2R(t_m)/c]^2\right\}\right\} \tag{5.2}$$

式中，$\sigma(t_m)$为反射系数；c 为光速。

混频处理之后，有

$$s_v(\tilde{t},t_m)=\sigma(t_m)\mathrm{rect}\left[\frac{\tilde{t}-2R(t_m)/c}{T_p}\right]\exp[\mathrm{j}\Phi(\tilde{t},t_m)] \tag{5.3}$$

这里

$$\Phi(\tilde{t},t_m)=-\frac{4\pi k}{c}\left[\frac{f_c}{k}+\tilde{t}-2R_{\mathrm{ref}}(t_m)/c\right][R(t_m)-R_{\mathrm{ref}}(t_m)]+\frac{4\pi k}{c^2}[R(t_m)-R_{\mathrm{ref}}(t_m)]^2 \tag{5.4}$$

这里的参考信号具有如下形式：

$$s_{\mathrm{ref}}(\tilde{t},t_m)=\exp\left\{\mathrm{j}2\pi\left\{f_c[\tilde{t}-2R_{\mathrm{ref}}(t_m)/c]+\frac{1}{2}k\,[\tilde{t}-2R_{\mathrm{ref}}(t_m)/c]^2\right\}\right\} \tag{5.5}$$

式(5.4)中的$\frac{4\pi k}{c^2}[R(t_m)-R_{\mathrm{ref}}(t_m)]^2$ 为残余相位误差，一般情况下由于目标尺寸较小，此项可以忽略不计。此时，目标的回波信号可以写为

$$s_v(\tilde{t},t_m)=\sigma(t_m)\mathrm{rect}\left[\frac{\tilde{t}-2R(t_m)/c}{T_p}\right]\exp\left\{\mathrm{j}\,\frac{4\pi}{\lambda}[R_{\mathrm{ref}}(t_m)-R(t_m)]\right\}$$

$$\cdot \exp\left\{\mathrm{j}\frac{4\pi k}{c}[\tilde{t}-2R_{\mathrm{ref}}(t_m)/c][R_{\mathrm{ref}}(t_m)-R(t_m)]\right\} \tag{5.6}$$

经过距离压缩后,可得

$$s_v(r,t_m)=\sigma(t_m)kT_p\mathrm{sinc}\left[\frac{2kT_p}{c}(r-\Delta R(t_m))\right]\cdot \exp\left[j\frac{4\pi}{\lambda}\Delta R(t_m)\right] \tag{5.7}$$

式中,$\Delta R(t_m)=R_{\mathrm{ref}}(t_m)-R(t_m)$;$\mathrm{sinc}(x)=\sin(x)/x$;$r$ 代表距离单元。这里可以对 $\Delta R(t_m)$进行三阶展开:

$$\Delta R(t_m)=a_0+a_1t_m+a_2t_m^2+a_3t_m^3 \tag{5.8}$$

式中,a_0、a_1、a_2 和 a_3 为相位系数。

此时,某一距离单元内的散射点回波信号可以写为

$$\begin{aligned} s(t) &= \sum_{q=1}^{Q}\sigma_q\exp\left[\mathrm{j}\frac{4\pi}{\lambda}(a_{0,q}+a_{1,q}t+a_{2,q}t^2+a_{3,q}t^3)\right] \\ &= \sum_{q=1}^{Q}\sigma_q\exp[\mathrm{j}(b_{0,q}+b_{1,q}t+b_{2,q}t^2+b_{3,q}t^3)] \end{aligned} \tag{5.9}$$

式中,Q 为散射点个数;σ_q 为第 q 个散射点的幅度;$b_{l,q}=\frac{4\pi}{\lambda}a_{l,q}(l=0,1,2,3)$。由式(5.9)可见,目标复杂运动运动状态下,散射点的回波信号可用 CPS 模型来进行刻画。进而通过对其进行参数估计,可以获得目标的高质量 ISAR 像[1-32]。

5.3 基于局域多项式 Wigner 分布的三次相位信号参数估计

5.3.1 局域多项式 Wigner 分布定义

对于解析信号 $s(t)$,其局域多项式 Wigner 分布(LPWD)定义为[33]

$$W(\omega,t)=\int_{-\infty}^{+\infty}s\left(t+\frac{\tau}{2}\right)s^*\left(t-\frac{\tau}{2}\right)w(\tau)\exp[-\mathrm{j}\theta(\omega,\tau)]\mathrm{d}\tau \tag{5.10}$$

式中,$w(\tau)$为宽度为 T_w 的窗函数,且

$$\theta(\omega,\tau)=\omega_1\tau+\omega_3\frac{\tau^3}{3!}+\cdots+\omega_{2n+1}\frac{\tau^{2n+1}}{(2n+1)!} \tag{5.11}$$

$\omega=(\omega_1,\omega_3,\cdots,\omega_{2n+1})$为$(n+1)$维变量空间。

5.3.2 单分量三次相位信号的局域多项式 Wigner 分布

这里考虑一单分量三次相位信号,具有如下形式:

$$s(t)=\sigma\exp[\mathrm{j}(b_0+b_1t+b_2t^2+b_3t^3)] \tag{5.12}$$

式中,σ 为信号幅度;b_0、b_1、b_2 和 b_3 为待定相位系数。

此时，相应的LPWD可以写为

$$W(\omega_1,\omega_3,t)=\int_{-\infty}^{+\infty}s\left(t+\frac{\tau}{2}\right)s^*\left(t-\frac{\tau}{2}\right)\exp\left[-\mathrm{j}\left(\omega_1\tau+\frac{1}{6}\omega_3\tau^3\right)\right]\mathrm{d}\tau \tag{5.13}$$

这里假定 $w(\tau)=1$。将式(5.12)代入式(5.13)中，可得

$$W(\omega_1,\omega_3,t)=\sigma_0^2\int_{-\infty}^{+\infty}\exp[-\mathrm{j}(\omega_1-b_1)\tau]\cdot\exp\left[-\mathrm{j}\left(\frac{1}{6}\omega_3-\frac{1}{4}b_3\right)\tau^3\right]\cdot\exp[\mathrm{j}(2b_2t+3b_3t^2)\tau]\mathrm{d}\tau \tag{5.14}$$

选取特殊时刻 $t=0$，有

$$W(\omega_1,\omega_3)=\sigma_0^2\int_{-\infty}^{+\infty}\exp[-\mathrm{j}(\omega_1-b_1)\tau]\cdot\exp\left[-\mathrm{j}\left(\frac{1}{6}\omega_3-\frac{1}{4}b_3\right)\tau^3\right]\mathrm{d}\tau \tag{5.15}$$

由式(5.15)可得，当满足如下条件时，$|W(\omega_1,\omega_3)|$ 具有最大值，即

$$\begin{cases}\omega_1=b_1\\ \omega_3=1.5b_3\end{cases} \tag{5.16}$$

因此，参数 b_1 和 b_3 的估计可通过搜索 $|W(\omega_1,\omega_3)|$ 最大值的位置来完成，即

$$(\hat{b}_1,1.5\hat{b}_3)=\underset{\omega_1,\omega_3}{\arg\max}|W(\omega_1,\omega_3)| \tag{5.17}$$

信号 $s(t)$ 的其他参数可通过解调频技术来进行估计。

5.3.3 多分量三次相位信号的局域多项式Wigner分布

对于多分量三次相位信号，当满足一定条件时，其LPWD会产生虚假峰值。这里以一两个分量的CPS为例来进行说明：

$$y(t)=s_1(t)+s_2(t)=\sigma_1\exp[\mathrm{j}(b_{0,1}+b_{1,1}t+b_{2,1}t^2+b_{3,1}t^3)]+\sigma_2\exp[\mathrm{j}(b_{0,2}+b_{1,2}t+b_{2,2}t^2+b_{3,2}t^3)] \tag{5.18}$$

信号 $y(t)$ 的LPWD为

$$\begin{aligned}W(\omega_1,\omega_3)=&\sigma_1^2\int_{-\infty}^{+\infty}\exp[-\mathrm{j}(\omega_1-b_{1,1})\tau]\cdot\exp\left[-\mathrm{j}\left(\frac{1}{6}\omega_3-\frac{1}{4}b_{3,1}\right)\tau^3\right]\mathrm{d}\tau\\&+\sigma_2^2\int_{-\infty}^{+\infty}\exp[-\mathrm{j}(\omega_1-b_{1,2})\tau]\cdot\exp\left[-\mathrm{j}\left(\frac{1}{6}\omega_3-\frac{1}{4}b_{3,2}\right)\tau^3\right]\mathrm{d}\tau\\&+\sigma_1\sigma_2\int_{-\infty}^{+\infty}\exp\left\{-\mathrm{j}\left[\omega_1-\frac{1}{2}(b_{1,1}+b_{1,2})\right]\tau\right\}\\&\cdot\exp\left\{-\mathrm{j}\left[\frac{1}{6}\omega_3-\frac{1}{8}(b_{3,1}+b_{3,2})\right]\tau^3\right\}\\&\cdot\exp\left[\mathrm{j}\frac{1}{4}(b_{2,1}-b_{2,2})\tau^2\right]\cdot\exp[\mathrm{j}(b_{0,1}-b_{0,2})]\mathrm{d}\tau\\&+\sigma_1\sigma_2\int_{-\infty}^{+\infty}\exp\left\{-\mathrm{j}\left[\omega_1-\frac{1}{2}(b_{1,1}+b_{1,2})\right]\tau\right\}\end{aligned}$$

$$\cdot \exp\left\{-\mathrm{j}\left[\frac{1}{6}\omega_3-\frac{1}{8}(b_{3,1}+b_{3,2})\right]\tau^3\right\}$$

$$\cdot \exp\left[-\mathrm{j}\,\frac{1}{4}(b_{2,1}-b_{2,2})\tau^2\right]\cdot \exp[-\mathrm{j}(b_{0,1}-b_{0,2})]\mathrm{d}\tau \tag{5.19}$$

由式(5.19)可见，当 $b_{2,1}=b_{2,2}$时，虚假峰值位于

$$\begin{cases}\omega_1=\dfrac{1}{2}(b_{1,1}+b_{1,2})\\ \omega_3=\dfrac{3}{4}(b_{3,1}+b_{3,2})\end{cases} \tag{5.20}$$

虚假峰值的出现会影响对信号自身项的参数估计。在 ISAR 成像中，相位系数 $b_{l,q}(l=0,1,2,3)$ 与散射点的横向位置成正比，对于不同的散射点有如下关系存在：

$$b_{l,q}\neq b_{l,h},\quad q\neq h;l=0,1,2,3 \tag{5.21}$$

因此，在 ISAR 成像中，LPWD 的虚假峰值是可以避免的，进而可以采用洁净技术对多分量信号进行参数估计。

5.3.4 局域多项式 Wigner 分布的统计特性分析

这里采用一阶扰动分析原理[34]给出 LPWD 算法估计三次相位信号参数时的渐进统计特性分析结果。

考虑噪声中的三次相位信号：

$$x(n)=s(n)+v(n)=\sigma\exp[\mathrm{j}(b_0+b_1n+b_2n^2+b_3n^3)]+v(n) \tag{5.22}$$

式中，$v(n)$为均值为零、方差为 κ^2 的加性高斯白噪声。当 $n=0$ 时，信号 $s(n)$的离散 LPWD 可以表示为

$$W(\alpha,\beta)=\sum_{m=0}^{(N-1)/2}s(m)s^*(-m)\mathrm{e}^{-2\mathrm{j}(\alpha m+\beta m^3)} \tag{5.23}$$

因此，对于噪声中的离散信号 $x(n)$，有

$$\begin{aligned}|W_x(\alpha,\beta)|^2&=\sum_{m=0}^{(N-1)/2}\sum_{n=0}^{(N-1)/2}x(m)x^*(-m)x^*(n)x(-n)\mathrm{e}^{-2\mathrm{j}(\alpha m+\beta m^3)}\mathrm{e}^{2\mathrm{j}(\alpha n+\beta n^3)}\\&=W_s(\alpha,\beta)+\delta W(\alpha,\beta)\end{aligned} \tag{5.24}$$

这里

$$W_s(\alpha,\beta)=\sum_{m=0}^{(N-1)/2}\sum_{n=0}^{(N-1)/2}s(m)s^*(-m)s^*(n)s(-n)\mathrm{e}^{-2\mathrm{j}\alpha(m-n)}\mathrm{e}^{-2\mathrm{j}\beta(m^3-n^3)} \tag{5.25}$$

$$\delta W(\alpha,\beta)=\sum_{m=0}^{(N-1)/2}\sum_{n=0}^{(N-1)/2}\zeta(m,n)\mathrm{e}^{-2\mathrm{j}\alpha(m-n)}\mathrm{e}^{-2\mathrm{j}\beta(m^3-n^3)} \tag{5.26}$$

式(5.26)中的 $\zeta(m,n)$具有如下形式：

$$\zeta(m,n)=\sum_{k=1}^{15}H_k(m,n) \tag{5.27}$$

这里

$$H_1(m,n)=H_4^*(n,m)=s(m)s^*(-m)s^*(n)v(-n) \tag{5.28}$$

$$H_2(m,n)=H_8^*(n,m)=s(m)s^*(-m)s(-n)v^*(n) \tag{5.29}$$

$$H_3(m,n)=H_{12}^*(n,m)=s(m)s^*(-m)v^*(n)v(-n) \tag{5.30}$$

$$H_5(m,n)=H_{10}(-n,-m)=s(m)v^*(-m)s^*(n)v(-n) \tag{5.31}$$

$$H_6(m,n)=H_9^*(n,m)=s(m)v^*(-m)v^*(n)s(-n) \tag{5.32}$$

$$H_7(m,n)=H_{13}^*(n,m)=s(m)v^*(-m)v^*(n)v(-n) \tag{5.33}$$

$$H_{11}(m,n)=H_{14}^*(n,m)=v(m)s^*(-m)v^*(n)v(-n) \tag{5.34}$$

$$H_{15}(m,n)=v(m)v^*(-m)v^*(n)v(-n) \tag{5.35}$$

对于信号 $s(n)$，其 $W_s(\alpha,\beta)$ 在 $(\alpha_0=b_1,\beta_0=b_3)$ 处出现峰值。在噪声的影响下，峰值位置移动到 $(\alpha_0+\delta\alpha,\beta_0+\delta\beta)$。因此，有下面两个等式成立：

$$\frac{\partial}{\partial\alpha}[W_s(\alpha,\beta)+\delta W(\alpha,\beta)]_{\substack{\alpha_0+\delta\alpha\\ \beta_0+\delta\beta}}=0 \tag{5.36}$$

$$\frac{\partial}{\partial\beta}[W_s(\alpha,\beta)+\delta W(\alpha,\beta)]_{\substack{\alpha_0+\delta\alpha\\ \beta_0+\delta\beta}}=0 \tag{5.37}$$

为了得到 LPWD 算法的参数估计性能，需要得到参数估计误差 $\delta\alpha$ 和 $\delta\beta$ 的均方误差。这里对 $W_x(\alpha,\beta)$ 进行一阶 Taylor 级数展开，有

$$A\delta\alpha+C\delta\beta\approx-d \tag{5.38}$$

$$B\delta\beta+C\delta\alpha\approx-e \tag{5.39}$$

这里

$$A=\frac{\partial^2}{\partial\alpha^2}[W_s(\alpha,\beta)]_{\substack{\alpha_0\\ \beta_0}} \tag{5.40}$$

$$B=\frac{\partial^2}{\partial\beta^2}[W_s(\alpha,\beta)]_{\substack{\alpha_0\\ \beta_0}} \tag{5.41}$$

$$C=\frac{\partial^2}{\partial\alpha\partial\beta}[W_s(\alpha,\beta)]_{\substack{\alpha_0\\ \beta_0}} \tag{5.42}$$

$$d=\frac{\partial}{\partial\alpha}[\delta W(\alpha,\beta)]_{\substack{\alpha_0\\ \beta_0}} \tag{5.43}$$

$$e=\frac{\partial}{\partial\beta}[\delta W(\alpha,\beta)]_{\substack{\alpha_0\\ \beta_0}} \tag{5.44}$$

由式(5.38)和式(5.39)，参数估计误差 $\delta\alpha$ 和 $\delta\beta$ 的均方误差可表示为

$$\mathrm{var}(\delta\alpha)=\mathrm{var}\left(\frac{eC-dB}{AB-C^2}\right) \tag{5.45}$$

$$\mathrm{var}(\delta\beta)=\mathrm{var}\left(\frac{dC-eA}{AB-C^2}\right) \tag{5.46}$$

参数 A、B、C 可计算为

$$A=-4\sigma^4\sum_{m=0}^{(N-1)/2}\sum_{n=0}^{(N-1)/2}(m-n)^2=-\frac{\sigma^4(N+3)(N-1)(N+1)^2}{24} \tag{5.47}$$

$$\begin{aligned}B&=-4\sigma^4\sum_{m=0}^{(N-1)/2}\sum_{n=0}^{(N-1)/2}(m^3-n^3)^2\\&=-\frac{\sigma^4(N+3)(N-1)(N+1)^2(27N^4-60N^3-66N^2+156N+7)}{10752}\end{aligned} \tag{5.48}$$

$$\begin{aligned}C&=-4\sigma^4\sum_{m=0}^{(N-1)/2}\sum_{n=0}^{(N-1)/2}(m-n)(m^3-n^3)\\&=-\frac{\sigma^4(N+3)(N-1)(N+1)^2(3N+1)(3N-5)}{960}\end{aligned} \tag{5.49}$$

d 和 e 各自的均方误差和协方差可以由以下过程进行计算。

(1) 计算 d 的均方误差。

$$\begin{aligned}\mathrm{var}(d)=&4\sum_{m=0}^{(N-1)/2}\sum_{n=0}^{(N-1)/2}\sum_{p=0}^{(N-1)/2}\sum_{q=0}^{(N-1)/2}(m-n)(p-q)E\{\zeta(m,n)\zeta^*(p,q)\}\\&\times \mathrm{e}^{-2\mathrm{j}a_1(m-n-p+q)}\mathrm{e}^{-2\mathrm{j}a_3(m^3-n^3-p^3+q^3)}\end{aligned} \tag{5.50}$$

由式(5.27)可知,$\zeta(m,n)$包含 15 项。因此,var[d]可表示为

$$\mathrm{var}[d]=D_1+D_2+D_3+D_4+D_5 \tag{5.51}$$

这里

$$\begin{aligned}D_1=&4\sum_{i,i=1,2,4,8}\sum_{m=0}^{(N-1)/2}\sum_{n=0}^{(N-1)/2}\sum_{p=0}^{(N-1)/2}(m-n)(p-n)E[H_i(m,n)H_i^*(p,n)]\\&\times \mathrm{e}^{-2\mathrm{j}a_1(m-p)}\mathrm{e}^{-2\mathrm{j}a_3(m^3-p^3)}\\=&16\sigma^6\kappa^2\cdot\frac{(N+1)^3(N+3)(N-1)}{384}\end{aligned} \tag{5.52}$$

$$\begin{aligned}D_2=&4\sum_{i,i=3,12}\sum_{m=0}^{(N-1)/2}\sum_{n=0}^{(N-1)/2}\sum_{p=0}^{(N-1)/2}(m-n)(p-n)E[H_i(m,n)H_i^*(p,n)]\\&\times \mathrm{e}^{-2\mathrm{j}a_1(m-p)}\mathrm{e}^{-2\mathrm{j}a_3(m^3-p^3)}\\=&8\sigma^4\kappa^4\cdot\frac{(N+1)^3(N+3)(N-1)}{384}\end{aligned} \tag{5.53}$$

$$D_3=4\sum_{i,i=5,6,9,10}\sum_{m=0}^{(N-1)/2}\sum_{n=0}^{(N-1)/2}(m-n)^2E[H_i(m,n)H_i^*(m,n)]$$

$$= 16\sigma^4\kappa^4 \cdot \frac{(N+1)^2(N+3)(N-1)}{96} \tag{5.54}$$

$$D_4 = 4\sum_{i,i=7,11}\sum_{m=0}^{(N-1)/2}\sum_{n=0}^{(N-1)/2}(m-n)^2 E[H_i(m,n)H_i^*(m,n)]$$

$$= 8\sigma^2\kappa^6 \cdot \frac{(N+1)^2(N+3)(N-1)}{96} \tag{5.55}$$

$$D_5 = 4\sum_{i,i=15}\sum_{m=0}^{(N-1)/2}\sum_{n=0}^{(N-1)/2}(m-n)^2 E[H_i(m,n)H_i^*(m,n)]$$

$$= 4\kappa^8 \cdot \frac{(N+1)^2(N+3)(N-1)}{96} \tag{5.56}$$

由式(5.52)～式(5.56)可见 D_1、$D_2\sim O(N^5)$，D_3、D_4、$D_5\sim O(N^4)$。因此，当信号长度 N 较大时，$\mathrm{var}[d]$的值主要由 D_1 和 D_2 决定。式(5.51)可简化为

$$\mathrm{var}[d]\approx D_1+D_2=16\sigma^6\kappa^2\left(1+\frac{1}{2\mathrm{SNR}}\right)\cdot\frac{(N+1)^3(N+3)(N-1)}{384} \tag{5.57}$$

式中，SNR 定义为 σ^2/κ^2。

(2) 计算 e 的均方误差。

$$\mathrm{var}[e]= 4\sum_{m=0}^{(N-1)/2}\sum_{n=0}^{(N-1)/2}\sum_{p=0}^{(N-1)/2}\sum_{q=0}^{(N-1)/2}(m^3-n^3)(p^3-q^3)E[\zeta(m,n)\zeta^*(p,q)]$$

$$\times \mathrm{e}^{-2\mathrm{j}a_1(m-n-p+q)}\mathrm{e}^{-2\mathrm{j}a_3(m^3-n^3-p^3+q^3)} \tag{5.58}$$

式(5.58)可简单计算为

$$\mathrm{var}[e]\approx E_1+E_2 \tag{5.59}$$

这里

$$E_1 = 4\sum_{i,i=1,2,4,8}\sum_{m=0}^{(N-1)/2}\sum_{n=0}^{(N-1)/2}\sum_{p=0}^{(N-1)/2}(m^3-n^3)(p^3-n^3)E[H_i(m,n)H_i^*(p,n)]$$

$$\times \mathrm{e}^{-2\mathrm{j}a_1(m-p)}\mathrm{e}^{-2\mathrm{j}a_3(m^3-p^3)} \tag{5.60}$$

$$E_2 = 4\sum_{i,i=3,12}\sum_{m=0}^{(N-1)/2}\sum_{n=0}^{(N-1)/2}\sum_{p=0}^{(N-1)/2}(m^3-n^3)(p^3-n^3)E[H_i(m,n)H_i^*(p,n)]$$

$$\times \mathrm{e}^{-2\mathrm{j}a_1(m-p)}\mathrm{e}^{-2\mathrm{j}a_3(m^3-p^3)} \tag{5.61}$$

因此，有

$$\mathrm{var}[e]\approx 16\sigma^6\kappa^2\left(1+\frac{1}{2\mathrm{SNR}}\right)$$

$$\cdot\frac{(N+1)^3(N+3)(N-1)(27N^4-60N^3-66N^2+156N+7)}{172032} \tag{5.62}$$

(3) 计算 d 和 e 的协方差。

$$E[de^*]=4\sum_{m=0}^{(N-1)/2}\sum_{n=0}^{(N-1)/2}\sum_{p=0}^{(N-1)/2}\sum_{q=0}^{(N-1)/2}(m-n)(p^3-q^3)E[\zeta(m,n)\zeta^*(p,q)] \times \mathrm{e}^{-2\mathrm{j}a_1(m-n-p+q)}\mathrm{e}^{-2\mathrm{j}a_3(m^3-n^3-p^3+q^3)} \tag{5.63}$$

式(5.63)可简单计算为

$$E[de^*]\approx F_1+F_2 \tag{5.64}$$

这里

$$F_1=4\sum_{i,i=1,2,4,8}\sum_{m=0}^{(N-1)/2}\sum_{n=0}^{(N-1)/2}\sum_{p=0}^{(N-1)/2}(m-n)(p^3-n^3)E[H_i(m,n)H_i^*(p,n)] \times \mathrm{e}^{-2\mathrm{j}a_1(m-p)}\mathrm{e}^{-2\mathrm{j}a_3(m^3-p^3)} \tag{5.65}$$

$$F_2=4\sum_{i,i=3,12}\sum_{m=0}^{(N-1)/2}\sum_{n=0}^{(N-1)/2}\sum_{p=0}^{(N-1)/2}(m-n)(p^3-n^3)E[H_i(m,n)H_i^*(p,n)] \times \mathrm{e}^{-2\mathrm{j}a_1(m-p)}\mathrm{e}^{-2\mathrm{j}a_3(m^3-p^3)} \tag{5.66}$$

因此,有

$$E[de^*]\approx 16\sigma^6\kappa^2\left(1+\frac{1}{2\mathrm{SNR}}\right)\cdot\frac{(N+1)^3(N+3)(N-1)(3N+1)(3N-5)}{15360} \tag{5.67}$$

将上述结果代入式(5.45)和式(5.46)中,可得

$$E[|\delta\alpha|^2]=E[|\delta b_1|^2]\approx\frac{75}{N^3}\frac{1}{\mathrm{SNR}}\left(2+\frac{1}{\mathrm{SNR}}\right) \tag{5.68}$$

$$E[|\delta\beta|^2]=E[|\delta b_3|^2]\approx\frac{11200}{9N^7}\frac{1}{\mathrm{SNR}}\left(2+\frac{1}{\mathrm{SNR}}\right) \tag{5.69}$$

其他参数的估计均方误差可采用上述方法获得,结果如下:

$$E[|\delta b_2|^2]\approx\frac{45}{N^5}\frac{1}{\mathrm{SNR}}\left(2+\frac{1}{\mathrm{SNR}}\right) \tag{5.70}$$

$$E[|\delta b_0|^2]\approx\frac{1}{N}\frac{1}{\mathrm{SNR}}\left(1.125+\frac{0.3125}{SNR}\right) \tag{5.71}$$

$$E[|\delta\sigma|^2]\approx\frac{\kappa^2}{2N} \tag{5.72}$$

参数 b_0、b_1、b_2、b_3 和 σ 的 Cramer-Rao 界可表示为

$$\mathrm{CRLB}(\hat{b}_3)=\frac{1400}{N^7\mathrm{SNR}} \tag{5.73}$$

$$\mathrm{CRLB}(\hat{b}_2)=\frac{90}{N^5\mathrm{SNR}} \tag{5.74}$$

$$\mathrm{CRLB}(\hat{b}_1)=\frac{37.5}{N^3\mathrm{SNR}} \tag{5.75}$$

$$\mathrm{CRLB}(\hat{b}_0)=\frac{1.125}{\mathrm{NSNR}} \tag{5.76}$$

$$\mathrm{CRLB}(\hat{\sigma})=\frac{\kappa^2}{2N} \tag{5.77}$$

因此，将参数 b_0、b_1、b_2、b_3 和 σ 的估值均方误差与相应的 Cramer-Rao 界相比，可得

$$\varepsilon_{b_3}\approx\frac{112}{63}\left(1+\frac{1}{2\mathrm{SNR}}\right) \tag{5.78}$$

$$\varepsilon_{b_2}\approx1+\frac{1}{2\mathrm{SNR}} \tag{5.79}$$

$$\varepsilon_{b_1}\approx4\left(1+\frac{1}{2\mathrm{SNR}}\right) \tag{5.80}$$

$$\varepsilon_{b_0}\approx1+\frac{1}{3.6\mathrm{SNR}} \tag{5.81}$$

$$\varepsilon_{\sigma}\approx1 \tag{5.82}$$

上述结果说明，当信噪比较高时，参数 b_2、b_0 和 σ 估值的均方误差接近其 Cramer-Rao 界，而参数 b_1 和 b_3 估值的均方误差分别为其相应 Cramer-Rao 界的 4 倍和 1.78 倍。

5.3.5　仿真结果分析

1. 单分量三次相位信号

假设信号长度为 $N=255$，信号参数为 $\sigma=1$，$b_0=1$，$b_1=0.4$，$b_2=5\times10^{-3}$，$b_3=1\times10^{-5}$，采样率为 1。信噪比 SNR 的变化范围为 $-10\sim10$dB，变化间隔为 1dB。运行 200 次 Monte-Carlo 仿真实验，信号参数估值的均方误差(mean square error，MSE)如图 5.2(a)～(e)所示。可见，当信噪比较高时，实验结果与理论分析结果是吻合的。

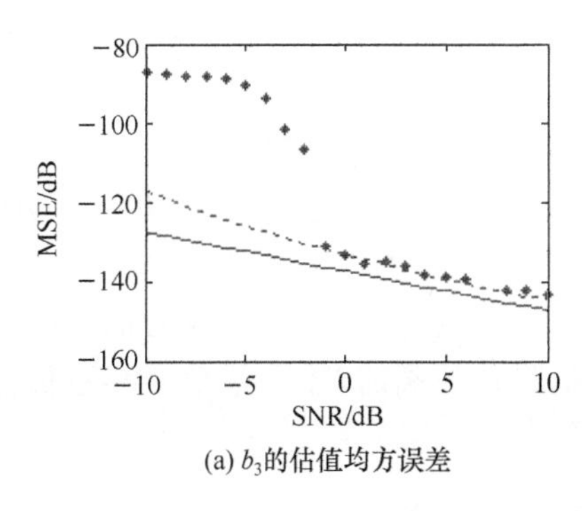

(a) b_3的估值均方误差

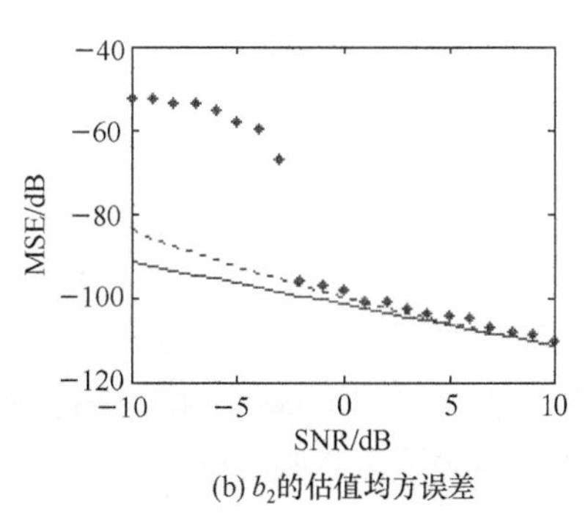

(b) b_2的估值均方误差

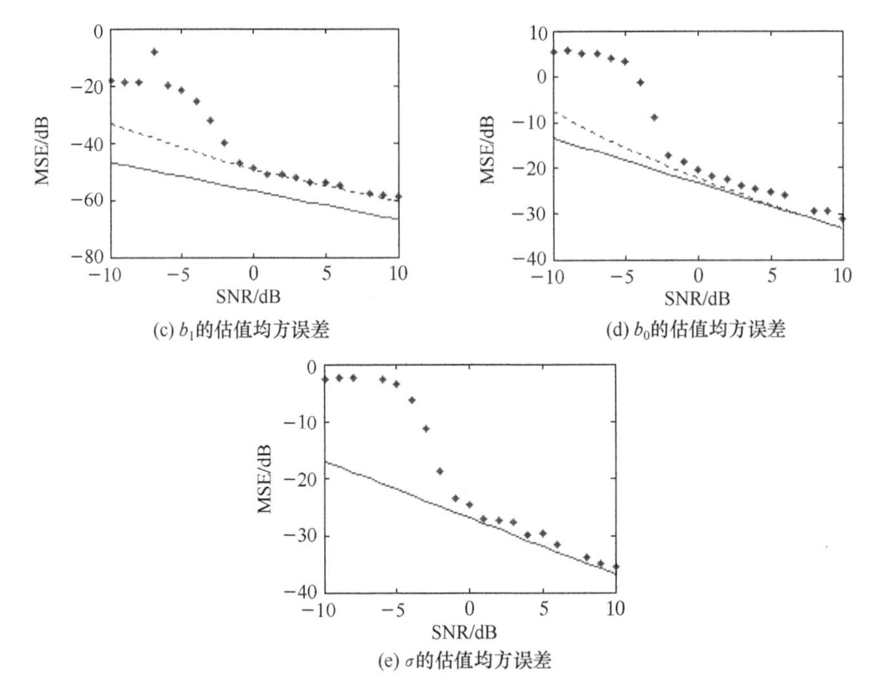

图 5.2 CPS参数估值均方误差与信噪比关系

实线为 Cramer-Rao 界,点划线为理论值,离散点为仿真结果

2. 多分量三次相位信号

这里通过仿真实验来分析多分量 CPS 情况下 LPWD 算法的统计特性。以两个分量的 CPS 为例,其中一个为主分量信号,能量较大;另一个可以看成干扰信号,能量较小。两个信号均具有式(5.22)的形式,其参数如表 5.1 所示。

表 5.1 双分量 CPS 参数

信号	σ	b_0	b_1	b_2	b_3
主分量信号	1	1	0.4	0.005	0.00001
干扰信号	0.2	0.2	0.2	0.002	0.00005

信号长度为 $N=255$,采样率为 1。信噪比 SNR 的变化范围为−10～10dB,变化间隔为 1dB。运行 200 次 Monte-Carlo 仿真实验,主分量信号参数估值的均方误差结果如图 5.3(a)～(e)所示。由图 5.3 可见,主分量信号参数的估计精度在一定程度上会受到干扰信号的影响。但当信噪比较高时,主分量信号参数估值的均方误差与理论值是吻合的。

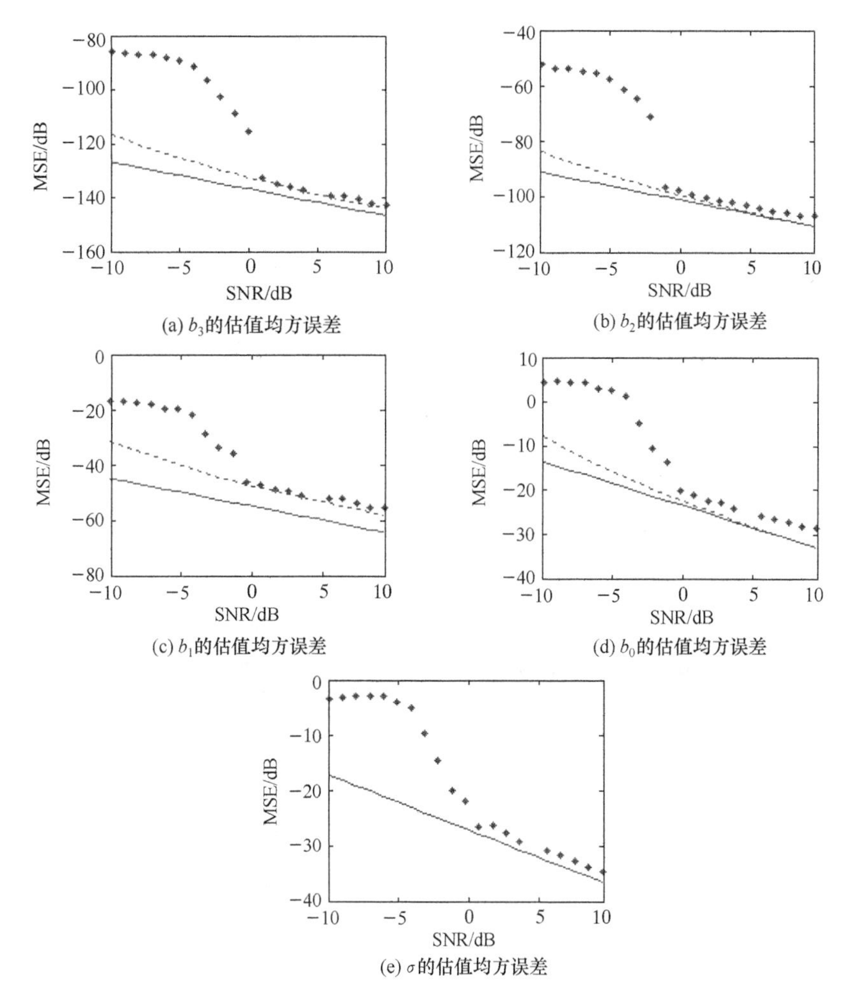

图 5.3 主分量信号参数估值均方误差(MSE)与信噪比关系

实线为 Cramer-Rao 界，点划线为理论值，离散点为仿真结果

5.4 基于 IHAF 的三次相位信号参数估计

这里给出基于积分型高阶模糊函数(IHAF)的三次相位系数估计方法，进而可通过解调频技术和快速傅里叶变换(FFT)实现其他参数的估计。

5.4.1 IHAF 的定义

对于能量有限的信号 $s(t)$，其 IHAF 定义为

$$P_s^M(g,h)=\int_{-\infty}^{+\infty}\cdots\int_{-\infty}^{+\infty}K_s^M(t;\tau_1,\tau_2,\cdots,\tau_{m-1})$$
$$\times\exp\left[-\mathrm{j}2\pi 2^{M-1}(g+ht)\prod_{m=1}^{M-1}\tau_m\right]\mathrm{d}t\mathrm{d}\tau_1\mathrm{d}\tau_2\cdots\mathrm{d}\tau_{M-1}\tag{5.83}$$

式中，M 为 IHAF 的阶数，且 $K_s^1(t)=s(t)$，$K_s^2(t;\tau_1)=K_s^1(t+\tau_1)K_s^{1*}(t-\tau_1)$，…，$K_s^m(t;\tau_1,\tau_2,\cdots,\tau_{m-1})=K_s^{m-1}(t+\tau_{m-1};\tau_1,\cdots,\tau_{m-2})\times K_s^{m-1\ *}(t-\tau_{m-1};\tau_1,\cdots,\tau_{m-2})$；$(\tau_1,\tau_2,\cdots,\tau_{m-1})$为时间延迟变量。

5.4.2　基于 IHAF 的单分量三次相位信号的三次相位系数估计

对于如下形式的单分量离散 CPS：

$$s(n)=\sigma\exp[\mathrm{j}(b_0+b_1n+b_2n^2+b_3n^3)],\quad 0\leqslant n\leqslant N-1\tag{5.84}$$

式中，N 为信号长度。其高阶模糊函数具有如下形式：

$$S(\Omega,m_1,m_2)=\sum_{n=N_1}^{N_2}s(n+m_1+m_2)s(n-m_1-m_2)s^*(n+m_1-m_2)$$
$$\times s^*(n-m_1+m_2)\exp(-\mathrm{j}\Omega m_1m_2n)\tag{5.85}$$

式中，m_1 和 m_2 为非零时间延迟变量；s^*表示共轭运算；N_1 和 N_2 可由式(5.86)决定：

$$\begin{cases}0\leqslant n+m_1+m_2\leqslant N-1\\0\leqslant n-m_1-m_2\leqslant N-1\\0\leqslant n+m_1-m_2\leqslant N-1\\0\leqslant n-m_1+m_2\leqslant N-1\end{cases}\Rightarrow(m_1+m_2)\leqslant n\leqslant(N-1)-(m_1+m_2)\tag{5.86}$$

因此，有

$$\begin{cases}N_1=m_1+m_2\\N_2=(N-1)-(m_1+m_2)\end{cases}\tag{5.87}$$

将式(5.84)代入式(5.85)，可得

$$S(\Omega,m_1,m_2)=A^4\exp(8\mathrm{j}b_2m_1m_2)\sum_{n=N_1}^{N_2}\exp[-\mathrm{j}m_1m_2n(\Omega-24b_3)]\tag{5.88}$$

由式(5.88)可见，当 $\Omega=24b_3$ 时，$S(\Omega,m_1,m_2)$达到峰值。因此，三次相位系数 b_3 可估计为

$$\hat{b}_3=\arg\max_{\Omega}|S(\Omega,m_1,m_2)|/24\tag{5.89}$$

5.4.3　基于 IHAF 的多分量三次相位信号的三次相位系数估计

对于多分量 CPS，其高阶模糊函数会产生交叉项的影响。此时可以采用积分

运算来抑制交叉项的影响，同时增强信号自身项的能量。

假定 $m_1 \in L_1, m_2 \in L_2$，且

$$L_1 = \{M_1, M_2, \cdots, M_p\} \tag{5.90}$$

$$L_2 = \{M'_1, M'_2, \cdots, M'_q\} \tag{5.91}$$

此时，IHAF 可定义为

$$S'(\Omega) = \sum_{m_1, m_1 \in L_1} \sum_{m_2, m_2 \in L_2} S(\Omega, m_1, m_2) \tag{5.92}$$

对于如下形式的多分量 CPS：

$$s(n) = \sum_{q=1}^{Q} \sigma_q \exp\left[\mathrm{j} \sum_{m=0}^{3} b_{m,q} n^m\right], \quad 0 \leqslant n \leqslant N-1 \tag{5.93}$$

其中能量最大 CPS 的三次相位系数可通过对 IHAF 进行峰值搜索获得，其他信号的参数估计可通过洁净技术来完成。

5.4.4　IHAF 算法的统计特性分析

IHAF 算法可估计 CPS 的三次相位系数，其统计特性可通过 Monte-Carlo 仿真实验来进行分析。这里考虑两分量的 CPS，具体如下：

$$s(n) = \sum_{q=1}^{Q} \sigma_q \exp\left(\mathrm{j} \sum_{m=0}^{3} b_{m,q} n^m\right), \quad 0 \leqslant n \leqslant N-1$$

式中，$Q=2, N=255$。相应的信号参数如下：

$$(\sigma_1, b_{0,1}, b_{1,1}, b_{2,1}, b_{3,1}) = (2, 0, 0.7, -5\times10^{-3}, -2\times10^{-5}) \tag{5.94}$$

$$(\sigma_2, b_{0,2}, b_{1,2}, b_{2,2}, b_{3,2}) = (0.3, 0, 0.3, 5\times10^{-3}, 1\times10^{-5}) \tag{5.95}$$

加入高斯白噪声，信噪比变化范围为 −12～10dB。选取三组不同的时间延迟变量，以比较 IHAF 算法的参数估计精度。

(1) $m_1 \in L_1, L_1 = \{1,2,3,4,5\}$；$m_2 \in L_2, L_2 = \{6,7,8,9,10\}$。

(2) $m_1 \in L_3, L_3 = \{1,2,3,4,5,6,7,8,9,10\}$；$m_2 \in L_4, L_4 = \{11,12,13,14,15,16,17,18,19,20\}$。

(3) $m_1 \in L_5, L_5 = \{1,2,3,4,5,6,7,8,9,10,11,12,13,14,15,16,17,18,19,20\}$；$m_2 \in L_6, L_6 = \{21,22,23,24,25,26,27,28,29,30,31,32,33,34,35,36,37,38,39,40\}$。

此时，三次相位系数 $b_{3,1}$ 参数估计精度的 Monte-Carlo 仿真实验结果如图 5.4 所示。可见，随着时间延迟变量数目的增加，信号参数估值的均方误差变小。对于 $m_1 \in L_5$ 和 $m_2 \in L_6$，当信噪比大于 −4dB 时，信号参数估计的均方误差接近其 Cramer-Rao 下限。

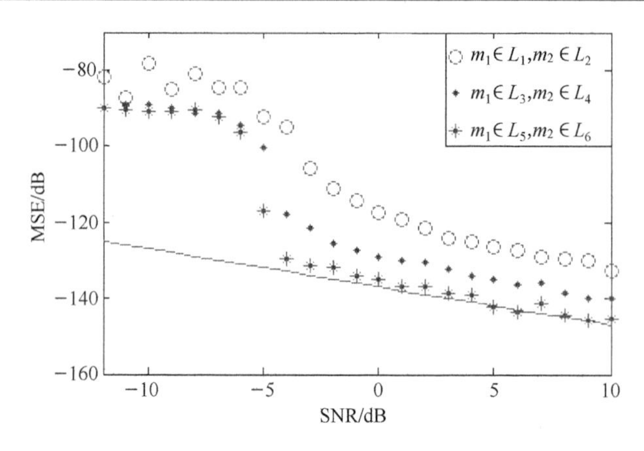

图 5.4　参数估值的均方误差与信噪比的关系

5.5　基于 LPWD 和 IHAF 的复杂运动目标 ISAR 成像方法

由式(5.9)可见，当目标进行复杂运动时，散射点的回波信号可用多分量 CPS 模型来进行刻画，进而通过对其进行参数估计，可获得目标的瞬态 ISAR 像。这里分别采用 LPWD 和 IHAF 算法对多分量 CPS 进行参数估计，其相应的 ISAR 成像算法分别说明如下[28]。

5.5.1　基于 LPWD 的复杂运动目标 ISAR 成像算法

本节介绍基于 LPWD 的复杂运动目标 ISAR 成像算法。

(1) 将散射点回波信号刻画为多分量 CPS 模型，如式(5.9)所示。进而通过 LPWD 算法获得参数 $b_{1,q}$和 $b_{3,q}$的估计，如式(5.17)所示。

(2) 对第 q 个 CPS 进行解调频处理，其中的参考信号具有如下形式：

$$s_{\text{ref}}(t)=\exp(-\text{j}b_{3,q}t^3) \tag{5.96}$$

因此，有

$$s_d(t)=s(t)s_{\text{ref}}(t)=s_{\text{LFM}}(t)+s_{\text{CPS}}(t) \tag{5.97}$$

式中

$$s_{\text{LFM}}(t)=\sigma_q\exp[\text{j}(b_{0,q}+b_{1,q}t+b_{2,q}t^2)] \tag{5.98}$$

$$s_{\text{CPS}}(t)=\sum_{p=1,p\neq q}^{Q}\exp[\text{j}(b_{0,p}+b_{1,p}t+b_{2,p}t^2+b_{3,p}t^3)] \tag{5.99}$$

(3) 基于信号 $s_d(t)$来估计二次相位系数 $b_{2,q}$。这里采用三次相位函数法，具体形式如下：

$$\text{CPF}(t,u)=\int_0^{+\infty}s_{\text{LFM}}(t+\tau)s_{\text{LFM}}(t-\tau)\exp(-\text{j}u\tau^2)\text{d}\tau \tag{5.100}$$

将式(5.98)代入式(5.100),可得

$$\mathrm{CPF}(t,u)=\sigma_q^2\exp[2\mathrm{j}(b_{0,q}+b_{1,q}t+b_{2,q}t^2)]\int_0^{+\infty}\exp[\mathrm{j}(2b_{2,q}-u)\tau^2]\mathrm{d}\tau \tag{5.101}$$

因此,有

$$|\mathrm{CPF}(t,u)|=\begin{cases}+\infty, & u=2b_{2,q}\\ \dfrac{\sigma_q^2}{2}\sqrt{\dfrac{\pi}{|u-2b_{2,q}|}}, & u\neq 2b_{2,q}\end{cases} \tag{5.102}$$

由式(5.102)可见,当 $u=2b_{2,q}$ 时,$|\mathrm{CPF}(t,u)|$ 具有最大值,此时可获得参数 $b_{2,q}$ 的估计。同理,对于多分量信号的情况,$|\mathrm{CPF}(t,u)|$ 也会受到交叉项的影响。此时可以采用积分型三次相位函数来抑制交叉项的影响,具体定义如下:

$$\mathrm{ICPF}(u)=\int_0^T|\mathrm{CPF}(t,u)|^2\mathrm{d}t \tag{5.103}$$

此时,参数 $b_{2,q}$ 可由式(5.104)进行估计:

$$\hat{b}_{2,q}=\arg\max_u|\mathrm{ICPF}(u)|/2 \tag{5.104}$$

(4) 建立如下形式的参考信号:

$$s_{\mathrm{ref}'}(t)=\exp[-\mathrm{j}(\hat{b}_{1,q}t+\hat{b}_{2,q}t^2+\hat{b}_{3,q}t^3)] \tag{5.105}$$

此时参数 σ_q 可由式(5.106)进行估计:

$$\sigma_q=\mathrm{window}(f)\cdot\{|\mathrm{FFT}[s(t)\cdot s_{\mathrm{ref}'}(t)]|\} \tag{5.106}$$

式中,FFT[·]代表傅里叶变换算子;$\mathrm{window}(f)$ 为窗函数,具有如下形式:

$$\mathrm{window}(f)=\begin{cases}1, & f_L<f<f_R\\ 0, & \text{其他}\end{cases} \tag{5.107}$$

式中,f_L 和 f_R 由零频附近的窄谱宽度确定。

(5) 采用洁净技术从原信号中减去估计出的第 q 个 CPS 分量。重复上述步骤,直至剩余信号能量小于预定门限。

5.5.2 基于 IHAF 的复杂运动目标 ISAR 成像算法

下面介绍基于 IHAF 的复杂运动目标 ISAR 成像方法。

(1) 将散射点回波信号刻画为多分量 CPS 模型,如式(5.9)所示。初始化 $q=1$,$s_1(n)=s(n)$。

(2) 由 $S'(\Omega)$ 的峰值位置获得参数 $\hat{b}_{3,q}$ 的估计:

$$\hat{b}_{3,q}=\arg\max_\Omega|S'(\Omega)|/24 \tag{5.108}$$

(3) 将第 q 个信号分量解调频为线性调频信号,其中的参考信号为 $s_{\mathrm{ref}}(n)=\exp(-\mathrm{j}\hat{b}_{3,q}n^3)$。此时,可通过积分型三次相位函数获得参数 $\hat{b}_{2,q}$ 的估计。

(4) 基于解调频技术和 FFT 获得参数 $\hat{b}_{1,q}$ 和 σ_q 的估计。

(5) 采用洁净技术从原信号中减去估计出的第 q 个信号分量。令 $q=q+1$,并重复上述步骤,直至 $q=Q$ 或剩余信号的能量小于预先设定的门限。

下面给出基于 LPWD 和 IHAF 技术的 ISAR 成像算法流程图,如图 5.5 所示,其中 M 是总的距离单元数。

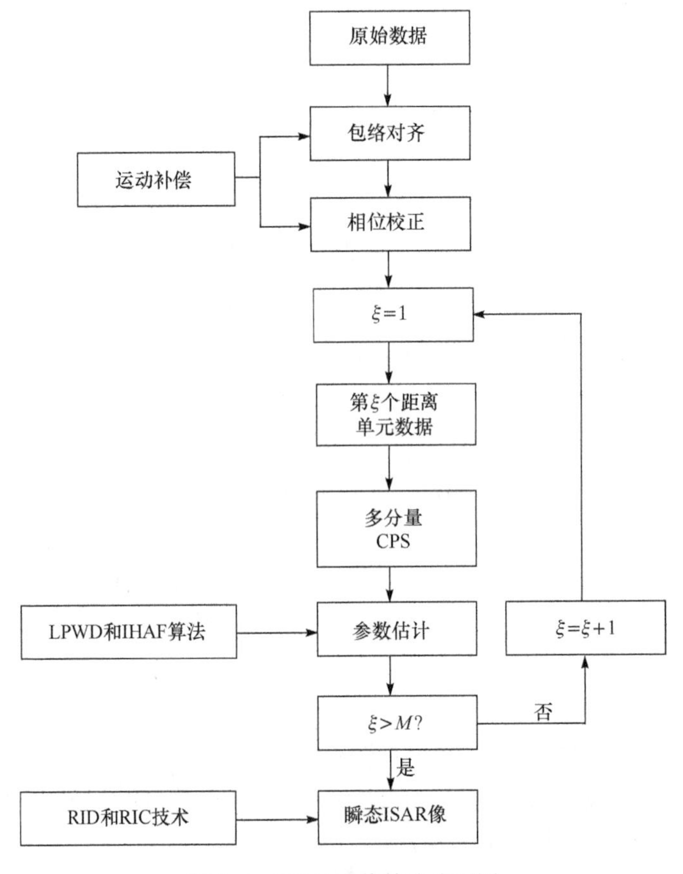

图 5.5 ISAR 成像算法流程图

5.6 ISAR 成像结果

本节分别以仿真和实测数据为例,介绍相应的 ISAR 成像结果。

5.6.1 仿真数据

雷达系统参数如表 5.2 所示。

表 5.2　雷达系统参数

载频/GHz	带宽/MHz	脉宽/μs	脉冲重复频率/Hz	采样率/MHz	采样点数
5.52	400	25.6	400	10	256

假定运动补偿已经完成，目标进行变加速旋转运动。其初始旋转速度为 0.018rad/s，旋转加速度为 0.01rad/s^2，加速度变化率为 3rad/s^3。图 5.6(a)和(b)所示为第 124 和第 140 距离单元回波信号的 Wigner-Ville 分布(WVD)。可见，散射点回波信号的多普勒频率随时间进行复杂的变化。

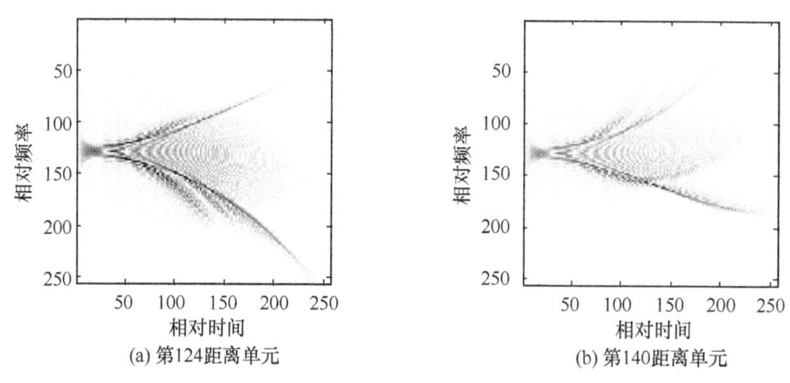

图 5.6　某一距离单元数据的 WVD

仿真目标由 11 个散射点组成，如图 5.7 所示。

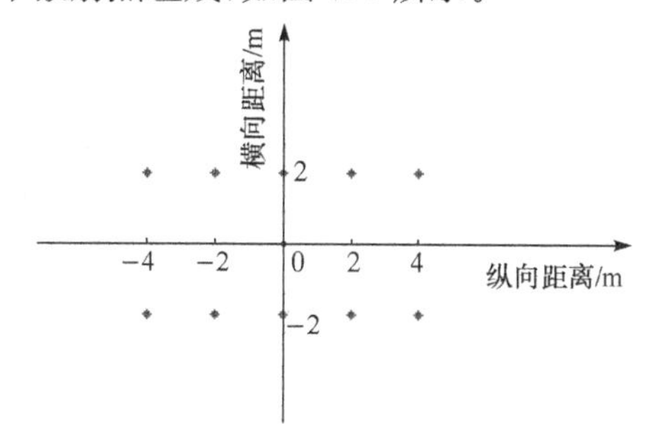

图 5.7　散射点模型

图 5.8 所示为基于距离-多普勒(range Doppler，RD)算法的 ISAR 成像结果。可见，由于目标的复杂运动，此时的 ISAR 像非常模糊。

图 5.9(a)和(b)所示为基于距离-瞬时多普勒(range instantaneous Doppler，RID)算法获得的目标不同时刻瞬态 ISAR 像；图 5.10(a)和(b)所示为基于距离-瞬时多普勒变化率(range instantaneous chirp rate，RIC)算法获得的目标不同时刻瞬态 ISAR 像。这里采用 LPWD 算法对目标回波信号进行参数估计。与图 5.8 相比，此时的 ISAR 成像质量有很大提高。

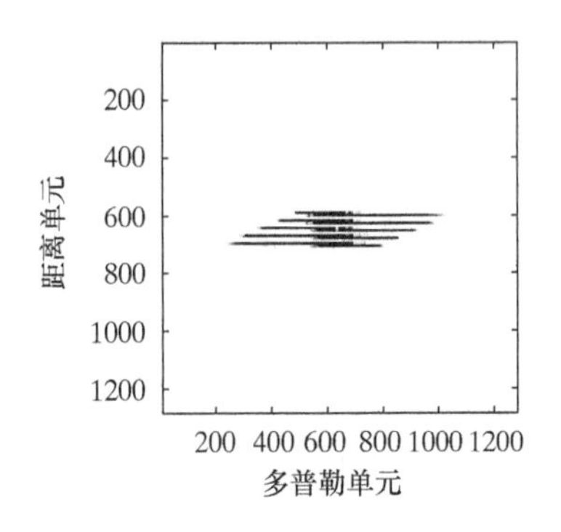

图 5.8　RD 算法的成像结果

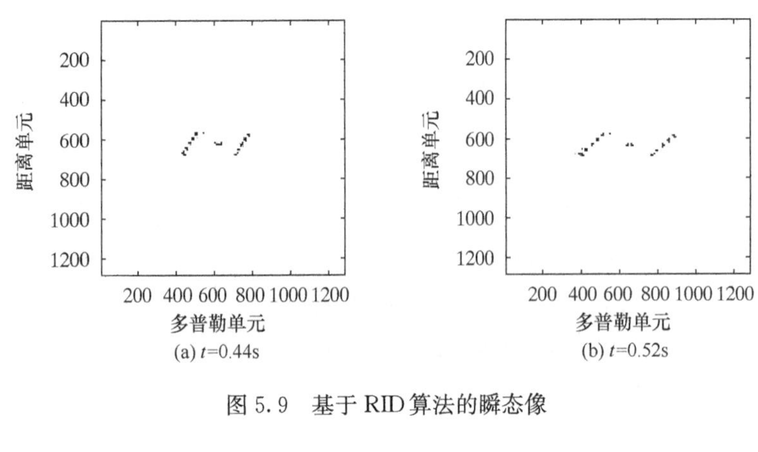

图 5.9　基于 RID 算法的瞬态像

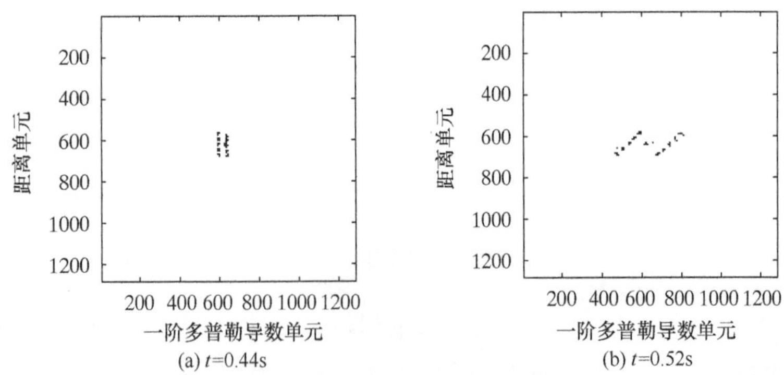

图 5.10　基于 RIC 算法的瞬态像

图 5.11(a)和(b)所示为基于 IHAF 算法的 RID 瞬态像，图 5.12(a)和(b)所示为基于 IHAF 算法的 RIC 瞬态像。与图 5.8 相比，此时的 ISAR 成像质量有很大提高。

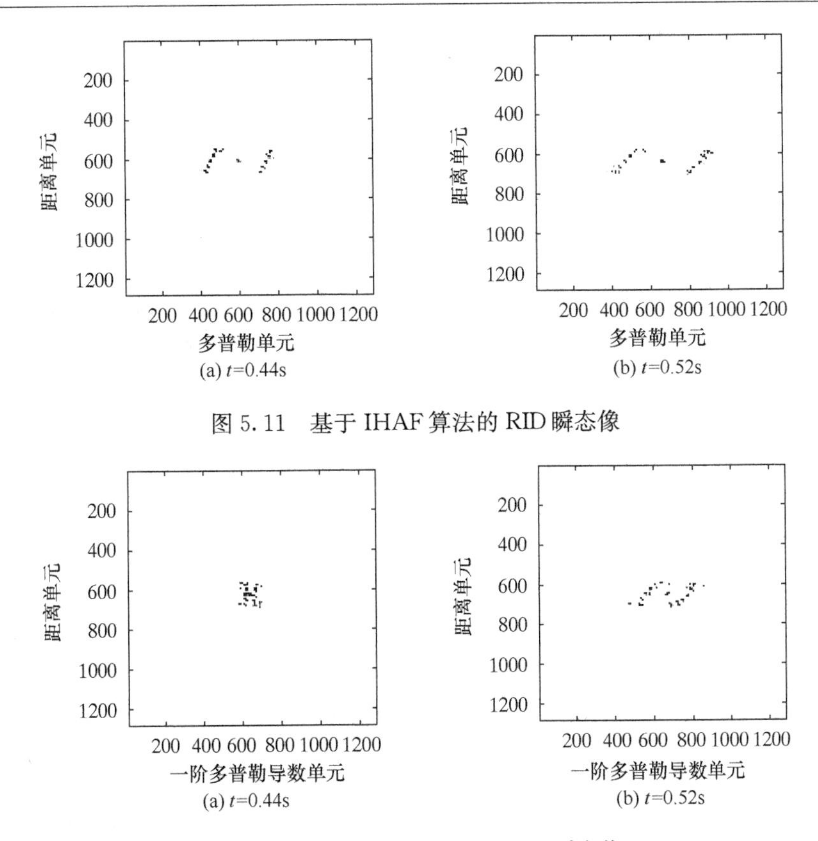

图 5.11　基于 IHAF 算法的 RID 瞬态像

图 5.12　基于 IHAF 算法的 RIC 瞬态像

下面与传统的 TC-Dechirp Clean 算法和 PGCPF(product generalized cubic phase function)算法进行对比,以说明 LPWD 和 IHAF 算法的优越性。

图 5.13(a)和(b)所示为基于 TC-Dechirp Clean 算法的 RID 瞬态像,图 5.14(a)和(b)所示为基于 TC-Dechirp Clean 算法的 RIC 瞬态像。

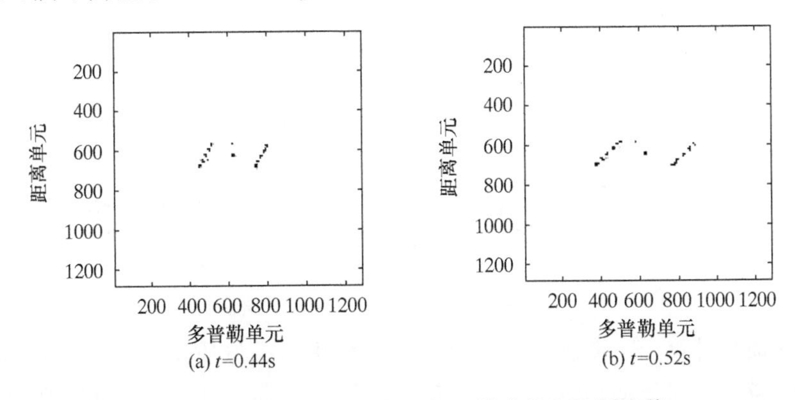

图 5.13　基于 TC-Dechirp Clean 算法的 RID 瞬态像

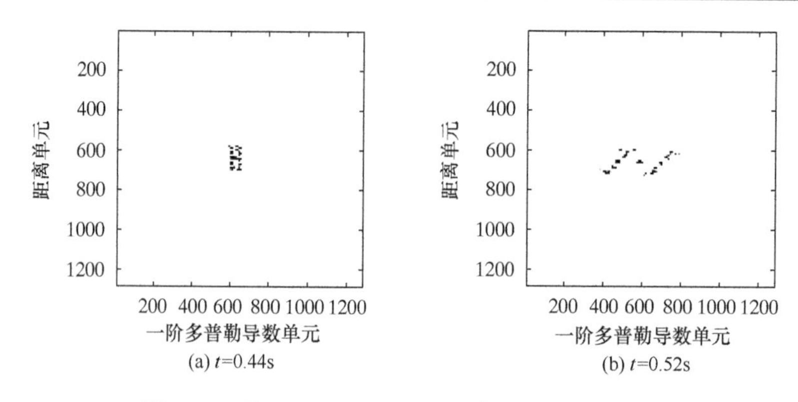

图 5.14　基于 TC-Dechirp Clean 算法的 RIC 瞬态像

图 5.15(a)和(b)所示为基于 PGCPF 算法的 RID 瞬态像,图 5.16(a)和(b)所示为基于 PGCPF 算法的 RIC 瞬态像。

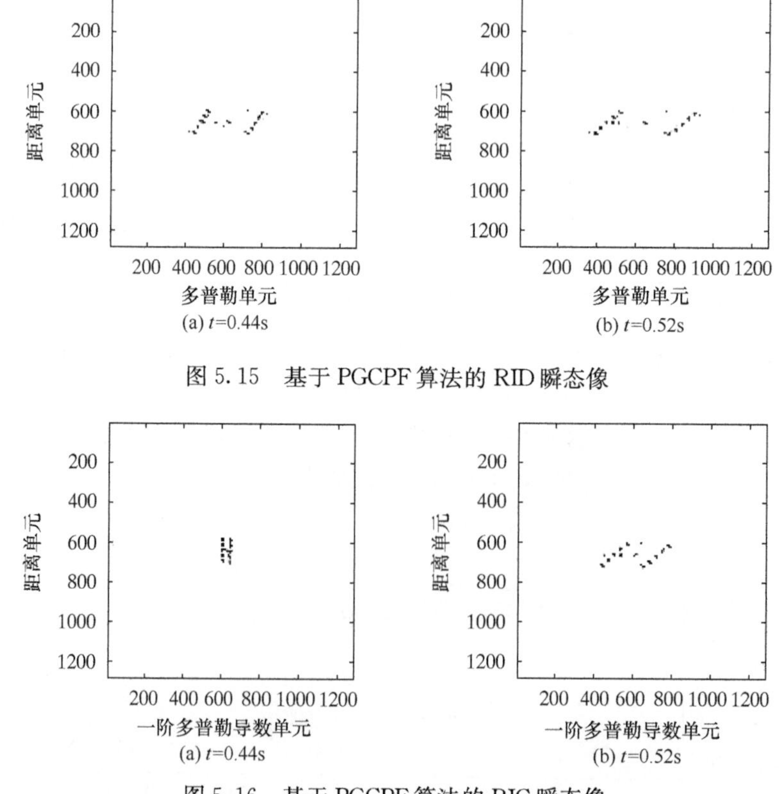

图 5.15　基于 PGCPF 算法的 RID 瞬态像

图 5.16　基于 PGCPF 算法的 RIC 瞬态像

下面通过计算 ISAR 像的熵来比较不同算法的成像质量。图像聚焦越好,对应的熵值越小。对于图像 $g(m,n)$,$0\leqslant m\leqslant M-1$,$0\leqslant n\leqslant N-1$,其熵定义为

$$E = \sum_{m=0}^{M-1}\sum_{n=0}^{N-1}\frac{|g(m,n)|^2}{S}\ln\frac{S}{|g(m,n)|^2} \tag{5.109}$$

式中，$S = \sum_{m=0}^{M-1}\sum_{n=0}^{N-1}|g(m,n)|^2$。

结果计算如表 5.3 所示。

表 5.3　熵值计算结果

算法	RID ISAR 像			RIC ISAR 像		
	图	(a)	(b)	图	(a)	(b)
LPWD	图 5.9	3.8856	3.8953	图 5.10	3.8313	3.9103
IHAF	图 5.11	3.9090	3.9120	图 5.12	3.9254	3.9383
TC-Dechirp Clean	图 5.13	3.9492	3.9550	图 5.14	3.9717	3.9695
PGCPF	图 5.15	3.9537	3.9619	图 5.16	3.9737	3.9886

可见，基于 LPWD 算法和 IHAF 算法的 ISAR 像的熵值要小于其他两种算法，说明 LPWD 算法和 IHAF 算法具有较高的参数估计精度。

接下来考虑噪声情况下不同算法的性能分析。在 ISAR 成像中，噪声可分为加性噪声和乘性噪声两种情况，下面分别进行讨论。

5.6.2　加性噪声情况下的成像结果分析

1. 加性高斯白噪声

这里对仿真数据回波信号加上高斯白噪声，信噪比为 5dB。基于 LPWD、IHAF、TC-Dechirp Clean 和 PGCPF 算法的 RID 和 RIC 成像结果分别如图 5.17～图 5.20 所示。

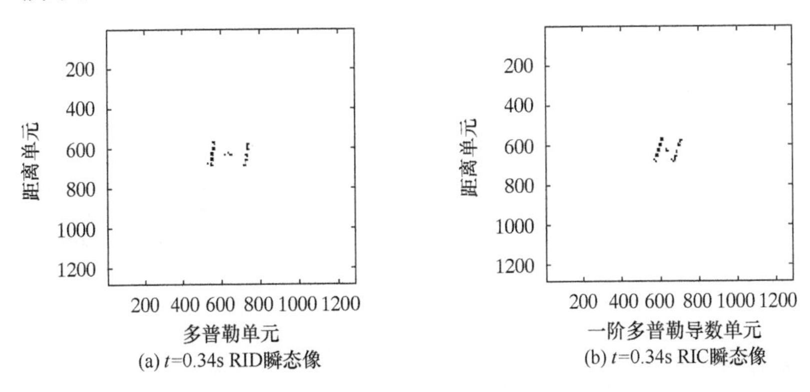

(a) t=0.34s RID瞬态像　(b) t=0.34s RIC瞬态像

图 5.17　基于 LPWD 算法的 ISAR 成像结果

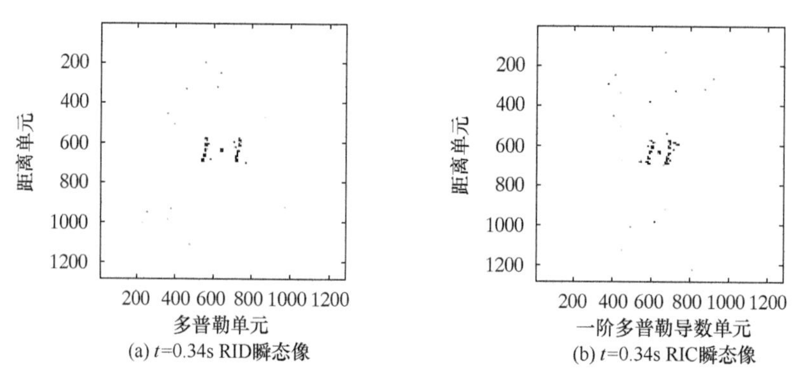

(a) t=0.34s RID瞬态像　　(b) t=0.34s RIC瞬态像

图 5.18　基于 IHAF 算法的 ISAR 成像结果

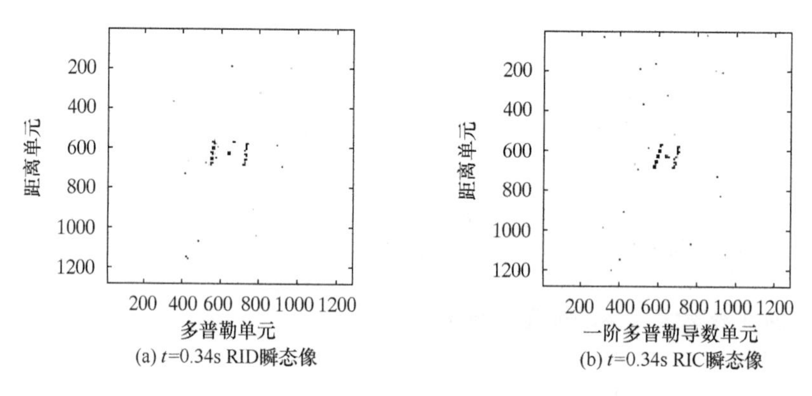

(a) t=0.34s RID瞬态像　　(b) t=0.34s RIC瞬态像

图 5.19　基于 TC-Dechirp Clean 算法的 ISAR 成像结果

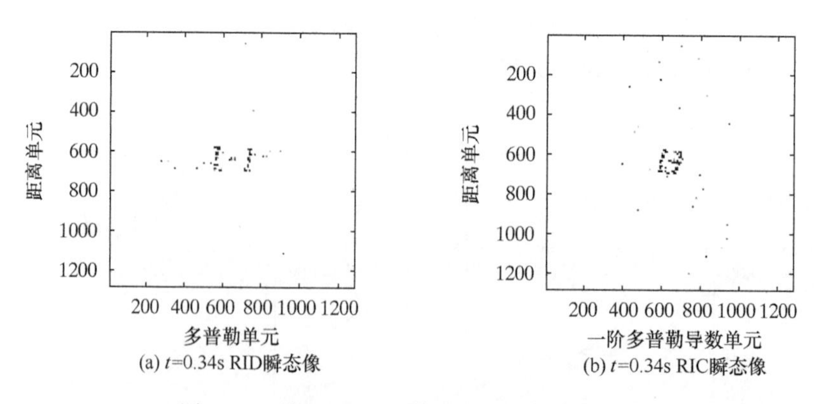

(a) t=0.34s RID瞬态像　　(b) t=0.34s RIC瞬态像

图 5.20　基于 PGCPF 算法的 ISAR 成像结果

2. 加性高斯色噪声

这里对仿真数据回波信号加上高斯色噪声，信噪比为 5dB。基于 LPWD、

IHAF、TC-Dechirp Clean 和 PGCPF 算法的 RID 和 RIC 成像结果分别如图 5.21～图 5.24 所示。

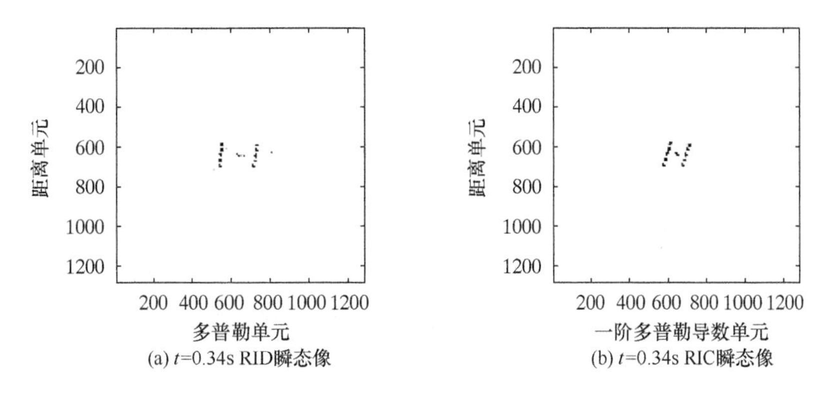

(a) t=0.34s RID瞬态像　(b) t=0.34s RIC瞬态像

图 5.21　基于 LPWD 算法的 ISAR 成像结果

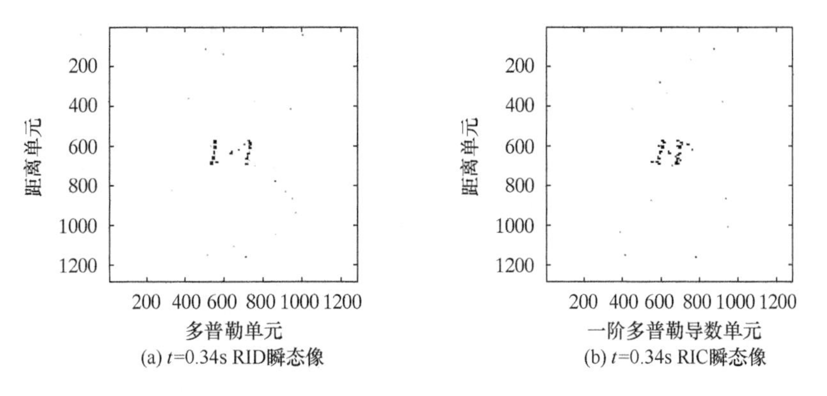

(a) t=0.34s RID瞬态像　(b) t=0.34s RIC瞬态像

图 5.22　基于 IHAF 算法的 ISAR 成像结果

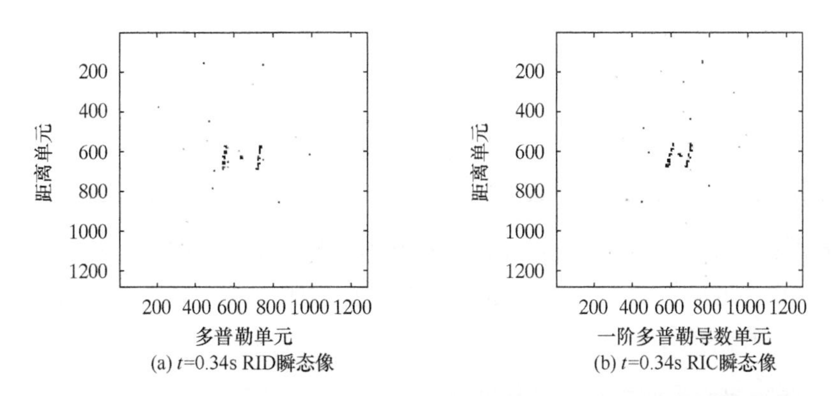

(a) t=0.34s RID瞬态像　(b) t=0.34s RIC瞬态像

图 5.23　基于 TC-Dechirp Clean 算法的 ISAR 成像结果

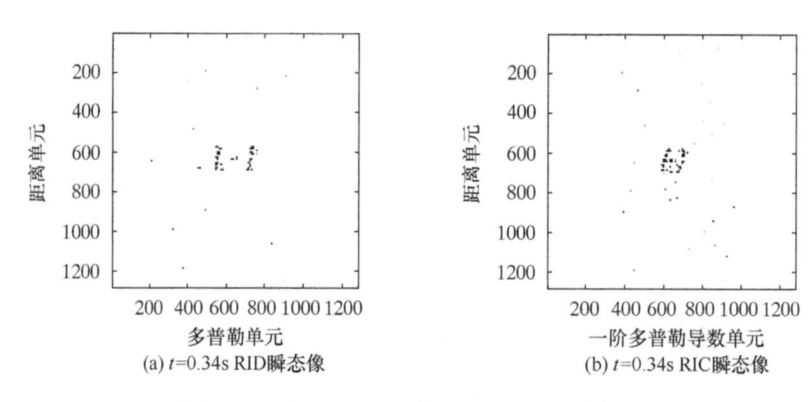

图 5.24 基于 PGCPF 算法的 ISAR 成像结果

下面分别计算图 5.17～图 5.20 和图 5.21～图 5.24 中 ISAR 图像的熵值，以比较分析不同算法在噪声存在情况下的性能。结果分别如表 5.4 和表 5.5 所示。

表 5.4 图 5.17～图 5.20 熵值计算结果

算法	图	RID ISAR 像	RIC ISAR 像
		(a)	(b)
LPWD	图 5.17	3.8838	3.9004
IHAF	图 5.18	4.1528	4.2075
TC-Dechirp Clean	图 5.19	4.2310	4.2583
PGCPF	图 5.20	4.2401	4.2720

表 5.5 图 5.21～图 5.24 熵值计算结果

算法	图	RID ISAR 像	RIC ISAR 像
		(a)	(b)
LPWD	图 5.21	3.8941	3.9072
IHAF	图 5.22	4.1681	4.1952
TC-Dechirp Clean	图 5.23	4.2160	4.2500
PGCPF	图 5.24	4.2485	4.2708

由表 5.4 和表 5.5 可见，在加性噪声存在的情况下，LPWD 和 IHAF 算法所获得 ISAR 像的熵值要小于其他两种算法，这也说明了两种算法的优越性。接下来考虑乘性噪声的影响。

5.6.3 乘性噪声情况下的成像结果分析

这里对仿真回波数据乘以均值为 3 的高斯白噪声。基于 LPWD、IHAF、

TC-Dechirp Clean 和 PGCPF 算法的 RID 成像结果分别如图 5.25(a)～(d)所示。

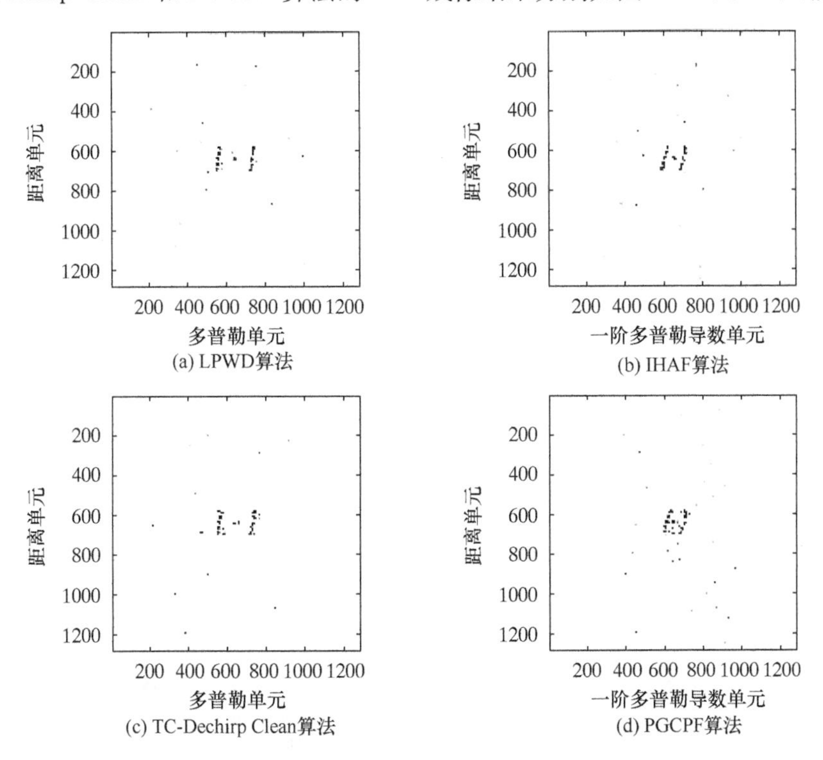

(a) LPWD算法　(b) IHAF算法　(c) TC-Dechirp Clean算法　(d) PGCPF算法

图 5.25　乘性噪声情况下的 RID ISAR 成像结果

图 5.25 中 ISAR 像的熵值如表 5.6 所示。可见，图 5.25(a)和(b)中 ISAR 像的熵值要小于图 5.25(c)和(d)。这说明乘性噪声情况下，LPWD 和 IHAF 算法的性能要优于其他两种算法。

表 5.6　图 5.25 熵值计算结果

算法	图	RID ISAR 像
LPWD	图 5.25(a)	3.8719
IHAF	图 5.25(b)	4.0107
TC-Dechirp Clean	图 5.25(c)	4.0442
PGCPF	图 5.25(d)	4.0455

5.6.4　实测数据

选取一段雅克-42 飞机复杂运动数据段进行 ISAR 成像。雷达系统参数如表 5.7 所示。

表 5.7 雷达系统参数

载频/GHz	带宽/MHz	脉宽/μs	脉冲重复频率/Hz
5.52	400	25.6	400

图 5.26 雅克-42 飞机的实际图片

雅克-42 飞机的实际图片如图 5.26 所示，其尺寸为：长 36.38m，宽 34.88m，高 9.83m。

图 5.27(a)所示为运动补偿前回波距离像的二维剖面分布图；图 5.27(b)所示为运动补偿后回波距离像的二维剖面分布图。此时，消除了目标与雷达之间的径向运动。

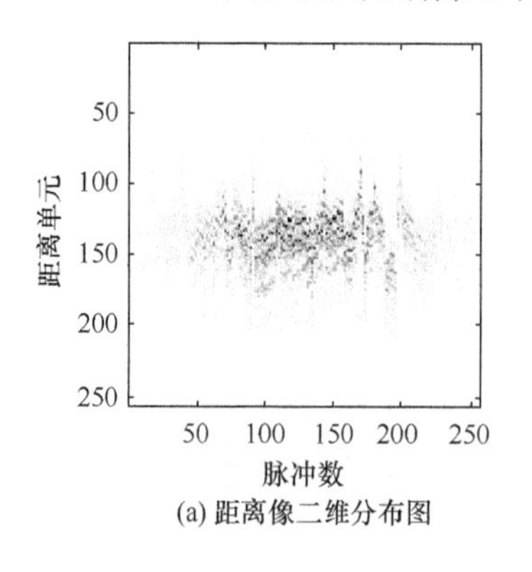

(a) 距离像二维分布图

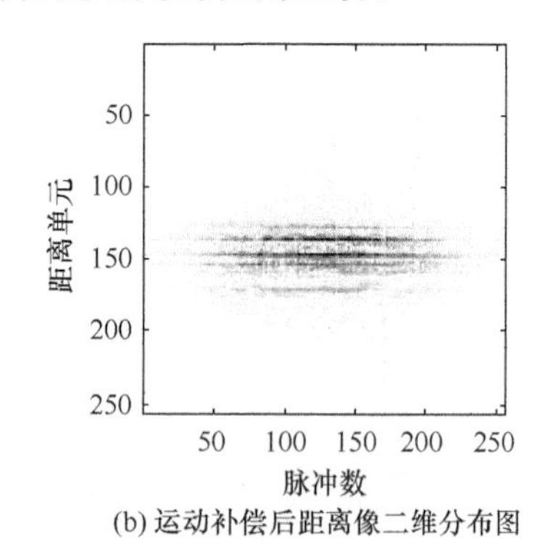

(b) 运动补偿后距离像二维分布图

图 5.27 回波数据运动补偿

分别计算第 130 和第 140 距离单元回波数据的 Wigner-Ville 分布(WVD)，结果如图 5.28(a)和(b)所示。可见，散射点回波信号的多普勒频率随时间的变化关系比较复杂，同时也说明加速度变化率的存在及其对 ISAR 成像结果的影响是不可避免的。

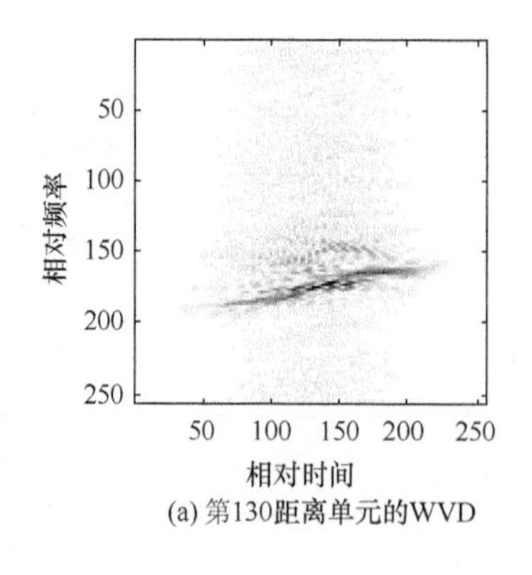

(a) 第130距离单元的WVD

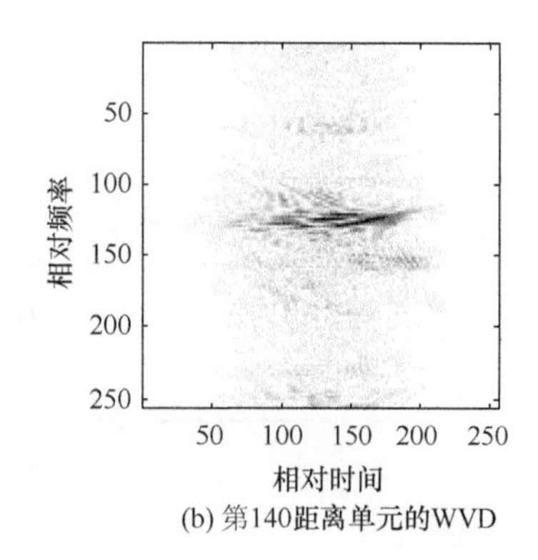

(b) 第140距离单元的WVD

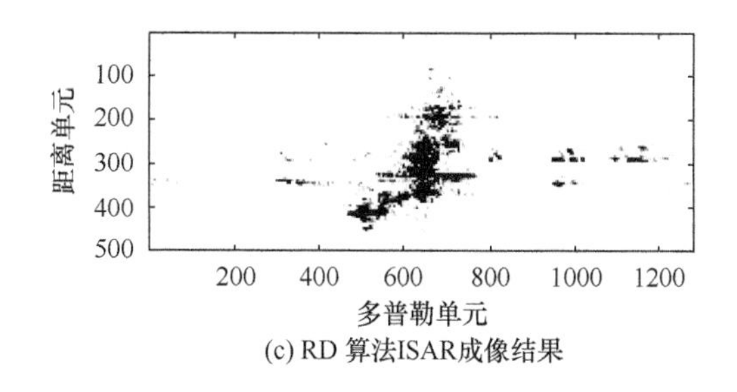

(c) RD 算法ISAR成像结果

图 5.28　回波信号 WVD 及 ISAR 成像结果

图 5.29 所示为基于 LPWD 算法的 RID 瞬态像，图 5.30 所示为基于 LPWD 算法的 RIC 瞬态像。

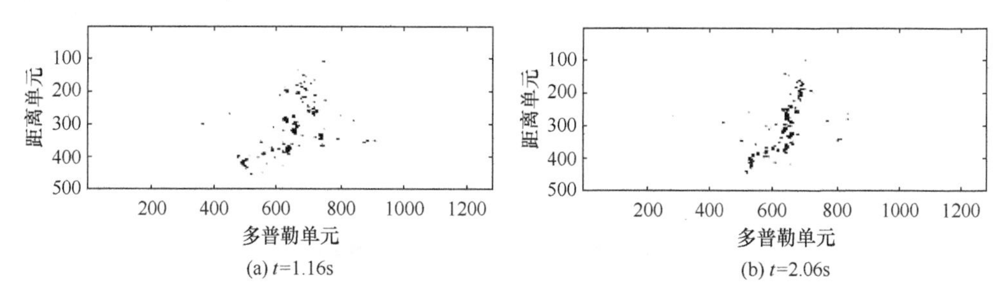

(a) t=1.16s　　(b) t=2.06s

图 5.29　基于 LPWD 算法的 RID 瞬态像

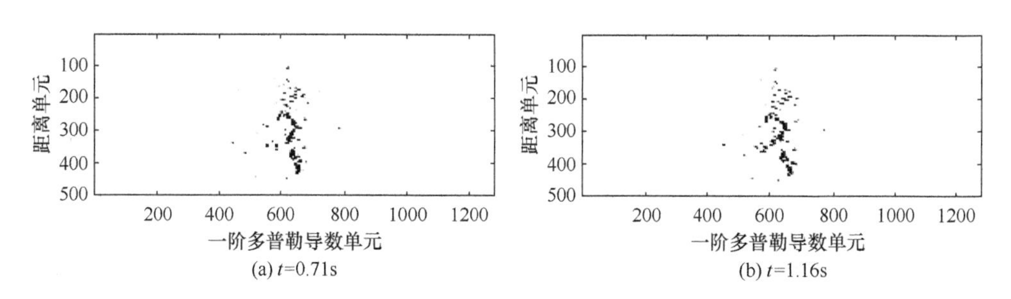

(a) t=0.71s　　(b) t=1.16s

图 5.30　基于 LPWD 算法的 RIC 瞬态像

图 5.31 所示为基于 IHAF 算法的 RID 瞬态像，图 5.32 所示为基于 IHAF 算法的 RIC 瞬态像。

图 5.33 所示为基于 TC-Dechirp Clean 算法的 RID 瞬态像，图 5.34 所示为基于 TC-Dechirp Clean 算法的 RIC 瞬态像。

图 5.35 所示为基于 PGCPF 算法的 RID 瞬态像，图 5.36 所示为基于 PGCPF 算法的 RIC 瞬态像。

图 5.29～图 5.36 中 ISAR 像的熵值如表 5.8 所示。

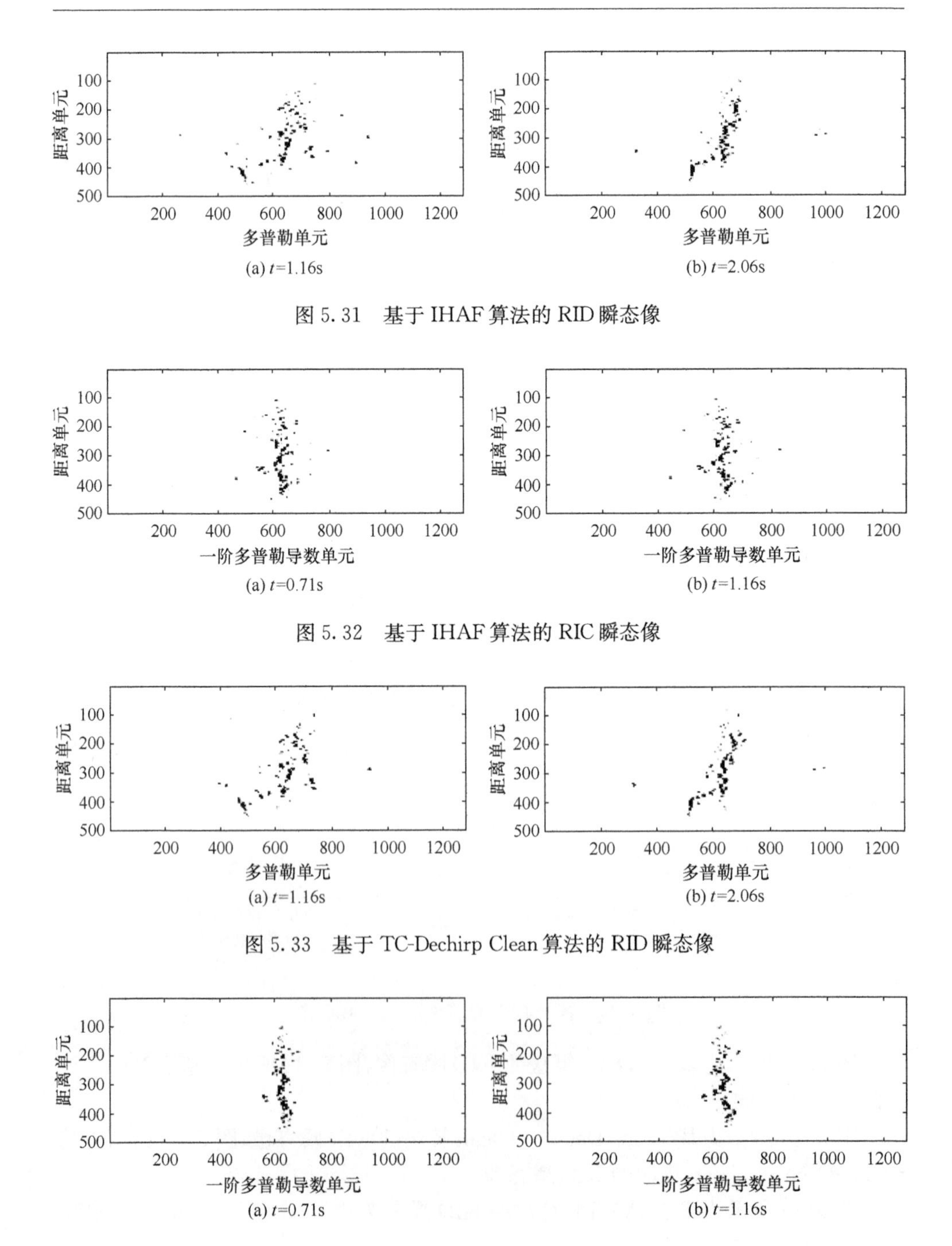

(a) t=1.16s　(b) t=2.06s

图 5.31　基于 IHAF 算法的 RID 瞬态像

(a) t=0.71s　(b) t=1.16s

图 5.32　基于 IHAF 算法的 RIC 瞬态像

(a) t=1.16s　(b) t=2.06s

图 5.33　基于 TC-Dechirp Clean 算法的 RID 瞬态像

(a) t=0.71s　(b) t=1.16s

图 5.34　基于 TC-Dechirp Clean 算法的 RIC 瞬态像

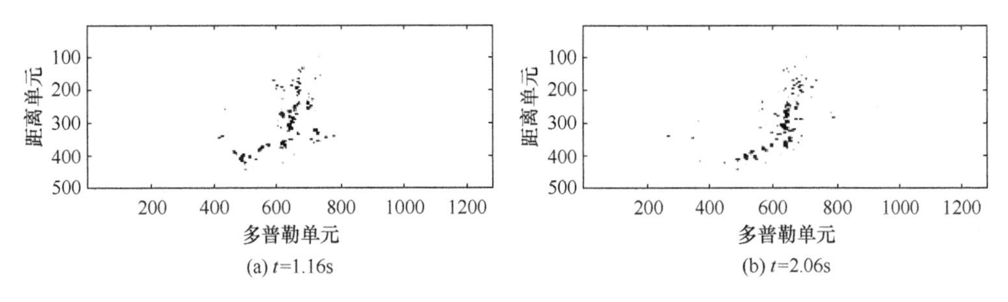

图 5.35　基于 PGCPF 算法的 RID 瞬态像

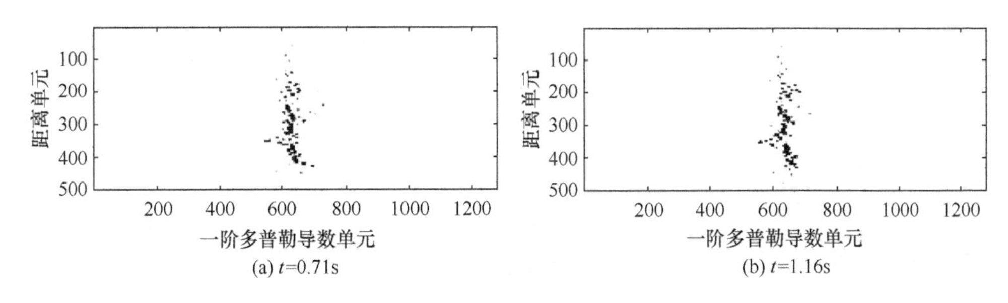

图 5.36　基于 PGCPF 算法的 RIC 瞬态像

表 5.8　熵值计算结果

算法	RID ISAR 像			RIC ISAR 像		
	图	(a)	(b)	图	(a)	(b)
LPWD	图 5.29	3.9146	3.9230	图 5.30	3.9224	3.9445
IHAF	图 5.31	3.9421	3.9549	图 5.32	3.9366	3.9454
TC-Dechirp Clean	图 5.33	4.0344	4.0465	图 5.34	4.0080	3.9755
PGCPF	图 5.35	4.0459	4.0508	图 5.36	4.0130	4.0062

可见，基于 LPWD 算法和 IHAF 算法的 ISAR 像的熵值要小于其他两种算法，说明 LPWD 算法和 IHAF 算法具有较高的参数估计精度。

5.7　基于三阶匹配傅里叶变换的复杂运动目标 ISAR 成像

本节介绍在目标复杂运动情况下，散射点回波信号用多分量三次相位信号来刻画，进而提出基于三阶匹配傅里叶变换（TMFT）的多分量三次相位信号参数估计方法，将其应用于复杂运动目标的 ISAR 成像中，可获得目标清晰的瞬态像。

5.7.1 二阶匹配傅里叶变换简介

对如下形式的线性调频信号：

$$s(t)=b\mathrm{e}^{\mathrm{j}(\omega_0 t+\alpha_0 t^2)},\quad 0\leqslant t\leqslant T \tag{5.110}$$

式中，b 为信号幅度；ω_0 为初始频率；α_0 为调频斜率。其二阶匹配傅里叶变换定义为

$$\mathrm{MFT}(\omega,\alpha)=\int_0^T s(t)\mathrm{e}^{-\mathrm{j}(\omega t+\alpha t^2)}(\omega+2\alpha t)\mathrm{d}t \tag{5.111}$$

当 $\omega=\omega_0$ 和 $\alpha=\alpha_0$ 时，$|\mathrm{MFT}(\omega,\alpha)|$ 具有最大值。因此，可通过对 $|\mathrm{MFT}(\omega,\alpha)|$ 进行二维峰值搜索来获得参数 ω_0 和 α_0 的估计。

5.7.2 三阶匹配傅里叶变换

二阶匹配傅里叶变换可估计线性调频信号的参数。这里将其扩展为 TMFT，以估计多分量 CPS 的参数。对于如下形式的 CPS：

$$s(t)=b\mathrm{e}^{\mathrm{j}(\omega_0 t+\alpha_0 t^2+\beta_0 t^3)},\quad 0\leqslant t\leqslant T \tag{5.112}$$

式中，b 为信号幅度；ω_0、α_0 和 β_0 分别为一阶、二阶和三阶相位系数。其 TMFT 定义为

$$\mathrm{TMFT}(\omega,\alpha,\beta)=\int_0^T s(t)\mathrm{e}^{-\mathrm{j}(\omega t+\alpha t^2+\beta t^3)}(\omega+2\alpha t+3\beta t^2)\mathrm{d}t \tag{5.113}$$

此时，参数 ω_0、α_0 和 β_0 可由式(5.114)进行估计：

$$(\omega_0,\alpha_0,\beta_0)=\underset{(\omega,\alpha,\beta)}{\arg\max}|\mathrm{TMFT}(\omega,\alpha,\beta)| \tag{5.114}$$

式(5.113)的离散形式为

$$\mathrm{TMFT}(\omega,\alpha,\beta)=\sum_{n=0}^{N-1}s(n)\mathrm{e}^{-\mathrm{j}(\omega n+\alpha n^2+\beta n^3)}(\omega+2\alpha n+3\beta n^2) \tag{5.115}$$

式中，$s(n)$ 为信号 $s(t)$ 的离散形式：

$$s(n)=b\mathrm{e}^{\mathrm{j}(\omega_0 n+\alpha_0 n^2+\beta_0 n^3)},\quad n=0,1,\cdots,N-1 \tag{5.116}$$

下面以仿真信号为例来说明 $\mathrm{TMFT}(\omega,\alpha,\beta)$ 的有效性。CPS 的参数为：$b=1$，$\omega_0=0.4$，$\alpha_0=-5\times10^{-3}$，$\beta_0=-2\times10^{-5}$，$N=256$。此时，$\mathrm{TMFT}(\omega,\alpha,\beta)$ 如图 5.37 所示。

由图 5.37 可见，当其中的某一个参数与 CPS 的相位系数匹配时，在 (ω,α)、(ω,β) 和 (α,β) 平面上会出现峰值。这说明了式(5.114)的有效性。

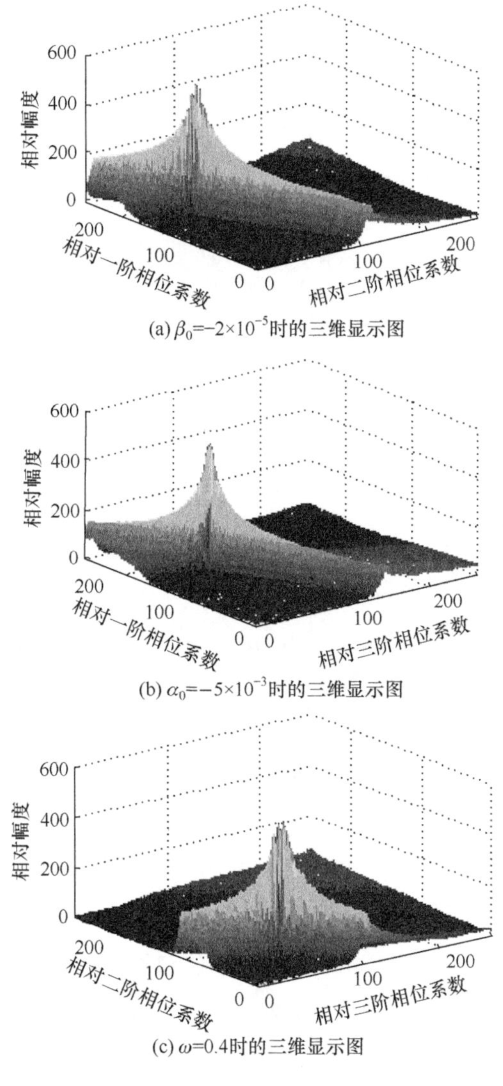

(a) $\beta_0=-2\times10^{-5}$时的三维显示图

(b) $\alpha_0=-5\times10^{-3}$时的三维显示图

(c) $\omega=0.4$时的三维显示图

图 5.37　CPS 的 TMFT

5.7.3　三阶匹配傅里叶变换的统计特性分析

本节基于一阶扰动分析理论来推导 TMFT 算法的渐进统计特性。

考虑噪声中的 CPS：

$$x(n)=s(n)+v(n)=b\mathrm{e}^{\mathrm{j}(\omega_0 n+\alpha_0 n^2+\beta_0 n^3)}+v(n),\quad n=0,1,\cdots,N-1 \tag{5.117}$$

式中，$v(n)$为均值为 0、方差为 σ^2 的高斯白噪声。$s(n)$的检测特性统计结果可写为

$$D_s(\omega,\alpha,\beta)=|\mathrm{TMFT}(\omega,\alpha,\beta)|^2=\sum_{n=0}^{N-1}\sum_{k=0}^{N-1}s(n)s^*(k)\mathrm{e}^{-\mathrm{j}\omega(n-k)-\mathrm{j}\alpha(n^2-k^2)-\mathrm{j}\beta(n^3-k^3)}$$
$$\times(\omega+2\alpha n+3\beta n^2)(\omega+2\alpha k+3\beta k^2) \tag{5.118}$$

很明显，$D_s(\omega,\alpha,\beta)$在$(\omega_0,\alpha_0,\beta_0)$处具有最大值。在噪声存在的情况下，$D_s(\omega,\alpha,\beta)$最大值的位置变为$(\omega_0+\delta\omega,\alpha_0+\delta\alpha,\beta_0+\delta\beta)$。因此，扰动变量$\delta D(\omega,\alpha,\beta)$可写为

$$\delta D(\omega,\alpha,\beta)=2\mathrm{Re}\Big[\sum_{n=0}^{N-1}\sum_{k=0}^{N-1}s(n)v^*(k)\mathrm{e}^{-\mathrm{j}\omega(n-k)-\mathrm{j}\alpha(n^2-k^2)-\mathrm{j}\beta(n^3-k^3)}$$
$$\times(\omega+2\alpha n+3\beta n^2)(\omega+2\alpha k+3\beta k^2)\Big] \tag{5.119}$$

下面给出不同参数的计算结果。

1. 常数 A

$$A=\frac{\partial^2[D_s]}{\partial\omega^2}\bigg|_{\substack{\omega_0\\ \alpha_0\\ \beta_0}}=\sum_{n=0}^{N-1}\sum_{k=0}^{N-1}\{\mathrm{e}^{-\mathrm{j}\omega_0(n-k)-\mathrm{j}\alpha_0(n^2-k^2)-\mathrm{j}\beta_0(n^3-k^3)}s(n)s^*(k)$$
$$\times[-(n-k)^2(\omega_0+2\alpha_0 n+3\beta_0 n^2)(\omega_0+2\alpha_0 k+3\beta_0 k^2)$$
$$-2\mathrm{j}(n-k)(2\omega_0+2\alpha_0 n+2\alpha_0 k+3\beta_0 n^2+3\beta_0 k^2)+2]\}$$
$$=-\frac{b^2N^2}{360}\sum_{i=0}^{6}c_iN^i \tag{5.120}$$

式中

$$\begin{cases}c_0=-60\omega_0^2-80\alpha_0^2-36\beta_0^2-12\beta_0\omega_0+72\beta_0\alpha_0+120\alpha_0\omega_0-720\\ c_1=120\alpha_0^2+180\beta_0\omega_0-252\beta_0\alpha_0-120\alpha_0\omega_0+108\beta_0^2\\ c_2=40\alpha_0^2+60\omega_0^2-120\alpha_0\omega_0-117\beta_0^2-120\beta_0\omega_0+180\beta_0\alpha_0\\ c_3=120\alpha_0\omega_0-180\beta_0\omega_0-120\alpha_0^2+180\beta_0\alpha_0\\ c_4=132\beta_0\omega_0+126\beta_0^2-252\beta_0\alpha_0+40\alpha_0^2\\ c_5=72\beta_0\alpha_0-108\beta_0^2\\ c_6=27\beta_0^2\end{cases} \tag{5.121}$$

当 N 较大时，可对 A 进行如下近似：

$$A\approx-\frac{b^2N^2}{360}c_6N^6=-\frac{3}{40}N^8b^2\beta_0^2 \tag{5.122}$$

2. 常数 B

$$
\begin{aligned}
B=\frac{\partial^2(D_s)}{\partial\alpha^2}\bigg|_{\substack{\omega_0\\ \alpha_0\\ \beta_0}}&=\sum_{n=0}^{N-1}\sum_{k=0}^{N-1}\{\mathrm{e}^{-\mathrm{j}\omega_0(n-k)-\mathrm{j}\alpha_0(n^2-k^2)-\mathrm{j}\beta_0(n^3-k^3)}s(n)s^*(k)\\
&\quad\times[-(n^2-k^2)^2(\omega_0+2\alpha_0 n+3\beta_0 n^2)(\omega_0+2\alpha_0 k+3\beta_0 k^2)\\
&\quad-2\mathrm{j}(n^2-k^2)(2\omega_0 n+2\omega_0 k+6\beta_0 nk^2+6\beta_0 n^2 k+8\alpha_0 nk)+8nk]\}\\
&=-\frac{b^2N^2(N-1)}{3150}\sum_{i=0}^{7}c_iN^i\\
&\approx-\frac{24}{175}N^{10}b^2\beta_0^2
\end{aligned}
\tag{5.123}
$$

式中

$$
\begin{cases}
c_0=6300-210\alpha_0\omega_0+450\alpha_0\beta_0+385\omega_0^2-162\beta_0^2-555\beta_0\omega_0-1050\mathrm{j}\omega_0\\
c_1=-240\beta_0\omega_0-1050\alpha_0^2+513\beta_0^2+2100\alpha_0\omega_0-665\omega_0^2-105\alpha_0\beta_0-6300\\
c_2=1575\alpha_0^2+378\beta_0^2-490\omega_0^2-3570\alpha_0\beta_0+1050\mathrm{j}\omega_0-1050\alpha_0\omega_0\\
c_3=525\alpha_0^2-2457\beta_0^2-2100\alpha_0\omega_0+560\omega_0^2+3675\alpha_0\beta_0-975\beta_0\omega_0\\
c_4=-1575\alpha_0^2+1512\beta_0^2+2100\alpha_0\beta_0-2970\beta_0\omega_0+1260\alpha_0\omega_0\\
c_5=525\alpha_0^2+1512\beta_0^2-3570\alpha_0\beta_0+1440\beta_0\omega_0\\
c_6=-1728\beta_0^2+1020\alpha_0\beta_0\\
c_7=432\beta_0^2
\end{cases}
\tag{5.124}
$$

当 N 较大时，常数 B 可近似为

$$
B\approx-\frac{b^2N^3}{3150}c_7N^7=-\frac{24}{175}N^{10}b^2\beta_0^2 \tag{5.125}
$$

3. 常数 C

$$
\begin{aligned}
C=\frac{\partial^2(H_s)}{\partial\beta^2}\bigg|_{\substack{\omega_0\\ \alpha_0\\ \beta_0}}&=\sum_{n=0}^{N-1}\sum_{k=0}^{N-1}\{\mathrm{e}^{-\mathrm{j}\omega_0(n-k)-\mathrm{j}\alpha_0(n^2-k^2)-\mathrm{j}\beta_0(n^3-k^3)}s(n)s^*(k)\\
&\quad\times[-(n^3-k^3)^2(\omega_0+2\alpha_0 n+3\beta_0 n^2)(\omega_0+2\alpha_0 k+3\beta_0 k^2)\\
&\quad-2j(n^3-k^3)(3\omega_0 n^2+3\omega_0 k^2+6\alpha_0 nk^2+6\alpha_0 n^2 k+18\beta_0 n^2k^2)+18n^2k^2]\}\\
&=b^2N^2\sum_{i=0}^{10}c_iN^i
\end{aligned}
\tag{5.126}
$$

式中

$$\begin{cases} c_0=-\frac{1}{5}\alpha_0\beta_0+\frac{1}{21}\alpha_0\omega_0+\frac{37}{210}\beta_0\omega_0-\frac{1}{21}\omega_0^2+\frac{1}{2}+\frac{2}{225}\alpha_0^2+\frac{1}{10}\beta_0^2 \\ c_1=\frac{1}{10}\alpha_0\beta_0+\frac{1}{14}\beta_0\omega_0-\frac{47}{105}\alpha_0\omega_0-3-\frac{3}{10}\beta_0^2+\frac{1}{3}\alpha_0^2 \\ c_2=-\frac{1}{5}\alpha_0\omega_0-\frac{41}{28}\beta_0\omega_0+\frac{11}{24}\omega_0^2+\frac{13}{2}-\frac{23}{45}\alpha_0^2-\frac{41}{120}\beta_0^2+\frac{11}{6}\alpha_0\beta_0 \\ c_3=\frac{21}{10}\alpha_0\omega_0-\frac{1}{2}\omega_0^2-6+2\beta_0^2-\frac{9}{10}\alpha_0^2-\frac{25}{12}\alpha_0\beta_0 \\ c_4=-\frac{4}{3}\alpha_0\omega_0+\frac{109}{30}\beta_0\omega_0-\frac{1}{4}\omega_0^2+2+\frac{877}{450}\alpha_0^2-\frac{71}{60}\beta_0^2-\frac{63}{20}\alpha_0\beta_0 \\ c_5=-2\beta_0\omega_0-\frac{19}{15}\alpha_0\omega_0+\frac{1}{2}\omega_0^2+\frac{28}{5}\alpha_0\beta_0-\frac{1}{3}\alpha_0^2-\frac{27}{10}\beta_0^2 \\ c_6=-\frac{53}{28}\beta_0\omega_0+\frac{52}{35}\alpha_0\omega_0-\frac{9}{56}\omega_0^2+\frac{137}{40}\beta_0^2-\frac{19}{15}\alpha_0^2-\frac{1}{2}\alpha_0\beta_0 \\ c_7=-\frac{27}{70}\alpha_0\omega_0+\frac{27}{14}\beta_0\omega_0-\frac{13}{4}\alpha_0\beta_0+\frac{9}{10}\alpha_0^2 \\ c_8=-\frac{19}{42}\beta_0\omega_0+\frac{121}{60}\alpha_0\beta_0-\frac{11}{6}\beta_0^2-\frac{9}{50}\alpha_0^2 \\ c_9=-\frac{11}{30}\alpha_0\beta_0+\beta_0^2 \\ c_{10}=-\frac{1}{6}\beta_0^2 \end{cases} \tag{5.127}$$

当 N 较大时，常数 C 可近似为

$$C\approx b^2N^2c_{10}N^{10}=-\frac{1}{6}N^{12}b^2\beta_0^2 \tag{5.128}$$

4. 常数 D

$$\begin{aligned} D=&\frac{\partial^2(D_s)}{\partial\omega\partial\alpha}\bigg|_{\substack{\omega_0\\ \alpha_0\\ \beta_0}}=\sum_{n=0}^{N-1}\sum_{k=0}^{N-1}\{\mathrm{e}^{-\mathrm{j}\omega_0(n-k)-\mathrm{j}\alpha_0(n^2-k^2)-\mathrm{j}\beta_0(n^3-k^3)}s(n)s^*(k) \\ &\times[-(n-k)(n^2-k^2)(\omega_0+2\alpha_0n+3\beta_0n^2)(\omega_0+2\alpha_0k+3\beta_0k^2) \\ &-\mathrm{j}(n^2-k^2)(2\omega_0+2\alpha_0n+2\alpha_0k+3\beta_0n^2+3\beta_0k^2) \\ &-\mathrm{j}(n-k)(2\omega_0n+2\omega_0k+6\beta_0nk^2+6\beta_0n^2k+8\alpha_0nk)+(2n+2k)]\} \\ =&-\frac{b^2N^2(N-1)}{180}\sum_{i=0}^{6}c_iN^i \end{aligned} \tag{5.129}$$

式中

$$\begin{cases} c_0 = -360 - 24\alpha_0^2 - 30\omega_0^2 + 44\alpha_0\omega_0 + 18\beta_0\omega_0 \\ c_1 = -90\alpha_0\beta_0 + 90\beta_0\omega_0 + 60\alpha_0^2 + 18\beta_0^2 - 76\alpha_0\omega_0 \\ c_2 = 135\alpha_0\beta_0 - 56\alpha_0\omega_0 - 90\beta_0\omega_0 + 30\omega_0^2 - 63\beta_0^2 \\ c_3 = 45\beta_0^2 - 90\beta_0\omega_0 + 45\alpha_0\beta_0 + 64\alpha_0\omega_0 - 60\alpha_0^2 \\ c_4 = 24\alpha_0^2 - 135\alpha_0\beta_0 + 72\beta_0\omega_0 + 45\beta_0^2 \\ c_5 = 45\alpha_0\beta_0 - 63\beta_0^2 \\ c_6 = 18\beta_0^2 \end{cases} \tag{5.130}$$

当 N 较大时，常数 D 可近似为

$$D \approx -\frac{b^2N^3}{180}c_6N^6 = -\frac{1}{10}N^9b^2\beta_0^2 \tag{5.131}$$

5. 常数 E

$$\begin{aligned} E = \frac{\partial^2(D_s)}{\partial\omega\partial\beta}\bigg|_{\substack{\omega_0\\ \alpha_0\\ \beta_0}} = & \sum_{n=0}^{N-1}\sum_{k=0}^{N-1}\{\mathrm{e}^{-\mathrm{j}\omega_0(n-k)-\mathrm{j}\alpha_0(n^2-k^2)-\mathrm{j}\beta_0(n^3-k^3)}s(n)s^*(k) \\ & \times[-(n-k)(n^3-k^3)(\omega_0+2\alpha_0n+3\beta_0n^2)(\omega_0+2\alpha_0k+3\beta_0k^2) \\ & -\mathrm{j}(n^3-k^3)(2\omega_0+2\alpha_0n+2\alpha_0k+3\beta_0n^2+3\beta_0k^2) \\ & -\mathrm{j}(n-k)(3\omega_0n^2+3\omega_0k^2+6\alpha_0nk^2+6\alpha_0n^2k+18\beta_0n^2k^2)+(3n^2+3k^2)]\} \\ = & -\frac{b^2N^2(N-1)}{2520}\sum_{i=0}^{7}c_iN^i \end{aligned} \tag{5.132}$$

这里

$$\begin{cases} c_0 = 2520 + 168\omega_0^2 - 112\alpha_0^2 - 180\beta_0^2 - 276\beta_0\omega_0 + 360\beta_0\alpha_0 \\ c_1 = -5040 - 252\beta_0\alpha_0 + 1260\alpha_0\omega_0 + 360\beta_0^2 - 616\alpha_0^2 + 102\beta_0\omega_0 - 462\omega_0^2 \\ c_2 = -2268\beta_0\alpha_0 + 2265\beta_0\omega_0 - 252\omega_0^2 + 1120\alpha_0^2 + 315\beta_0^2 - 840\alpha_0\omega_0 \\ c_3 = -1260\alpha_0\omega_0 + 2520\beta_0\alpha_0 - 1575\beta_0^2 + 280\alpha_0^2 - 885\beta_0\omega_0 + 378\omega_0^2 \\ c_4 = 1260\beta_0\alpha_0 - 1809\beta_0\omega_0 + 945\beta_0^2 + 840\alpha_0\omega_0 - 1008\alpha_0^2 \\ c_5 = -2268\beta_0\alpha_0 + 963\beta_0\omega_0 + 336\alpha_0^2 + 945\beta_0^2 \\ c_6 = 648\beta_0\alpha_0 - 1080\beta_0^2 \\ c_7 = 270\beta_0^2 \end{cases} \tag{5.133}$$

当 N 较大时，常数 E 可近似为

$$E \approx -\frac{b^2N^3}{2520}c_7N^7 = -\frac{3}{28}N^{10}b^2\beta_0^2 \tag{5.134}$$

6. 常数 F

$$F=\frac{\partial^2(D_s)}{\partial\alpha\partial\beta}\bigg|_{\substack{\omega_0\\ \alpha_0\\ \beta_0}}=\sum_{n=0}^{N-1}\sum_{k=0}^{N-1}\{\mathrm{e}^{-\mathrm{j}\omega_0(n-k)-\mathrm{j}\alpha_0(n^2-k^2)-\mathrm{j}\beta_0(n^3-k^3)}s(n)s^*(k)$$

$$\times[-(n^2-k^2)(n^3-k^3)(\omega_0+2\alpha_0 n+3\beta_0 n^2)(\omega_0+2\alpha_0 k+3\beta_0 k^2)$$

$$-\mathrm{j}(n^3-k^3)(2\omega_0 n+2\omega_0 k+6\beta_0 nk^2+6\beta_0 n^2 k+8\alpha_0 nk)$$

$$-\mathrm{j}(n^2-k^2)(3\omega_0 n^2+3\omega_0 k^2+6\alpha_0 nk^2+6\alpha_0 n^2 k+18\beta_0 n^2 k^2)+(6nk^2+6n^2 k)]\}$$

$$=-\frac{b^2N^2(N-1)}{12600}\sum_{i=0}^{8}c_iN^i \tag{5.135}$$

这里

$$\begin{cases}c_0=1200\alpha_0^2-432\alpha_0\beta_0-1480\alpha_0\omega_0-12600\\ c_1=-840\alpha_0^2-2740\alpha_0\omega_0+37800+7668\alpha_0\beta_0-6930\beta_0\omega_0-2520\beta_0^2+3150\omega_0^2\\ c_2=-25200+13150\alpha_0\omega_0-2142\alpha_0\beta_0-7560\alpha_0^2-5670\beta_0\omega_0+6930\beta_0^2-2100\omega_0^2\\ c_3=-25452\alpha_0\beta_0+22050\beta_0\omega_0-1550\alpha_0\omega_0+8400\alpha_0^2-3150\omega_0^2+2205\beta_0^2\\ c_4=-11070\alpha_0\omega_0+19782\alpha_0\beta_0-17640\beta_0^2+4200\alpha_0^2+2100\omega_0^2\\ c_5=-15120\beta_0\omega_0+13482\alpha_0\beta_0+4890\alpha_0\omega_0-7560\alpha_0^2+8820\beta_0^2\\ c_6=-17208\alpha_0\beta_0+2160\alpha_0^2+5670\beta_0\omega_0+8820\beta_0^2\\ c_7=4302\alpha_0\beta_0-8505\beta_0^2\\ c_8=1890\beta_0^2\end{cases} \tag{5.136}$$

当 N 较大时,常数 F 可近似为

$$F\approx-\frac{b^2N^3}{12600}c_8N^8=-\frac{3}{20}N^{11}b^2\beta_0^2 \tag{5.137}$$

7. 变量 d 方差

$$d=\frac{\partial(\delta D)}{\partial\omega}\bigg|_{\substack{\omega_0\\ \alpha_0\\ \beta_0}}\Rightarrow\mathrm{var}[d]=2b^2\sigma^2\sum_{n=0}^{N-1}\sum_{m=0}^{N-1}\sum_{k=0}^{N-1}[(n-k)(m-k)(\omega_0+2\alpha_0 n+3\beta_0 n^2)$$

$$\times(\omega_0+2\alpha_0 k+3\beta_0 k^2)^2(\omega_0+2\alpha_0 m+3\beta_0 m^2)-\mathrm{j}(n-k)(\omega_0+2\alpha_0 n+3\beta_0 n^2)$$

$$\times(\omega_0+2\alpha_0 k+3\beta_0 k^2)(2\omega_0+2\alpha_0 k+2\alpha_0 m+3\beta_0 k^2+3\beta_0 m^2)$$

$$+\mathrm{j}(m-k)(\omega_0+2\alpha_0 m+3\beta_0 m^2)$$

$$\times(\omega_0+2\alpha_0 k+3\beta_0 k^2)(2\omega_0+2\alpha_0 k+2\alpha_0 n+3\beta_0 k^2+3\beta_0 n^2)$$

$$+(2\omega_0+2\alpha_0 k+2\alpha_0 m+3\beta_0 k^2+3\beta_0 m^2)(2\omega_0+2\alpha_0 k+2\alpha_0 n+3\beta_0 k^2+3\beta_0 n^2)$$

$$\approx\frac{27}{280}N^{13}b^2\sigma^2\beta_0^4 \tag{5.138}$$

8. 变量 e 方差

$$
\begin{aligned}
e=&\left.\frac{\partial(\delta D)}{\partial \alpha}\right|_{\substack{\omega_0\\ \alpha_0\\ \beta_0}} \Rightarrow \operatorname{var}[e]=2b^2\sigma^2\sum_{n=0}^{N-1}\sum_{m=0}^{N-1}\sum_{k=0}^{N-1}[(n^2-k^2)(m^2-k^2)(\omega_0+2\alpha_0 n+3\beta_0 n^2)\\
&\times(\omega_0+2\alpha_0 k+3\beta_0 k^2)^2(\omega_0+2\alpha_0 m+3\beta_0 m^2)-\mathrm{j}(n^2-k^2)(\omega_0+2\alpha_0 n+3\beta_0 n^2)\\
&\times(\omega_0+2\alpha_0 k+3\beta_0 k^2)(2\omega_0 m+2\omega_0 k+8\alpha_0 mk+6\beta_0 mk^2+6\beta_0 m^2 k)\\
&+\mathrm{j}(m^2-k^2)(\omega_0+2\alpha_0 m+3\beta_0 m^2)(\omega_0+2\alpha_0 k+3\beta_0 k^2)\\
&\times(2\omega_0 n+2\omega_0 k+8\alpha_0 nk+6\beta_0 nk^2+6\beta_0 n^2 k)\\
&+(2\omega_0 m+2\omega_0 k+8\alpha_0 mk+6\beta_0 mk^2+6\beta_0 m^2 k)\\
&\times(2\omega_0 n+2\omega_0 k+8\alpha_0 nk+6\beta_0 nk^2+6\beta_0 n^2 k)\\
\approx&\frac{184}{875}N^{15}b^2\sigma^2\beta_0^4
\end{aligned}\tag{5.139}
$$

9. 变量 f 方差

$$
\begin{aligned}
f=&\left.\frac{\partial(\delta D)}{\partial \beta}\right|_{\substack{\omega_0\\ \alpha_0\\ \beta_0}} \Rightarrow \operatorname{var}[f]=2b^2\sigma^2\sum_{n=0}^{N-1}\sum_{m=0}^{N-1}\sum_{k=0}^{N-1}[(n^3-k^3)(m^3-k^3)(\omega_0+2\alpha_0 n+3\beta_0 n^2)\\
&\times(\omega_0+2\alpha_0 k+3\beta_0 k^2)^2(\omega_0+2\alpha_0 m+3\beta_0 m^2)-\mathrm{j}(n^3-k^3)(\omega_0+2\alpha_0 n+3\beta_0 n^2)\\
&\times(\omega_0+2\alpha_0 k+3\beta_0 k^2)(3\omega_0 m^2+3\omega_0 k^2+6\alpha_0 m^2 k+6\alpha_0 mk^2+18\beta_0 m^2 k^2)\\
&+\mathrm{j}(m^3-k^3)(\omega_0+2\alpha_0 m+3\beta_0 m^2)(\omega_0+2\alpha_0 k+3\beta_0 k^2)\\
&\times(3\omega_0 n^2+3\omega_0 k^2+6\alpha_0 n^2 k+6\alpha_0 nk^2+18\beta_0 n^2 k^2)\\
&+(3\omega_0 m^2+3\omega_0 k^2+6\alpha_0 m^2 k+6\alpha_0 mk^2+18\beta_0 m^2 k^2)\\
&\times(3\omega_0 n^2+3\omega_0 k^2+6\alpha_0 n^2 k+6\alpha_0 nk^2+18\beta_0 n^2 k^2)\\
\approx&\frac{63}{220}N^{17}b^2\sigma^2\beta_0^4
\end{aligned}\tag{5.140}
$$

10. 变量 d 和 e 协方差

$$
\begin{aligned}
E(de^*)=&2b^2\sigma^2\sum_{n=0}^{N-1}\sum_{m=0}^{N-1}\sum_{k=0}^{N-1}[(n-k)(m^2-k^2)(\omega_0+2\alpha_0 n+3\beta_0 n^2)(\omega_0+2\alpha_0 k+3\beta_0 k^2)^2\\
&\times(\omega_0+2\alpha_0 m+3\beta_0 m^2)-\mathrm{j}(n-k)(\omega_0+2\alpha_0 n+3\beta_0 n^2)(\omega_0+2\alpha_0 k+3\beta_0 k^2)\\
&\times(2\omega_0 m+2\omega_0 k+8\alpha_0 mk+6\beta_0 mk^2+6\beta_0 m^2 k)+\mathrm{j}(m^2-k^2)(\omega_0+2\alpha_0 m+3\beta_0 m^2)\\
&\times(\omega_0+2\alpha_0 k+3\beta_0 k^2)(2\omega_0+2\alpha_0 k+2\alpha_0 n+3\beta_0 k^2+3\beta_0 n^2)\\
&+(2\omega_0 m+2\omega_0 k+8\alpha_0 mk+6\beta_0 mk^2+6\beta_0 m^2 k)(2\omega_0+2\alpha_0 k+2\alpha_0 n+3\beta_0 k^2+3\beta_0 n^2)\\
\approx&\frac{99}{700}N^{14}b^2\sigma^2\beta_0^4
\end{aligned}\tag{5.141}
$$

11. 变量 d 和 f 协方差

$$
\begin{aligned}
E(df^*)=&2b^2\sigma^2\sum_{n=0}^{N-1}\sum_{m=0}^{N-1}\sum_{k=0}^{N-1}[(n-k)(m^3-k^3)(\omega_0+2\alpha_0 n+3\beta_0 n^2)(\omega_0+2\alpha_0 k+3\beta_0 k^2)^2\\
&\times(\omega_0+2\alpha_0 m+3\beta_0 m^2)-\mathrm{j}(n-k)(\omega_0+2\alpha_0 n+3\beta_0 n^2)(\omega_0+2\alpha_0 k+3\beta_0 k^2)\\
&\times(3\omega_0 m^2+3\omega_0 k^2+6\alpha_0 m^2 k+6\alpha_0 mk^2+18\beta_0 m^2 k^2)\\
&+\mathrm{j}(m^3-k^3)(\omega_0+2\alpha_0 m+3\beta_0 m^2)\\
&\times(\omega_0+2\alpha_0 k+3\beta_0 k^2)(2\omega_0+2\alpha_0 k+2\alpha_0 n+3\beta_0 k^2+3\beta_0 n^2)\\
&+(3\omega_0 m^2+3\omega_0 k^2+6\alpha_0 m^2 k+6\alpha_0 mk^2+18\beta_0 m^2 k^2)\\
&(2\omega_0+2\alpha_0 k+2\alpha_0 n+3\beta_0 k^2+3\beta_0 n^2)\\
\approx&\frac{13}{80}N^{15}b^2\sigma^2\beta_0^4
\end{aligned}
\tag{5.142}
$$

12. 变量 e 和 f 协方差

$$
\begin{aligned}
E(ef^*)=&2b^2\sigma^2\sum_{n=0}^{N-1}\sum_{m=0}^{N-1}\sum_{k=0}^{N-1}[(n^2-k^2)(m^3-k^3)(\omega_0+2\alpha_0 n+3\beta_0 n^2)(\omega_0+2\alpha_0 k+3\beta_0 k^2)^2\\
&\times(\omega_0+2\alpha_0 m+3\beta_0 m^2)-\mathrm{j}(n^2-k^2)(\omega_0+2\alpha_0 n+3\beta_0 n^2)(\omega_0+2\alpha_0 k+3\beta_0 k^2)\\
&\times(3\omega_0 m^2+3\omega_0 k^2+6\alpha_0 m^2 k+6\alpha_0 mk^2+18\beta_0 m^2 k^2)\\
&+\mathrm{j}(m^3-k^3)(\omega_0+2\alpha_0 m+3\beta_0 m^2)\\
&\times(\omega_0+2\alpha_0 k+3\beta_0 k^2)(2\omega_0 n+2\omega_0 k+8\alpha_0 nk+6\beta_0 nk^2+6\beta_0 n^2 k)\\
&+(3\omega_0 m^2+3\omega_0 k^2+6\alpha_0 m^2 k+6\alpha_0 mk^2+18\beta_0 m^2 k^2)\\
&\times(2\omega_0 n+2\omega_0 k+8\alpha_0 nk+6\beta_0 nk^2+6\beta_0 n^2 k)\\
\approx&\frac{171}{700}N^{16}b^2\sigma^2\beta_0^4
\end{aligned}
\tag{5.143}
$$

基于一阶扰动分析原理，可建立如下方程组：

$$
\begin{cases}
d+A\delta\omega+D\delta\alpha+E\delta\beta=0\\
e+D\delta\omega+B\delta\alpha+F\delta\beta=0\\
f+E\delta\omega+F\delta\alpha+C\delta\beta=0
\end{cases}
\tag{5.144}
$$

因此，$\delta\omega$、$\delta\alpha$ 和 $\delta\beta$ 的均方误差可表示为

$$
\begin{cases}
E[|\delta\omega|^2]\approx\dfrac{49000}{11\cdot N^3\cdot \mathrm{SNR}}\\
E[|\delta\alpha|^2]\approx\dfrac{181440}{11\cdot N^5\cdot \mathrm{SNR}}\\
E[|\delta\beta|^2]\approx\dfrac{60480}{11\cdot N^7\cdot \mathrm{SNR}}
\end{cases}
\tag{5.145}
$$

式中，$\mathrm{SNR}=b^2/\sigma^2$。

5.7.4　仿真结果

这里基于 Monte-Carlo 仿真实验来验证上述推导结果的正确性。

(1) CPS 的参数为：$b=3$，$\omega_0=0.4$，$\alpha_0=5\times10^{-3}$，$\beta_0=3\times10^{-5}$，信号长度为 256，采样率为 1，输入信噪比为 −12～13dB，步长为 2dB。Monte-Carlo 仿真实验次数为 100。不同参数的均方误差如图 5.38 所示。可见，当信噪比较高时，仿真结果与理论值逐渐接近，这说明了理论推导的正确性。

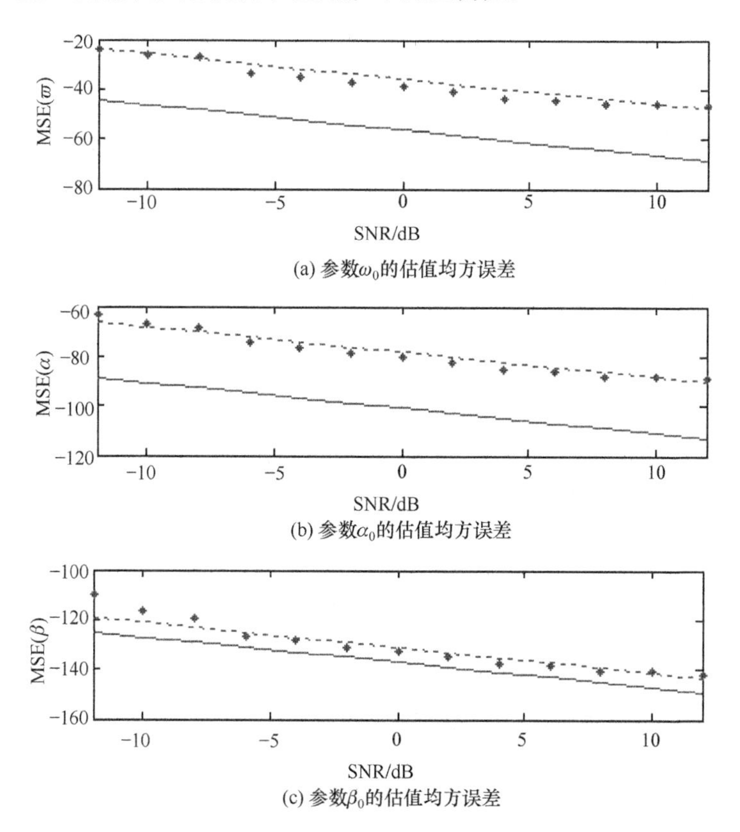

(a) 参数ω_0的估值均方误差

(b) 参数α_0的估值均方误差

(c) 参数β_0的估值均方误差

图 5.38　CPS 参数估值均方误差与信噪比的关系

实线为 Cramer-Rao 界，点划线为理论值，离散点为仿真结果

(2) CPS 的参数为：$b=3$，$\omega_0=0.4$，$\alpha_0=5\times10^{-3}$，$\beta_0=3\times10^{-5}$，采样率为 1，输入信噪比为 10dB。信号长度由 128 变为 368，变化间隔为 16。Monte-Carlo 仿真实验次数为 100。不同参数的均方误差如图 5.39 所示。可见，当信号长度增加时，仿真结果与理论值逐渐接近，这说明了理论推导的正确性。

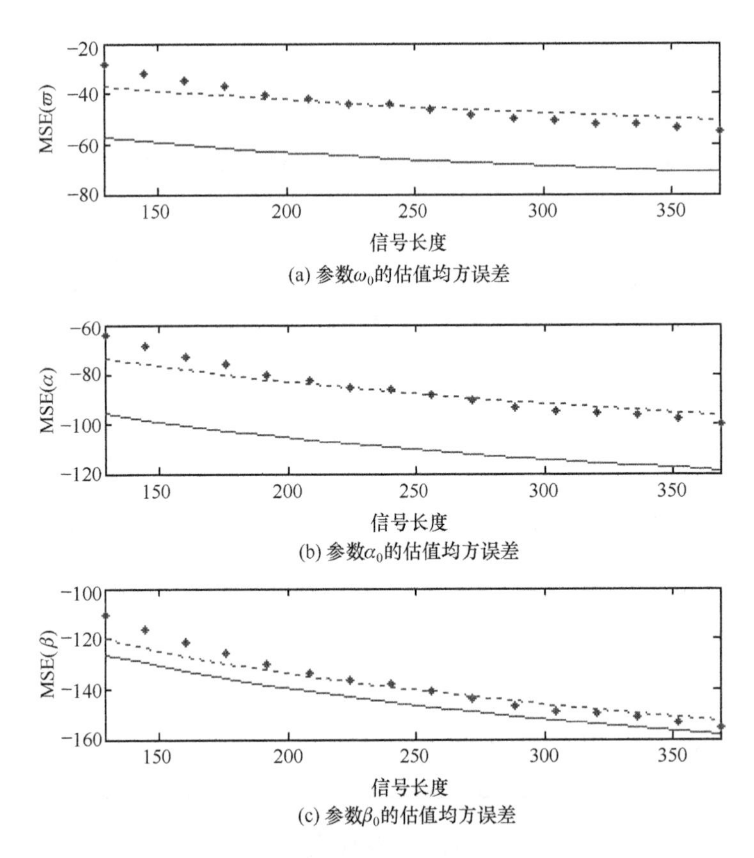

(a) 参数ω_0的估值均方误差

(b) 参数α_0的估值均方误差

(c) 参数β_0的估值均方误差

图 5.39 CPS 参数估值均方误差与信噪比的关系

实线为 Cramer-Rao 界，点划线为理论值，离散点为仿真结果

5.7.5 基于三阶匹配傅里叶变换的 ISAR 成像算法

这里分别以仿真数据和实测数据为例，来说明三阶匹配傅里叶变换（TMFT）算法在 ISAR 成像中的应用。

1. 仿真数据

雷达系统参数如表 5.9 所示。

表 5.9 雷达系统参数

载频/GHz	带宽/MHz	脉宽/μs	采样率/MHz	采样数	脉冲重复频率/Hz
5.52	400	25.6	10	256	400

仿真目标由 31 个散射点组成,大小为 25m×25m。目标旋转参数如表 5.10 所示。

表 5.10　目标旋转参数

初始速度/(rad/s)	加速度/(rad/s^2)	加速度变化率/(rad/s^3)
0.018	0.01	3

图 5.40 所示为散射点模型。图 5.41 所示为某一距离单元回波信号的 WVD。可见,回波信号的多普勒频率随时间呈非线性变化。

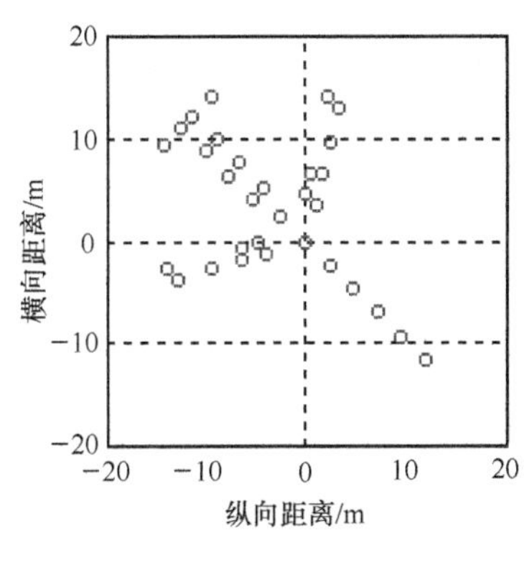

图 5.40　散射点模型

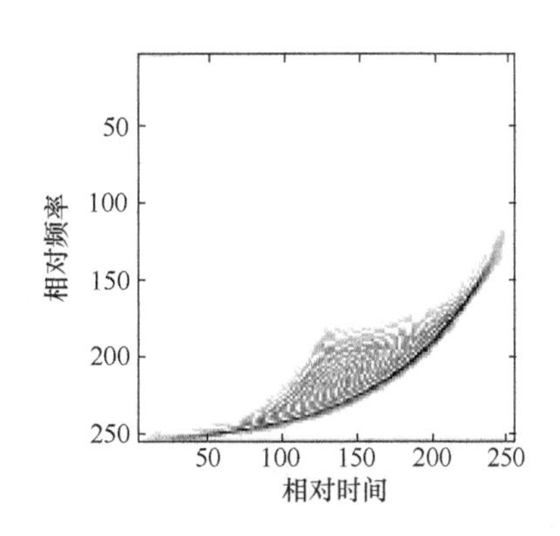

图 5.41　某一距离单元回波信号的 WVD

图 5.42 所示为基于 RD 算法的 ISAR 成像结果。由于目标的运动状态比较复杂,此时的 ISAR 像是模糊的。

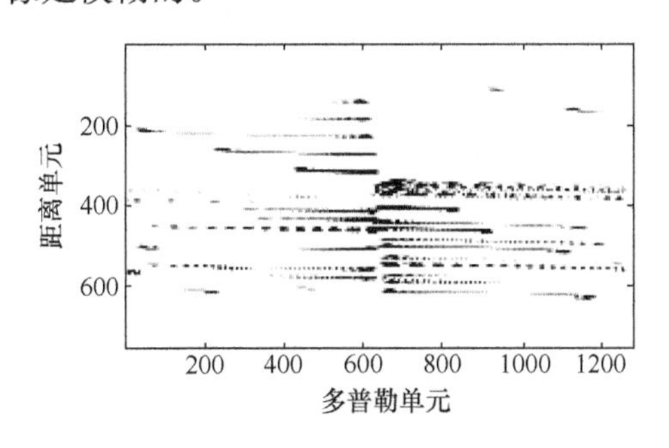

图 5.42　基于 RD 算法的 ISAR 像

图 5.43(a)所示为基于 TMFT 算法的 ISAR 成像结果。可见,此时的 ISAR 成像质量有明显提高。作为对比,这里给出基于 PGCPF 算法的 ISAR 成像结果,如图 5.43(b)所示。

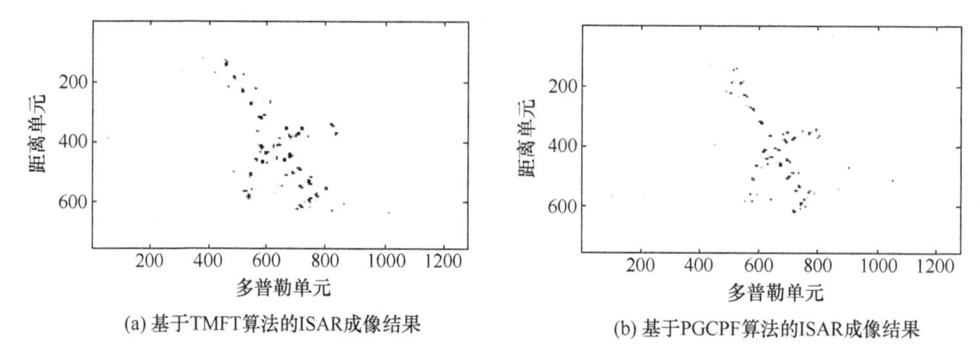

(a) 基于TMFT算法的ISAR成像结果　　(b) 基于PGCPF算法的ISAR成像结果

图 5.43　不同算法的 ISAR 成像结果

通过计算图 5.43(a)和(b)中 ISAR 像的熵值，来比较这两种算法的性能。熵值计算结果如表 5.11 所示。

表 5.11　熵值计算结果

图	图 5.43(a)	图 5.43(b)
熵值	5.1739	5.1843

可见，TMFT 算法获得 ISAR 像的熵值要小于 PGCPF 算法，这说明了 TMFT 算法的优越性。

2. 实测数据

这里选取飞机目标的实测数据，其雷达系统参数与仿真数据相同。图 5.44 所示为某一距离单元回波信号的 WVD，可见，散射点回波信号的多普勒频率随时间呈现复杂变化。

图 5.45 所示为基于 RD 算法的 ISAR 成像结果。由于目标的运动状态比较复杂，此时的 ISAR 像是模糊的。

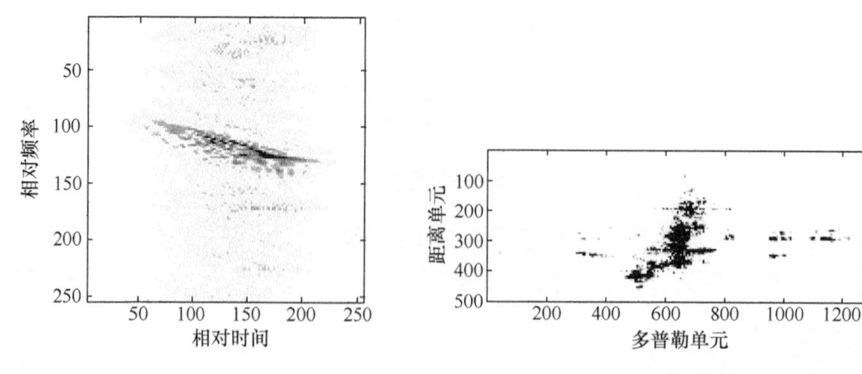

图 5.44　某一距离单元回波信号的 WVD　　图 5.45　基于 RD 算法的 ISAR 像

图5.46(a)所示为基于TMFT算法的ISAR成像结果。可见，此时的ISAR成像质量有明显提高。作为对比，这里给出基于PGCPF算法的ISAR成像结果，如图5.46(b)所示。

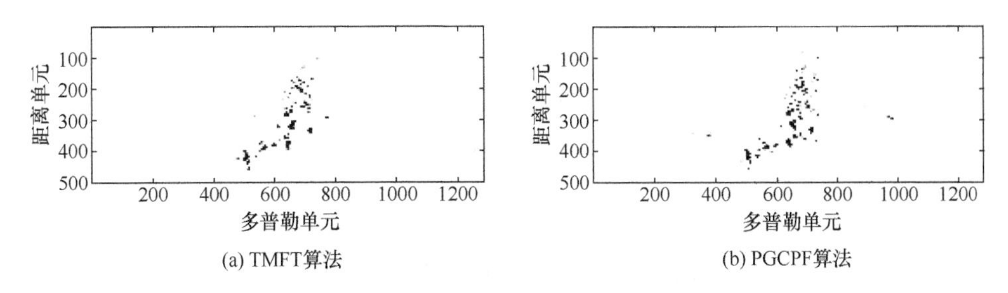

(a) TMFT算法　(b) PGCPF算法

图5.46　基于不同算法的ISAR成像结果

通过计算图5.46(a)和(b)中ISAR像的熵值，来比较这两种算法的性能。熵值计算结果如表5.12所示。

表5.12　熵值计算结果

图	图5.46(a)	图5.46(b)
熵值	3.9882	3.9992

可见，TMFT算法获得ISAR像的熵值要小于PGCPF算法，这说明了TMFT算法的优越性。

5.8　本章小结

本章在目标复杂运动情况下，将散射点回波近似刻画为多分量三次相位信号，进而分别提出基于三次相位信号参数估计算法的ISAR成像新技术；分析了参数估计算法的统计特性，并通过仿真和实测数据，验证了新方法的有效性。

参考文献

[1] Li Y C, Wu R B, Xing M D, et al. Inverse synthetic aperture radar imaging of ship target with complex motion[J]. IET Radar, Sonar & Navigation. 2008, 2(6): 395-403.

[2] Zheng J B, Su T, Zhu W T, et al. ISAR imaging of targets with complex motions based on the keystone time-chirp rate distribution[J]. IEEE Geoscience and Remote Sensing Letters, 2014, 11(7): 1275-1279.

[3] Zheng J B, Su T, Zhang L, et al. ISAR imaging of targets with complex motion based on the chirp rate-quadratic chirp rate distribution[J]. IEEE Transactions on Geoscience and Remote Sensing, 2014, 52(11): 7276-7289.

[4] Bai X, Tao R, Wang Z J, et al. ISAR imaging of a ship target based on parameter estimation of multicomponent quadratic frequency-modulated signals[J]. IEEE Transactions on Geoscience and Remote Sensing, 2014, 52(2): 1418-1429.

[5] O'Shea P. A new technique for instantaneous frequency rate estimation[J]. IEEE Signal Processing Letters, 2002, 9(8): 251-252.

[6] Wang P, Li H B, Djurovic I, et al. Integrated cubic phase function for linear FM signal analysis[J]. IEEE Transactions on Aerospace and Electronic Systems, 2010, 46(3): 963-977.

[7] Wang P, Djurovic I, Yang J Y. Modifications of the cubic phase function[J]. Chinese Journal of Electronics, 2008, 17(1): 189-193.

[8] Zhou G T, Giannakis G B, Swami A. On polynomial phase signals with time-varying amplitudes[J]. IEEE Transactions on Signal Processing, 1996, 44(4): 848-861.

[9] Popovic V, Djurovic I, Stankovic L, et al. Autofocusing of SAR images based on parameters estimated from the PHAF[J]. Signal Processing, 2010, 90(5): 1382-1391.

[10] O'Shea P. A fast algorithm for estimating the parameters of a quadratic FM signal[J]. IEEE Transactions on Signal Processing, 2004, 52(2): 385-393.

[11] Li Y Y, Su T, Zheng J B, et al. ISAR imaging of targets with complex motions based on modified Lv's distribution for cubic phase signal[J]. IEEE Journal of Selected Topics in Applied Earth Observations and Remote Sensing, 2015, 8(10): 4775-4784.

[12] Li Y C, Xing M D, Su J H, et al. A new algorithm of ISAR imaging for maneuvering targets with low SNR[J]. IEEE Transactions on Aerospace and Electronic Systems. 2013, 49(1): 543-557.

[13] 郑义明,邢孟道,保铮. 基于多分量多项式信号参数估计的复杂运动目标成像[J]. 西安电子科技大学学报, 2000, 27(4): 471-475.

[14] Lv Q, Su T, Zheng J B. Inverse synthetic aperture radar imaging of targets with complex motion based on the local polynomial ambiguity function[J]. Journal of Applied Remote Sensing, 2016, 10(1): 1-18.

[15] Wang C, Wang Y, Li S B. ISAR imaging of ship targets with complex motion based on match Fourier transform for cubic chirps model[J]. IET Radar, Sonar & Navigation, 2013, 7(9): 994-1003.

[16] Zhang Y, Jiang Y C, Wang Y, et al. New time-"frequency rate" distribution for polynomial phase signal[J]. Journal of Harbin Institute of Technology, 2010, 17(6): 880-883.

[17] 王勇,姜义成. 基于高阶双线性相位匹配变换的 PPS 瞬时频率变化率估计[J]. 自然科学进展, 2008, 18(11): 1351-1355.

[18] 王勇,姜义成. 多项式相位信号瞬时频率变化率估计及其应用[J]. 电子学报, 2007, 35(12): 2403-2407.

[19] Wang Y, Jiang Y C. A new algorithm for estimating the parameters of a polynomial phase

signal[C]. IET Radar Conference, Guilin, 2009.

[20] Wang Y, Jiang Y C. ISAR imaging of a ship target using product high order matched-phase transform[J]. IEEE Geoscience and Remote Sensing Letters, 2009, 6(4): 658-661.

[21] Wang Y, Jiang Y C. "Time-phase derivatives" distribution for regular signal with the application in the parameters estimation of polynomial phase signal[J]. Chinese Journal of Electronics, 2010, 19(3): 569-573.

[22] Wang Y, Jiang Y C. New approach for ISAR imaging of ship target with 3D rotation[J]. Multidimensional Systems and Signal Processing, 2010, 21(4): 301-318.

[23] Wang Y, Jiang Y C. Inverse synthetic aperture radar imaging of maneuvering target based on the product generalized cubic phase function[J]. IEEE Geoscience and Remote Sensing Letters, 2011, 8(5): 958-962.

[24] Wang Y. Inverse synthetic aperture radar imaging of manoeuvring target based on range-instantaneous-Doppler and range-instantaneous-chirp-rate algorithms[J]. IET Radar, Sonar and Navigation, 2012, 6(9): 921-928.

[25] Wang Y, Kang J, Jiang Y C. ISAR imaging of maneuvering target based on the local polynomial Wigner distribution and integrated high order ambiguity function for cubic phase signal model[J]. IEEE Journal of Selected Topics in Applied Earth Observations and Remote Sensing, 2014, 7(7): 2971-2991.

[26] Wang Y, Lin Y C. ISAR imaging of non-uniformly rotating target via range-instantaneous-Doppler-derivatives algorithm[J]. IEEE Journal of Selected Topics in Applied Earth Observations and Remote Sensing, 2014, 7(1): 167-176.

[27] Wang Y, Abdelkader A C, Zhao B, et al. ISAR imaging of maneuvering target based on the modified discrete polynomial-phase transform[J]. Sensors, 2015, 15(9): 22401-22418.

[28] Wang Y, Zhao B. Inverse synthetic aperture radar imaging of non-uniformly rotating target based on the parameters estimation of multi-component quadratic frequency-modulated signals[J]. IEEE Sensors Journal, 2015, 15(7): 4053-4061.

[29] Wang Y, Zhao B, Kang J. Asymptotic statistical performance of local polynomial Wigner distribution for the parameters estimation of cubic phase signal with application in ISAR imaging of ship target[J]. IEEE Journal of Selected Topics in Applied Earth Observations and Remote Sensing, 2015, 8(3): 1087-1098.

[30] Wang Y, Abdelkader A C, Zhao B, et al. Imaging of high-speed maneuvering target via improved version of product high-order ambiguity function[J]. IET Signal Processing, 2016, 10(4): 385-394.

[31] Wang Y, Zhang Q X, Zhao B. Inverse synthetic aperture radar imaging of maneuvering target based on cubic chirps model with time varying amplitudes[J]. Journal of Applied Remote Sensing, 2016, 10(1): 1-10.

[32] Wu L, Wei X Z, Yang D G, et al. ISAR imaging of targets with complex motion based on discrete chirp Fourier transform for cubic chirps[J]. IEEE Transactions on Geoscience and Remote Sensing, 2012, 50(10): 4201-4212.

[33] Stankovic L J. Local polynomial Wigner distribution[J]. Signal Processing, 1997, 59(1): 123-128.

[34] Peleg S, Porat B. Linear FM signal parameter estimation from discrete-time observations [J]. IEEE Transactions on Aerospace and Electronic Systems, 1991, 27(4): 607-616.

第 6 章　分布式 ISAR 成像技术

6.1 引　　言

在逆合成孔径雷达(ISAR)成像中,若目标相对雷达旋转角度很小,或者目标振荡幅度很大,为了保持固定的旋转轴,可利用的相关成像时间也可能很有限,从而影响可获得的方位向分辨率。方位向分辨率的不足会影响利用 ISAR 图像进行非合作目标的识别。

为了消除这种影响,近年来,一种新的多平台分布式 ISAR 成像技术逐渐得到了发展。该技术的基本原理是通过一组编队平台上搭载的成像雷达对同一个目标发射电磁波,利用目标相对雷达的旋转运动,对回波进行联合处理,以获得比单个雷达更高的方位向分辨率。其根本原因是不同平台上的雷达成像系统能够从不同的角度对目标上同一个散射点进行观察,通过合适的处理,综合应用每个雷达系统接收到的回波数据,从而等效成一个综合的比单个雷达成像角度更大的观察角度,进而可以获得更高的方位向分辨率[1-4]。

本章主要以两个沿方位向对齐的雷达平台联合成像为例,详细分析如何获得方位向分辨率的提高。对于这种编队的成像系统,又可以具体分为两种不同的情形:第一种为收发分置分布式 ISAR(记为 Bistatic),其中只有一个平台载有完整的雷达收发系统,另一个仅载有接收设备;第二种为收发合一分布式(multiple input multiple output,MIMO)ISAR,每一个平台都载有完整的雷达收发系统,能够自主地发射和接收相互正交的雷达波。假设每一个雷达系统都能够接收并且分离其他雷达系统发射的雷达波。显然,这个概念很容易就能够推广到 $N(N>2)$个雷达平台编队飞行的情况,具体仍可分为收发分置(Multistatic)和收发合一(MIMO)情形。图 6.1 所示为收发分置情形的示意图,其飞行编队由载有完整收发设备的一架飞机(图中为中间一架)和其他仅载有接收设备的飞机组成。

由收发分置分布式 ISAR 和收发合一分布式 ISAR 的比较可见,在固定数目的雷达飞行平台的情况下,通过增加可用的雷达接收信道,可以获得更高的方位向分辨率。相比于单个雷达成像的情况,一个双雷达收发分置分布式成像系统(Bistatic)可以获得一个影响因子为 2 的方位向分辨率的提高,而一个双雷达收发合一分布式成像系统(MIMO)可以获得一个影响因子为 3 的方位向分辨率提高。

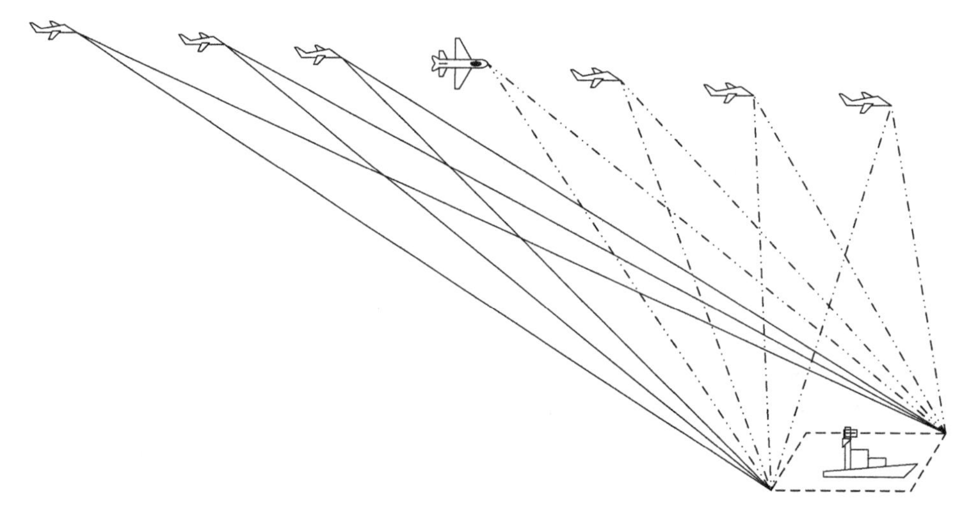

图 6.1 收发分置分布式 ISAR 平台编队飞行示意图

本章定义了一个回波接收的模型，引入分布式 ISAR 的概念并对其具体原理进行分析，包括成像系统方位向分辨率的提高以及要达到理想的方位向分辨率提高所必须满足的条件；详细介绍分布式 ISAR 成像所需的处理步骤；通过对平稳目标的仿真和实测数据的处理，验证分布式 ISAR 的有效性；将分布式 ISAR 技术应用于非平稳目标的成像，可以看到此技术依然有效。

6.2 分布式 ISAR 成像的基本原理

这里考虑两个沿方位向对齐的雷达平台联合成像的情况。假设目标为刚体，在目标上任意选择一点作为参考点，称为目标支点，则当目标平稳飞行时，目标和雷达间的相对运动可分为支点的平动和目标绕支点的转动。其中，平动分量对目标上各散射点回波的多普勒频移没有影响，对雷达成像没有贡献，因此需要通过运动补偿将其补偿掉；而转动分量是必要的，即在转动中，散射点沿纵向的位移是产生散射点多普勒频移的基础，因此需要保留。假设目标的平动已经补偿掉，现在着眼于对目标转动的分析。

图 6.2 所示为分布式 ISAR 成像的几何关系示意图。假定目标由 M 个散射点组成，每个散射点在成像时间范围 T 内都有一个固定的复反射系数。图中，(U_A,V_A)为雷达 A 的投影坐标系，(U_B,V_B)为雷达 B 的投影坐标系，(X,Y)为目标绝对坐标系，θ_A^0与 θ_B^0 分别为两雷达投影坐标系与目标绝对坐标系的初始夹角，也是目标绕自身轴相对于两雷达投影坐标系的旋转角。目标支点位于目标绝对坐标系的原点，目标以角速度 ω 沿顺时针方向旋转。考虑 6.1 节中提到的 Bistatic

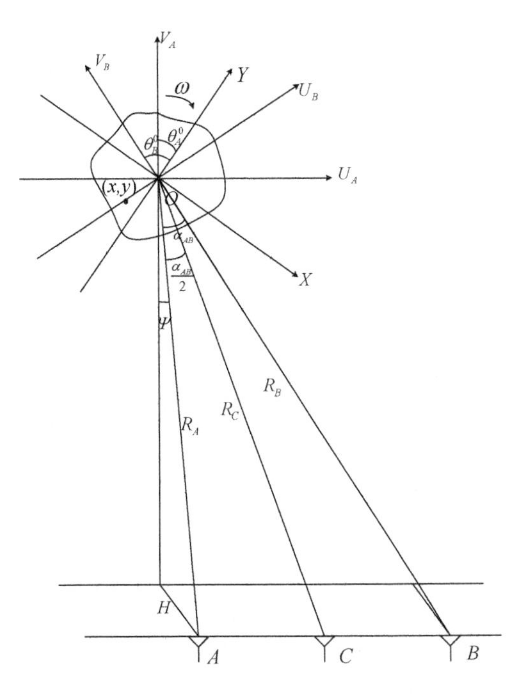

图 6.2　分布式 ISAR 成像的几何关系示意图

和 MIMO 两种情况。在 Bistatic 情况下，雷达 A 具有发射和接收雷达信号功能，而雷达 B 仅是一个接收设备；在 MIMO 情况下，雷达 A 和 B 都具有收发功能，且能够接收并分离对方所发射的雷达信号。显然，对于实用的 MIMO 分布式 ISAR 成像系统，需要定义一系列理想的正交波形。关于这方面的讨论详见文献[1]。为了详细说明 Bistatic 情况下雷达数据的获得方法，定义一个虚拟的等效成像雷达 C。假定在远距离低飞行高度的情况下，即 R 很大、H 很小、Ψ 近似为 0 时，天线 A、B 以及等效虚拟天线 C 可近似落在坐标平面上，则它们在(U_A, V_A)上的坐标分别为$R_a^A=-R_A[0\ \cos\Psi]$，$R_a^B=-R_A[\tan\alpha_{AB}\ \cos\Psi]$，$R_a^C=-R_A\left[\tan\dfrac{\alpha_{AB}}{2}\ \cos\Psi\right]$，其中 R_A 为雷达 A 到目标支点的斜距，Ψ 为雷达 A 的掠射角，α_{AB} 为雷达 A 和 B 到目标支点的视线夹角。雷达 A、B、C 接收到的目标任一散射点(x, y)回波可表示为

$$s_\Gamma(t)=\exp(-\mathrm{j}4\pi/\lambda\{R_\Gamma+y\cos[\theta_\Gamma^0+\omega(t-t_0)]-x\sin[\theta_\Gamma^0+\omega(t-t_0)]\}) \tag{6.1}$$

式中，$\Gamma=A$、B 或 C；$R_C=(R_A+R_B)/2$；(x, y)和 θ_A^0、θ_B^0的定义如图 6.2 所示；$\theta_B^0=\theta_A^0+\alpha_{AB}$；$\theta_C^0=\theta_A^0+\alpha_{AB}/2$；$\lambda$ 为发射信号波长。

由式(6.1)可见在观测时间区间内方位角是沿慢时间线性变化的。图 6.3 所示为雷达 A、B、C 分别观测到的目标回波相位变化；其中的 Bistatic 情况可以从 MIMO 情况获得，只需要忽略单发单收雷达 B 的回波及其影响。

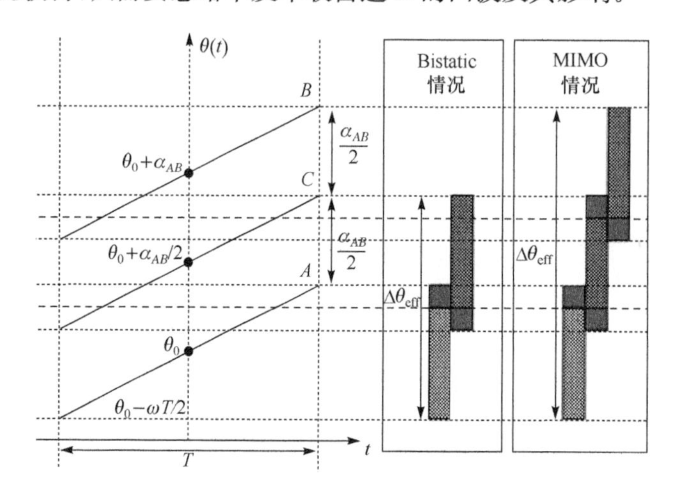

图 6.3　分布式 ISAR 回波相位关系示意图

显然，不同雷达的回波数据经过适当的融合处理之后，可以获得比单个雷达宽得多的合成孔径，如图 6.4 中倾斜虚线部分所示。经过合成得到的等效雷达回波方位角孔径可以表示为

$$\Delta\theta_{\text{eff}}=\omega T+\delta=\gamma\cdot\omega T=\gamma\cdot\Delta\theta_{\text{eff}}^{A} \tag{6.2}$$

对于 Bistatic 情况，$\delta=\alpha_{AB}/2$；对于 MIMO 情况，$\delta=\alpha_{AB}$，则可达到的方位向分辨率为

$$\Delta\text{cr}=\lambda/(2\Delta\theta_{\text{eff}})=\lambda/(2\gamma\Delta\theta_{\text{eff}}^{A})=\Delta\text{cr}^{A}/\gamma \tag{6.3}$$

式中，γ 为可达到的方位向分辨率提高系数；$\Delta\theta_{\text{eff}}^{A}$和 Δcr^{A}分别为单个雷达的方位角孔径和方位向分辨率。

为获得上面分析的方位向分辨率提高，必须保证整个观测的连续性，从而对雷达 A 和 B 之间的距离产生上限要求，即它们之间的夹角 α_{AB} 有一个最大值约束。由图 6.4 可见，$\theta_0-\omega T/2\leqslant\alpha_{AB}/2+\theta_0-\omega T/2\leqslant\theta_0+\omega T/2$，则有 $0\leqslant\alpha_{AB}\leqslant 2\omega T$。

(1) 当 $\alpha_{AB}=0$ 时，雷达 A 和 B 位置重合，此时方位向分辨率没有提高，即

$$\Delta\theta_{\text{eff}}=\omega T=\Delta\theta_{\text{eff}}^{A}\Rightarrow\Delta\text{cr}=\Delta\text{cr}^{A} \tag{6.4}$$

(2) 当 $\alpha_{AB}=2\omega T$ 时，雷达 A 和 B 放置在允许的最大距离，则两雷达数据经过综合以后，得到的总的合成孔径在两雷达 Bistatic 情况时是单个雷达的两倍，在 MIMO 情况时是单个雷达的三倍，因此得到的方位向分辨率提高因子分别是 $\gamma=2$ 和 $\gamma=3$，即

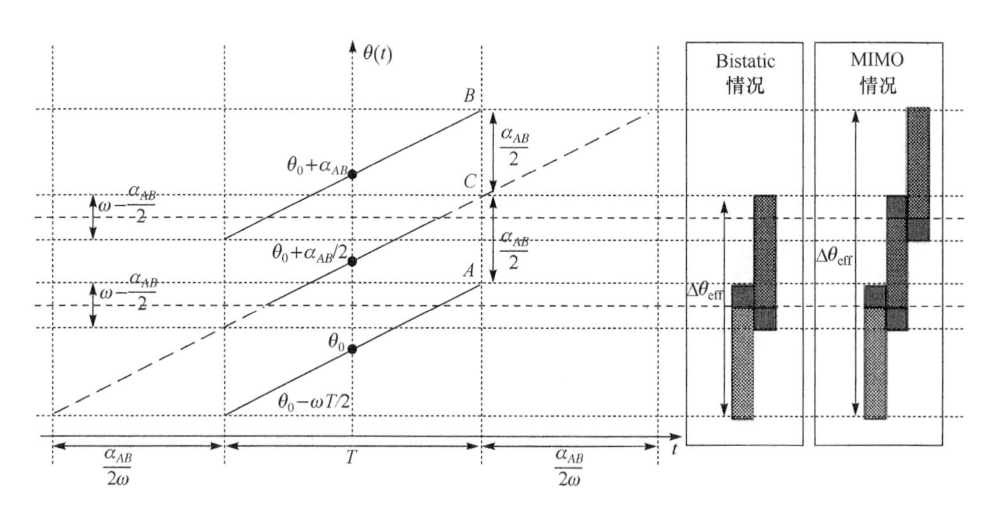

图 6.4　分布式 ISAR 回波合成相位关系示意图

$$\Delta\theta_{\text{eff}}=\begin{cases}2\omega T\Rightarrow\Delta\text{cr}=\Delta\text{cr}^{A}/2, & \text{Bistatic 情况}\\ 3\omega T\Rightarrow\Delta\text{cr}=\Delta\text{cr}^{A}/3, & \text{MIMO 情况}\end{cases}\tag{6.5}$$

(3) 当不同雷达的观测孔径部分重合，即 $0<\alpha_{AB}<2\omega T$ 时，如图 6.3 所示，数据处理过程中必须有一个时间选择步骤以消除观测重叠部分对成像结果的影响。很容易推断出应移除的观测重叠部分对应一个时间段 $T/2-\alpha_{AB}/(4\omega)$，即图 6.4 中的倾斜虚线部分。

另外，在 MIMO 情况下，如果雷达 A 和 B 之间的夹角是允许最大值的 1/2，即 $\alpha_{AB}=\omega T$，则总的合成孔径与仅考虑两个单独的收发合一雷达 A 和 B 的合成孔径相同，第三个接收信道即等效虚拟雷达 C 不起作用，因为它并没有对方位向分辨率的提高产生作用。

推而广之，可以证明，在 Bistatic 情况下，如果考虑 N 个雷达平台编队飞行，方位向分辨率的提高因子可达 $\gamma=N$，即如果所有的雷达合理放置，则方位向分辨率最高可提高 N 倍；在 MIMO 情况下，保持队列中的雷达平台数目不变，增加可用的接收信道，则方位向分辨率可以提高得更多。图 6.5 所示为 Bistatic 情况和 MIMO 情况下方位向分辨率提高因子的最大值，它们均与雷达平台的数目 N 有关。可见，对于 Bistatic 系统，可达到的最大方位向分辨率提高因子 γ 是随雷达平台数目 N 线性增长的；而在 MIMO 系统中，γ 要比 N 大得多，因为随着雷达平台数目的增加，可利用的信道数会急剧增加。显然，对于 N 个雷达平台的 MIMO 系统，要达到理想的方位向分辨率提高，必须用到一组 N 个相互正交的波形。

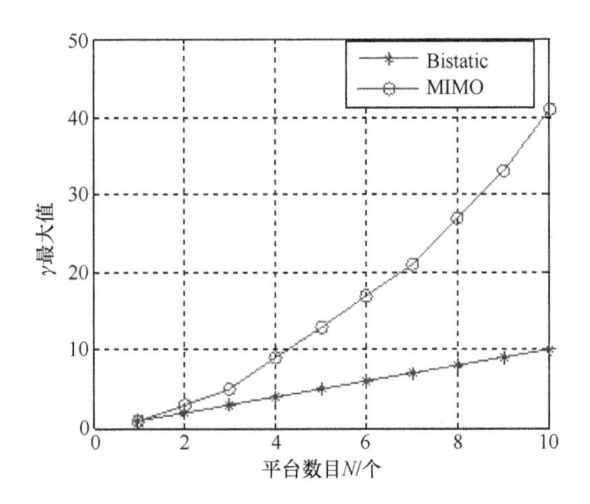

图6.5 方位向分辨率提高因子 γ 的最大值与平台数目关系示意图

6.3 分布式 ISAR 成像处理步骤

图 6.6 所示为包含两个雷达平台的收发合一分布式雷达系统(MIMO 情况)的成像处理流程。而对于两雷达收发分置系统(Bistatic 情况),只需去掉信号 B 所在的支链,只考虑信号 A 和信号 C 的影响。整个处理流程具体如下。

(1) 补偿回波信号中因不同雷达(包括真实的和虚拟等效的)到目标支点的不同斜距引起的相位。

(2) 将雷达 A 和 B 观测的中心多普勒频率($f_A=f_0-\Delta f, f_B=f_0+\Delta f$)与 f_0 对齐,其中 f_0 是虚拟等效雷达 C 在 $t=t_0$ 时刻对应成像投影平面的中心多普勒频率,$\pm\Delta f$ 表示同一个散射点由雷达 A 和 B 分别成像时相对于 f_0 的多普勒频移。此时,有

$$w_\Gamma(t)=s_\Gamma(t)\cdot e^{j\frac{4\pi}{\lambda}R_\Gamma}\cdot e^{j2\pi\Delta f_\Gamma(t-t_0)} \tag{6.6}$$

式中,Δf_Γ 对应雷达 A 和 B 分别是 $\pm\Delta f$,对应雷达 C 是 0。

将式(6.1)代入式(6.6),有

$$w_\Gamma(t)=e^{-j\frac{4\pi}{\lambda}\{y\cos[\theta_\Gamma^0+\omega(t-t_0)]-x\sin[\theta_\Gamma^0+\omega(t-t_0)]\}}\cdot e^{j2\pi\Delta f_\Gamma(t-t_0)},\quad |t-t_0|\leqslant T/2 \tag{6.7}$$

化简式(6.7),有

$$w_\Gamma(t)=e^{-j\frac{4\pi}{\lambda}[y\cos(\theta_\Gamma^0)-y\omega(t-t_0)\sin(\theta_\Gamma^0)-x\sin(\theta_\Gamma^0)-x\omega(t-t_0)\cos(\theta_\Gamma^0)]}\cdot e^{j2\pi\Delta f_\Gamma(t-t_0)},\quad |t-t_0|\leqslant T/2 \tag{6.8}$$

(3) 进行时间选择,如图 6.3 和图 6.4 所示,结果为

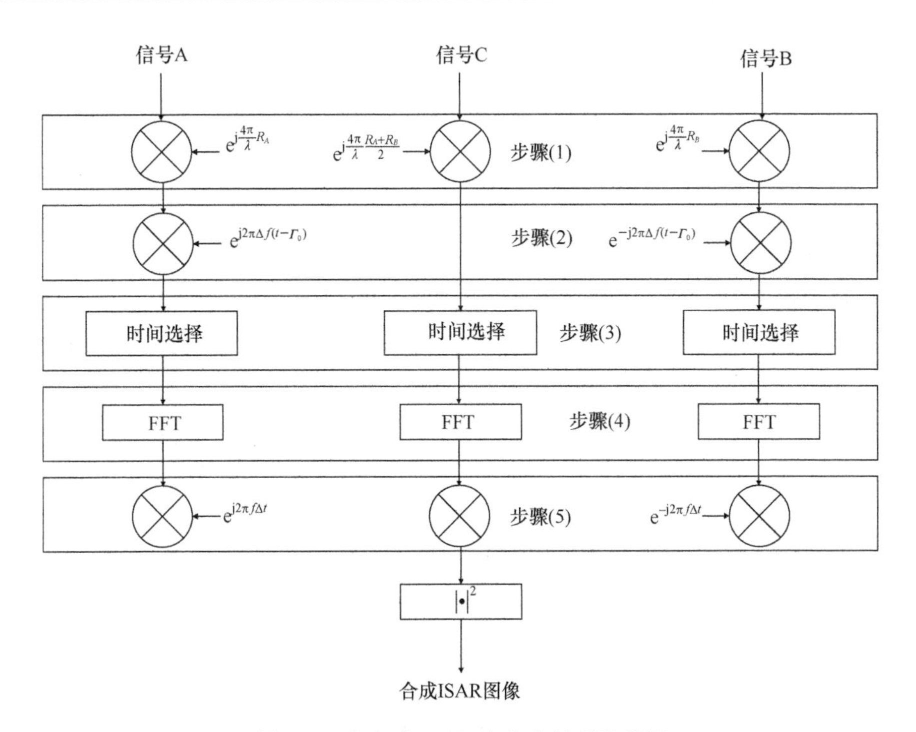

图 6.6　分布式 ISAR 方位向处理流程图

$$
\begin{aligned}
&y_A(t)=w_A(t),\quad -T/2\leqslant t-t_0\leqslant \alpha_{AB}/(4\omega)\\
&y_C(t)=w_C(t),\quad \begin{cases}-\alpha_{AB}/(4\omega)\leqslant t-t_0\leqslant T/2, & \text{Bistatic 情况}\\ -\alpha_{AB}/(4\omega)\leqslant t-t_0\leqslant \alpha_{AB}/(4\omega), & \text{MIMO 情况}\end{cases}\\
&y_B(t)=w_B(t),\quad -\alpha_{AB}/(4\omega)\leqslant t-t_0\leqslant T/2
\end{aligned}
\tag{6.9}
$$

(4) 进行方位向傅里叶变换，有

$$
\begin{aligned}
&Y_A(f)=K\mathrm{e}^{-\mathrm{j}\frac{4\pi}{\lambda}[y\cos(\theta_A^0)-x\sin(\theta_A^0)]}\mathrm{e}^{-\mathrm{j}\pi(f-f_0)\left(\frac{\alpha_{AB}}{4\omega}-\frac{T}{2}\right)}\mathrm{sinc}[\pi(f-f_0)T_A]\\
&Y_C(f)=\begin{cases}K\mathrm{e}^{-\mathrm{j}\frac{4\pi}{\lambda}[y\cos(\theta_C^0)-x\sin(\theta_C^0)]}\mathrm{e}^{\mathrm{j}\pi(f-f_0)\left(\frac{\alpha_{AB}}{4\omega}-\frac{T}{2}\right)}\mathrm{sinc}[\pi(f-f_0)T_C^{\mathrm{BI}}]\\ K\mathrm{e}^{-\mathrm{j}\frac{4\pi}{\lambda}[y\cos(\theta_C^0)-x\sin(\theta_C^0)]}\mathrm{sinc}[\pi(f-f_0)T_C^{\mathrm{MIMO}}]\end{cases}\\
&Y_B(f)=K\mathrm{e}^{-\mathrm{j}\frac{4\pi}{\lambda}[y\cos(\theta_B^0)-x\sin(\theta_B^0)]}\mathrm{e}^{\mathrm{j}\pi(f-f_0)\left(\frac{\alpha_{AB}}{4\omega}-\frac{T}{2}\right)}\mathrm{sinc}[\pi(f-f_0)T_B]
\end{aligned}
\tag{6.10}
$$

式中，K 为常数因子；$\mathrm{sinc}(x)=\sin(x)/x$；上标 BI 和 MIMO 分别表示收发分置系统(Bistatic 情况)和收发合一系统(MIMO 情况)；$T_A=T_B=T_C^{\mathrm{BI}}=T/2+\alpha_{AB}/(4\omega)$；$T_C^{\mathrm{MIMO}}=\alpha_{AB}/(2\omega)$。

(5) 回波数据的相关结合,即

$$Y(f)=\begin{cases}Y_A(f)\mathrm{e}^{\mathrm{j}2\pi f\Delta t}+Y_C(f), & \text{Bistatic 情况}\\ Y_A(f)\mathrm{e}^{\mathrm{j}2\pi f\Delta t}+Y_C(f)+Y_B(f)\mathrm{e}^{-\mathrm{j}2\pi f\Delta t}, & \text{MIMO 情况}\end{cases} \tag{6.11}$$

式(6.11)所示的在多普勒频域的乘法等效于雷达 A 和 B 的回波信号分别在慢时间域移动 $\pm\Delta t=\pm\delta/(2\omega)$,以便合成一个等效的总观测方位角变化可达 $\Delta\theta_{\mathrm{eff}}$ 的孔径,如图 6.3 的两条水平虚线部分所示。

值得一提的是,在上述的步骤(2)、步骤(3)和步骤(5)中,都需要目标转速 ω 的先验知识。ω 可以从回波数据中估计出来。将式(6.10)代入式(6.11),可得

$$Y(f)=K\mathrm{sinc}[(f-f_0)(T+\delta/\omega)] \tag{6.12}$$

由式(6.12)显然可见,当 $\alpha_{AB}=2\omega T$ 时,两雷达收发分置分布式雷达系统和收发合一分布式雷达系统的方位向分辨率提高因子分别是 $\gamma=2$ 和 $\gamma=3$,因此有

$$Y(f)=\begin{cases}K\mathrm{sinc}[(f-f_0)2T], & \text{Bistatic 情况}\\ K\mathrm{sinc}[(f-f_0)3T], & \text{MIMO 情况}\end{cases} \tag{6.13}$$

6.4 仿真和实测数据处理

为验证本章介绍的分布式 ISAR 成像技术的可行性,这里用此技术进行仿真和实测数据的处理。由处理结果可知这种技术是可行有效的,能够明显提高 ISAR 图像的方位向分辨率。

6.4.1 单散射点仿真

进行单散射点的仿真,仿真参数如下:目标由单散射点组成,散射点距选定的目标支点距离 $r=4\mathrm{m}$,$\theta_A^0=\pi/4$,$\omega=0.36°/\mathrm{s}$,$\lambda=0.03\mathrm{m}$,PRF$=500\mathrm{Hz}$,$T=2.38\mathrm{s}$,则理论上单个雷达可获得 1m 的方位向分辨率。

图 6.7 所示为双雷达收发分置(Bistatic 情况)分布式 ISAR 在 $\alpha_{AB}=\omega T$ 和 $\alpha_{AB}=2\omega T$ 情况下与单雷达 ISAR 成像的方位向分辨率等比例对比。可见,收发分置分布式 ISAR 确实实现了方位向分辨率的提高,在允许的 α_{AB} 范围内,α_{AB} 越大,分辨率越高,图中结果很好地证明了这一点。理论上的分析结果为:当 $\alpha_{AB}=\omega T$ 时,$\gamma=1.5$;当 $\alpha_{AB}=2\omega T$ 时,$\gamma=2$;图中的单点仿真结果比例大致与此相符。

图 6.8 所示为双雷达收发合一(MIMO 情况)分布式 ISAR 在 $\alpha_{AB}=\omega T$ 和 $\alpha_{AB}=2\omega T$ 情况下与单雷达 ISAR 成像的方位向分辨率等比例对比。可见,收发合一分布式 ISAR 也实现了方位向分辨率的提高,在允许的 α_{AB} 范围内,α_{AB} 越大,分辨率越高,图中结果也很好地证明了这一点。理论上分析结果为:当 $\alpha_{AB}=\omega T$ 时,$\gamma=2$;当 $\alpha_{AB}=2\omega T$ 时,$\gamma=3$;图中的单点仿真结果比例也大致与此相符。

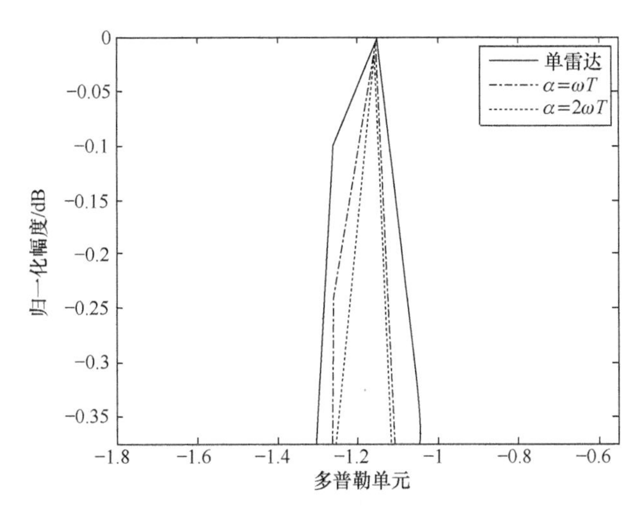

图 6.7　单点传统 ISAR 与双雷达收发分置分布式 ISAR 归一化方位像

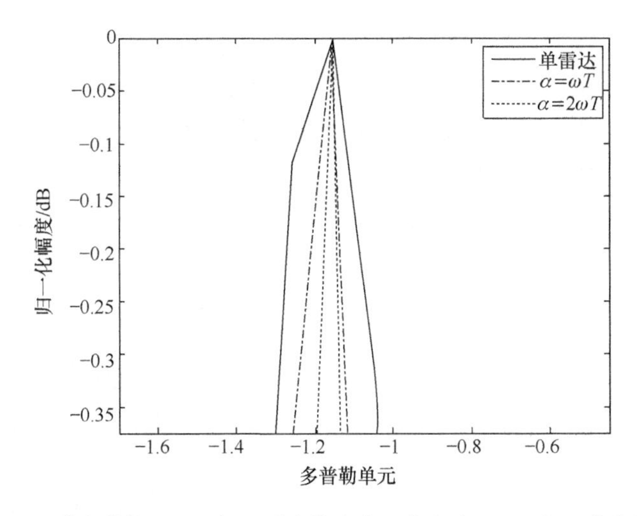

图 6.8　单点传统 ISAR 与双雷达收发合一分布式 ISAR 归一化方位像

6.4.2　多散射点仿真

为进一步验证所提出的分布式 ISAR 成像技术的实际可行性，这里进行多散射点目标的仿真。仿真参数设置为 $\theta_A^0=0$，$\omega=0.36°/\mathrm{s}$，$\lambda=0.03\mathrm{m}$，PRF＝500Hz，$T=2.38\mathrm{s}$，$\alpha_{AB}=2\omega T$，发射信号带宽 $B=300\mathrm{MHz}$ 以获得 0.5m 的距离向分辨率。理论上单个雷达可获得 1m 的方位向分辨率。分别进行双雷达收发分置（Bistatic 情况）分布式雷达成像系统和双雷达收发合一（MIMO 情况）分布式雷达成像系统的成像仿真实验。图 6.9 所示为模型的散射点分布图，可以看成目标的理想图像。

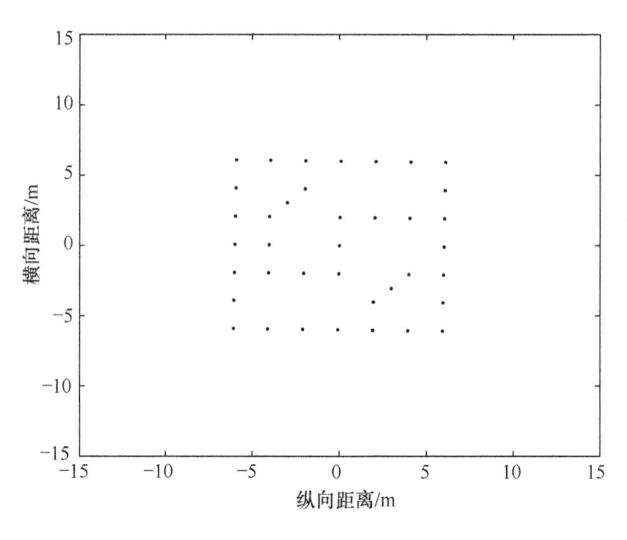

图 6.9　多散射点仿真实验理想图像

图 6.10 所示为双雷达收发分置(Bistatic 情况)分布式雷达的多散射点仿真结果。其中,图 6.10(a)所示为单雷达和分布式雷达对单一距离单元所成的方位像对比图,可以明显看出分布式雷达相比单雷达所成的方位像比较尖锐,具有较高的分辨能力;图 6.10(b)和(c)所示为分布式雷达系统的两个雷达分别所成的 ISAR 像,与图 6.10(d)的分布式雷达成像结果比较可见,图 6.10(d)的方位向聚焦效果更好,分辨率明显提高。图 6.10(b)、(c) 、(d)与图 6.9 比较可见,它们基本都恢复了目标的图像,只是分布式雷达所成的 ISAR 像质量明显更好。

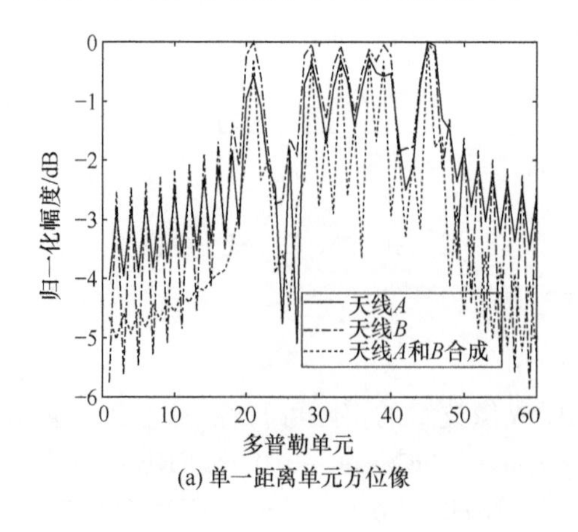

(a) 单一距离单元方位像

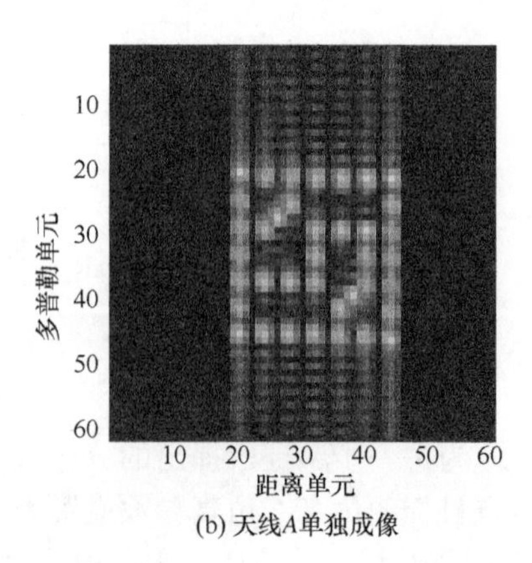

(b) 天线A单独成像

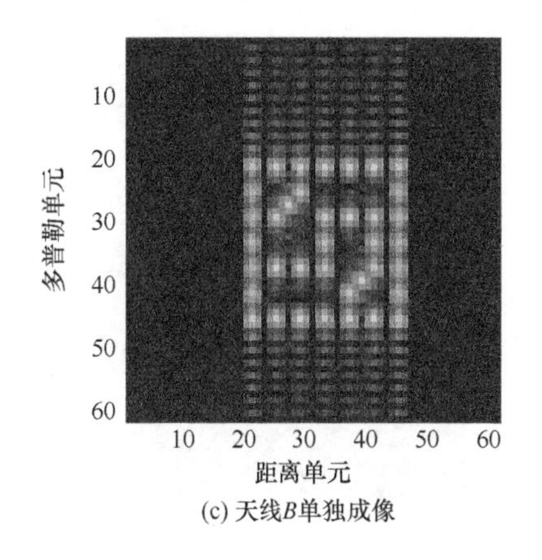

(c) 天线B单独成像

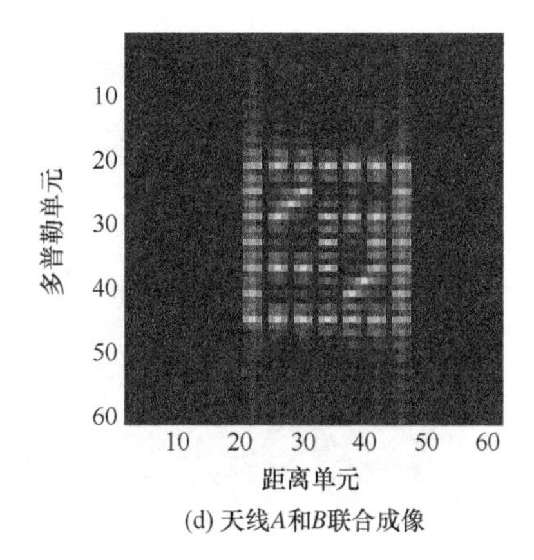

(d) 天线A和B联合成像

图6.10 双雷达收发分置(Bistatic情况)分布式雷达多散射点仿真

图6.11所示为双雷达收发合一(MIMO情况)分布式雷达的多散射点仿真结果。其中,图6.11(a)所示为单雷达和分布式雷达对单一距离单元所成的方位像的对比图,也可以明显看出分布式雷达相比单雷达所成的方位像比较尖锐,具有较高的分辨能力;图6.11(b)和(c)所示为分布式雷达系统的两个雷达分别所成的ISAR像,图6.11(d)所示为两雷达之间等效的虚拟雷达C所成的ISAR像,与图6.11(e)所示的分布式雷达成像结果比较可见,图6.11(e)所示的方位向聚焦效果更好,分辨率明显提高。图6.11(b)、(c)、(d)、(e)与图6.9比较可见,它们也基本都恢复了目标的图像,同时分布式雷达所成的ISAR像质量明显提高。

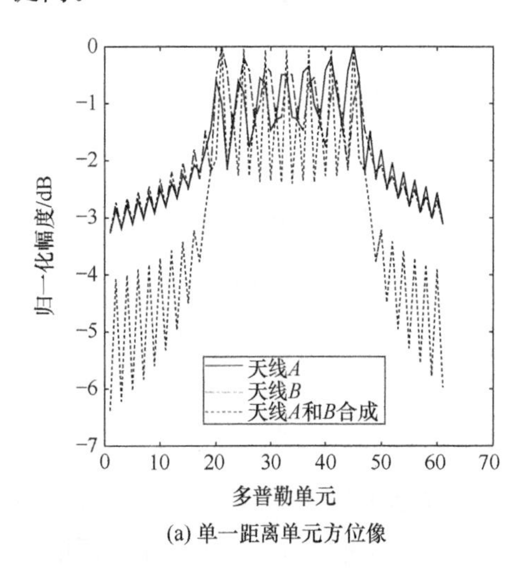

(a) 单一距离单元方位像

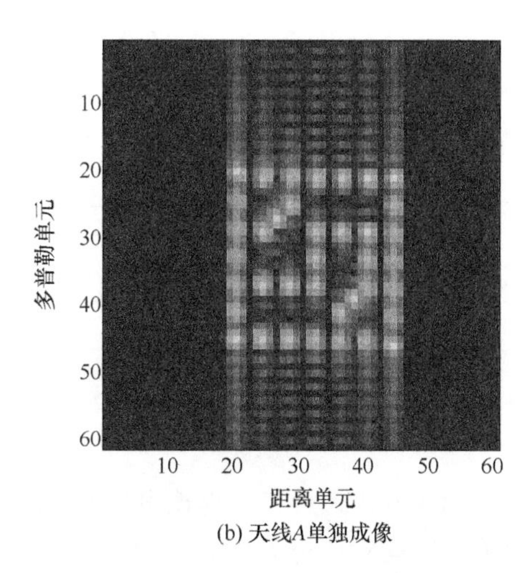

(b) 天线A单独成像

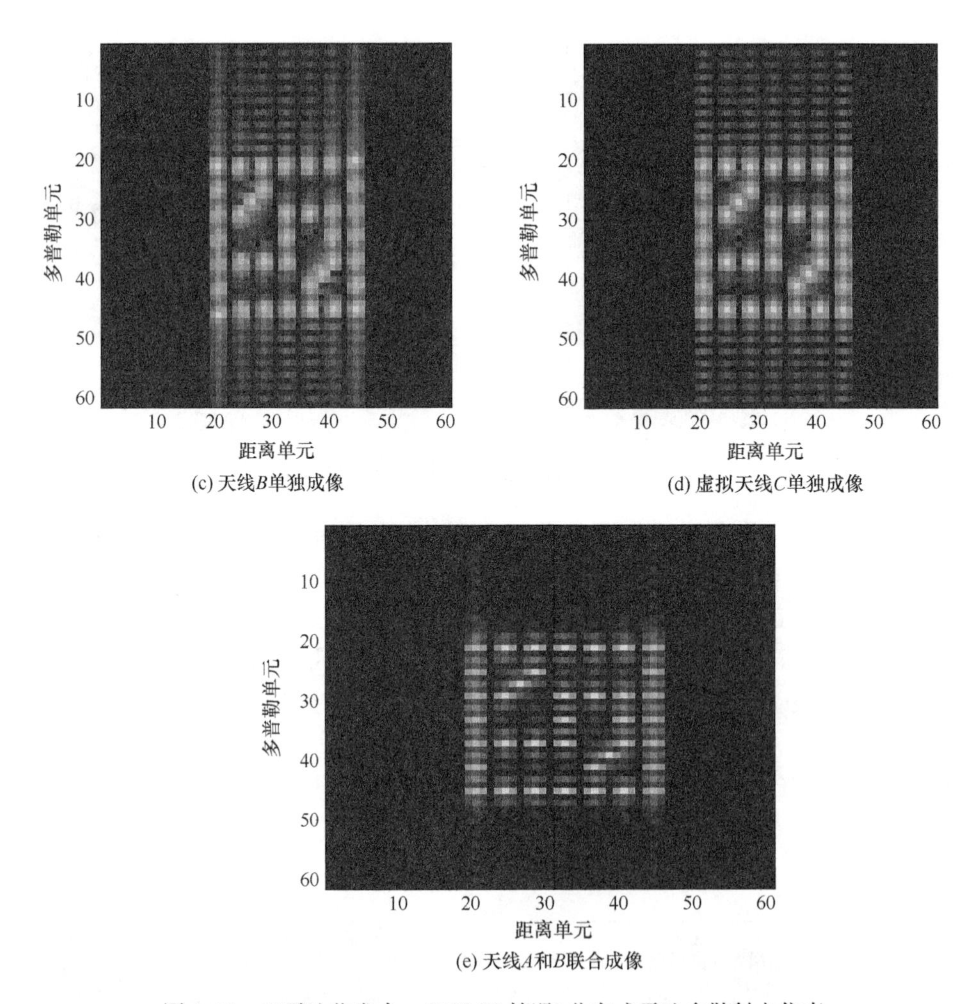

(c) 天线B单独成像　　(d) 虚拟天线C单独成像

(e) 天线A和B联合成像

图 6.11　双雷达收发合一(MIMO 情况)分布式雷达多散射点仿真

在此选用图像的熵来定量衡量所成的 ISAR 图像质量,结果如表 6.1 所示。

表 6.1　传统 ISAR 与双雷达分布式 ISAR 仿真结果对比

类型	雷达 A 的熵	雷达 B 的熵	雷达 C 的熵	分布式 ISAR 的熵
收发分置式	107.3707	105.8991	—	43.5172
收发合一式	107.3707	107.3393	105.8991	39.7258

由表 6.1 通过横向对比可见,分布式 ISAR 成像聚焦质量确实有很大提高,而且通过纵向对比可见,相比收发分置(Bistatic 情况)分布式雷达系统,在相同的实验条件下,收发合一(MIMO 情况)分布式雷达系统可以获得更高的成像质量,但是这要以更复杂的雷达系统和更大的计算量为代价。

6.4.3　实测数据处理

下面将分布式 ISAR 成像技术应用于实测数据的处理，以进一步证实分布式 ISAR 成像技术的实际可用性，以及其相对于传统 ISAR 技术的优越性。所用数据为雅克-42 飞机实测数据，通过对回波数据进行处理，将其等效为分布式 ISAR 成像雷达数据，雷达发射线性调频信号，载频 $f_0=5.52$GHz，发射信号带宽 $B=$ 400MHz，脉宽 $\tau=25.6\mu$s，脉冲重复频率 PRF=400Hz，成像时取 512 个脉冲。包络对齐采用最小熵法，相位校正采用多普勒中心法，成像方法为传统的距离-多普勒算法。

图 6.12 所示为双雷达分布式 ISAR 技术应用于实测数据的结果。其中，图 6.12(a)所示为传统 ISAR 和分布式 ISAR 对单一距离单元所成的方位像对比图，可以明显看出分布式 ISAR 相比传统 ISAR 所成的方位像比较尖锐，具有较高的分辨能力；图 6.12(b)和(c)所示为分布式雷达系统的两个雷达回波数据分别所成的 ISAR 像，与图 6.12(d)所示的分布式 ISAR 成像结果比较可见，图 6.12(d)所示的方位向聚焦效果更好，分辨率明显提高。表 6.2 列出成像结果的图像熵计算结果，用于定量评价成像质量。

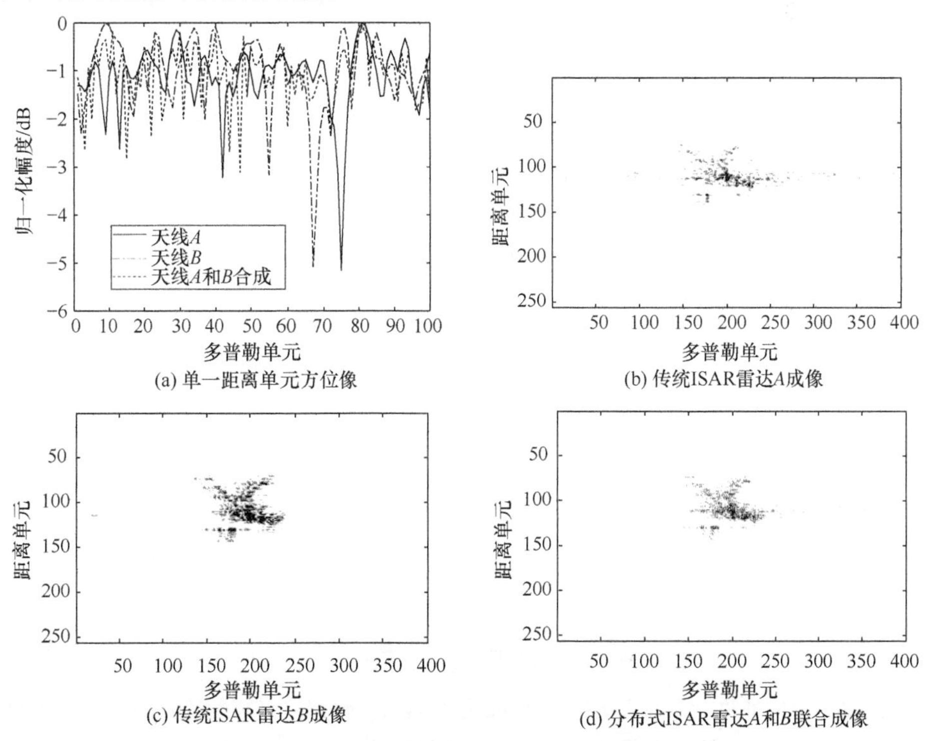

图 6.12　分布式 ISAR 实测数据处理结果

表 6.2 传统 ISAR 与双雷达分布式 ISAR 实测数据处理结果对比

雷达 A 的熵	雷达 B 的熵	分布式 ISAR 的熵
137.4822	208.1705	135.7341

由表 6.2 通过横向对比可见，相比传统 ISAR 技术，分布式 ISAR 技术的成像聚焦质量确实有很大提高，能够获得更加清晰的目标像。这也进一步证实分布式 ISAR 技术的实用性和优越性，与理论分析和仿真结果相符。

6.5 分布式 ISAR 技术应用于非平稳目标的成像

根据理论分析，分布式 ISAR 能够提高方位向分辨率的根本原因是经过适当的相关处理，可以获得较大的成像转角，而方位向分辨率只与所采用的成像转角有关，与成像目标是否均匀转动无关；换句话说，对于非均匀转动的目标，即非平稳目标，分布式 ISAR 成像技术依然能够提高方位向分辨率。下面将通过仿真数据的处理来验证这一推论。

首先进行非平稳单点目标的仿真，仿真参数与 6.4 节点目标仿真相同，只是角速度由 $\omega=0.36°/\mathrm{s}$ 变为 $\omega=(0.8+0.1t)°/\mathrm{s}$，采用传统的距离-多普勒算法成像，结果如图 6.13 所示。

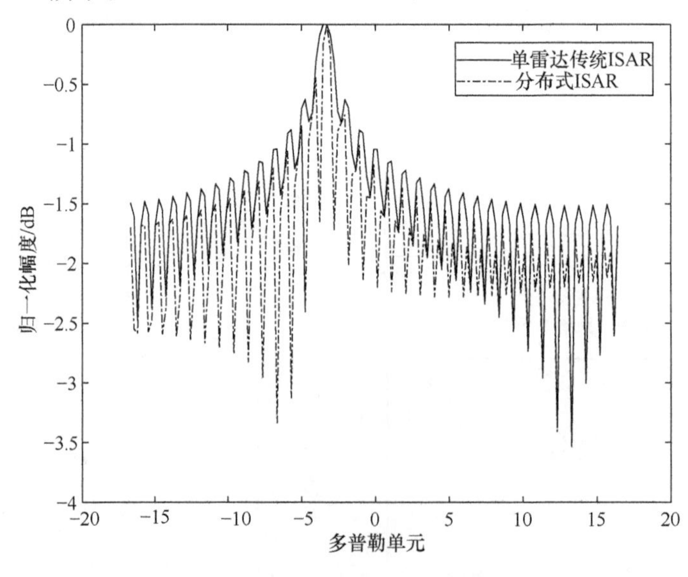

图 6.13 非平稳单点目标方位像

由图 6.13 可见，分布式 ISAR 所成方位像主瓣较窄，分辨率更高。仿真中只针对两个单发单收雷达成像合成的情况，而没有考虑它们之间的信道影响，即它们只接收各自的发射回波，因此理论上分布式ISAR方位向分辨率的提高因子$\gamma=2$。从图中可以看出，分布式ISAR方位像主瓣宽度约为单雷达传统ISAR的一半，符合理论预期。这证明对于非平稳目标，分布式ISAR技术也是可行有效的。

接着进行非平稳多点目标的仿真，以进一步证实分布式ISAR对于非平稳目标的实用性。仿真参数与非平稳单点目标的仿真实验相同，采用传统的距离-多普勒算法成像。图6.14所示为Bistatic情况的成像结果，图6.15所示为MIMO情况的成像结果。

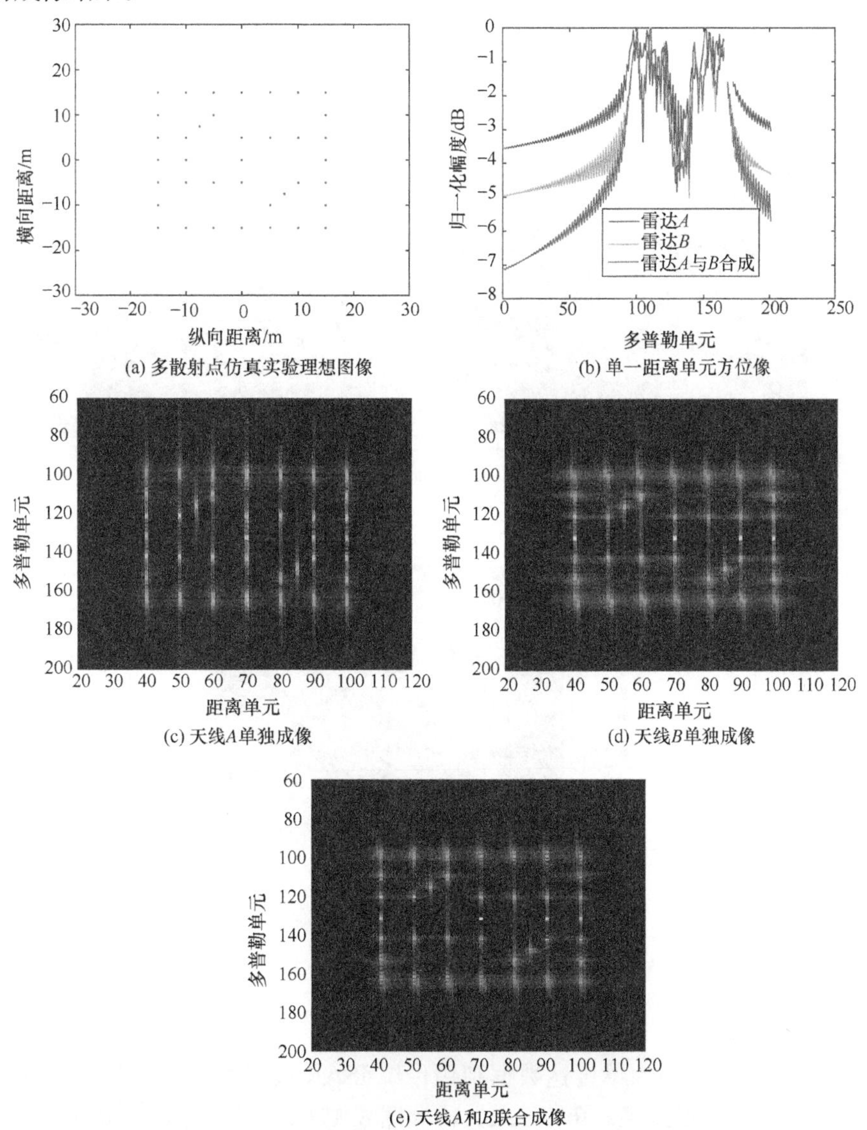

图6.14　非平稳多点目标收发分置(Bistatic情况)分布式ISAR仿真

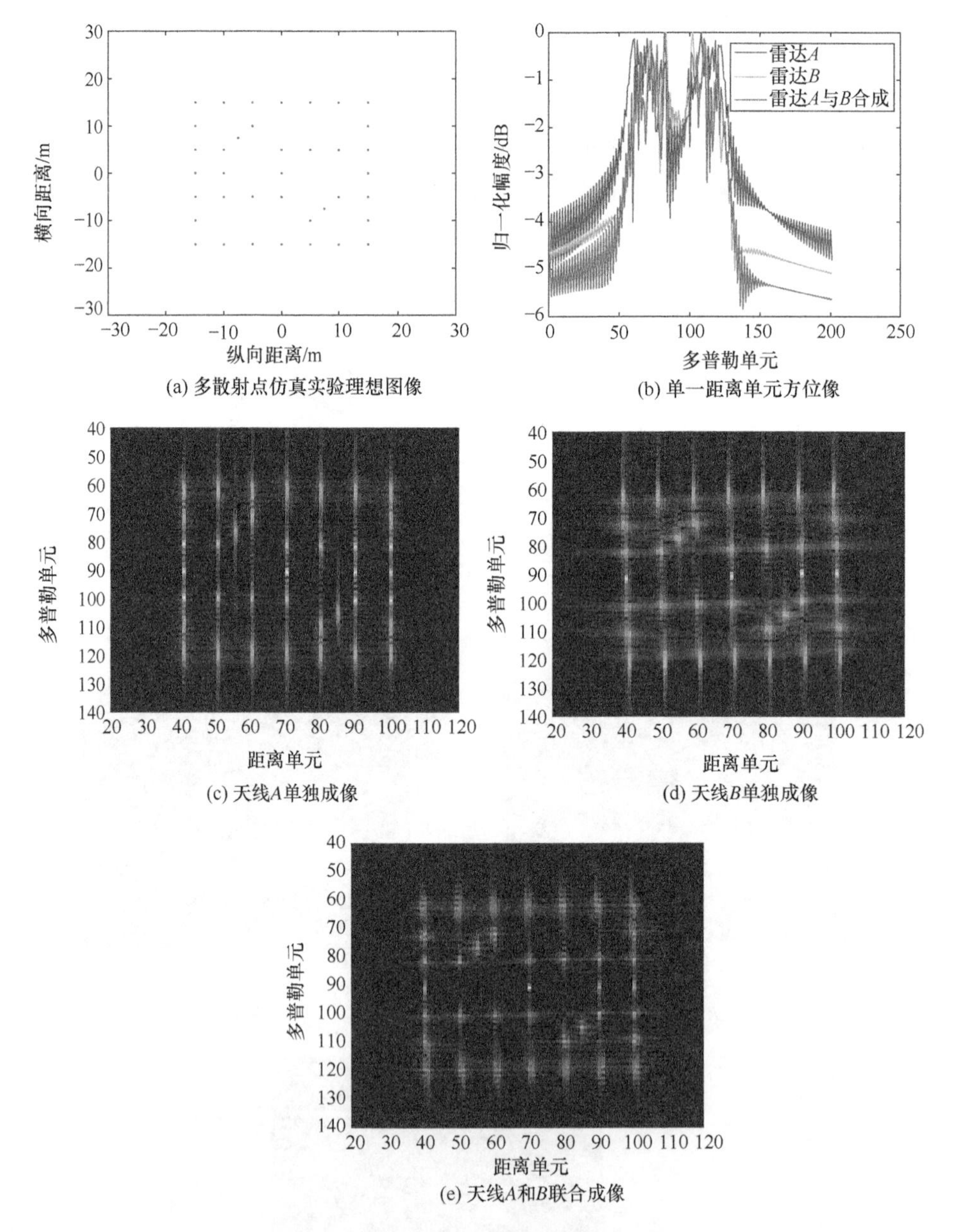

(a) 多散射点仿真实验理想图像

(b) 单一距离单元方位像

(c) 天线A单独成像

(d) 天线B单独成像

(e) 天线A和B联合成像

图 6.15　非平稳多点目标收发合一(MIMO 情况)分布式 ISAR 仿真

在图 6.14 和图 6.15 中,图(a)均为理想目标像,图(b)均为单一距离单元的方位像,图(c)和图(d)均为单雷达数据利用传统 ISAR 成像方法的成像结果,图(e)为分布式 ISAR 成像结果。由图 6.14(b)和图 6.15(b)可见,分布式 ISAR 所成方位像较尖锐,方位向分辨率较高;图(c)、图(d)与图(e)的对比也可明显看出,分布式 ISAR 所成像聚焦效果更好，方位向分辨率更高；而由两种分布式 ISAR 成像方法的对比可见，收发合一分布式 ISAR 在同样的条件下聚焦效果更好，具有更高的分辨率。以上结论均与理论分析结果和前面的推论相符，说明分布式 ISAR 技术可以应用到非平稳运动目标的成像中。但是，与分布式 ISAR 平稳运动目标仿真成像相比，非平稳运动目标的成像结果要模糊得多，聚焦效果依然不够理想，这是需要进一步解决的问题。

图 6.14 和图 6.15 所成图像的熵如表 6.3 所示，表中数据也说明了上述结论。

表 6.3　非平稳多点目标传统 ISAR 与双雷达分布式 ISAR 仿真结果对比

	雷达 A 的熵	雷达 B 的熵	分布式 ISAR 的熵
Bistatic 情况	102.8944	136.6816	78.1840
MIMO 情况	98.1657	155.9051	64.3123

6.6　本章小结

本章介绍了分布式 ISAR 的概念并对其具体原理进行分析，得出分布式 ISAR 成像系统可以获得方位向分辨率提高的结论；介绍分布式 ISAR 成像所需的详细的处理步骤，通过对平稳目标的仿真和实测数据的处理，验证了分布式 ISAR 的有效性和优越性；对于分布式 ISAR 技术应用于非平稳目标成像的情况，通过仿真数据的处理，证明此技术依然有效。

参考文献

[1] Pastina D, Bucciarelli M, Lombardo P. multistatic and MIMO distributed ISAR for enhanced cross-range resolution of rotating targets[J]. IEEE Transactions on Geoscience and Remote Sensing, 2010, 48(8): 3300-3317.

[2] Pastina D, Lombardo P, Buratti F. Distributed ISAR for enhanced cross-range resolution with formation flying[C]. Proceedings of the 5th European Radar Conference, Amsterdam, 2008: 37-40.

[3] Pastina D, Bucciarelli M, Lombardo P. Multi-platform ISAR for flying formation[C]. IEEE Radar Conference, Pasadena, 2009.

[4] 张涛. 复杂运动目标的 ISAR 成像算法研究[D]. 哈尔滨：哈尔滨工业大学，2012.

第7章　具有旋转部件目标的ISAR成像算法

7.1 引　　言

在逆合成孔径雷达(ISAR)成像中,通常认为被观测的目标为刚体模型,也就是说目标上所有散射点的运动状态都是相同的。但是在实际中,有的目标上的某些局部散射点除了随整个目标一起做旋转运动,还存在自己的运动状态,如直升机、含旋转部件的舰船和喷气式飞机[1-6]。在这种情况下,用传统的距离-多普勒成像算法对整个目标进行成像,会由于旋转部件的自转运动给整个目标的ISAR像带来干扰,这就是微多普勒效应[7-10]。本章主要运用短时傅里叶变换(STFT)来消除微多普勒效应的影响,并对基于STFT的微动目标去除算法进行改进,可在ISAR成像中取得更好效果[11-17]。

首先建立含旋转部件目标的成像模型;然后给出基于时频分析技术的去微多普勒效应方法,这里主要采用STFT技术;最后给出改进的去微多普勒效应方法。仿真数据ISAR成像结果验证了上述方法的有效性。

7.2 含旋转部件的目标成像模型

图7.1所示为含旋转部件的目标ISAR成像示意图。xOy 和 $x'Oy'$ 分别为刚体目标和旋转目标的坐标系,刚体散射点 $A(x_A,y_A)$ 围绕刚体坐标系原点 O 做角速度为 ω_O 的匀速旋转运动,旋转目标散射点 $B(x_B,y_B)$ 围绕旋转目标坐标系原点 O' 以自转角速度 $\omega_{O'}$ 做匀速旋转运动。

设雷达发射的线性调频信号有如下形式:

$$s(\tilde{t},t_m)=\mathrm{rect}\left(\frac{\tilde{t}}{T_p}\right)\exp\left[\mathrm{j}2\pi\left(f_c\tilde{t}+\frac{1}{2}k\tilde{t}^2\right)\right] \tag{7.1}$$

式中,$\mathrm{rect}\left(\frac{\tilde{t}}{T_p}\right)=\begin{cases}1, & |\tilde{t}|\leqslant T_p/2\\ 0, & \text{其他}\end{cases}$;$\tilde{t}$ 为快时间;t_m 为慢时间;T_p 为脉冲宽度;f_c 为发射信号的载频;k 为调频率。目标上第 i 个散射点的回波为

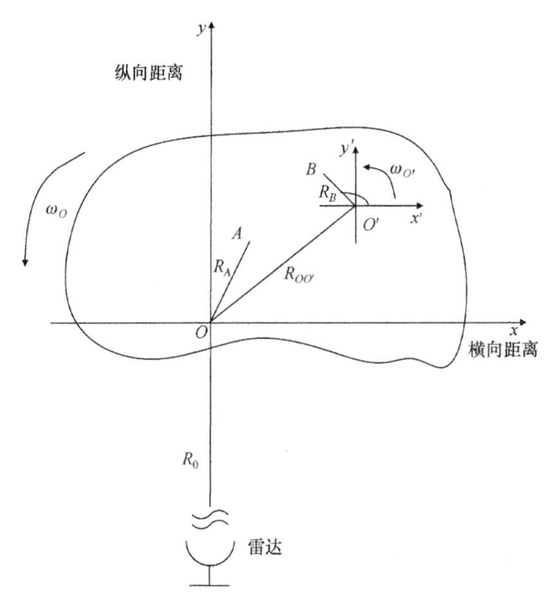

图 7.1　含旋转部件的 ISAR 成像模型

$$
s(\tilde{t},t_m)=\sigma(t_m)\mathrm{rect}\left[\frac{\tilde{t}-2R(t_m)/c}{T_p}\right]
\times\exp\left\{\mathrm{j}2\pi\left[f_c(\tilde{t}-2R(t_m)/c)+\frac{1}{2}k\,(t-2R(t_m)/c)^2\right]\right\} \tag{7.2}
$$

式中，$\sigma(t_m)$为目标后向散射系数；c 为光速。以坐标原点 O 为参考距离构造参考信号为

$$
s_O(\tilde{t},t_m)=\sigma(t_m)\mathrm{rect}\left[\frac{\tilde{t}-2R_O(t_m)/c}{T_p}\right]
\times\exp\left\{\mathrm{j}2\pi\left[f_c(\tilde{t}-2R_O(t_m)/c)+\frac{1}{2}k\,(t-2R_O(t_m)/c)^2\right]\right\} \tag{7.3}
$$

采用解线性调频(Dechirp)处理方法，即

$$
s_v(\tilde{t},t_m)=s(\tilde{t},t_m)\times s_O^*(\tilde{t},t_m) \tag{7.4}
$$

$$
s_v(\tilde{t},t_m)=\sigma(t_m)\mathrm{rect}\left[\frac{\tilde{t}-2R(t_m)/c}{T_p}\right]\times\exp\left[-\mathrm{j}\frac{4\pi}{\lambda}\Delta R(t_m)\right]
\times\exp\left\{-\mathrm{j}\frac{4\pi k}{c}[\tilde{t}-2R_O(t_m)/c]\Delta R(t_m)\right\} \tag{7.5}
$$

式中，λ 为载波波长，$\Delta R(t_m)=R(t_m)-R_O(t_m)$。

对 Dechirp 处理之后的信号进行距离压缩，可得

$$
s_v(f,t_m)=\sigma(t_m)T_p\mathrm{sinc}\left\{T_p\left[f+\frac{2k}{c}\Delta R(t_m)\right]\right\}\times\exp\left[-\mathrm{j}\frac{4\pi}{\lambda}\Delta R(t_m)\right] \tag{7.6}
$$

刚体散射点 A 和坐标原点 O 之间的距离满足：

$$\Delta R_A(t_m)=R_A\sin(\omega_O t_m) \tag{7.7}$$

由于 $R_{OO'}\ll R_O$ 和 $R_B\ll R_O$，旋转部件散射点 B 和坐标原点 O 之间的距离可以表示为

$$\Delta R_B(t_m)=R_{OO'}\sin(\omega_O t_m)+R_B\sin(\omega_{O'} t_m) \tag{7.8}$$

在成像期间，目标旋转的角度非常小，有如下近似：

$$\cos(\omega_O t_m)\approx 1 \tag{7.9}$$

$$\sin(\omega_O t_m)\approx \omega_O t_m \tag{7.10}$$

因此，刚体散射点及旋转部件散射点产生的多普勒频率分别为 $f_A\approx -\frac{2}{\lambda}\omega_O R_A$ 和 $f_B\approx -\frac{2}{\lambda}[\omega_O R_{OO'}+\omega_{O'}R_B\cos(\omega_{O'}t_m)]$。可以看出旋转部件对应的瞬时多普勒频率为正弦曲线。

7.3 基于时频分析的去微多普勒效应的 ISAR 成像算法

7.3.1 信号的短时傅里叶变换

对于信号 $s(t)$，其短时傅里叶变换（STFT）定义为

$$\mathrm{STFT}(t,\Omega)=\int_{-\infty}^{+\infty}s(\tau)\omega(t-\tau)\mathrm{e}^{-\mathrm{j}\Omega\tau}\mathrm{d}\tau \tag{7.11}$$

其离散形式可以表示为

$$\mathrm{STFT}(m,k)=\sum_{i=1}^{M-1}s(i)w(i-m)\mathrm{e}^{-\mathrm{j}2\pi k/M} \tag{7.12}$$

式中，$w(i)$为窗函数，其窗长大小决定了信号在时频平面的聚集性。窗长越大，时频聚集性越好，但是频率随时间变化的分辨越模糊；窗长越小，时频聚集性越差，频率随时间变化的分辨越明显。

7.3.2 单频信号与正弦调频信号分离的基本原理

在短时傅里叶变换 $\mathrm{STFT}(m,k)$平面内，对于固定的频率 k，考虑含有 M 个元素的集合，即

$$S_k(m)=\{\mathrm{STFT}(m,k),m=0,1,\cdots,M-1\} \tag{7.13}$$

对集合中的所有元素取模值，且按照模值的大小重新排列，也就是对固定频率 k 的 $\mathrm{STFT}(m,k)$，在时间维对元素的模值进行重新排列。这样就能得到重新排列之后的结果：

$$\Psi_k(m)\in S_k(m)，满足 |\Psi_k(0)|\leqslant|\Psi_k(1)|\leqslant|\Psi_k(2)|\leqslant\cdots\leqslant|\Psi_k(M-1)| \tag{7.14}$$

对重新排列的集合中剔除一部分绝对值较大的元素，设 $M-M_Q$ 为剔除的元素个数，对剩下的 M_Q 个元素进行累加求和，得

$$S_L(k)=\sum_{m=0}^{M_Q-1}\Psi_k(m) \tag{7.15}$$

式中，$M_Q=\mathrm{int}[M(1-Q/100)]$，$Q$ 为被剔除元素的百分数，$\mathrm{int}[\cdot]$为取整函数。

下面运用此原理对信号进行仿真分析，设信号模型为

$$s(m)=\sigma_B\sum_{i=1}^{K}\exp\{\mathrm{j}y_{Bi}m\}+\sigma_R\sum_{i=1}^{P}\exp\{\mathrm{j}[y_{ROi}m+A_{Ri}\sin(\omega_{Ri}m+\varphi_i)]\} \tag{7.16}$$

式中，$K=1$，$P=4$，$\sigma_B=1$，$\sigma_R=3$，$y_{Bi}=0.4\pi$，$A_{Ri}=[96,48,64,24]$，$\omega_{Ri}=\pi/128$，$y_{ROi}=\pi$，$\varphi_i=0$。

这里含有一个单频信号和四个正弦调频信号，选择剔除部分百分比为 60%，仿真结果如图 7.2 所示。其中，图 7.2(a)所示为原信号的 STFT；图 7.2(b)所示为重新排列后的 STFT；原信号通过 STFT 重构的频谱如图 7.2(c)所示，单频信号的频谱被正弦调频信号的频谱所干扰，不能清晰地分出单频信号成分。而通过上述处理方法，正弦调频信号被剔除，单频信号频谱被完整地保留，结果如图 7.2(d)所示。

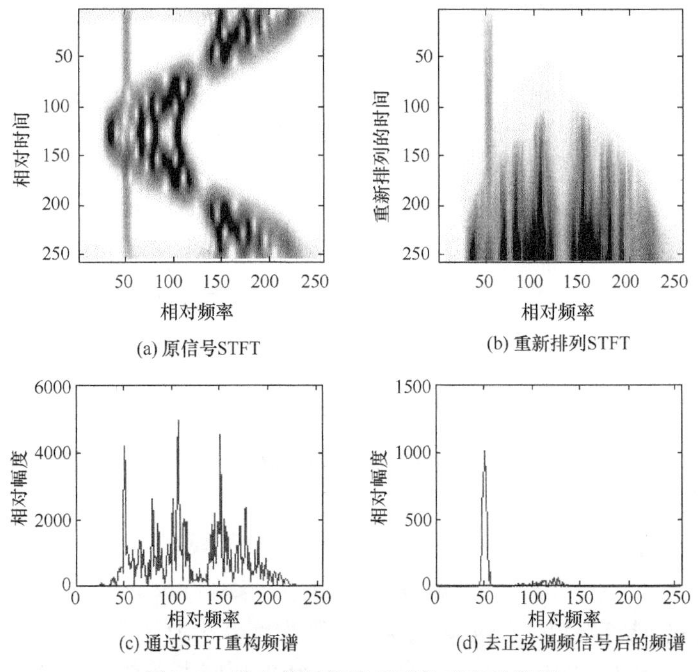

图 7.2　单个单频信号模型仿真实验结果

下面分析式(7.16)所示的信号模型。其中，$K=5$，$P=5$，$\sigma_B=1$，$\sigma_R=15$，$y_{Bi}=[1.9\pi,1.95\pi,2\pi,2.05\pi,2.1\pi]$，$A_{Ri}=[150,300,200,440,200]$，$\omega_{Ri}=[\pi/256,\pi/512,\pi/256,\pi/512,\pi/256]$，$y_{ROi}=0$，$\varphi_i=[0,-\pi/3,\pi/6,-2\pi/3,0]$。

这里选择剔除百分比为80%，仿真结果如图7.3所示。其中，图7.3(a)为原信号的STFT；图7.3(b)为重新排列后的STFT；图7.3(c)所示为原信号通过STFT重构的频谱，此时单频信号的频谱被正弦调频信号的频谱所干扰，不能清晰地分出单频信号成分。通过上述处理方法，正弦调频信号被剔除，单频信号频谱被完整地保留，结果如图7.3(d)所示。

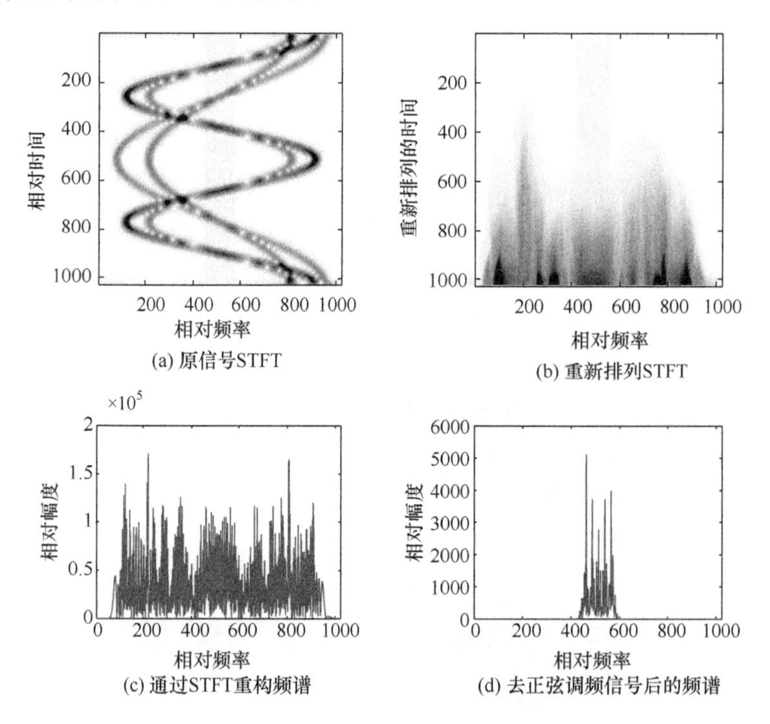

(a) 原信号STFT　(b) 重新排列STFT

(c) 通过STFT重构频谱　(d) 去正弦调频信号后的频谱

图7.3　多单频信号模型仿真实验结果

由上述结果可见，在多分量单频信号和多分量正弦调频信号叠加在一起的情况下，运用此方法仍能很好地消去正弦调频信号频谱产生的干扰，从而恢复出单频信号的频谱。

下面考虑信号被高斯白噪声干扰的情况，设信号模型为

$$s=\exp(-0.75\pi m)+5\exp[\mathrm{j}58\cos(2\pi m/M)] \tag{7.17}$$

式中，$M=256$，计算STFT时的窗长为64，剔除百分比为50%，考虑信号中含有噪声的情况，设信噪比SNR=−6.53dB。仿真结果如图7.4所示。其中，图7.4(a)所示为原信号的STFT；图7.4(b)所示为重新排列后的STFT；图7.4(c)所示为原

信号通过STFT重构的频谱；图7.4(d)所示为去正弦调频信号后的频谱。可见，即使在高斯噪声干扰下，运用此方法也能成功剔除正弦调频信号的影响，从而说明此方法有一定的鲁棒特性。

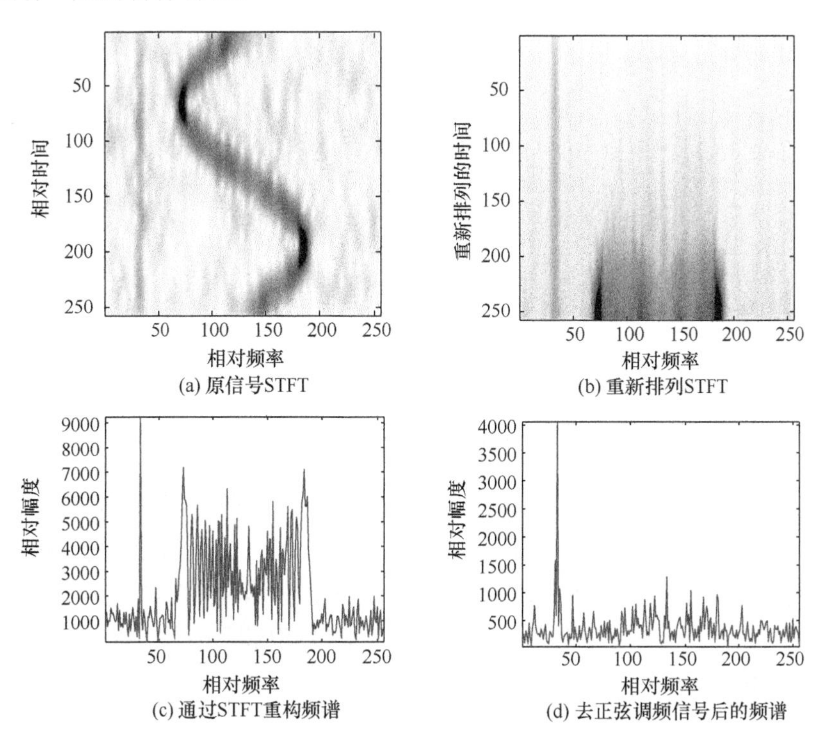

图7.4　含噪声信号模型仿真实验结果

7.3.3　去微多普勒干扰的ISAR成像算法

通过7.3.2节的分析可知此方法在信号分析上有很好的效果，下面将此方法运用到具有旋转部件目标的ISAR成像中，操作步骤具体如下。

(1) 在每个距离单元内，得到信号的STFT分布。

(2) 按照幅值的大小对各个距离单元内信号的STFT进行重新排列。

(3) 取固定的门限值，对于幅值较大的元素予以剔除。

(4) 各个距离单元剩下的元素沿着时间轴进行累加求和，得到去除微多普勒效应后的刚体散射点的频谱。

下面用点目标对此方法进行验证。假设点目标由六个散射点组成，五个散射点为刚体散射点，一个为旋转部件散射点，结构示意图如图7.5所示。雷达发射信号载频为10GHz，带宽为300MHz，脉宽为25.6μs，脉冲重复频率为2000Hz，距离向采样频率为 5MHz,成像积累脉冲数为 512,刚体散射点围绕旋转中心的旋转半径为 5m,旋转部件散射点自转半径为 0.2m,旋转频率为 6.67Hz。

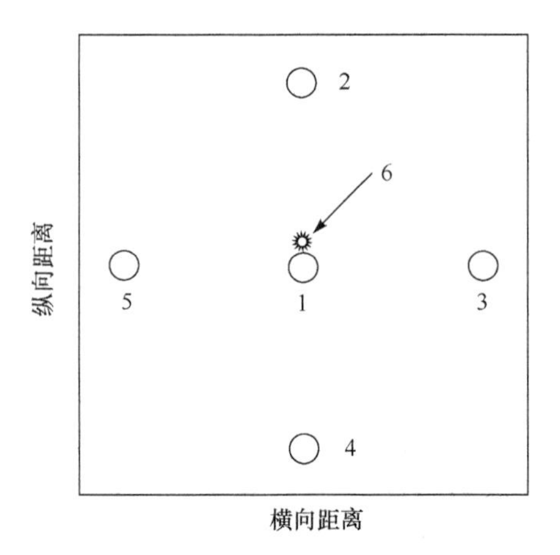

图 7.5　具有旋转部件的目标模型结构

相应的 ISAR 成像结果如图 7.6 所示。由图 7.6 成像结果发现,对于具有旋转部件的目标在运用 RD 算法成像时,旋转部件产生的正弦调频信号的频谱对刚体部分的成像产生严重干扰,甚至完全掩盖了刚体散射点,如图 7.6(a)所示。而本节的信号处理方法能很好地解决这一问题,可以得到去掉微多普勒干扰的 ISAR 像,如图 7.6(b)所示。

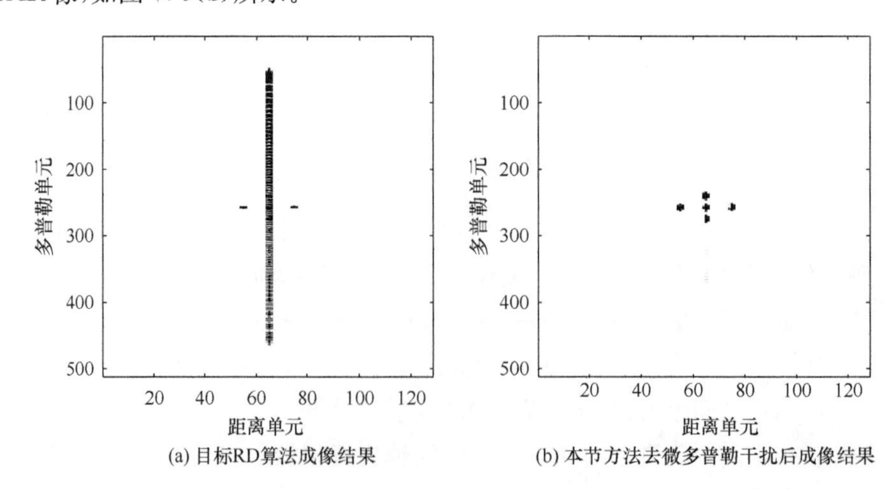

图 7.6　目标 ISAR 成像对比

7.4　改进的去微多普勒效应的 ISAR 成像算法

从 7.3 节的信号处理仿真结果图 7.2(d) 可以发现,恢复的单频信号的主瓣会展宽且有明显的旁瓣,产生此现象的原因解释如下。

在 7.3 节介绍的方法中,重要的操作步骤就是在时频平面内将幅值较大的元素剔除掉,从而剔除正弦调频信号的干扰。这个操作同样剔除了单频信号在时频平面内的某些元素。因此,恢复出的单频信号分量的主瓣宽度会展宽,同时出现旁瓣。为了很好地解决这个问题,本节提出了改进算法。

在剔除微多普勒干扰之后,刚体散射点处 $k=k_0$ 剩余元素的累加求和离散表示为

$$S_L(k_0)=\sigma\sum_{m=0}^{M_Q-1}W(0)\mathrm{e}^{\mathrm{j}2\pi m\times 0/M}=\sigma\times M_Q\times W(0) \tag{7.18}$$

式中,σ 为刚体散射点对应单频信号的幅度值;$W(0)$ 为时频分析选取窗函数的傅里叶变换在零点处的值;M_Q 为剩余元素的个数。由于这三个参数都是固定值,可以通过求出刚体散射点处的 $S_L(k)$ 的值,估计出其对应的单频信号幅度值,单频信号的频率值可由 k_0 估计得到,这样就能够估计出刚体散射点对应的单频信号。改进算法的 ISAR 成像框图如图 7.7 所示。

基于此改进的信号处理算法,进行一维信号的仿真验证,设信号具有如下形式:

$$s(m)=\mathrm{e}^{\mathrm{j}0.5\pi m}+15\mathrm{e}^{\mathrm{j}96\cos(2\pi m/256)} \tag{7.19}$$

短时傅里叶变换时选择窗长为 $M/8$ 的汉宁窗,其中 $M=256$,仿真结果如图 7.8 所示。其中,图 7.8(a)所示为该信号的 STFT;图 7.8(b)所示为重新排列后的 STFT;图 7.8(c)所示为通过累加得到重构的 STFT;通过上述分析可知剔除微多普勒部分也会造成单频信号成分的丢失,图 7.8(d)的结果充分地反映出这一现象;而直接恢复出的单频信号会由于数据缺失产生主瓣展宽的现象,如图 7.8(e)所示;运用参数估计方法能很好地解决这一问题,结果如图 7.8(f)所示。

本节也对多分量信号进行仿真分析,其信号模型为

$$s(m)=\sum_{i=1}^{5}\mathrm{e}^{\mathrm{j}y_{Bi}m}+5\mathrm{e}^{\mathrm{j}96\cos(2\pi m/256)} \tag{7.20}$$

式中,$y_{Bi}=[1.7\pi,1.8\pi,1.9\pi,2\pi,2.1\pi]$,计算 STFT 时的窗长为 $M/4$,$M=256$,窗函数同样选择汉宁窗,仿真结果如图 7.9 所示。其中,图 7.9(a)所示为该信号的 STFT;图 7.9(b)所示为重新排列后的 STFT;图 7.9(c)所示为通过累加得到重构

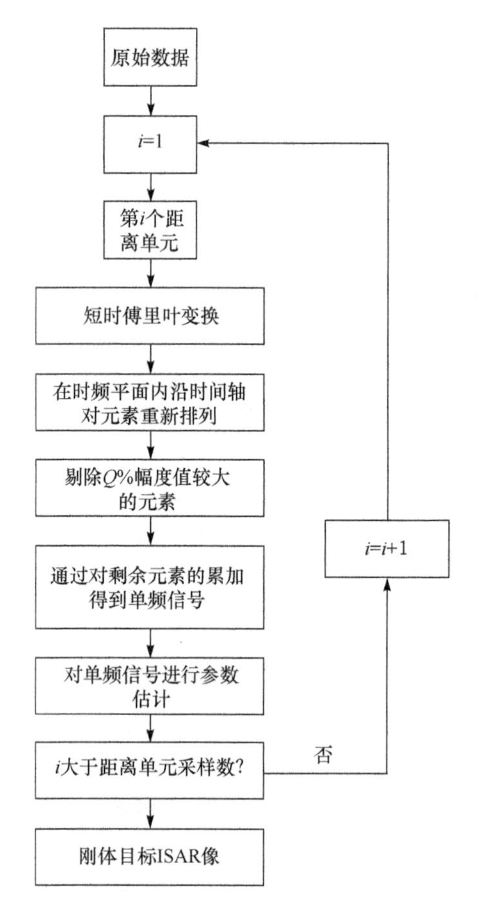

图 7.7　改进算法成像框图

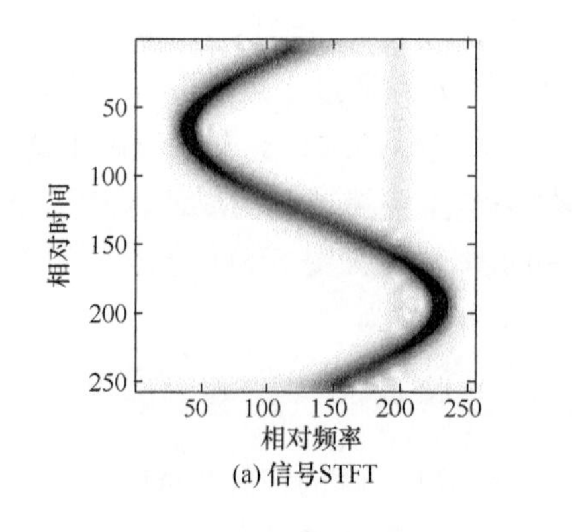

(a) 信号STFT

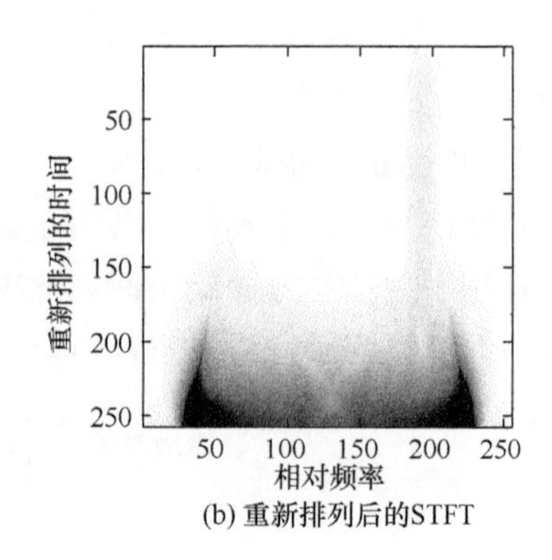

(b) 重新排列后的STFT

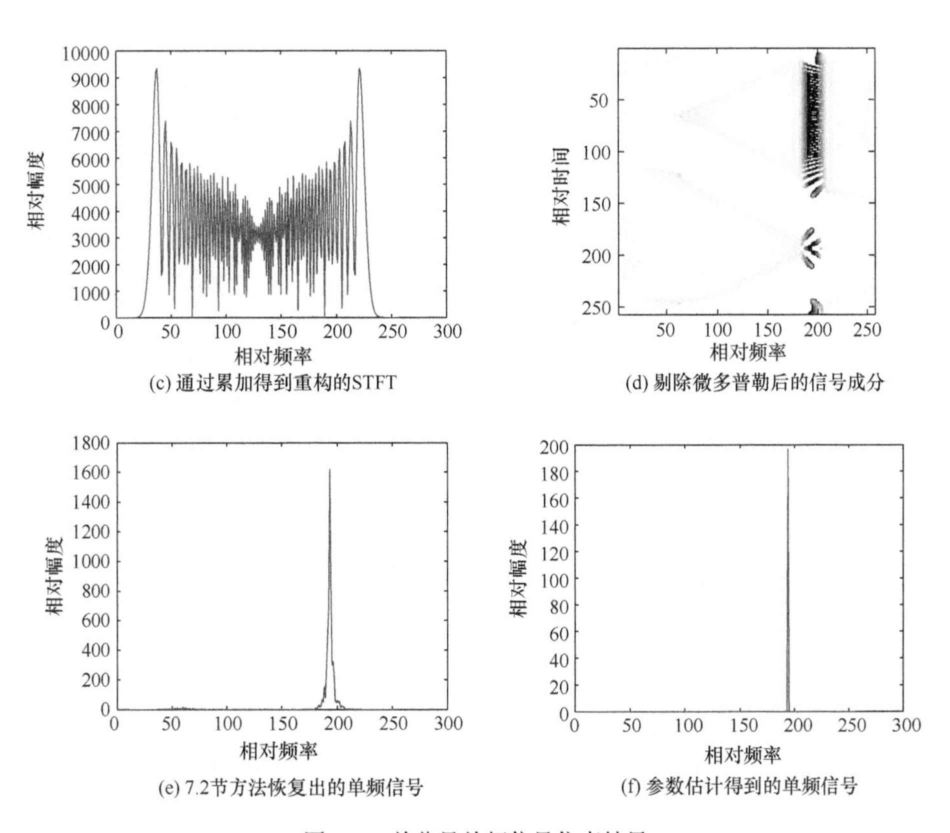

(c) 通过累加得到重构的STFT　(d) 剔除微多普勒后的信号成分

(e) 7.2节方法恢复出的单频信号　(f) 参数估计得到的单频信号

图 7.8　单分量单频信号仿真结果

的 STFT；图 7.9(d)所示为剔除微多普勒后的剩余信号成分；图 7.9(e)所示为采用 7.2 节方法恢复出的单频信号；图 7.9(f)所示为采用参数估计方法得到的单频信号，此时的主瓣展宽现象和旁瓣均得到很好的抑制。

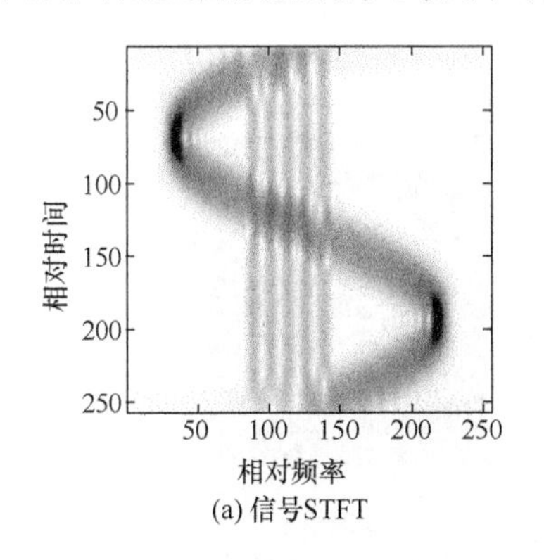

(a) 信号STFT

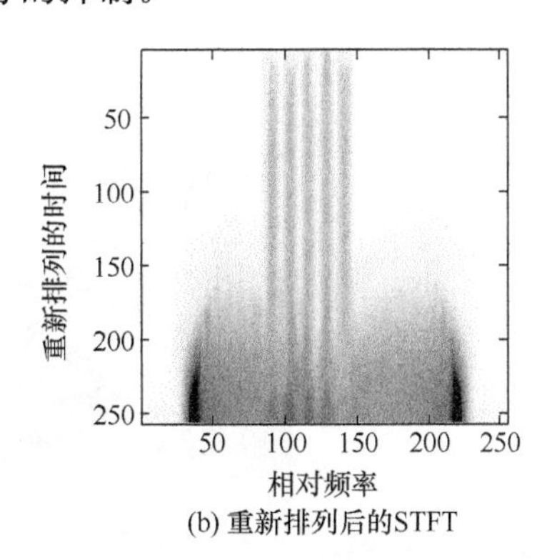

(b) 重新排列后的STFT

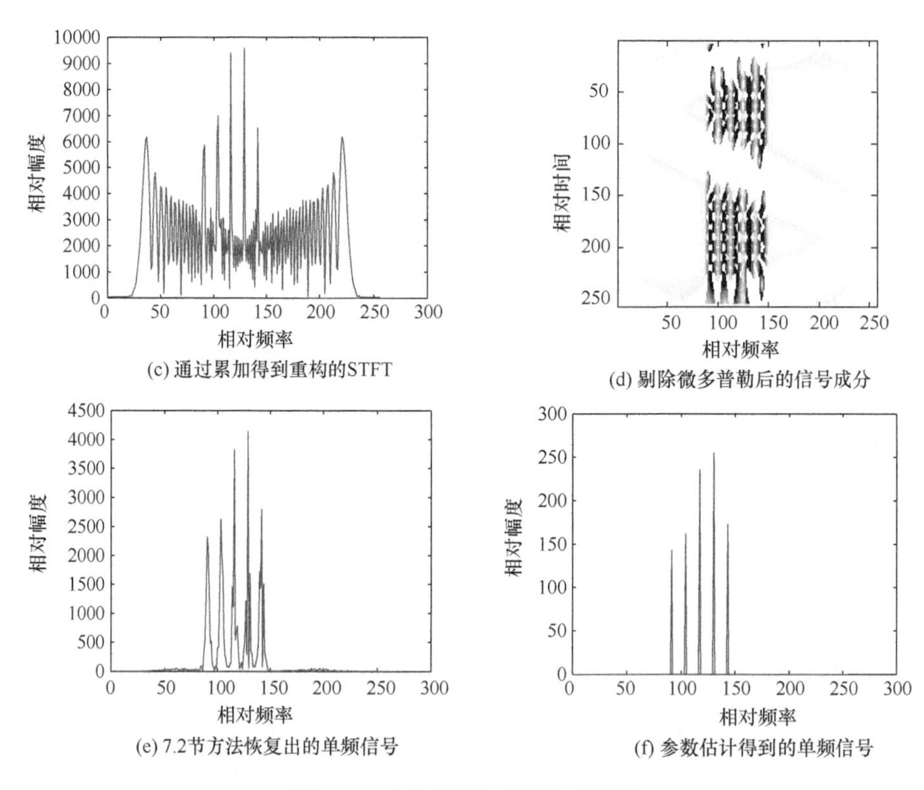

图 7.9　多分量单频信号仿真结果

根据上述 ISAR 成像框图，得到基于改进算法的仿真飞机的 ISAR 像，如图 7.10 所示。仿真参数为：带宽为 400MHz，载频为 5.52GHz，脉冲重复频率为 400Hz，横向纵向采样点数均为 256。图 7.10(a)所示为采用距离-多普勒算法的成像结果，微多普勒干扰非常明显；图 7.10(b)和(c)所示为分别采用 7.2 节和本节方法所得到的成像结果，此时微多普勒干扰得到了抑制。

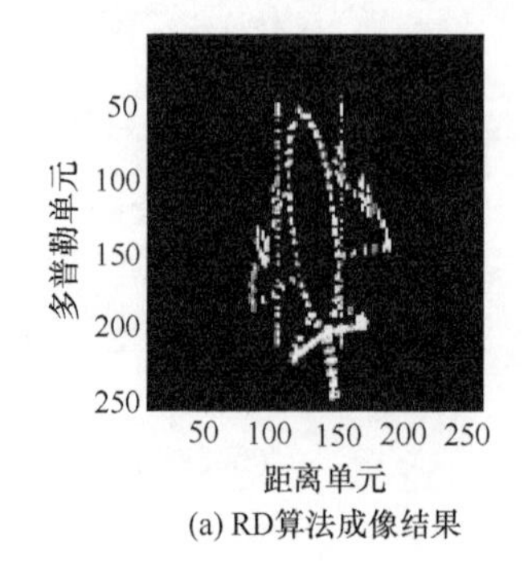

(a) RD算法成像结果

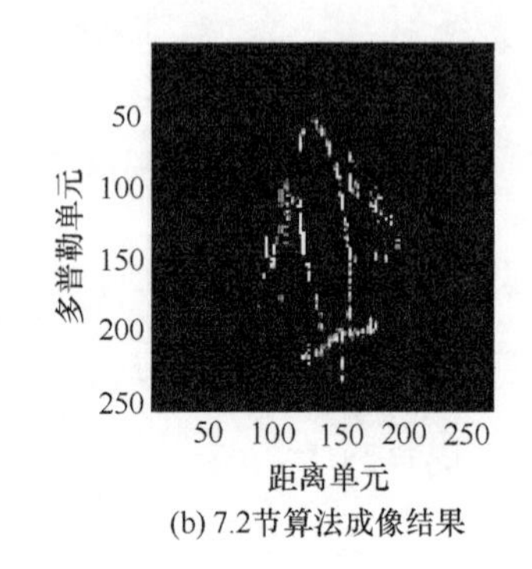

(b) 7.2节算法成像结果

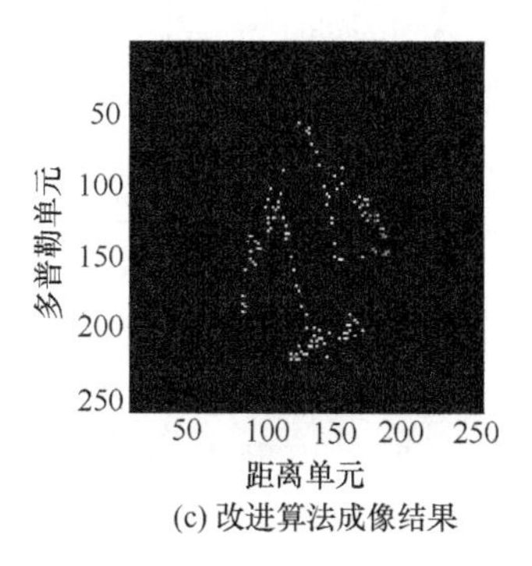

(c) 改进算法成像结果

图 7.10　仿真数据成像结果

通过图 7.10(b)与图 7.10(c)的对比可以看出，改进算法很好地解决了 7.2 节算法中成像结果散射点出现模糊的问题，得到质量很好的去除微多普勒干扰后的目标 ISAR 像。

7.5　本章小结

本章首先通过建立 ISAR 成像模型分析了微多普勒效应的影响，然后分别运用短时傅里叶变换方法及改进的参数估计算法去除微多普勒效应，最后通过信号仿真及点目标成像模型验证信号处理方法及成像算法的有效性，获得去除旋转部件后刚体目标的 ISAR 像。

参 考 文 献

[1] 康健. 非合作目标 ISAR 成像方法研究[D]. 哈尔滨：哈尔滨工业大学，2015.

[2] Chen V C, Li F, Ho S S, et al. Analysis of micro-Doppler signatures[J]. IEE Proceedings—Radar, Sonar and Navigation, 2003, 150(4): 271-276.

[3] Chen V C. Micro-Doppler effect in radar, Part Ⅰ: Phenomenon, physics, mathematics, and simulation study[J]. IEEE Transactions on Aerospace and Electronic Systems, 2006, 42(1): 2-21.

[4] Bai X, Zhou F, Xing M, et al. High resolution ISAR imaging of targets with rotating parts[J]. IEEE Transactions on Aerospace and Electronic Systems, 2011, 47(4): 2530-2543.

[5] Totir F, Radoi E. Superresolution algorithms for spatial extended scattering centers[J]. Digital Signal Processing, 2009, 19(5): 780-792.

[6] Martorella M. Novel approach for ISAR image cross-range scaling[J]. IEEE Transactions on Aerospace and Electronic Systems, 2008, 44(1): 281-294.

[7] Martorella M, Berizzi F. Time windowing for highly focused ISAR image reconstruction[J]. IEEE Transactions on Aerospace and Electronic Systems, 2007, 41(3): 992-1007.

[8] Zhang Q, Yeo T S, Tan H S, et al. Imaging of a moving target with rotating parts based on the Hough transform[J]. IEEE Transactions on Geoscience and Remote Sensing, 2008, 46(1): 291-299.

[9] Li J, Ling H. Application of adaptive Chirplet representation for ISAR feature extraction from targets with rotating parts[J]. IEE Proceedings—Radar, Sonar and Navigation, 2003, 150(4): 284-291.

[10] Thayaparan T, Abrol S, Riseborough E, et al. Analysis of radar micro-Doppler signatures from experimental helicopter and human data[J]. IEE Proceedings—Radar, Sonar and Navigation, 2007, 1(4): 288-299.

[11] Thayaparan T, Suresh P, Qian S. Micro-Doppler analysis of rotating target in SAR[J]. IET Signal Processing, 2010, 4(3): 245-255.

[12] Bai X, Xing M, Zhou F, et al. Imaging of micromotion targets with rotating parts based on empirical-mode decomposition[J]. IEEE Transactions on Geoscience and Remote Sensing, 2008, 46(11): 3514-3523.

[13] Yuan B, Chen Z, Xu S. Micro-Doppler analysis and separation based on complex local mean decomposition for aircraft with fast-rotating parts in ISAR imaging[J]. IEEE Transactions on Geoscience and Remote Sensing, 2014, 52(2): 1285-1298.

[14] Stankovic L, Thayaparan T, Dakovic M, et al. Micro-Doppler removal in the radar imaging analysis[J]. IEEE Transactions on Aerospace and Electronic Systems, 2013, 49(2): 1234-1250.

[15] Djurovic I, Stankovic L, Bohme J F. Robust L-estimation based forms of signal transforms and time-frequency representations[J]. IEEE Transactions on Signal Processing, 2003, 51(7): 1753-1761.

[16] Stankovic L, Popovic-Bugarin V, Radenovic F. Genetic algorithm for rigid body reconstruction after micro-Doppler removal in the radar imaging analysis[J]. Signal Processing, 2013, 93(7): 1921-1932.

[17] Tang K S, Man K F, Kwong S, et al. Genetic algorithms and their applications[J]. IEEE Signal Processing Magazine, 1996, 13(6): 22-37.

第 8 章　舰船目标的 ISAR 成像

8.1 引　　言

对于飞机目标的逆合成孔径雷达(ISAR)成像，国内外已经有了比较深入的研究，而舰船目标的雷达成像在国防上也同样具有重要意义。目前对于有关舰船目标成像的研究逐渐引起国内外专家学者的重视，许多关键性的问题逐渐得到解决[1-15]。因此，本章对舰船目标的 ISAR 成像进行专门介绍，其主旨是基于本书所提出的信号处理新方法来提高舰船目标的成像质量。

不同于其他空间飞行目标，舰船目标具有体积大、航行速度低、高海情下自身转动明显的特点，这使得对于舰船目标的 ISAR 成像需要面临成像积累角较小且成像平面不固定的问题。为此，本章引入三维成像技术，设计并提出一系列有效的方法应对各种海情下舰船目标的成像问题。

考虑到距离-瞬时多普勒(RID)成像算法的局限性，本章分别提出基于角运动参数估计的最优成像时间选取算法和基于多普勒中心估计的最优成像时间选取方法，用于选取能够通过传统的距离-多普勒(RD)成像算法得到适用于不同应用场景下的最优成像积累时间段。

为了获得舰船目标的真实信息，同时克服舰船目标二维成像中高度信息缺失的问题，本章引入干涉逆合成孔径雷达(interferometric inverse synthetic aperture radar，InISAR)三维成像技术对舰船目标进行三维成像。在采用双基雷达配制的前提下，分别设计基于最优成像时间段选取的舰船目标 InISAR 三维成像算法和基于线性时频分析的舰船目标 InISAR 三维成像算法。基于压缩感知(compressed sencing，CS)技术的超分辨成像算法和分数阶傅里叶变换(fractional Fourier transform，FRFT)线性时频分析的知识也被用于其中。两种算法均可以成功地对舰船目标进行三维恢复，从而得到真实可靠的舰船目标信息。

当采用的二维 ISAR 图像中出现散射点重合的情况时，采用 InISAR 三维成像技术对舰船目标进行成像就会因测角误差出现“角闪烁”现象。为此，本章特引入收发合一(MIMO)分布式雷达配置，通过合理地对信号和阵列布形进行设计，利用空间分割的方法对舰船目标进行单次快拍成像。为了降低硬件成本，还引入特别针对二维信号的 CS 高分辨成像算法，最终得到可以反映舰船目标真实信息的三维坐标图像。

8.2 舰船目标的最优成像时间段选取

有时为了避免因使用距离-瞬时多普勒成像算法时带来的不便,我们仍会寻找其他方法使距离-多普勒成像算法在对舰船目标进行成像时仍然适用。实际中雷达录取回波进行成像,对应不同的时间起止点可能会得到不同质量的成像效果。因此,为了方便后期对成像目标的特征提取及识别,选择最优的成像时间就显得尤为重要。最优成像时间的选取主要可以通过两种方法来完成:方法一:对本身具有三维转动的舰船目标的垂直角运动矢量 w_v 和合成角运动矢量 w_e 的变化规律进行估计,通过分析两者运动变化规律选择合适的成像起始时刻,确保投影平面为舰船目标的俯视图或侧视图;利用图像熵准则(或图像对比度等其他准则)获得最优的成像积累时间,进而利用 RD 成像算法进行成像。方法二:由于方法一的参数估计过程是通过短时间段成像完成的,参数估计精度完全取决于划分时间段内成像质量的好坏,因此具有不可预知性。此外,由于方法一涉及利用成像结果本身进行参数估计,计算量较大,非常影响成像的时效性。因此,可以通过方法二,即多普勒中心估计的方法,选择合适的成像起始和终止时刻。多普勒中心估计直接利用运动补偿后的回波进行,避免了成像质量不高的缺点,计算量较小,但存在投影面不固定的缺点。为了方便后续的特征提取和识别过程,在二维 ISAR 成像中,一般选取可以确定成像平面的最优成像时间选取方法(方法一)。而在三维 InISAR 成像过程中,一般选取方法二,这是因为在实现理想横向分辨的同时,这种方法计算量相对较小,且可以成功保留相位信息,故更加适合三维 InISAR 成像的要求。

在本章将分别对两种最优成像时间段选取方法的原理进行介绍,分析其选取结果的特点,利用实测数据验证两种方法的有效性并比较它们的结果。

8.2.1 基于角运动参数估计的最优成像时间段选取方法

基于角运动参数估计的最优成像时间段选取方法通过估计两种角运动参数的变化规律,根据特定准则所确定的成像时刻进行成像,进而可以得到目标的近似侧视图和俯视图,可用于舰船目标二维图像的自动识别。

1. 基于角运动参数估计的最优成像时间段选取方法原理

如图 8.1 所示,假设在 $t=0$ 时刻,舰船自身坐标系(O',ξ,η,ζ)与固定坐标系(O',X,Y,Z)重合,其原点 O' 即为舰船中心参考点。(O,U,V,W)是雷达视角所在的坐标系。为了分析方便,令 O' 与 O 重合,舰船以速度 v_s 沿 X 轴做匀速直线运动,这里考虑雷达和目标均存在运动的情况,雷达以速度 v_a、高度 H_a 做匀速直线运动,其与舰船之间的距离为 R_a,斜视角为 α,即载机前进方向与雷达视线方向

(radar line of sight,RLOS)之间的夹角,擦地角为 Ψ($\Psi=\arcsin(H_a/R_a)$)。雷达观察舰船的视角为 φ(RLOS 在地面上的投影与舰船纵轴之间的夹角)。ω_{pitch}、ω_{roll} 和 ω_{yaw} 分别代表俯仰、侧摆和偏航的角速度。雷达录取舰船目标回波时,载机飞行也会带来舰船相对于 RLOS 的视角变化,等效转动角速度为 v_a/R_a(忽略舰船航行速度),方向与 RLOS 和载机飞行轨迹所在平面(平面 C)垂直。该矢量相对于舰船自身转动,变化慢,速度小,也可以做为舰船成像转动的来源。图 8.1 中以平面 A 标示了图像投影平面(image projection plane,IPP),其包含 RLOS 且垂直于有效转动矢量 w_e。w_e 是舰船自身三维运动 ω_{pitch}、ω_{roll}、ω_{yaw} 与载机转动矢量 v_a/R_a 的合成矢量在平面 B 上的投影,平面 B 垂直于 RLOS。可以将 w_e 分解到 H 轴和 V 轴并用 w_h 和 w_v 分别表示。w_h 和 w_v 一般称为水平转动矢量和垂直转动矢量,它们的相对大小决定了 w_e 的大小[10]。

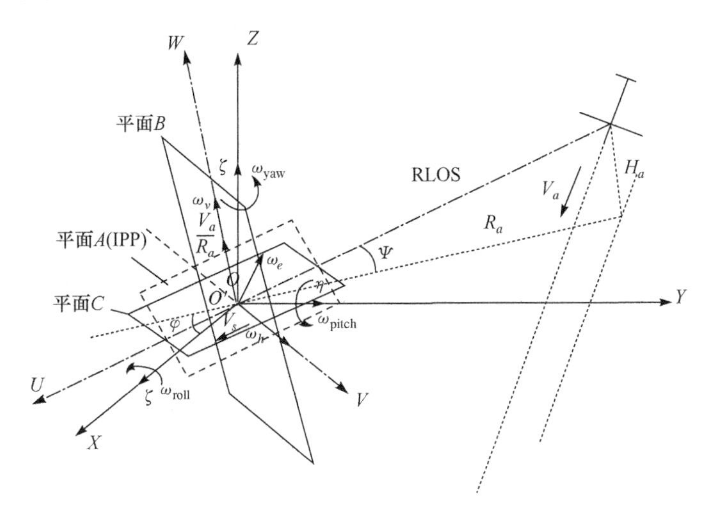

图 8.1　成像几何关系示意图

由图 8.1 可以得到以下几何关系:

$$w_h=\omega_{\text{roll}}\sin\varphi+\omega_{\text{pitch}}\cos\varphi \tag{8.1}$$

$$w_v=\omega_{\text{roll}}\cos\varphi\sin\Psi-\omega_{\text{pitch}}\sin\varphi\sin\Psi+\omega_{\text{yaw}}\cos\Psi+v_a/R_a \tag{8.2}$$

$$w_e=\sqrt{w_h^2+w_v^2} \tag{8.3}$$

从式(8.1)可以看出 w_h 的大小取决于舰船的 ω_{roll} 和 ω_{pitch}。由于擦地角 Ψ 通常很小,w_v 主要取决于 ω_{yaw} 和 v_a/R_a。在高海情(3 级以上)下,船身自身摇摆剧烈。在舰船目标的三维转动中,侧摆运动分量最强,偏航和俯仰分量较弱,载机转动飞行矢量 v_a/R_a 在远距离成像时更小,因此舰船三维转动中的侧摆和俯仰成为成像的主要来源。当 w_h 明显大于 w_v 时,有效转动矢量 w_e 接近于 H 轴,得到的图像是舰船的近似侧视图。当为低海情(3 级及以下)时,舰船本身摇摆较弱,这时载机飞行成为舰船成像的主要来源，且可得出 w_v 明显大于 w_h，w_e 偏向于 V 轴，得到更多的是舰船的近似俯视图。同时还存在一些 w_v 和 w_e 大小相当的情况，这时就得到舰船俯视图和侧视图的混合视图。利用这样的原理，就可以通过估计水平转动矢量 w_h 和垂直转动矢量 w_v 的变化情况来判断舰船目标的近似投影平面。

为了定量分析俯视图和侧视图的成像原理，建立如下回波模型[10]。

如图 8.2 所示，舰船上某一散射点 $P=(\xi^p,\eta^p,\zeta^p)$ 的回波信号可以写为

$$S_{r,p}(t)=a(t)\exp\left[-\mathrm{j}\frac{4\pi}{\lambda}R_p(t)\right] \tag{8.4}$$

式中，λ 为电磁波波长；$a(t)$ 为方位向回波信号幅度调制函数；$R_p(t)$ 为散射点到雷达的距离，可以写为

$$R_p(t)=u^p(t)+R_a(t) \tag{8.5}$$

式中，$R_a(t)$ 和 $u^p(t)$ 分别为雷达载机和散射点在 (O,U,V,W) 坐标系中 U 方向的坐标。由于 $u^p(t)$ 为成像来源，当经过运动补偿后，式(8.5)仅保留该项即可。$u^p(t)$ 可由舰船三维转动矩阵 $\mathrm{Rot}(\theta_u,\theta_v,\theta_w)$ 得到

$$[u^p(t)\ \ v^p(t)\ \ w^p(t)]^{\mathrm{T}}=\mathrm{Rot}(\theta_u,\theta_v,\theta_w)[u_0^p(t)\ \ v_0^p(t)\ \ w_0^p(t)]^{\mathrm{T}} \tag{8.6}$$

式中，$[u_0^p(t)\ \ v_0^p(t)\ \ w_0^p(t)]$ 为散射点在 (O,U,V,W) 的初始坐标。θ_u、θ_v、θ_w 为舰船三维转动在 (O,U,V,W) 坐标系中沿三个方向轴的分解。由于雷达载机与舰船的相对切向运动引起的视角 φ 的变化与舰船的偏航等效，有如下变换关系：

$$\theta_u=\theta_r\cos\alpha-\theta_p\sin\alpha,\quad \theta_v=\theta_r\sin\alpha+\theta_p\cos\alpha \tag{8.7}$$

$$\theta_w=\theta_y+\Delta\varphi \tag{8.8}$$

式中，θ_r、θ_p、θ_y 分别代表舰船侧摆、俯仰、偏航所引起的角度变化；α 为斜视角。

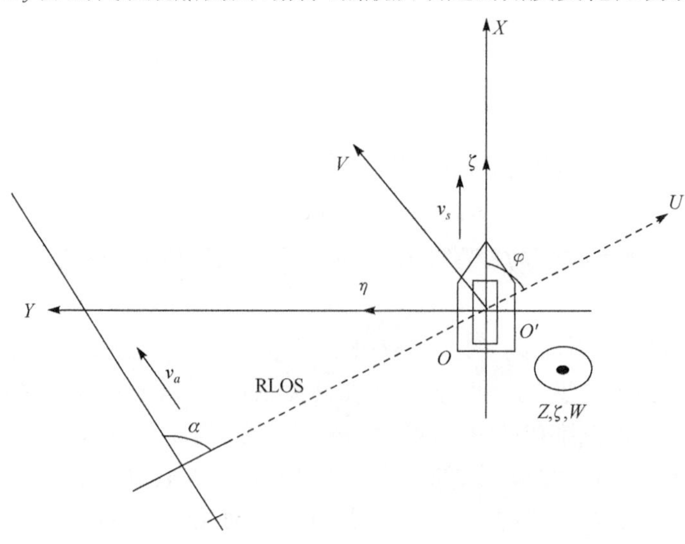

图 8.2　成像几何关系俯视图

此外，在任意的起始时刻，具有如下变换关系：

$$\begin{bmatrix} u_0^p \\ v_0^p \\ w_0^p \end{bmatrix} = \begin{bmatrix} \cos\varphi_0 & -\sin\varphi_0 & 0 \\ \sin\varphi_0 & \cos\varphi_0 & 0 \\ 0 & 0 & 1 \end{bmatrix} \begin{bmatrix} x_0^p \\ y_0^p \\ z_0^p \end{bmatrix} \tag{8.9}$$

$$[x_0^p \ y_0^p \ z_0^p]^{\mathrm{T}} = \mathrm{Rot}(\theta_{r0}, \theta_{p0}, \theta_{y0})[\xi^p \ \eta^p \ \zeta^p]^{\mathrm{T}} \tag{8.10}$$

式中，φ_0 为成像起始时刻雷达视角；$\mathrm{Rot}(\theta_{r0}, \theta_{p0}, \theta_{y0})$ 为该起始时刻距 $t=0$ 时刻舰船三维转动所引起的角度变化旋转矩阵；$[x_0^p \ y_0^p \ z_0^p]$ 为散射点位于指向与参考坐标系一致、原点位于船体中心的坐标系上的三维坐标。

由于 θ_r 和 θ_v 变化一般较小，由式(8.6)可得

$$u^p(t) \approx u_0^p - v_0^p\theta_v + w_0^p\theta_h \tag{8.11}$$

结合式(8.7)、式(8.8)和式(8.9)并对运动补偿后的相位求一阶导数，可得散射点的多普勒频率为

$$f_d^p(t) \approx \frac{2}{\lambda} v_0^p w_v - \frac{2}{\lambda} w_0^p w_h \tag{8.12}$$

式中，垂直转动角速度 w_v 和水平转动角速度 w_h 可由式(8.1)求导得到，即

$$w_h = w_{\mathrm{roll}} \sin\alpha + w_{\mathrm{pitch}} \cos\alpha, \quad w_v = w_{\mathrm{yaw}} + \frac{\mathrm{d}\Delta\varphi}{\mathrm{d}t} \tag{8.13}$$

运动补偿后，式(8.12)可以进一步写为

$$f_d^p(t) = \frac{2}{\lambda} v_0^p w_e \cos\gamma - \frac{2}{\lambda} w_0^p w_e \sin\gamma = \frac{2}{\lambda}(v_0^p \cos\gamma - w_0^p \sin\gamma) w_e \tag{8.14}$$

式中，γ 为 w_e 与 V 轴的夹角；w_e 为合成有效转动角速度矢量。令

$$x_c^p = v_0^p \cos\gamma - w_0^p \sin\gamma \tag{8.15}$$

x_c^p 为垂直于 w_e 的投影平面内方位向的坐标。w_v 和 w_h 的相对大小决定了 γ 的大小。由式(8.13)可知，当 $w_v \to 0$ 时，$\gamma = 90°$，$x_c^p = w_0^p \approx \zeta^p$，散射点的多普勒频率仅与舰船高度相对应，因此可以得到舰船侧视图；当 $w_h \to 0$ 时，$\gamma = 0°$，$x_c^p = v_0^p \approx \xi^p \sin\varphi_0 + \eta^p \cos\varphi_0$，散射点多普勒频率仅与舰船平面上的坐标相对应，因此可以得到舰船的俯视图；当 w_v 和 w_h 大小可比拟时，散射点的多普勒频率取决于其三个维度的坐标大小，$x_c^p = v_0^p \cos\gamma - w_0^p \sin\gamma$，因此可以得到舰船的混合视图。

2. 角运动参数的估计方法

1) w_v 的估计

假设船头和船尾的坐标分别为$(\xi^b, 0, \zeta^{h_0})$和$(\xi^s, 0, \zeta^{h_0})$。由于舰船目标的三维转动角度较小，在任意起始时刻，(x_0^p, y_0^p, z_0^p)近似等于(ξ^p, η^p, ζ^p)。根据式(8.14)，船头船尾的多普勒频率可以分别表示为

$$\begin{cases} f_{d,b}(t)\approx\dfrac{2}{\lambda}(\xi^{b}\sin\varphi_0)w_v-\dfrac{2}{\lambda}(\zeta^{h_0})w_h \\ f_{d,s}(t)\approx\dfrac{2}{\lambda}(\xi^{s}\sin\varphi_0)w_v-\dfrac{2}{\lambda}(\zeta^{h_0})w_h \end{cases} \tag{8.16}$$

它们之间的多普勒频差为

$$f_{d,b,s}(t)\approx\frac{2}{\lambda}(\xi^{b}-\xi^{s})\sin\varphi_0 w_v \tag{8.17}$$

根据式(8.11)和坐标转换关系可得船头船尾散射点斜距之差为

$$\Delta r_{b,s}=(\xi^{b}-\xi^{s})\cos\varphi_0 \tag{8.18}$$

将 $f_{d,b,s}(t)$ 和 $\Delta r_{b,s}$ 相除得

$$m=\frac{f_{d,b,s}(t)}{\Delta r_{b,s}}=\frac{2}{\lambda}w_v\tan\varphi_0 \tag{8.19}$$

可以发现,m 实际代表舰船距离-多普勒图像中舰船船体中心线,即舰船自身坐标系纵轴的斜率。观察时间内载机相对舰船航行和舰船自身偏航引起的视角变化较小,m 的变化主要反映垂直转动分量 w_v 的变化趋势,因此估计 m 即可等效得到 w_v 的变化规律。

在本节中,对船体中心线斜率的估计采用 Hough 变换的方法。一条直线的极坐标可以表示为

$$\rho=x\cos\theta+y\sin\theta \tag{8.20}$$

其 Hough 变换定义如下:

$$G(\rho,\theta)=\int_{-\infty}^{+\infty}\int_{-\infty}^{+\infty}F(x,y)\delta(\rho-x\cos\theta-y\sin\theta)\,\mathrm{d}x\mathrm{d}y \tag{8.21}$$

经过 Hough 变换后,峰值将出现在坐标(ρ,θ)处。由于直线的极坐标和直线的直角坐标存在如下的转换关系:

$$\mu_0=-1/\tan\theta,\quad f_0=\rho/\sin\theta \tag{8.22}$$

利用 Hough 变换可得到峰值所在位置的对应坐标 θ,进而可得到船体中心线的斜率,实现对 w_v 变化的估计。

w_h 的估计原理与 w_v 类似,可以通过对舰船甲板上同一位置不同高度的两个散射点间连线的斜率进行估计。然而,实际情况中符合条件的散射点难以跟踪,因此,对 w_h 的估计可以转化为对 w_e 的估计,结合 w_v 的变化情况,即可反映出 w_h 的变化情况,从而确定投影平面。

2) w_e 的估计

图像在多普勒频域上投影所占的范围称为多普勒展宽。多普勒展宽可以有效地反映有效合成角运动矢量 w_e 的变化趋势,虽然图像的投影平面变化会影响图像上多普勒展宽的范围,但是其大小变化趋势仍然与有效合成角运动矢量相一致。因此直接通过计算 ISAR 图像上目标在方位向所占的最大范围即可获得对 w_e 的

变化趋势的估计。

3. 角运动参数的估计步骤

角运动参数的估计步骤如下：

(1) 将整个回波录取时间分成小的时间段，时间段可以有重叠，对每段时间内的回波进行成像(若图像质量较高，则可以选用简单的 RD 算法以减少计算量；若图像质量较低，则可通过选择较好的时频分析方法并结合距离-瞬时多普勒算法成像，但计算量会大大增加)。

(2) 为排除杂波和噪声干扰，需要进行阈值处理。对时间段内所成图像选择一个灰度门限 I_{th}，将小于门限的像素灰度设为 0，其中 I_{th} 可选择为图像最大灰度值的 1/10。

(3) 利用 Hough 变换，选出变换图像的最大值点，进而得到 θ。根据前面的原理介绍不难发现，舰船中心线的角度值为 $\theta+90°$。

(4) 对距离单元进行搜索，依次找出每个距离单元内灰度值不为 0 的多普勒轴的最高位置和最低位置。用所有距离单元中位置最高的多普勒单元减去位置最低的多普勒单元，即得到所需的多普勒展宽。

(5) 对所有时间段内数据重复步骤(2)～步骤(4)，经过内插和平滑处理，最终得到反映 w_v 和 w_e 的变化规律的曲线。

图 8.3～图 8.6 显示了整个参数估计的过程。图 8.3 所示为所选取时间段所成原图像，经过去噪和阈值处理后得到如图 8.4 所示的结果。图 8.5 显示了利用 Hough 变换估计得到的舰船船体中心线所在位置，图 8.6 给出了舰船目标所成像的多普勒展宽。按照图 8.5 和图 8.6 的估计方法即可得到 w_v 和 w_e 的变化规律。

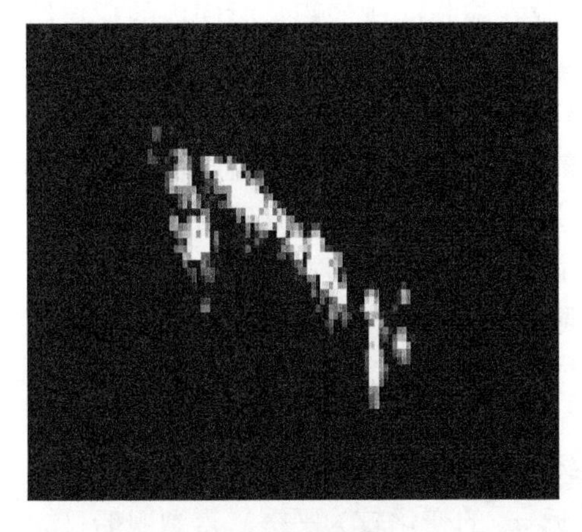

图 8.3 原图像

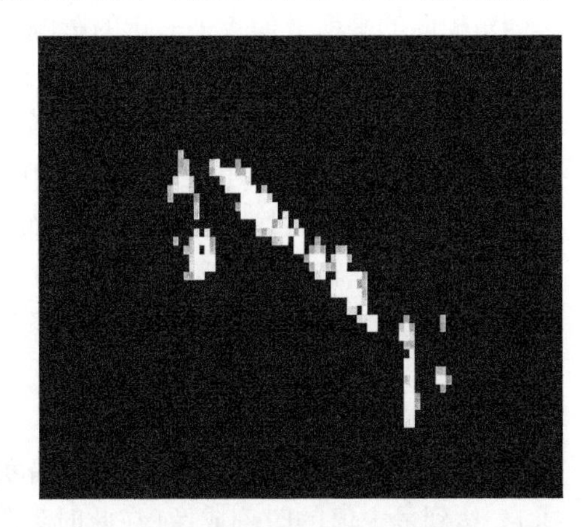

图 8.4 阈值处理后的图像

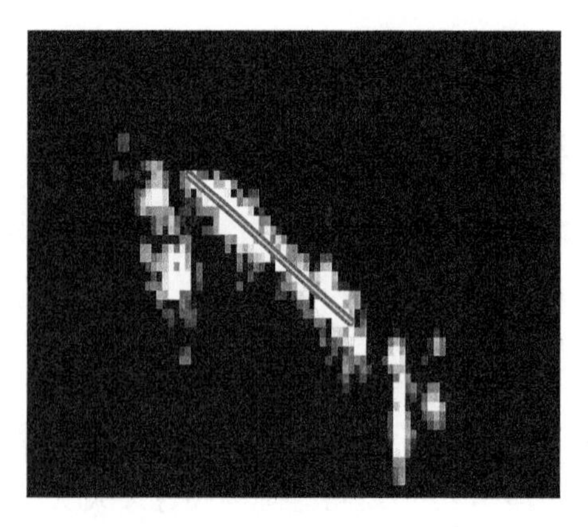

图 8.5 Hough 变换估计的中心线位置

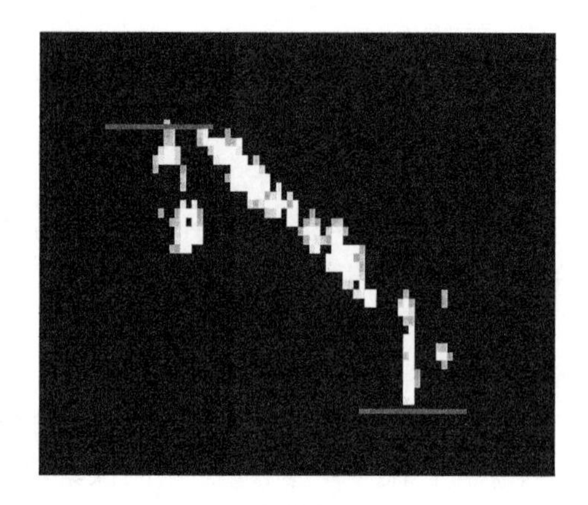

图 8.6 多普勒展宽估计

成像时刻选取准则可以概括如下，即根据 w_e 和 w_v 随时间的变化分情况进行处理。

(1) w_e 幅度较小，且随时间变化也较小，说明实际环境中舰船目标处于低海情中，海面比较平静，载机和舰船的相对航行是产生舰船目标成像所需转角的主要来源。

① 船体几乎不发生摇摆情况。成像仍然依靠成像期间内载机与船体的相对航行，成像投影面在整个观测时间内基本保持不变，w_v 随时间变化也小(幅度很小，且无明显正弦变化)，可以用任意时刻为起始点进行较长时间的平稳成像，最终得到舰船的近似俯视图。

② 船体存在小幅度摇摆。虽然小幅度的摇摆还无法作为成像的来源，但是仍然会对舰船的平稳成像带来一定的影响，导致在较长的成像积累时间内的成像结果存在模糊现象，为此必须选择合适的成像时间段。虽然 w_v 的整体变化幅度较小，但是垂直转动分量仍然会呈现出近似正弦(或余弦)的变化特性(这主要由偏航运动引起)。选择 w_e 较小且 w_v 较大的时刻成像，可以得到舰船的质量较好的俯视图，同时也可以通过选择 w_v 变成零而 w_e 较大的时刻，这时得到的是舰船的侧视图。由于水平转动分量和垂直转动分量都较小，成像积累时间也相对不足，这时所得到的舰船侧视图和俯视图的分辨率普遍较低。

(2) w_e 随时间变化起伏较大，舰船目标自身转动成为成像的主要来源，此时可分以下两种情况进行处理。

① 在整个观察时间内 w_v 的变化幅度较小，说明垂直转动分量 w_v 较弱，则选择 w_e 达到最大值的时刻成像(在此时刻附近 w_e 的变化较为平缓)，得到舰船目标的侧视图。

② w_v 随时间变化起伏较大，选择 w_v 变成零时刻中 w_e 为最大且周围值变化

较为平缓的时刻进行成像，这样就可以得到舰船的侧视图。同时，还可以选择 w_e 最小而 w_v 很大的时刻成像获得舰船目标的俯视图。

总之，选择过程就是当 w_v 取极大值及附近 w_e 较小时，可以成俯视图；当 w_v 取零点值及附近而 w_e 较大时，可以成侧视图。

4. 基于图像熵的最优积累时间选取

首先需要确定初始成像时间和搜索步长(几个脉冲时间即可)。然后在初始时间段上增加积累时间进行成像，若成像结果的图像熵变大，则将迭代方向改为在初始时间段减小积累时间进行成像。接着在之后的迭代过程中，逐步递减步长，但成像时间迭代方向保持不变。最后迭代至步长减为零或成像结果图像熵不再减小。选取此时的成像积累时间作为最优成像积累时间。

5. 最优成像时间段选取结果

选取 X 波段下所得到的距离雷达 5km 小船的录取回波进行最优成像时间段选取，图 8.7 给出了利用该段数据估计得到的 w_v 和 w_e 变化规律。分别选取 t_1 和 t_2 作为成像起始时间点。注意到 t_1 所对应时刻，w_v 达到极大值而 w_e 值很小；t_2 所对应时刻，w_v 的值趋近于 0 而 w_e 的值很大。

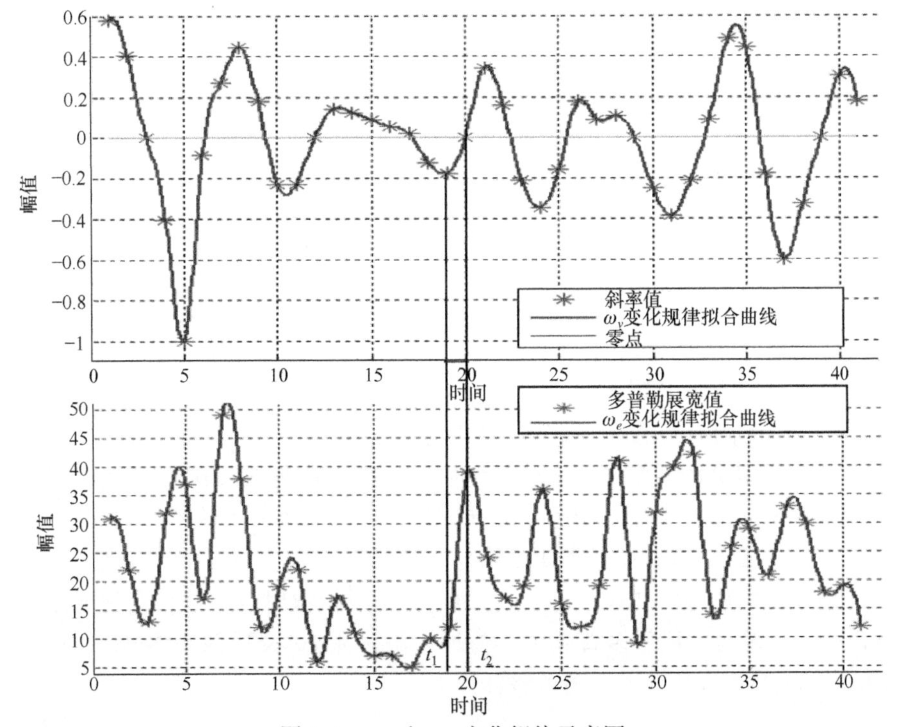

图 8.7　w_v 和 w_e 变化规律示意图

图 8.8 和图 8.9 分别给出了以 t_1 和 t_2 为成像时间点，经过最优成像积累时间积累后得到的舰船目标近似俯视图和近似侧视图。所成图像结果使得前面关于基于角运动参数估计的最优成像时间段选取的原理得到了有效证实。

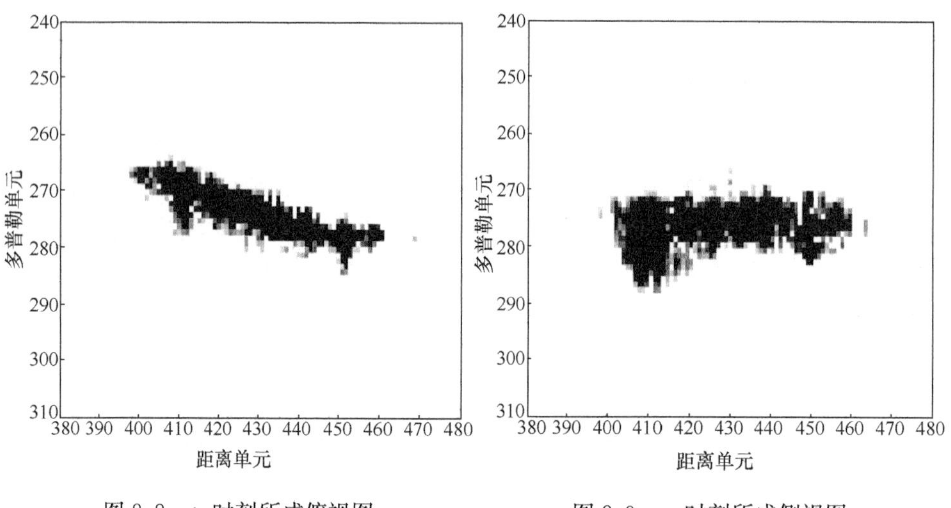

图 8.8　t_1 时刻所成俯视图　　　　图 8.9　t_2 时刻所成侧视图

8.2.2　基于多普勒中心估计的最优成像时间段选取方法

基于多普勒中心估计的最优成像时间段选取方法通过对舰船目标回波的多普勒中心变化规律进行估计，根据相应选取准则，可以得到一段回波中横向分辨率最大的成像时间段。虽然所得图像对于目标的二维识别没有有效作用，但由于保留了分辨良好的散射点的相位信息，十分适用于运算量较大的 InISAR 三维成像。

1. 基于多普勒中心估计的最优成像时间段选取方法的原理

当海情较高时，舰船目标上的散射点由于舰船本身三维运动返回的回波实际上是一种调幅-调频信号，且依据海情不同，该信号的参数也会不同。只有当散射点转动速度较快且幅度较大时，其回波在某段时间上才近似为一线性调频信号。因此要对该段时间进行选取，从而得到最优成像结果。

已经知道，ISAR 图像方位向分辨率数值大小与转角成反比，而散射点多普勒变化与转角成正比。同时，考虑到目标是刚体，其上各散射点转动形式在同一时间总是类似的，故回波的中心多普勒变化与单个散射点的多普勒频率变化一致。因此，估计出回波的多普勒中心变化规律即可得到目标散射点多普勒变化规律，从而选出合适的成像时间段。多普勒中心估计一般采用 SAR 成像中多普勒中心估计常用的时域相关法，其具体原理可解释如下。

当回波经过运动补偿后，其多普勒频率可以认为是关于零频对称的，即为 $S_0(f)$。当多普勒中心存在偏移 f_{dc}时，功率谱变为 $S_b(f)=S_0(f-f_{dc})$，故通过功率谱峰值位置即可估计出多普勒中心 f_{dc}。但由于功率谱峰值处变化较为平坦，这种估计精度较低，为了提高精度，可以通过计算回波的自相关函数 $R_b(\tau)$得到中心值：

$$R_b(\tau)=F^{-1}[S_b(f)]=\exp(\mathrm{j}2\pi f_{dc}\tau)R_0(\tau) \tag{8.23}$$

式中，$F^{-1}(\cdot)$为傅里叶逆变换算子。进而得到精估计：

$$f_{dc}=\frac{1}{2\pi T_r}\mathrm{angle}[R_b(\tau)] \tag{8.24}$$

式中，angle(·)为取相角算子。因为方位回波是离散采样的，所以 $\tau=kT_r$，k 为整数，T_r 为脉冲重复周期。为简单起见令 $k=1$，因此式(8.24)变为

$$f_{dc}=\frac{1}{2\pi T_r}\mathrm{angle}[R_b(T_r)] \tag{8.25}$$

由于单个距离单元的多普勒中心随机性较大，实际中一般对所有距离单元进行多普勒中心估计再平均得到该段数据的多普勒中心。

2. 多普勒中心的估计步骤

回波多普勒中心的变化规律估计十分简单，现主要归纳如下。

(1) 对于进行过运动补偿后录取时间内的回波，从起始点沿着方位向选择一段时间，求取方位向上相邻采样点的共轭乘积。

(2) 求取沿方位向各乘积的和并取其平均值，即完成相关函数的计算。求取沿距离向的和并取其平均，通过式(8.25)求得平均多普勒中心。

(3) 将选取数据段范围沿方位向滑动，可一次得到不同时刻对应的多普勒中心，将这些求取的离散值所组成的曲线进行平滑处理后即可得到多普勒中心随时间变化的曲线。

3. 成像时间段选取实验结果

仍然选取 X 波段雷达，以距离雷达 5km 的小船为目标所得到的录取回波进行多普勒中心估计。图 8.10 给出了该段回波的多普勒中心变化示意图。可以发现，t_1 所对应时间段内，多普勒中心变化近似为线性，且变化范围很大；t_2 所对应时间段内，多普勒中心变换范围很小且变化规律不稳定。

在此，分别以 t_1 和 t_2 所对应时间段进行成像，得到图 8.11 和图 8.12。这两幅图既不是舰船的俯视图也不是舰船的侧视图，直接进行特征提取并不会得到很好的效果。但不难发现，针对同一目标，图 8.11 所得到的舰船目标 ISAR 图像分辨率更高，多普勒展宽更大；而图 8.12 所示的图像多普勒展宽很小，散射点在横向几

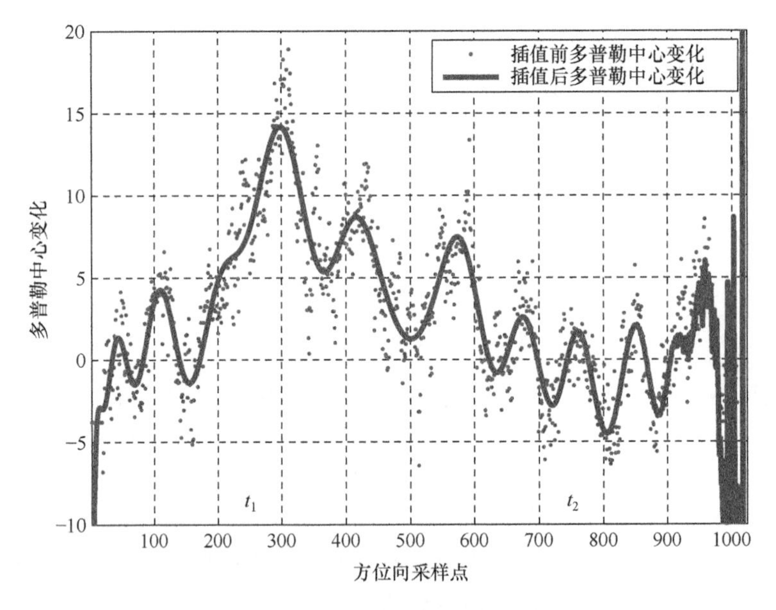

图 8.10 多普勒中心变化示意图

乎没有分辨能力。因此,基于多普勒中心估计的最优成像时间段选择方法的有效性得到了很好的验证。

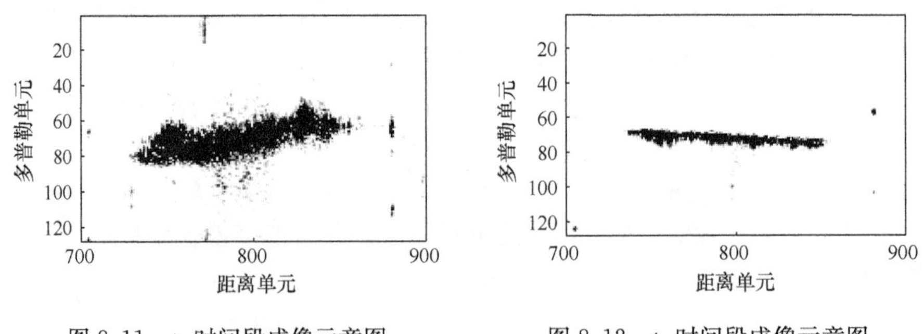

图 8.11 t_1 时间段成像示意图

图 8.12 t_2 时间段成像示意图

8.3 舰船目标的 InISAR 三维成像

由前面得知,在高海情下,舰船目标由于随海面波动自身具有转动,在二维 ISAR 成像中经常出现回波积累时间内成像平面不固定的问题,从而影响成像质量。而低海情下,由于舰船目标的速度普遍较低,利用岸基雷达对舰船目标进行成像需要较长的时间积累,海情的不可预测性为这种成像方式带来了一定的风险。为了有效简化二维 ISAR 成像中所遇到的问题,本节考虑到舰船目标的运动特点，提出专门针对舰船目标的完整的 InISAR 三维成像方法，从而对舰船目标三维坐标进行精确重建，这样既能反映舰船目标的真实信息，也能减轻人们不断提高二维 ISAR 成像质量的负担，具有较高的应用前景。本节主要介绍两种适用于舰船目标这种具有复杂运动情况的成像目标的三维 InISAR 成像方法。

第一种是基于最优成像时间段选取的三维成像方法。由于 RID 成像的图像质量与所选取的时间点有关，无法在成像之前预判成像质量，可能需要引入人为干预进行图像质量的判断，这给成像过程带来了很多不便。在这种三维成像方法中，首先利用基于多普勒中心估计的最优成像时间段选取方法挑选出能够实现良好横向分辨的时间段进行成像处理，有效避免了人为干预，不仅如此，为防止所选取成像时间段过短，散射点在横向没有得到有效分离，在二维 ISAR 成像中，特利用压缩感知技术中基于贝叶斯理论的超分辨成像算法对目标进行二维成像处理以实现散射点在横向的更好分离。相比于其他超分辨成像算法，这里采用的超分辨算法具有更高的抗噪性且可以成功保存目标的相位信息，进而成功地对目标进行三维重建。

第二种是基于线性时频分析的三维成像方法。因为不同时刻的像对应于不同时刻的瞬时投影，其距离-瞬时多普勒图像的形状和姿态也都是不一样的。虽然针对舰船目标这种具有复杂运动的目标可以采用 RID 方法提高成像质量，但由于其多普勒维度的不确定性，获得的二维 ISAR 瞬时投影有时并不利于目标识别。但是，对于 InISAR 三维成像，只要用于成像的二维 ISAR 图像能够成功保存散射点的相位信息，就可以完成三维重建。因此，RID 成像算法是十分适用的。需要注意的是，为了成功保存目标的相位信息，必须选用线性时频分析方法。本节采用的基于分数阶傅里叶变换的线性时频分析方法，相比于其他线性时频方法，它具有更高的能量聚集能力。

需要说明的是，InISAR 三维成像系统通常结构复杂，无法搭载在如飞机等高速运动物体上，因此通常是固定不动的。而舰船目标本身运动速度太低，在海面较为平静的情况下，若其运动方向与接收雷达视线所成角度较小，则其成像时间段内的转角无法为二维成像带来足够的横向分辨。因此，在此处针对舰船目标的三维成像中，需要引入双基雷达结构配置，以防止特殊情况下舰船目标低速运行所导致的成像失败。此外，由于是针对舰船目标，很多双基雷达配置问题也得到了有效简化。

本节除了对以上两种方法的原理和实现步骤进行详细论证，还利用仿真数据对这两种方法进行实验验证并对其所得出的结果给出了分析。

8.3.1 InISAR 三维成像

本节主要介绍两种适用于舰船目标的 InISAR 三维成像方法。在这之前，先对 InISAR 三维成像的一些基本原理及必要处理过程进行介绍。

1. InISAR 三维成像的基本原理

虽然 ISAR 对非合作目标的二维成像具有很高的分辨率，但该成像二维平面是距离和多普勒维平面，并非真实的物理坐标平面。因此，并不能通过传统的单收发 ISAR 系统所成 ISAR 像来确定成像平面上目标散射点的真实物理位置，这给 ISAR 像本身的目标识别能力带来很大的消极影响。近年来，仿照干涉合成孔径雷达技术，将多天线的干涉技术应用到 ISAR 成像技术中，可以实现远距离运动目标的 InISAR 三维成像[16-48]。InISAR 三维成像的一般步骤可以概括为：首先对每个天线的接收回波进行 ISAR 二维成像处理，在距离向与方位向同时得到高分辨率；然后利用从同一基线得到的两幅 ISAR 像，先对它们进行图像配准再进行干涉处理，就可以获得每个散射点在各基线方向的投影坐标；最后将两组基线的干涉结果进行综合就可以恢复出目标的三维图像。因此，InISAR 三维成像至少需要具有两个独立天线单元的收发分置式雷达成像系统。

为了同时获取目标的高程信息和在未知横向分辨率的情况下进行横向定标，下面将采用三天线结构的收发分置分布式雷达进行 InISAR 三维成像，其几何结构如图 8.13 所示。其中，天线 A 具有发射和接收信号的功能，天线 B 和 C 仅具有接收信号功能；天线 A 与天线 B 之间的距离为 L，目标上 P 点到天线 A、天线 B 间的距离为 R_A、R_B；M 为虚拟的等效成像雷达，其与 P 点间的距离为 R_0，P 点到 M 的水平距离为 X'；v 为目标的运动速度。

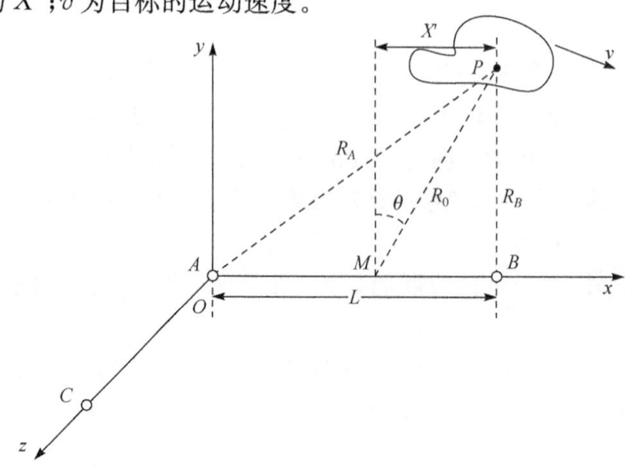

图 8.13 三天线 InISAR 三维成像几何结构

沿 AB 方向观察，假设天线 A 发射的信号为 $s(t)=\rho\exp(\mathrm{j}2\pi f_c t)$，则目标上 P 点反射到天线 A 和天线 B 的回波可以分别表示为

$$s_A(t)=\sigma_1\exp\left[\mathrm{j}2\pi f_c\left(t-\frac{2R_A}{c}\right)\right] \tag{8.26}$$

$$s_B(t)=\sigma_2\exp\left[\mathrm{j}2\pi f_c\left(t-\frac{R_A+R_B}{c}\right)\right] \tag{8.27}$$

式中，σ_1 和 σ_2 分别表示 P 点相对于天线 A 和 B 的散射强度。

将两回波进行干涉处理，可得

$$s_A^*(t)s_B(t)=\sigma_1^*\sigma_2\exp\left(\mathrm{j}2\pi f_c\frac{R_A-R_B}{c}\right)=\sigma_1^*\sigma_2\exp\left(\mathrm{j}\frac{2\pi}{\lambda_c}\frac{2x'L}{R_A+R_B}\right)=\exp(\mathrm{j}\Delta\varphi_{AB}) \tag{8.28}$$

在远场条件下，即满足条件 $R_A+R_B\gg X'$ 和 $R_A+R_B\gg L$ 时，$R_A+R_B\approx 2R_0$，因此，可得

$$X'=\frac{\Delta\varphi_{AB}\lambda_c R_0}{2\pi L} \tag{8.29}$$

因相位差以 2π 为周期，为不产生测距模糊，需满足 $\left|\frac{2\pi X'L}{\lambda_c R_0}\right|<\pi$，那么最大横距范围为

$$X=\left[-\frac{\lambda_c R_0}{2L},-\frac{\lambda_c R_0}{2L}\right] \tag{8.30}$$

即目标尺寸要位于规定的横距范围内。

同样，对于目标高度信息的测量可以采用相同的方法，在高度方向放置一个天线 C，计算天线 A 和 C 的回波信号差，从而确定目标相对于电轴的高度信息。

当满足远场正视的情况时，可通过雷达测距获得 P 点在 y 轴的坐标。根据以上步骤对目标进行成像，即可获得目标在真实物理空间内的坐标值，从而实现三维成像。

2. InISAR 三维成像的基本步骤

在现实生活中，实际目标往往包含许多个散射点，仅利用上述干涉技术无法对目标散射点进行分辨。因此，要获得目标上各散射点的精确三维坐标，必须在干涉处理前采用相关技术分离散射点。

雷达发射宽带信号，回波经处理后可得到一维距离像，能够实现散射点在纵向的高分辨。显然，在这种情况下，单个距离单元内存在多个散射点，若仅利用基于一维距离像的干涉成像技术，散射点之间的相位叠加将会影响三维坐标的恢复。为了解决这个问题，人们引入宽带 ISAR 成像技术，利用脉冲积累提高各距离单元内的横向分辨能力，干涉式 ISAR 成像技术就这样形成了。

一般的 InISAR 三维成像,首先要对各天线所接收的回波进行运动补偿,将其简化为转台模型,然后利用 RD 算法进行成像,以对各距离单元进行横向分辨。由于 ISAR 成像处理和干涉算法都是对信号的线性计算,可以将两幅 ISAR 图像的相位差等效为两种回波的相位差,即 ISAR 处理前后的信号中与散射点坐标相关的相位差是不变的。然而,InISAR 三维成像不仅要解决因目标运动所产生的运动补偿问题,还需要解决目标运动导致的同一基线方向不同天线所成 ISAR 图像间像素位置的失配问题。沿各基线对配准后的 ISAR 图像进行干涉处理,可以获得散射点在不同坐标轴上的坐标值,从而实现三维成像的目的。具体的成像流程可由图 8.14 进行说明。

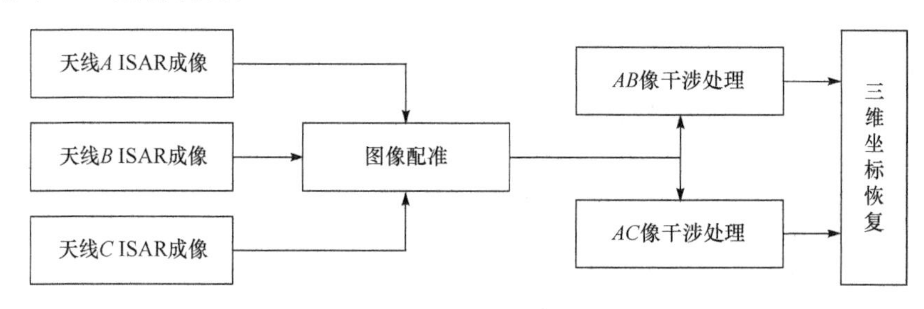

图 8.14 三天线 InISAR 三维成像步骤

需要说明的是,本节所采用的图像配准方法均为基于角运动补偿的图像配准方法,在相关文献中有详细阐述,在此不再赘述。

8.3.2 针对舰船目标的 InISAR 三维成像

相比于其他成像目标,舰船目标有其自身的特点,因此可以有针对性地对其进行 InISAR 三维成像。舰船目标的特点包括:①运动速度较低;②目标体积较大;③在高海情下,成像投影平面(IPP)不固定,相关处理时间(CPI)较短。为此,在本节中一些针对舰船目标 InISAR 三维成像的方法将得到论证。

1. 双基雷达回波模型的建立

由于 InISAR 三维成像系统通常是固定不动的,不难理解,在单基地雷达系统下,当成像目标沿雷达视线(RLOS)运动时,目标与雷达系统的横向相对运动较小,这会导致 ISAR 成像横向分辨率较低,进而导致成像失败。与其他目标如飞机卫星等不同的是,舰船目标即使在沿与 RLOS 成小角度方向运动时也会导致成像失败,这是因为舰船目标的运动速度较低,在相同的 CPI 下,其与雷达相对运动所带来的横向分辨仍然较小。如果提高 CPI,必然会对三天线结构的 InISAR 三维成像系统带来巨大的计算压力,同时海情具有不可预知性,无法保证 CPI 可以得到有效提高。为此,在对舰船目标的 InISAR 三维成像系统中引入双基雷达结构。由于是双基雷达收发分置,即使舰船目标沿 RLOS 运动或沿 RLOS 以小角度运动，其与双基雷达所形成的等效雷达仍可形成较大的横向相对运动，可避免这种情况下的成像失败。同时，考虑到双基雷达可以将发射雷达系统放置在安全不易被探测到的位置，因此舰船目标主动沿 RLOS 方向运动的情况可以得到有效避免。舰船目标只能在海平面运动的特点也为这种情况下双基雷达体制下的信号处理带来一定的便利。

双基雷达下的信号模型如图 8.15 所示。其中 T 是发射雷达，A、B 和 C 是接收雷达系统中的三个接收天线。以圆心 O 建立坐标系(O,U,V,W)。T 和 B 位于 U 轴，C 位于 W 轴。$|AB|=|AC|=L_r$，$|AT|=L_{tr}$。P 是舰船目标上的任意点且 $|AP|=R_{PA}$，$|BP|=R_{PB}$，$|CP|=R_{PC}$，$|TP|=R_{PT}$，M 是 A 中点且 $|MP|=R_{AB}$。P 和平面 WOV 的距离是 u'，$u'=u+L_r/2$。当舰船目标位于远场时，即意味着 $R_{PA}+R_{PB}\gg u$ 且 $R_{PA}+R_{PB}\gg L_r$，$R_{PA}+R_{PB}\approx 2R_{AB}$。$\phi$ 是 AP 和 TP 之间的角度。

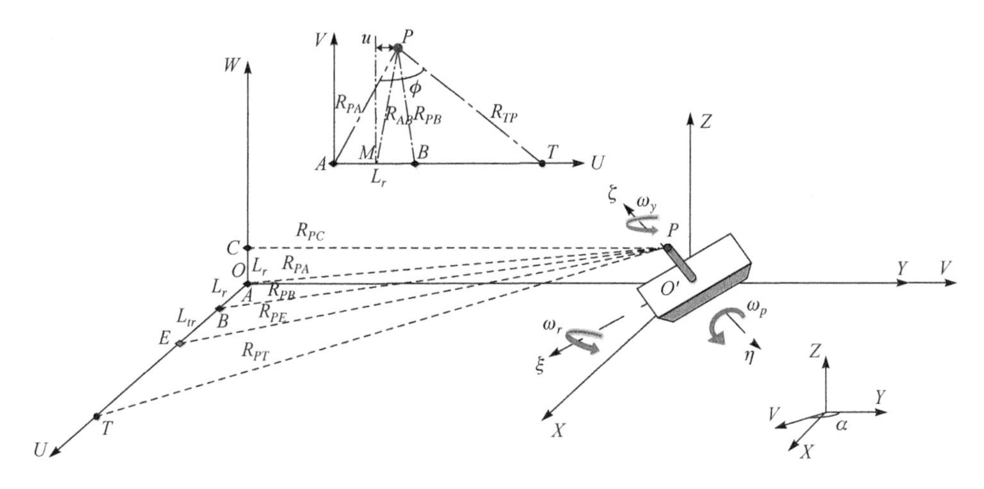

图 8.15　针对舰船目标的双基地 InISAR 三维成像配置示意图

假设由 T 发射的线性调频信号为

$$s(\hat{t},t_m)=\mathrm{rect}\left(\frac{\hat{t}}{T_p}\right)\exp\left[\mathrm{j}2\pi\left(f_c t+\frac{1}{2}k\hat{t}^2\right)\right] \tag{8.31}$$

式中，$\mathrm{rect}(t)=\begin{cases}1, & |t|\leqslant\dfrac{1}{2}\\ 0, & |t|>\dfrac{1}{2}\end{cases}$；$T_p$ 为脉冲宽度；f_c 为载频；k 为调频率；$t_m=mT_r$ $(m=0,1,2,\cdots)$为慢时间；$\hat{t}$ 为快时间且 $\hat{t}=t-mT_r$，其中 T_r 为脉冲重复周期，t 为电磁波传播时间。

为了利用快速傅里叶变换(FFT)得到一维距离像，天线 A、B 和 C 所得到的经过解线调频的信号可以表示为

$$s_R(\hat{t},t_m)=\sum_P \rho_P \mathrm{rect}\left[\frac{\hat{t}-\dfrac{R_{PT}(t)+R_{PR}(t)}{c}}{T_p}\right]\exp[-\mathrm{j}\varphi_R(\hat{t},t_m)],\quad R=A,B,C \tag{8.32}$$

式中，ρ_P 为 P 的散射强度；c 为光速。

为了方便，假设 ρ_P 对所有散射点取相同值。忽略二次项，可得

$$\varphi_R(\hat{t},t_m)\approx\frac{4\pi k}{c}\left(\frac{f_c}{k}+\hat{t}-\frac{2R_{\mathrm{ref}}}{c}\right)\left[\frac{R_{PT}(t)+R_{PR}(t)}{2}-R_{\mathrm{ref}}\right],\quad R=A,B,C \tag{8.33}$$

式中，R_{ref}为参考距离。对 $\hat{t}$ 进行 FFT，可以得到 $s_R(\hat{t},t_m)$的一维距离像，可表示为

$$s_R(\hat{f},t_m)=\sum_P \rho_P T_P \mathrm{sinc}\left\{T_P\left\{\hat{f}+2\frac{k}{c}\left[\frac{R_{PT}(t)+R_{PR}(t)}{2}-R_{\mathrm{ref}}\right]\right\}\right\}\varphi'_R(\hat{f},t_m) \tag{8.34}$$

$$\varphi'_R(\hat{f},t_m)=\exp\left\{-\mathrm{j}\frac{4\pi f_c}{c}\left[\frac{R_{PT}(t)+R_{PR}(t)}{2}-R_{\mathrm{ref}}\right]\right\},\quad R=A,B,C \tag{8.35}$$

以 $s_A(\hat{f},t_m)$ 和 $s_B(\hat{f},t_m)$ 为例，可得

$$\begin{aligned}s_B(\hat{f},t_m)\mathrm{conj}[s_A(\hat{f},t_m)]&=\sum_P|s_A(\hat{f},t_m)||s_B(\hat{f},t_m)|\exp\left\{\mathrm{j}\frac{2\pi f_c}{c}[R_{PA}(t)-R_{PB}(t)]\right\}\\&=\sum_P|s_A(\hat{f},t_m)||s_B(\hat{f},t_m)|\exp(\mathrm{j}\Delta\varphi_{AB})\end{aligned} \tag{8.36}$$

因为 $R_{PA}-R_{PB}=\dfrac{2uL_r}{R_{PA}+R_{PB}}$，所以可得

$$u'=u+\frac{L_r}{2}=\frac{cR_{AB}\Delta\varphi_{AB}}{2\pi f_c L_r}+\frac{L_r}{2} \tag{8.37}$$

当

$$|\Delta\varphi_{AB}|=\left|\frac{2\pi f_c L_r u}{cR_{AB}}\right|>\pi \tag{8.38}$$

即

$$u\in\left(-\frac{cR_{AB}}{2f_cL_r},\frac{cR_{AB}}{2f_cL_r}\right) \tag{8.39}$$

此时不会出现相位缠绕的现象，否则（即本节信号模型下的斜视情况）必须采取一些措施进行相位解缠绕。

因此，所有的问题可简化为对于 $R_{PR}(t)$，$R=T,A,B,C$ 的表达：

$$R_{PR}(t)=R_{RO'}(t)+R_{O'P}(t)=R_{RO'}(t)+\mathrm{Rot}X^{\mathrm{T}}i_{R'},\quad R=T,A,B,C \tag{8.40}$$

$$X=(x_0^p,y_0^p,z_0^p)=\mathrm{Rot}(\theta_{y0},\theta_{p0},\theta_{r0})(\xi_0^p,\eta_0^p,\zeta_0^p) \tag{8.41}$$

式中，$R_{RO'}(t)$为 RO'($R=T,A,B,C$)的向量，它只会受到目标速度大小和方向的

影响。而 Rot 代表由偏航、侧摆和俯仰所形成的旋转矩阵，它是 t 的函数；$i_R=\frac{R_{RO'}(t)}{|R_{RO'}(t)|}$，$R=T,A,B,C$。对于高海情下的舰船目标，Rot 能够产生较大的影响且不能被忽略，它是造成 CPI 较短的主要原因。此外，由于 Rot 变化的复杂性，Rot 不容易被预测和检验。因此，为了实现舰船目标的三维重建必须采取措施来减少 Rot 的影响。

由于舰船目标总是在 UOV 平面上以低速运行，许多关于双基雷达的问题可以得到简化。另外，双基雷达配制会使 InISAR 三维成像所得到的目标坐标与其真实坐标有所偏移，因此需要通过一定变换得到真实的坐标值。

2. 双基雷达舰船目标成像实验

本实验的目的是描述双基配制在针对舰船目标 InISAR 三维成像过程中的必要性。由于三维 InISAR 雷达系统通常是不动的，当海面相对平静时，舰船目标与雷达系统之间的相对运动主要由舰船目标提供。在本次实验中不讨论目标沿 RLOS 运动时的情况，该情况下所有成像目标均会面临相同的成像问题；相反，主要论证小角度时由舰船目标低速运动导致的成像失败。雷达系统的详细参数如表 8.1 所示。

表 8.1　雷达系统参数设置

参数	设置值
脉冲重复频率/Hz	625
系统带宽/MHz	200
载波频率/GHz	10
脉冲宽度/μs	10
脉内采样率/MHz	25.6
信噪比/dB	25
基线长度/m	2
双基距离/m	5000

目标在坐标系(O,U,V,W)中的初始位置为$(U_0=0\text{m},V_0=10\text{km},W_0=0\text{m})$。舰船的三维转动包括偏航(yaw)、侧摆(roll)和俯仰(pitch)。舰船目标的瞬时角运动可以描述为

$$\theta_j(t)=Q_j\sin(\omega_j t+\delta_j),\quad j=\text{yaw},\text{pitch},\text{roll} \tag{8.42}$$

式中，ω_j 为角速度；Q_j 为弧度下的角幅度；δ_j 为 θ_j 的初相。

舰船目标三维仿真模型如图 8.16 所示。其中，图 8.16(a)所示为散射点在 ξ-η 平面上的位置情况；图 8.16(b)所示为散射点在 η-ζ 平面上的位置情况；图 8.16(c)

所示为散射点在 ξ-ζ 平面上的位置情况；图 8.16(d)所示为舰船目标的三维散射点模型。

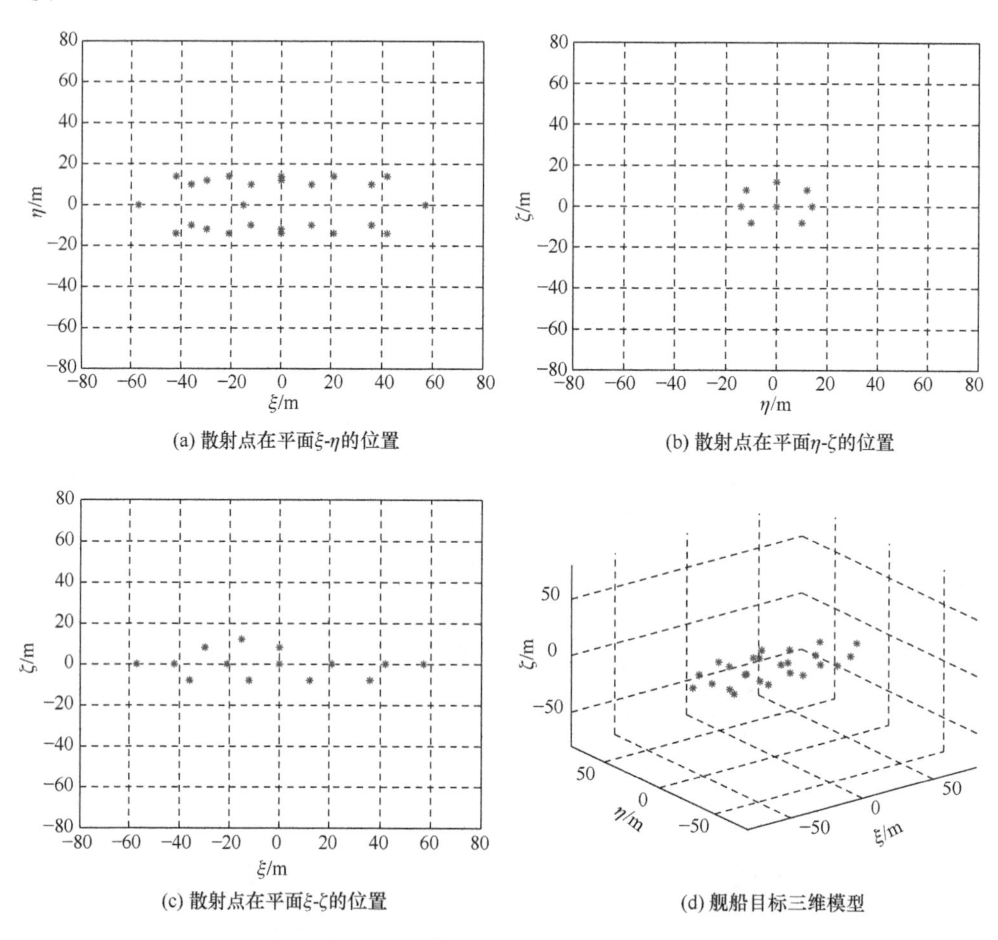

图 8.16　舰船目标三维仿真模型

图 8.17 和图 8.18 采用 256 个回波对目标进行成像。图 8.17 所示为高速舰船目标分别在单、双基雷达配置下的成像结果。其中，图 8.17(a)所示为单基配置下的 ISAR 成像结果，图 8.17(b)所示为双基配置下的 ISAR 成像结果。图 8.18 所示为低速舰船目标分别在单、双基雷达配置下的成像结果。其中，图 8.18(a)所示为单基配置下的 ISAR 成像结果，图 8.18(b)所示为双基配置下的 ISAR 成像结果。图 8.19 采用 1024 个回波对目标进行成像，得到低速舰船目标单基雷达配制下的 ISAR 成像结果。

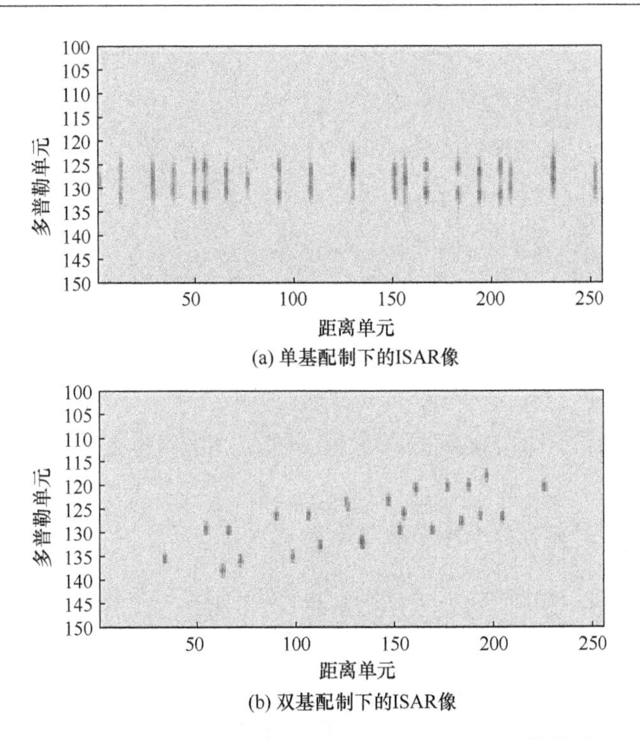

(a) 单基配制下的ISAR像

(b) 双基配制下的ISAR像

图 8.17　高速舰船目标单基双基雷达配制下成像效果

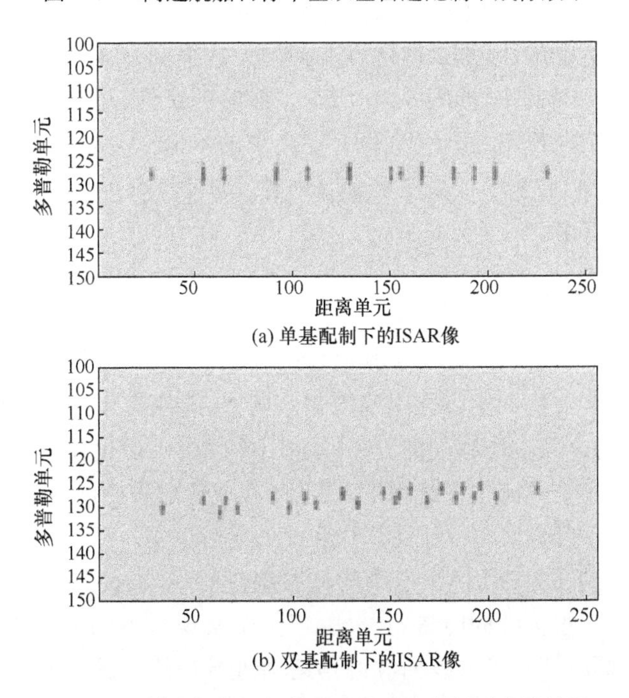

(a) 单基配制下的ISAR像

(b) 双基配制下的ISAR像

图 8.18　低速舰船目标单基双基雷达配制下成像效果

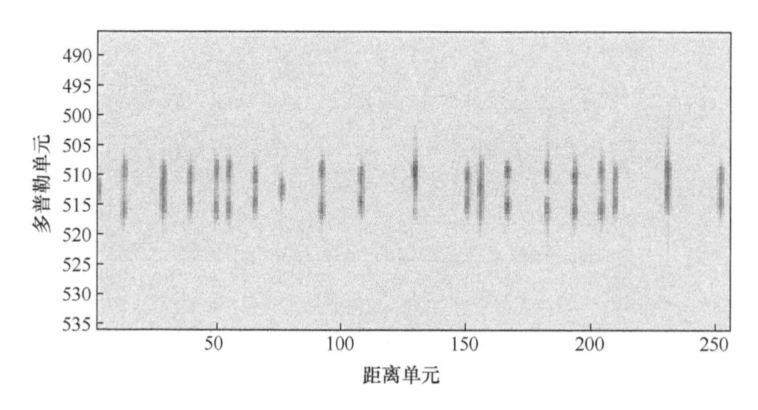

图 8.19 低速舰船目标单基雷达配制下 1024 个回波成像效果

3. 双基雷达舰船目标成像实验结果分析

图 8.17(a)和(b)分别展示了运动速度较高情况下的舰船目标分别在单基和双基雷达配制下所成的 ISAR 图像，可以看到两幅图中的散射点均得到有效分离。然而，在现实生活中舰船目标运动速度一般比较低。图 8.18(a)和(b)展示了运动速度较低情况下的舰船目标分别在单基和双基雷达配置下的成像效果，发现图 8.18(a)中散射点并未得到很好分离。这是因为舰船目标速度比较低，如果目标与雷达之间的相对运动较小，那么散射点在横向无法得到有效分辨。可通过提高成像时间来提高横向分辨率，如图 8.19 所示。能够观察到，尽管成像效果可以达到与图 8.17(a)相近的水平，但所用时间却是以前的 5 倍。考虑到 InISAR 三维成像步骤的复杂性，必然会在三维重建之前带来很大的计算负担。因此，双基雷达配制在 InISAR 三维重建中是十分必要的。

4. 平动补偿和角运动补偿

考虑到舰船目标的速度相对于其他目标较低，且总是运动在 UOV 平面上，许多关于双基雷达配制的问题将会得到简化。例如，即使对于速度达到 100kn 的舰船目标，它在成像时间内所移动的距离(本书中约为 0.1s)也仅仅是 5m。然而，大多数舰船目标并不能达到这样的速度，因此 ϕ 在成像过程中的变化不会太大，使得单基雷达中的运动补偿和 RD 成像算法在此处仍然适用。

前面已经提到在对 InISAR 三维成像系统进行平动补偿时，应利用中心天线所估计的参数对三根天线同时进行补偿，但为了实现对不同天线所成的 ISAR 图像的图像配准，同时要对各天线回波的角运动进行补偿。图 8.20 和图 8.21 即为单基地雷达配制下对天线 A 和 B 接收回波进行角运动补偿前后的 ISAR 图像。

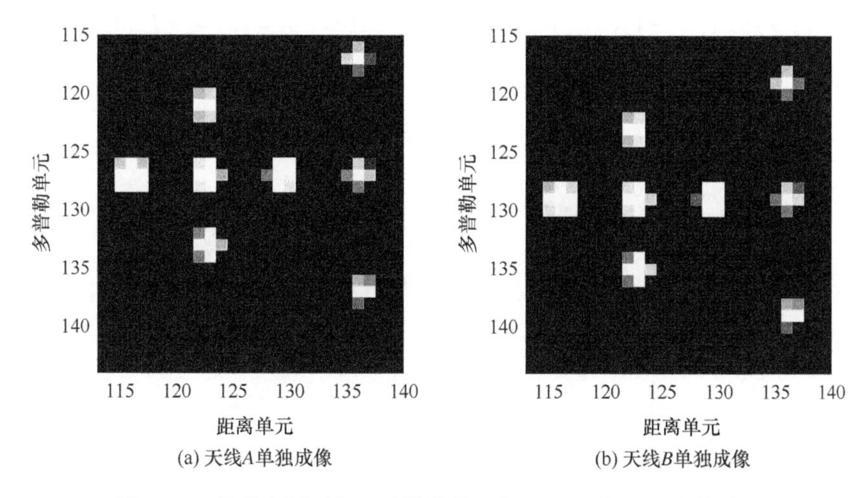

图 8.20　单基配制下角运动补偿前天线 A 和天线 B 的成像效果

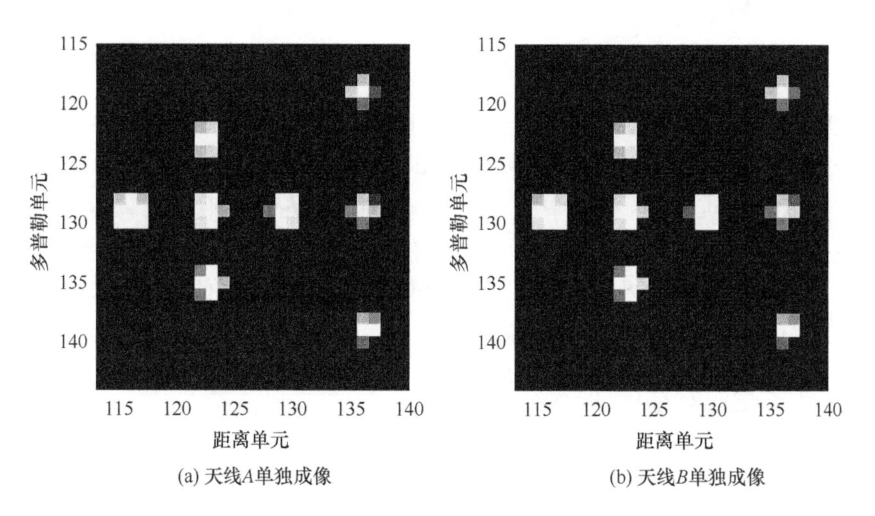

图 8.21　单基配制下角运动补偿后天线 A 和天线 B 的成像效果

可以发现未经角运动补偿的用中心天线 A 所估计的参数进行平动补偿后的天线 B 所成 ISAR 图像在方位向存在一定的平移。经角运动补偿后才将横向平移消除。在双基配制下，针对舰船目标的 InISAR 三维成像遵循同样的原理。

以天线 A 和 B 为例，为了方便，首先忽略由 Rot 造成的目标转动，且假设 O' 位于 V 轴上（即使 O' 不位于 V 轴上仍遵循同样的规律）。正如图 8.22 所显示的，当 O' 移动到 O'' 时，P 移动到 P'，V 轴和 $P'A$ 之间的夹角是 $\beta_{AB}(t)$，PA 和 V 轴之间的夹角是 $\beta_{AB}(t_0)$，基线长度为 L_r。此时可得

$$[R_{PT}(t)+R_{PB}(t)]-[R_{PT}(t)+R_{PA}(t)]=R_{PB}(t)-R_{PA}(t)=-L_r\sin[\beta_{AB}(t)] \tag{8.43}$$

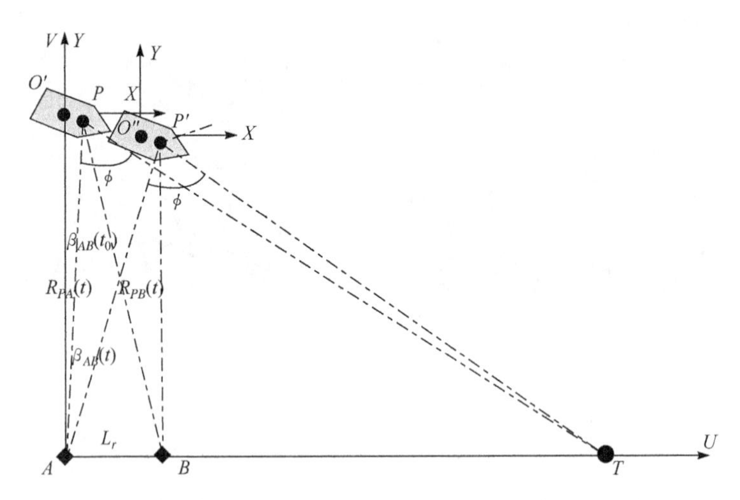

图 8.22　双基配制下舰船目标角运动补偿示意图

现将 Rot 考虑在内，因为PP'与AB 可能不在同一平面，仅能得到

$$R_{PB}(t)-R_{PA}(t)=-L_r\sin[\beta_{AB}(t)]\approx -L_r\beta_{AB}(t) \tag{8.44}$$

由于 Rot 很难估计，本节中的角运动补偿仅仅是一种粗补偿。然而，短 CPI 将会使得式(8.44)的成立变为合理。因为在大多数情况下以及本书所涉及的斜视情况下，$L_r\beta_{AB}(t)$的值很小(小于距离分辨单元)，为了分析方便，假设$L_r\beta_{AB}(t)$在距离向的影响可以忽略。因此，平动补偿后可得

$$s'_A(\hat{f},t_m)=\sum\nolimits_P a\exp\left\{-\mathrm{j}\frac{4\pi f_c}{c}\left[\frac{R_{PT}(t)+R_{PA}(t)-R_{TO'}(t)-R_{AO'}(t)}{2}-R_{\mathrm{ref}}\right]\right\} \tag{8.45}$$

$$\begin{aligned}&s'_B(\hat{f},t_m)\\&=\sum\nolimits_P b\exp\left\{-\mathrm{j}\frac{4\pi f_c}{c}\left[\frac{R_{PT}(t)+R_{PA}(t)-R_{TO'}(t)-R_{AO'}(t)-L_r\beta_{AB}(t)}{2}-R_{\mathrm{ref}}\right]\right\}\end{aligned} \tag{8.46}$$

式中，a 和 b 分别为 $s'_A(\hat{f},t_m)$和 $s'_B(\hat{f},t_m)$的幅度；$\beta_{AB}(t)$可以写为

$$\beta_{AB}(t)=\beta_{AB}(t_0)+\beta'_{AB}\cdot t+\frac{1}{2}\beta''_{AB}\cdot t^2+\frac{1}{6}\beta'''_{AB}\cdot t^3 \tag{8.47}$$

为了分析方便，假设$\beta''_{AB}=\beta'''_{AB}=0$，即 RLOS 以平稳速度旋转，对 t_m 进行 FFT，可得

$$
\begin{aligned}
& s'_A(\hat{f},f_m)\mathrm{conj}[s'_B(\hat{f},f_m)] \\
&= \sum\nolimits_P ab\,\mathrm{sinc}[T_c(f_m-f_{PA})]\mathrm{sinc}\left[T_c\left(f_m-f_{PA}-\frac{f_cL_r\beta'_{AB}}{c}\right)\right]\exp\left[-\frac{2\pi f_cL_r\beta_{AB}(t_0)}{c}\right]
\end{aligned} \tag{8.48}
$$

式中，T_c 为 CPI；f_{PA} 是对应的 P 点在 $s'_A(\hat{f},f_m)$ 的多普勒频率。

不难看出，从天线 B 得到的 ISAR 图像与从天线 A 得到的 ISAR 图像在横向有一个 $\frac{f_cL_r\beta'_{AB}}{c}$ 的平移。因此，需要采取一些措施补偿这部分角运动。这说明最后得到的 $s'_B(\hat{f},t_m)$ 应该为

$$
s'_B(\hat{f},t_m)=s'_B(\hat{f},t_m)\exp\left\{-\mathrm{j}\,\frac{2\pi f_cL_r[\beta_{AB}(t)-\beta_{AB}(t_0)]}{c}\right\} \tag{8.49}
$$

同时，这也意味着从天线 A 和 B 得到的 ISAR 图像得到了配准。这时，问题简化为对 $\beta_{AB}(t)$ 的估计。在这里，我们能够使用文献[47]中的方法对 $\beta_{AB}(t)$ 进行估计。此外，本章对于角运动补偿的方法并不局限于以上情况，对于 $\beta_{AB}(t)$ 的高阶项系数不为 0 的情况也同样适用。这是因为补偿的过程在对 t_m 进行 FFT 之前就已经完成，所以 $\beta_{AB}(t)$ 的高阶项不会给最后的 ISAR 图像产生任何影响。需要注意的是，这里必须使用 $\exp\left\{-\mathrm{j}\,\frac{2\pi f_cL_r[\beta_{AB}(t)-\beta_{AB}(t_0)]}{c}\right\}$，而不是 $\exp\left[-\mathrm{j}\,\frac{2\pi f_cL_r\beta_{AB}(t)}{c}\right]$ 进行角运动补偿，否则初始相位差将被消除。此外，直接从三根天线得到的 ISAR 图像在斜视情况下发生相位缠绕，这也就意味着不能直接使用由文献[47]中的方法所估计得到的 $\beta_{AB}(t)$ 对角运动直接进行补偿，相反应该用文献[48]中的方法对所得相位进行如下计算，从而消除斜视对横向产生的影响：

$$
\varphi_1=\psi_1,\quad \varphi_{j'+1}=\varphi_{j'}+\Delta\psi \tag{8.50}
$$

$$
\Delta\psi=\begin{cases}\psi_{j'+1}-\psi_{j'}, & |\psi_{j'+1}-\psi_{j'}|<\pi\\ \psi_{j'+1}-\psi_{j'}+2\pi, & \psi_{j'+1}-\psi_{j'}<-\pi\\ \psi_{j'+1}-\psi_{j'}-2\pi, & \psi_{j'+1}-\psi_{j'}>\pi\end{cases} \tag{8.51}
$$

式中，φ 为干涉解缠绕相位；ψ 为干涉缠绕相位；j' 为对应的脉冲序数。

从天线 C 得到的 ISAR 图像也可以使用相同的方法进行运动补偿。此外，因为舰船目标的体积通常很大，海面情况复杂，充斥大量噪声，可以在平动补偿中使用 Keystone 变换消除散射点穿越分辨单元(migration through resolution cell, MTRC)，同时与回波积累相结合得到理想的舰船目标 ISAR 图像。该补偿方法的有效性在后续实验中可以得到证明。

8.3.3　基于最优成像时间段选取的舰船目标 InISAR 三维成像

在介绍了基本的 InISAR 三维成像原理以及针对舰船目标特点对成像流程进

行必要的改进后，本节针对高海情下舰船目标 CPI 较短的特点提出一种具体的舰船目标成像方法，即为基于最优成像时间段选取的方法。此方法中引入压缩感知(CS)的知识，利用所选取的较短的最优成像时间(即较短的 CPI)即可完成高分辨成像，分离 ISAR 图像中重合的散射点。

1. 最优成像时间段选取方法的选择

前面介绍了两种基于最优成像时间段选取的方法，其中基于角运动矢量估计的方法可用于选取所成图像为舰船目标俯视图或侧视图的成像时间段，便于接下来的二维目标识别与分类工作。然而，不容忽视的是，该方法在估计角运动参数的过程中需要选取小时间段进行成像并同时估计两种参数，这对计算量有很大的需求；相反，基于多普勒中心估计的最优成像时间段选取方法只需要估计多普勒中心频率变化规律即可选出横向分辨良好的成像时间段，且过程简单，无需短时成像，大大减少了计算量。考虑到 InISAR 三维成像对所需二维 ISAR 图像的要求仅仅是图像中所有散射点的分离，基于多普勒中心估计的最优成像时间段选取方法是最适用于 InISAR 三维成像的时间段选取方法。需要注意的是，由于本章中成像目标为舰船目标，即使由成像时间段选取方法所选取的成像时间段(即 CPI)是高海情条件下可实现横向分辨最大的成像时间段，由于受复杂海清的影响，该 CPI 仍然较短，无法在横向实现所有散射点的有效分离。为此，必须引入高分辨成像算法对横向散射点进行有效分离。本节将引入 CS 的知识对舰船目标进行高分辨成像，相比于其他超分辨算法，其具有更好的抗噪性。

2. 最优成像时间段选取仿真实验

(1) 实验结果。本实验的目的是证明更为简易的基于多普勒中心估计的最优成像时间选取算法对于 InISAR 三维重建是有效的。在本次实验中，目标运动方向与雷达视线间的夹角为 30°，v=40kn(大约 20.58m/s)。舰船目标的旋转参数如表 8.2 所示。

表 8.2 舰船目标的旋转参数

运动分量	幅度/(°)	角速度/(rad/s)	初始相位/rad
侧摆	15	$2\pi/5.2$	$2\pi/28$
俯仰	1	$2\pi/0.4$	$2\pi/6$
偏航	4.75	$2\pi/14.2$	$2\pi/2$

其他参数设置与表 8.1 相同。

(2) 实验结果分析。图 8.23 展示了本实验仿真条件的回波数据多普勒中心变化规律。其中离散点代表每个脉冲的多普勒中心，实线是插值后多普勒中心变化的拟合曲线。图 8.24 和图 8.25 分别展示了 t_1 和 t_2 时间段下回波所成的 ISAR

图像。不难发现，由 t_1 时间段所成的 ISAR 图像散射点在横向得到了有效分离，而 t_2 时间段所成的 ISAR 图像散射点未得到有效分离，这符合前面对多普勒中心估计的最优成像时间段选取方法的分析。此外，尽管图 8.25 不是可以被有效用于自动目标识别(automatic target recognition，ATR)的 ISAR 二维图像，但由于其散射点之间已得到有效分离，且成功保留了相位信息，对于 InISAR 三维成像系统已足够适用。通过此方法，在高海情下，可以选取到横向分辨能力尽可能大的 CPI 且计算量得到有效减少。

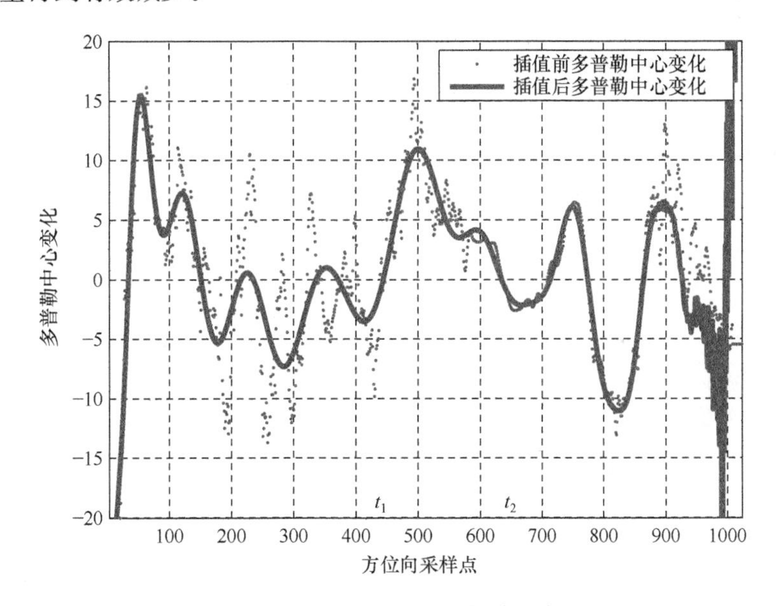

图 8.23　多普勒中心变化规律示意图

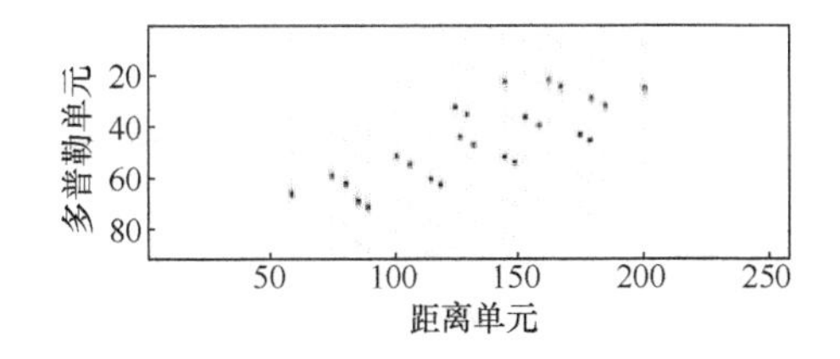

图 8.24　t_1 时间段所成的 ISAR 图像

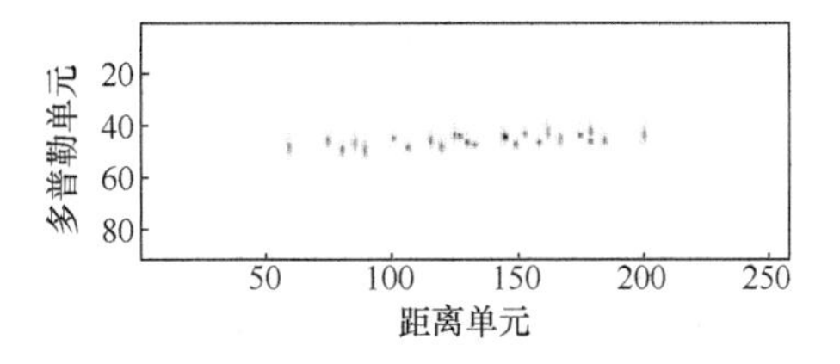

图 8.25　t_2 时间段所成的 ISAR 图像

近年发展起来的 CS 理论指出，在一定条件下通过求解一个 l_1 约束优化问题，未知稀疏信号可利用少量观测数据进行重建。超分辨算法是利用常规采样但较短的数据进行处理，可以视为 CS 处理的一个特例[49-51]。相比于其他超分辨成像算法，利用 CS 技术进行成像可以得到更好的成像质量。在本节中，选用基于贝叶斯知识的压缩感知技术对目标进行超分辨成像。相比于其他 CS 技术，基于贝叶斯知识的CS引入了噪声的后验信息，通过统计建模可对目标信号的稀疏性和噪声量化表达，从而更加精确地实现超分辨成像。

3. 基于贝叶斯知识的压缩感知的基本原理

传统的贝叶斯超分辨(Bayesian super resolution，BSR)算法原理可以概括如下。

离散化前面得到的经过运动补偿、距离压缩后的二维信号 $s'_R(\hat{f},t_m)$，可得到

$$s_R=[s_1,\cdots,s_M]^{\mathrm{T}} \tag{8.52}$$

式中，R 代表天线 A、B 或 C；$s_1,\cdots,s_M$ 是 s_R 的行向量；M 为横向单元数，进而可得

$$s_R=Fa_R+\varepsilon \tag{8.53}$$

根据CS的知识，$a_R=[a_1,\cdots,a_{M'}]^{\mathrm{T}}$，$M'>M$ 即为所需的超分辨成像的结果。像素值对应散射中心的复幅度，ε 表示加性噪声，其维度等同于 s_R。F 起到傅里叶变换的作用：

$$F=\begin{bmatrix} 1 & 1 & \cdots & 1 \\ 1 & \omega & \cdots & \omega^{M'-1} \\ \vdots & \vdots & & \vdots \\ 1 & \omega^{M-1} & \cdots & \omega^{(M'-1)(M-1)} \end{bmatrix}_{M\times M'} \tag{8.54}$$

式中，$\omega=\exp\left(-\mathrm{j}\dfrac{2\pi}{M'}\right)$。

假设 ε 中不同元素为独立同分布随机变量，服从零均值高斯分布，则 ε 的概率密度函数可以表示为

$$P(\varepsilon|\sigma^2)=(2\pi\sigma^2)^{-M}\exp\left(\frac{1}{2\sigma^2}\|\varepsilon\|^2\right) \tag{8.55}$$

s_R 对应的似然函数可以表示为

$$P(s_R|a_R;\sigma^2)=(2\pi\sigma^2)^{-M}\exp\left(\frac{1}{2\sigma^2}\|s_R-Fa_R\|^2\right) \tag{8.56}$$

ISAR成像通常具有非常强的空域稀疏性，利用此稀疏先验性，可有效实现超分辨成像重建。根据贝叶斯知识压缩感知技术，目标信号稀疏性可通过Laplace概率分布函数表征。假设 a_R 中任意元素独立地服从同一Laplace分布，则 a_R 的概率密度函数为

$$P(a_R;\zeta)=\left(\frac{\zeta}{2}\right)^M\exp(-\zeta\|a_R\|_1) \tag{8.57}$$

式中，$\|a_R\|_1=\sum_{m'=1}^{M'}\sum_{m=1}^{M}a_{m'm}$；$\zeta$ 为Laplace系数。建立 a_R 的最大后验概率(maximum posterior probability，MAP)估计函数为

$$\begin{aligned}\hat{a}_R &= \operatorname{argmax}_{a_R \in C_{M' \times M}} [P(a_R \mid s_R; \zeta, \sigma^2)] \\ &= \operatorname{argmax}_{a_R \in C_{M' \times M}} [P(a_R \mid s_R; \sigma^2) P(a_R; \zeta)]\end{aligned} \tag{8.58}$$

式中，$\hat{a}_R$ 表示 a_R 的估计。通过对式(8.58)取对数可得

$$\hat{a}_R = \operatorname{argmax}_{a_R \in C_{M' \times M}} \{\log[P(a_R \mid s_R; \sigma^2)] + \log[P(a_R; \zeta)]\} \tag{8.59}$$

将式(8.57)和式(8.58)代入式(8.59)，得

$$\begin{aligned}\hat{a}_R &= \operatorname{argmax}_{a_R \in C_{M' \times M}} \left(-\frac{1}{2\sigma^2} \| s_R - F a_R \|^2 - \zeta \| a_R \|_1\right) \\ &= \operatorname{argmax}_{a_R \in C_{M' \times M}} (\| s_R - F a_R \|^2 + \theta \| a_R \|_1)\end{aligned} \tag{8.60}$$

其中，$\theta = 2\sigma^2 \zeta$ 表示式(8.60)中的 l_1 约束系数，它直接取决于噪声和目标像的统计参数。

相比于其他压缩感知超分辨算法，BSR 成像中的代价函数更接近凸二次规划问题，可更有效、更精确地求解。由以上分析不难看出，只有合理地设置 θ 才能保证 BSR 成像精度，即合理估计 σ^2 和 ζ，θ 选取过大会导致部分散射中心丢失，过小则导致噪声残留。这意味着必须人为地计算参数 σ^2 和 ζ。本节在进行仿真实验时结合恒虚警(constant false-alarm rate，CFAR)检测和带宽外推(band width extrapolation，BWE)方法中的 Burg 法进行参数估计。利用柯西-牛顿求解算法将计算过程转变为迭代求解过程，即可求得该最优化函数的解。

4. 基于稀疏贝叶斯知识的压缩感知超分辨成像

由前面的分析可以看出，传统的 BSR 根据贝叶斯理论虽然可以得到很好的超分辨成像质量，但必须对一些参数进行预先估计，这意味着在成像过程中不得不引入人为干预，且参数估计本身需要复杂的计算过程，这为传统 BSR 成像带来很多不便。为此，本节将介绍一种改进后的基于贝叶斯知识的压缩感知超分辨算法，即稀疏贝叶斯知识(sparse Bayesian learning，SBL)算法，其优势在于通过迭代方法即可求得最终的超分辨成像结果且相关参数在迭代过程中已被自动计算并代入，这样不仅减少了计算量，提高了成像效率，同时还避免了人为干涉，可以得到更精确的参数估计。根据式(8.56)，可给出稀疏贝叶斯知识权先验的参数形式，即

$$P(a_R; \gamma) = \prod_{i=1}^{M'} (2\pi\gamma_i)^{-\frac{1}{2}} \exp\left(-\frac{{a_i}^2}{2\gamma_i}\right) \tag{8.61}$$

式中，$\gamma = [\gamma_1, \cdots, \gamma_{M'}]^{\mathrm{T}}$ 为控制每个权 a_i 的先验方差的超参数矢量。这些参数包括 σ^2 都可以通过求取权的边界最大似然函数求得。这些权在高斯分布下的后验密度可以表示为

$$P(a_R \mid s_R; \gamma, \sigma^2) = P(s_R \mid a_R; \sigma^2) P(a_R; \gamma) = N\left(\mu, \sum\nolimits_{a_R}\right) \tag{8.62}$$

式中，$N(\mu, \sum_{a_R})$ 可以表示为均值 $\mu = \sigma^2 \sum_{a_R} F^{\mathrm{H}} s_R$ 和方差 $\sum_{a_R} = (\sigma^{-2} F^{\mathrm{H}} F + \Gamma^{-1})$

的高斯分布，$\Gamma=\mathrm{diag}(\gamma)$。可以得到 a_R 的最大后验估计，即

$$\hat{a}_R=\mu=(\sigma^2\Gamma^{-1}+F^{\mathrm{H}}F)^{-1}F^{\mathrm{H}}s_R \tag{8.63}$$

为了得到 γ 和 σ^2，可以利用 EM 算法最大化 $P(a_R|s_R;\gamma,\sigma^2)$，这相当于最小化 $-\log P(s_R;\gamma,\sigma^2)$。进一步可以得到代价函数，即

$$L(\gamma)=\log\left|\sum\nolimits_{a_R}\right|+s_R^{\mathrm{H}}\sum\nolimits_{a_R}^{-1}s_R \tag{8.64}$$

迭代的过程可以表示为

$$\gamma^{(j+1)}=\mathrm{diag}\{(a_R^{(j)})^{\mathrm{H}}a_R^{(j)}+[\sigma^2\ (\Gamma^{(j)})^{-1}+F^{\mathrm{H}}F]^{-1}\} \tag{8.65}$$

$$(\sigma^2)^{(j+1)}=\frac{\|s_A-Fa_R^{(j)}\|^2}{M'-\sum_i^{M'}\gamma^{(j+1)}} \tag{8.66}$$

式中，j 为迭代次数。

本节通过计算$\dfrac{\mathrm{d}L(\gamma)}{\mathrm{d}\gamma}=0$ 得到 $\gamma^{(j+1)}$ 的另一种形式以提高收敛速度。进一步可得

$$\gamma^{(j+1)}=\mathrm{diag}\{[(a_R^{(j)})^{\mathrm{H}}a_R^{(j)}]/\{I-[\sigma^{-2}F^{\mathrm{H}}F+(\Gamma^{(j)})^{-1}]^{-1}/\mathrm{diag}(\gamma^{(j)})\}\} \tag{8.67}$$

最后得到的 a_R 可用于针对舰船目标的 InISAR 三维成像。

(1) 基于贝叶斯理论压缩感知的超分辨成像算法仿真实验。本实验的目的是证明 SBL 超分辨算法与传统的 BSR 算法具有相似的成像效果且避免了人为干预对相关参数的计算，收敛速度也因更精准的自适应迭代参数计算过程而得到有效提高。更重要的是，与 BSR 算法一样，在高海情下，该算法可以利用前面所选取的有限最优成像时间段进行超分辨成像并保留相位信息，从而保证后续 InISAR 三维坐标重建过程的顺利进行。本实验中，舰船目标的旋转参数如表 8.3 所示。

表 8.3　舰船目标的旋转参数

运动分量	幅度/(°)	角速度/(rad/s)	初始相位/rad
侧摆	4.8	2π/12.2	2π/28
俯仰	1.7	2π/6.7	2π/6
偏航	1.9	2π/14.2	2π/2

其他参数与表 8.1 相同。

图 8.26 所示为有限回波情况下的 RD 算法成像结果。图 8.27 所示为对回波信号进行补零后的成像结果。图 8.28 所示为采用 BSR 超分辨算法得到的成像结果。图 8.29 所示为采用 SBL 超分辨算法得到的成像结果。

实验后对图 8.27、图 8.28 和图 8.29 的成像熵以及所用 BSR 和 SBL 方法的收敛时间进行了统计，结果如表 8.4 所示。

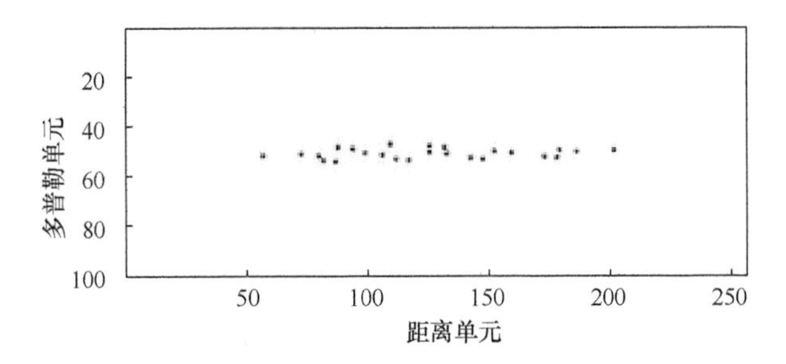

图 8.26　有限回波 ISAR 成像

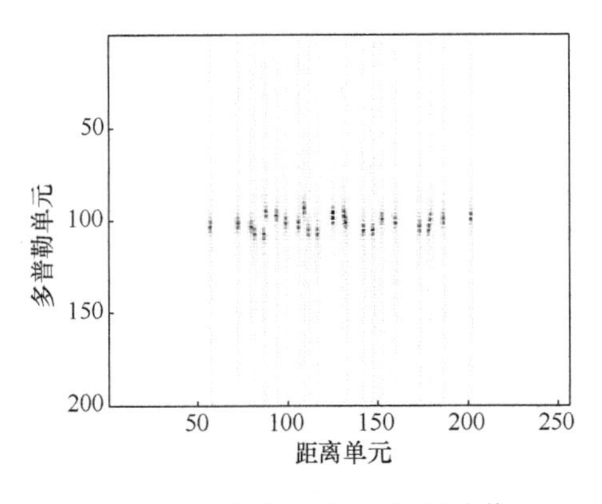

图 8.27　补零后进行 ISAR 成像

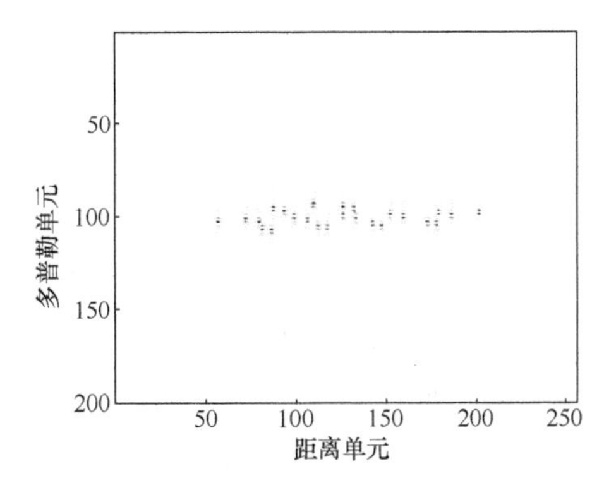

图 8.28　传统 BSR 超分辨 ISAR 成像

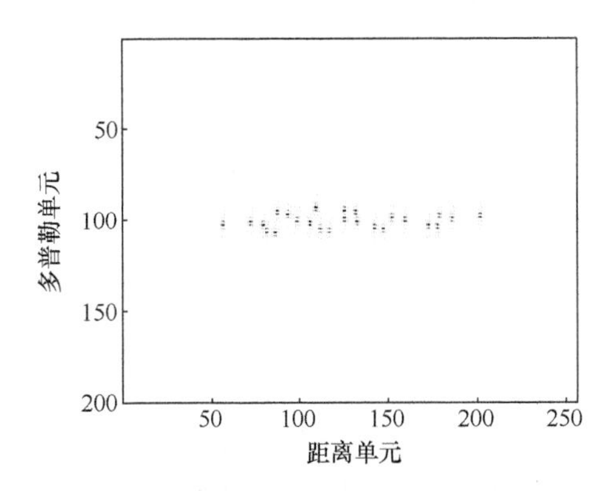

图 8.29　SBL 超分辨 ISAR 成像

表 8.4　三种成像方式的图像熵及收敛时间比较

参数	补零	BSR	SBL
熵	151.48	43.31	44.00
时间/s	—	3.72	1.48

此外，图 8.30 和图 8.31 所示为分别以信噪比为变量进行 30 次 Monte-Carlo 实验后得到的信噪比对 BSR 和 SBL 两种方法成像熵及成像时间影响的变化规律。所选用的其他仿真参数与前面实验相同。

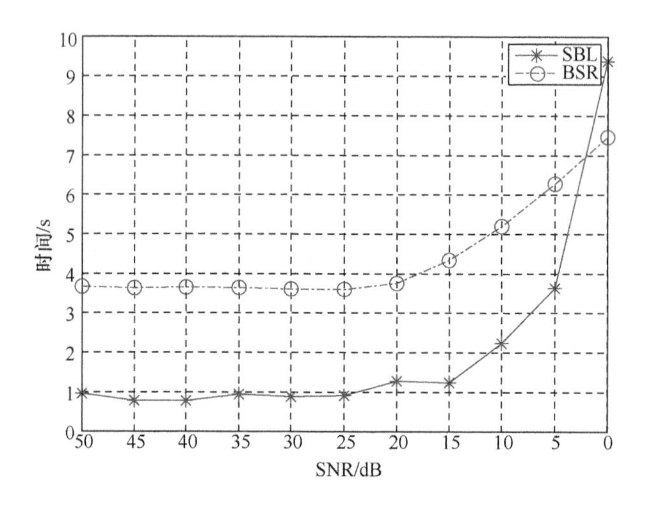

图 8.30　信噪比对成像时间的影响

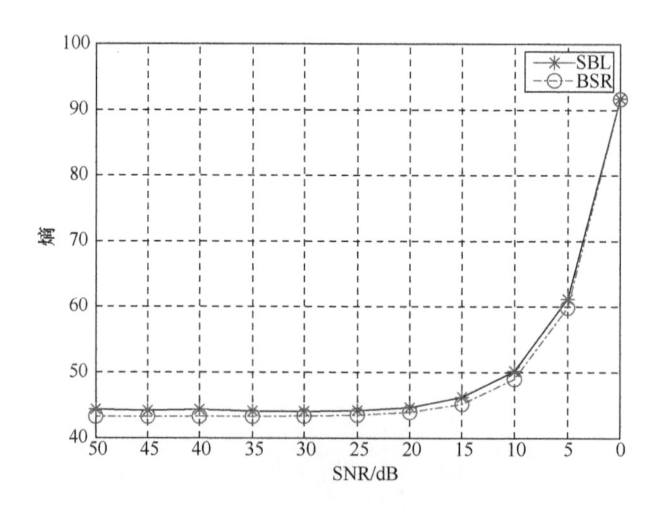

图 8.31　信噪比对成像熵的影响

(2) 实验结果分析。由图 8.27～图 8.29 可以看出，通过 BSR 和 SBL 超分辨算法得到的 ISAR 图像相比直接补零得到的 ISAR 图像具有更好的实验效果。此外，表 8.4 中所计算的成像熵值证明 BSR 和 SBL 超分辨算法具有相似的成像效果，且 SBL 方法具有更快的收敛速度。

在图 8.30 和图 8.31 中，空心点代表了利用 BSR 方法所得到的成像效果，实心点代表了利用 SBL 方法所得到的成像效果。从图中可以看出，两种方法随着信噪比的降低具有相似的成像效果，但在一定范围内，SBL 方法的收敛速度更快。

5. 舰船目标三维图像重建

舰船目标最终的三维图像重建需要用到 a_A、a_B和 a_C 的结果。为了分析方便，假设 O'位于 V 轴，这意味着，$u'=x$，$w'=z$。如果 O'不位于 V 轴上，重建的三维模型与真实目标之间将会存在平移。在文献[42]中已经证实，平移运动不会影响重建目标间的相对位置，以 P 点为例，可以计算：

$$\Delta\varphi_{AB}^{P}=\text{angle}[a_B^P\cdot\text{conj}(a_A^P)] \tag{8.68}$$

$$\Delta\varphi_{AC}^{P}=\text{angle}[a_C^P\cdot\text{conj}(a_A^P)] \tag{8.69}$$

式中，· 代表点乘；a_A^P 和 a_B^P 为图像 a_A 和 a_B 中对应 P 点的像素；conj(·)为共轭算子。

因此，可得

$$\hat{\hat{x}}^P=\frac{cR_{AB}\Delta\varphi_{AB}^{p}}{2\pi f_c L_r}+\frac{L_r}{2} \tag{8.70}$$

$$\hat{\hat{z}}^P=\frac{cR_{AC}\Delta\varphi_{AC}^{p}}{2\pi f_c L_r}+\frac{L_r}{2} \tag{8.71}$$

然而，在双基配制和 Rot 的影响下，$\hat{\hat{X}}=(\hat{x}^P,\hat{y}^P,\hat{z}^P)$并不是 P 点在坐标系(O',X,Y,Z)的真实坐标，它是舰船目标已经经过旋转且在双基配制下被扭曲的坐标。由于舰船目标是刚体，其上每一个散射点都具有相同的旋转运动，因此，旋转运动并不会影响散射点之间的相对位置。但双基配置会影响重建散射点的相对位置。因此，必须引入坐标变换来重建散射点之间的相对位置。

假设 $\text{Rot}^{\text{T}}X=(\hat{x}^P,\hat{y}^P,\hat{z}^P)$，能够得到

$$\begin{cases}\text{Rot}^{\text{T}}X-[(\text{Rot}^{\text{T}}X)^{\text{T}}i_A]i_A\ |_{\hat{x}^P}=\hat{\hat{x}}^P\\(\text{Rot}^{\text{T}}X)^{\text{T}}i_E=\hat{\hat{y}}^P\\\text{Rot}^{\text{T}}X-[(\text{Rot}^{\text{T}}X)^{\text{T}}i_A]i_A\ |_{\hat{z}^P}=\hat{\hat{z}}^P\end{cases} \tag{8.72}$$

式中，$i_A=\dfrac{\overline{AO'}}{|\overline{AO'}|}=(i_{Ax},i_{Ay},i_{Az})$；$i_E=(i_{Ex},i_{Ey},i_{Ez})$。

由于舰船目标一直运动在 UOV 平面，式(8.72)可以简化为

$$\begin{bmatrix}1-i_{Ax}^2 & -i_{Ax}i_{Ay}\\ i_{Ex} & i_{Ez}\end{bmatrix}\begin{bmatrix}\hat{x}^P\\ \hat{z}^P\end{bmatrix}=\begin{bmatrix}\hat{\hat{x}}^P\\ \hat{\hat{z}}^P\end{bmatrix},\quad \hat{y}^P=\hat{\hat{y}}^p \tag{8.73}$$

其解$(\hat{x}^P,\hat{y}^P,\hat{z}^P)$即为 P 点在坐标系(O',X,Y,Z)中经过旋转后的坐标，这样可以使 P 点与舰船目标上的其他点具有真实的相对位置。最后可以得到 P 点在坐标系(O',X,Y,Z)中的真实坐标，即

$$X^{\mathrm{T}}=\mathrm{Rot}^{-1}\begin{bmatrix}\hat{x}^P\\ \hat{y}^P\\ \hat{z}^P\end{bmatrix} \tag{8.74}$$

P 点在坐标系(O',ξ,η,ζ)中的真实坐标$(\xi_0^P,\eta_0^P,\zeta_0^P)$也可以通过计算

$$\begin{bmatrix}\xi_0^P\\ \eta_0^P\\ \zeta_0^P\end{bmatrix}=\mathrm{Rot}^{-1}(\theta_{y0},\theta_{p0},\theta_{r0})\begin{bmatrix}\hat{x}^P\\ \hat{y}^P\\ \hat{z}^P\end{bmatrix} \tag{8.75}$$

得到。

基于最优成像时间段选取的三维成像流程如图 8.32 所示。

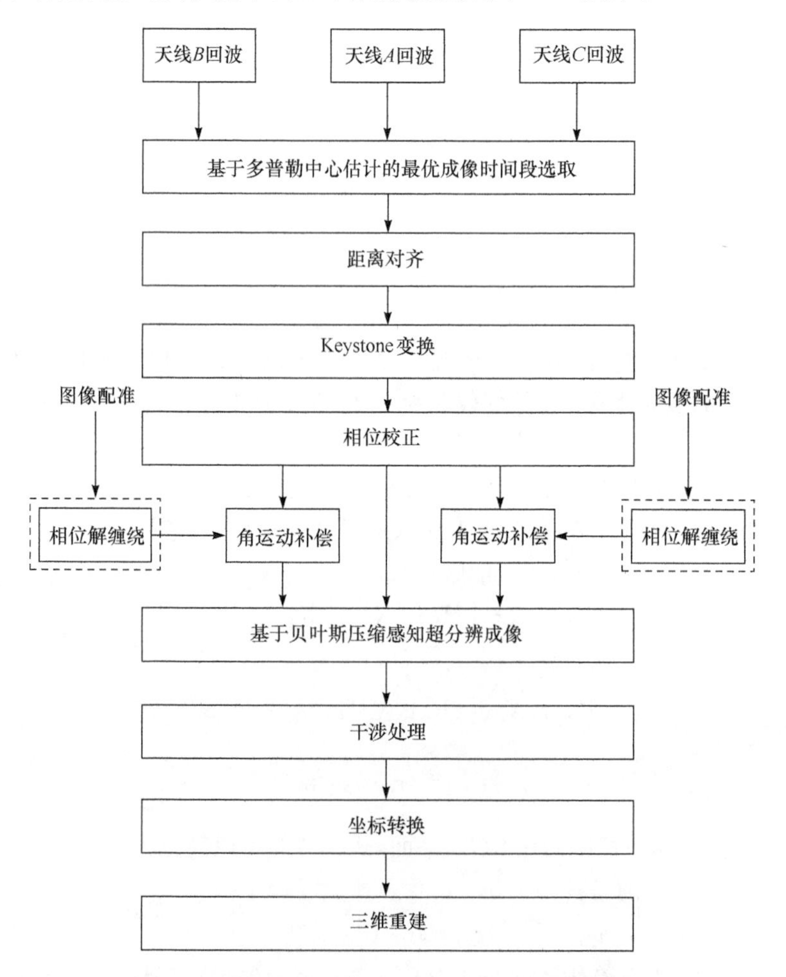

图 8.32　基于最优成像时间段选取的三维成像流程

6. 舰船目标三维成像仿真实验

(1) 实验结果。在双基雷达配制下，本实验分别采用 BSR 超分辨成像方法和 SBL 超分辨成像方法对目标进行成像，利用成像结果对舰船目标进行三维重建。图 8.33 和图 8.34 分别显示了利用 BSR 和 SBL 方法对仿真目标进行双基配置下舰船目标三维重建的结果。图中，* 代表真实的舰船目标散射点位置，△代表重建的舰船目标散射点位置。

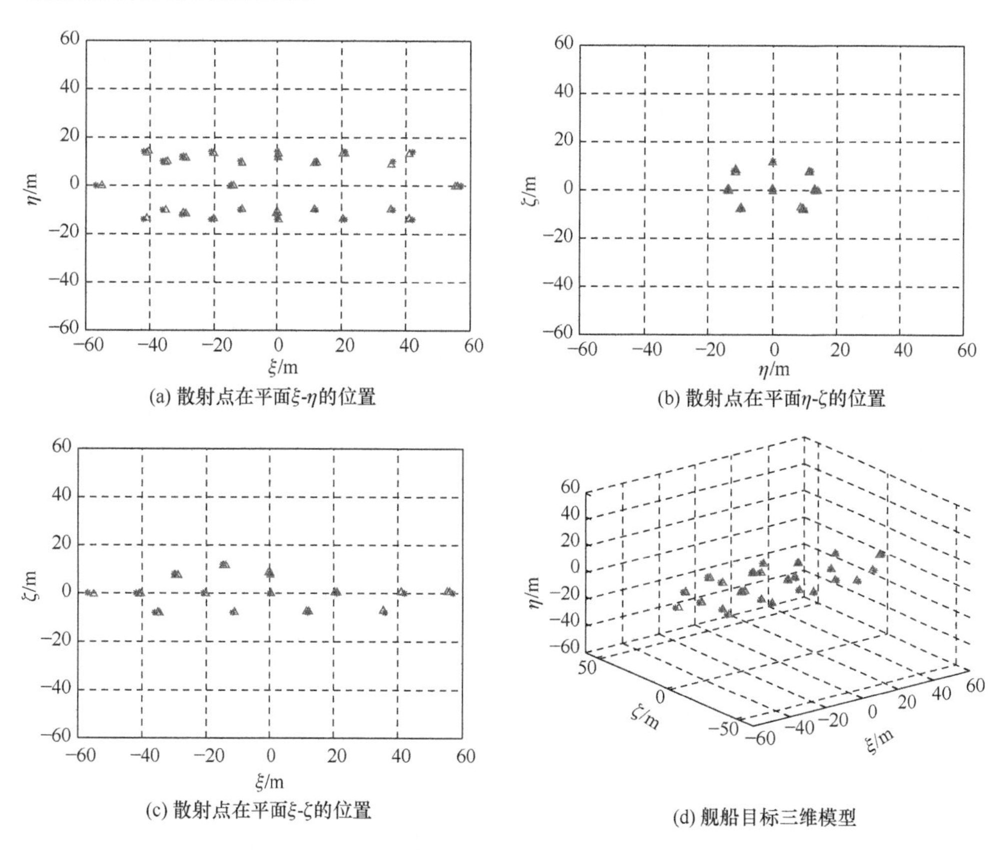

(a) 散射点在平面ξ-η的位置　(b) 散射点在平面η-ζ的位置

(c) 散射点在平面ξ-ζ的位置　(d) 舰船目标三维模型

图 8.33　利用 BSR 方法的舰船目标三维重建结果

(2) 实验分析。从图 8.33 和图 8.34 可以发现，依据双基配置下坐标变换原理，两种方法都可以实现高海情短 CPI 情况下舰船目标的三维坐标重建。考虑到 SBL 方法具有更快的成像收敛速度，且避免了人为干预对相关参数的计算，因此是更为理想的成像选择。所得实验结果证明本章提出的基于最优成像时间段选取的舰船目标 InISAR 成像方法是有效的。

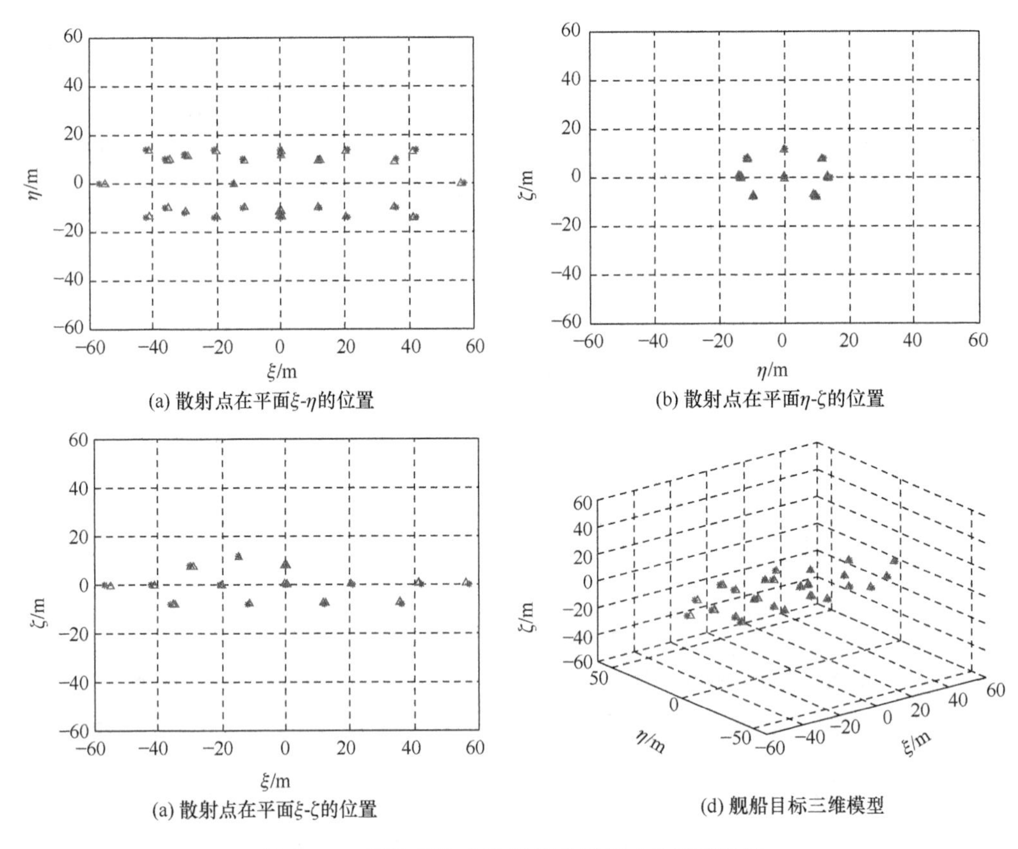

图 8.34　利用 SBL 方法的舰船目标三维重建结果

8.3.4　基于线性时频分析的舰船目标 InISAR 三维成像

不同于基于最优成像时间段选取的舰船目标 InISAR 三维成像方法，基于线性时频分析的舰船目标 InISAR 三维成像并不需要对最优成像时间段进行选取，这是因为基于线性时频分析的成像方法可以通过对每个距离单元的瞬时成像时间（慢时间）进行采样，所得到的图像是瞬时像，因此可以得到成像平面固定的图像，成像质量不会受到成像平面不固定的影响。但是由此方法得到的舰船目标瞬时投影图也无法确保为有助于进行自动目标识别的侧视图或俯视图，因此在图像处理领域的应用存在局限性，但在三维成像中，如果图像中的相位信息得到有效保留，就足以精确地恢复目标三维坐标。可见，这种成像方法十分有利于对像舰船目标这样具有复杂运动形式的目标进行三维成像。

1. 舰船目标三维 InISAR 成像特点

由于 InISAR 三维成像中的二维成像过程主要用于分离散射点和提取相位信息，对其二维图像的主要要求就是各个散射点分离情况良好且相位信息得以成功保留。同时，因为同样的原因，可用于 RID 成像的时频分析方法受到一定的限制。我们知道，线性变换能够保留相位信息。因此，在包括传统傅里叶变换的所有线性与非线性时频变换方法中，只有线性变换类型能够有效保留目标散射点不随时间变化的初始相位信息，也只有这一类时频分析方法可用于以 InISAR 三维成像为目的的 RID 成像过程中。但同时也知道，高阶时频分析方法，如 Wigner-Ville 分布等双线性时频分析方法虽然具有极高的时频聚集性，但不能在 InISAR 三维成像中得到利用。在 ISAR 成像中，某一距离单元所接收到的经过解线调频和运动补偿后的回波横向序列可以表示为

$$S(t_m) = \sum_{k=1}^{K} A_k \exp(\mathrm{j}\varphi_{0k}) \exp[\mathrm{j}\varphi_k(t_m)] \tag{8.76}$$

式中，K 为该距离单元中所含有的散射点总数；$A_k\exp(\mathrm{j}\varphi_{0k})$ 为第 k 个散射点的子回波复包络。

舰船目标属于惰性机动目标，即使海情剧烈，在极短的成像积累时间内也不会有十分剧烈的姿态变化。由此，散射点在同一距离单元内的回波相位变化可表示为

$$\varphi_k(t_m) = a_k t_m + b_k t_m^2 \tag{8.77}$$

即用一个二阶多项式进行近似。同时，可以得到其多普勒频率：

$$f_k(t_m) = \frac{1}{2\pi}\frac{\mathrm{d}}{\mathrm{d}t}\varphi_k(t_m) = \frac{1}{2\pi}\left(a_k + \frac{1}{2}b_k t_m\right) \tag{8.78}$$

由此可见，各距离单元的横向回波可以用线性调频信号的叠加进行表示，即

$$S(t_m) = \sum_{k=1}^{K} s_k(t_m) = \sum_{k=1}^{K} A_k \exp(\mathrm{j}\varphi_{0k}) \exp\left[\mathrm{j}2\pi\left(f_k t_m + \frac{1}{2}\rho_k t_m{}^2\right)\right] \tag{8.79}$$

式中，f_k 和 ρ_k 分别表示第 k 个散射点的初始频率和调频斜率。

由式(8.79)不难发现，机动目标各距离单元的回波具有多分量线性调频信号的特点，直接采用传统傅里叶变换将会出现图像横向散焦的现象，反而用其他时频分析方法更有助于散射点的横向聚焦。

双线性时频分析方法均可以用 L. Cohen 在 1966 年提出的表达方式进行统一表达，也就是 Cohen 类广义双线性时频变换，它的一般形式为

$$C(t,f) = \int_{-\infty}^{\infty}\int_{-\infty}^{\infty}\int_{-\infty}^{\infty} s\left(u+\frac{\tau}{2}\right)s^*\left(u-\frac{\tau}{2}\right)\phi(\tau,v)\mathrm{e}^{-\mathrm{j}2\pi(tv+\tau f-uv)}\mathrm{d}u\mathrm{d}\tau\mathrm{d}v \tag{8.80}$$

式中，瞬时相关函数 $s\left(u+\frac{\tau}{2}\right)s^*\left(u-\frac{\tau}{2}\right)$ 所具有的共轭相乘形式既使其可用于非平稳信号的时频分析，同时也将信号 $s(t)$ 中的不随时间变化的初始相位信息抵消丢弃。以单散射点为例，根据式(8.80)，其瞬时自相关函数为

$$R(t_m,\tau)=S\left(t_m+\frac{\tau}{2}\right)S^*\left(t_m-\frac{\tau}{2}\right)=A_k^2\exp[\mathrm{j}2\pi(f_k+\rho_k t_m)\tau] \tag{8.81}$$

可以发现，双线性变换后，散射点的初始相位 φ_{0k} 消失了。因此，经过双线性时频变换后得到的二维 ISAR 图像并不能保留散射点的初始相位，进而也就无法被运用到 InISAR 三维成像中。

2. 分数阶傅里叶变换

对于舰船目标，采用基于线性时频分析的 InISAR 三维成像方法的关键在于选取时频聚集性良好的线性时频分析方法。分数阶傅里叶变换(FRFT)是一种分析和处理非平稳信号的重要工具，它最早应用于量子力学，由 Namias 提出，经过 McBride 和 Kerr 的数学论证[52,53]，其作为线性变换的理论基础得以奠定。FRFT 是一种广义的傅里叶变换。若信号 $s(t)$ 的傅里叶变换可以理解为信号从时间轴(即时域)逆时针旋转 $\frac{\pi}{2}$ 到频率轴(频域)，则 FRFT 可以理解为将信号 $s(t)$ 沿时间轴逆时针旋转任意角度 α 到分数阶傅里叶域(u 域)。旋转角度 α 可以是 $\frac{\pi}{2}$ 的分数倍，因此称为分数阶傅里叶变换。同时，可以得到信号 $s(t)$ 的 p 阶分数阶傅里叶变换的定义，即

$$S_\alpha(u)=F^p[s(t)]=\int_{-\infty}^{\infty}s(t)K_\alpha(t,u)\mathrm{d}t \tag{8.82}$$

$$K_\alpha(t,u)=\begin{cases}\sqrt{\dfrac{1-\mathrm{j}\cot\alpha}{2\pi}}\exp\left(\mathrm{j}\,\dfrac{t^2+u^2}{2}\cot\alpha-\mathrm{j}tu\csc\alpha\right), & \alpha\neq n\pi\\ \delta(t-u), & \alpha=2n\pi\\ \delta(t+u), & \alpha=(2n\pm1)\pi\end{cases} \tag{8.83}$$

式中，F 为分数阶傅里叶变换算子；p 为分数阶数，$0<|p|<2$；α 为旋转角度并满足关系 $\alpha=p\,\frac{\pi}{2}$。

根据 FRFT 逆变换表达式：

$$s(t)=\int_{-\infty}^{\infty}S_\alpha(u)\,K_{-\alpha}(t,u)\mathrm{d}u \tag{8.84}$$

可以将 FRFT 理解为将信号 $s(t)$ 以变换核 $K_{-\alpha}(t,u)$ 为基在函数空间进行展开。FRFT 变换核的实质是 u 域上一组完备正交的线性调频基。一个线性调频信号在

对应的分数阶傅里叶域中将表现为一个冲击函数，也就是说FRFT在某个分数阶傅里叶域中对于给定的线性调频信号具有良好的能量聚集性。如图8.35所示，在与时频斜率相垂直的分数阶域上求信号的FRFT，在该域的某点上将会出现能量聚集峰值，其中ω为频域变量。因此，FRFT是一种全局的线性变换，相比于其他线性时频分析方法，如短时傅里叶变换和小波变换等，在处理多分量线性调频信号时具有更好的时频聚集性。

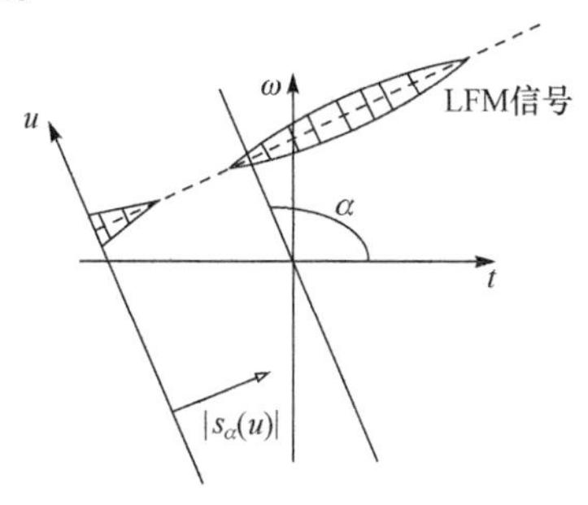

图8.35 FRFT示意图

3. 基于FRFT的InISAR三维成像原理及实现步骤

在较短的成像时间内，经过运动补偿的舰船目标回波在各距离单元呈现出多分量线性调频信号的特点。在前面提到的双基配制下的InISAR三维成像结构中，假设天线A接收的某距离单元回波序列中只含有一个散射点，则其可以表示为

$$S_A(t_m)=A_k\exp(\mathrm{j}\varphi_{Ak})\exp\left[\mathrm{j}2\pi\left(f_k t_m+\frac{1}{2}\rho_k t_m^2\right)\right] \tag{8.85}$$

式中，φ_{Ak}为散射点相对于天线A的初始相位。对其进行分数阶傅里叶变换，当旋转角度$\alpha=-\mathrm{arccot}\rho_k$时，可得

$$\begin{aligned}S_A(u) &= \int_{-\frac{T}{2}}^{\frac{T}{2}} S_A(t_m)\,K_\alpha(t_m,u)\,\mathrm{d}t_m \\ &= A_k\exp(\mathrm{j}\varphi_{Ak})\sqrt{\frac{1-\mathrm{j}\cot\alpha}{2\pi}}\exp\left(\mathrm{j}\,\frac{u^2}{2}\cot\alpha\right)T\,\mathrm{sinc}[(u\csc\alpha-\omega_k)T/2]\end{aligned} \tag{8.86}$$

散射点在u域内的包络表现为以$u=\omega_k\sin\alpha$为中心的sinc函数，其峰值所在位置的u值与信号的起始频率成正比，峰值大小对应散射点的散射强度，因此实现了该散射点在FRFT域的横向聚焦。若同一距离单元中含有多个散射点，则该多普勒回波对应多个不同的调频斜率，因此整个聚焦过程并不是一次完成的，而是对同一距离单元回波在每个不同α对应的u域中进行聚焦。在实际情况中，由于目标通常由多个排列密集的散射点构成，其不同的初始频率和调频斜率所对应的斜直线可能会交叉重叠，聚焦能量较小的散射点会被淹没在聚焦能量较大的散射点

所扩散的能量中而无法被估计出来。这时可采用洁净算法，即搜索到当前信号中的最强分量，并通过估计对应参数，构造出该信号分量，利用所设计的线性窄带滤波器将该最强信号滤除后，对剩余信号进行逆变换。继续重复上述步骤，直到信号中所有的散射点分量都被依次去除，这样就不会遗漏任何散射点的聚焦结果。

同时，由式(8.86)可以发现，在上述的横向聚焦过程中，虽然散射点的初始相位并没有任何损失，但其在分数阶域上的聚焦峰值会有额外相位产生，即

$$\varphi_A' = \varphi_A + \frac{1}{2}u\cot\alpha + \frac{|\alpha|}{2} \tag{8.87}$$

然而，在干涉成像过程中，以天线 A、B 为例，经过 FRFT 的同一个散射点，由于聚焦时的旋转角 α 相同，其相对于两干涉天线引入的额外的相位也完全相同，则经过干涉处理得到的干涉角为

$$\Delta\varphi_{AB} = \text{angle}[S_A(u)S_B^*(u)] = \varphi_{Ak} - \varphi_{Bk} \tag{8.88}$$

此时额外相位已被对消，仅保留有助于三维恢复的初始相位差，因此可以成功利用此方法获得目标的三维坐标。具体实现步骤如图 8.36 所示。

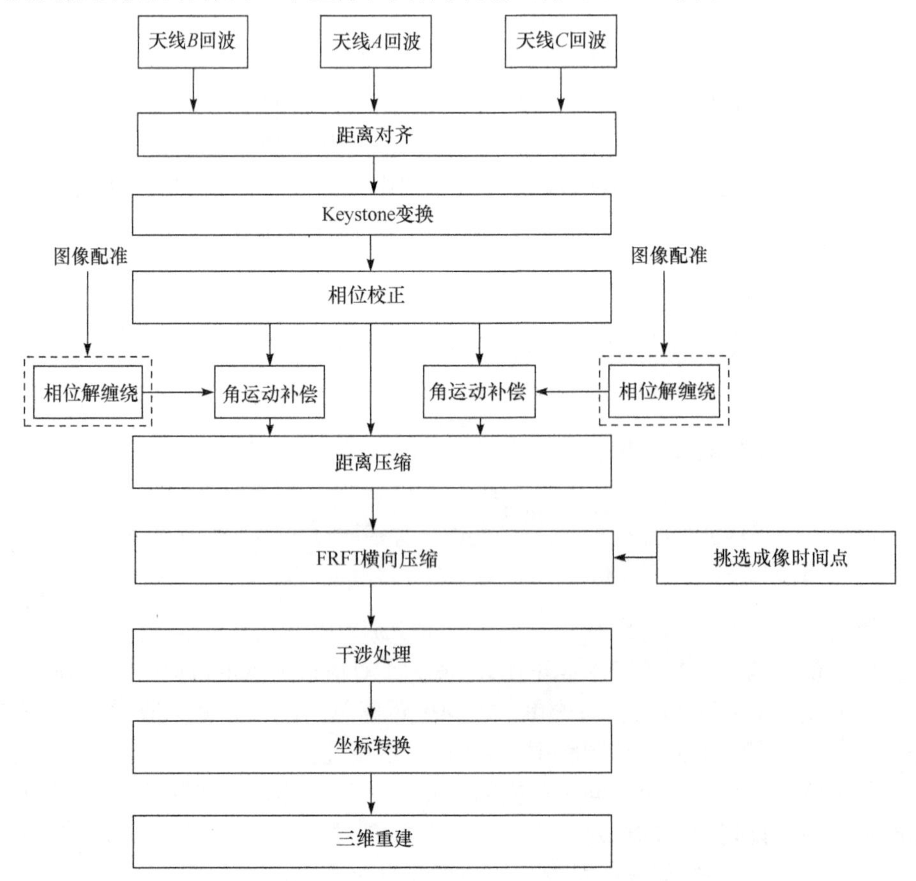

图 8.36 基于线性时频分析的 InISAR 三维成像流程

图 8. 37 所示为舰船目标的 FRFT 成像示意图，有关 FRFT 变换的具体实现方式如图 8. 35 所示，先对每个距离单元回波沿不同旋转角进行 FRFT；然后将对应于不同旋转角的 FRFT 域的峰值位置平移到同一个 u 轴上，即可实现该距离单元的横向分辨；最后将各距离单元按顺序排列，即实现舰船目标的基于 FRFT 的 ISAR 成像。

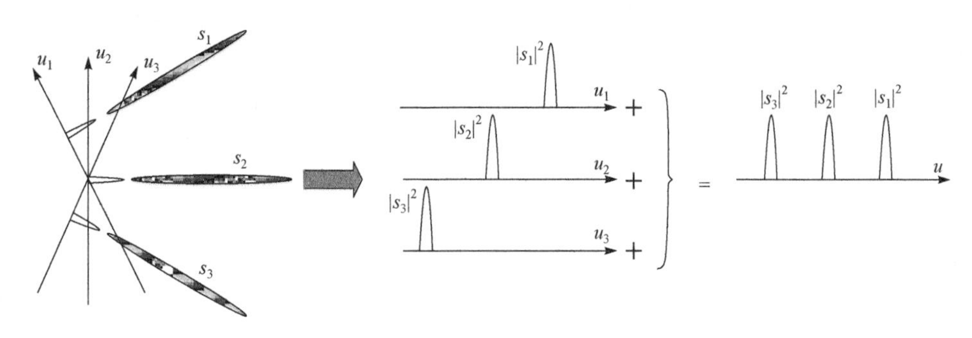

图 8. 37　舰船目标的 FRFT 成像示意图

4. 基于线性时频分析的舰船目标 InISAR 三维成像仿真实验

在本实验中，除了起始成像点位置，舰船目标模型、系统参数和运动参数均与 8. 3. 2 节的实验相同。仍然引入双基雷达配置，任意选取连续的 400 个脉冲进行基于线性时频分析的舰船目标 InISAR 三维成像，在二维成像部分，用 FRFT 取代传统的傅里叶变换，通过所得到的二维图像对舰船目标三维坐标进行恢复。坐标恢复方法与 8. 3. 3 节的实验完全相同。图 8. 38 所示为采用 RD 算法的成像结果，图 8. 39 所示为用 FRFT 方法的成像结果。不难发现，相比于传统的 RD 成像算法，利用 FRFT 对舰船目标进行 ISAR 成像，图像更加清晰，散射点周围的噪声得到很好的抑制，散射点被有效分离。不同成像方法所得 ISAR 图像的熵值计算结果如表 8. 5 所示，可见基于 FRFT 方法得到的成像结果的熵更小。

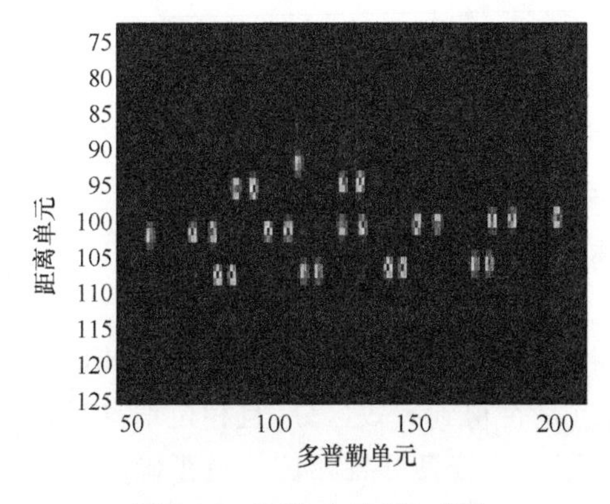

图 8. 38　天线 A 的 RD 成像

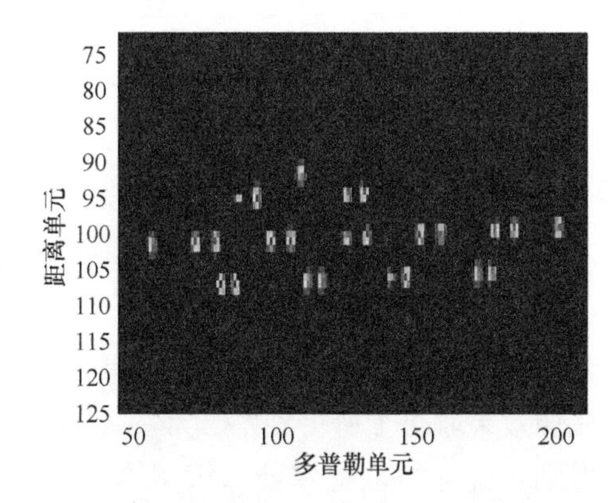

图 8. 39　天线 A 的 FRFT 成像

表 8.5　RD 和 FRFT 成像结果的图像熵比较

参数	RD	FRFT
熵	45.91	40.56

此外，舰船目标的三维坐标重建结果如图 8.40 所示（图中仍由△表示），说明 FRFT 并不影响所成图像相位信息的保留，因此可以有效用于舰船目标的 InISAR 三维成像。由于噪声、舰船运动复杂等造成的个别散射点三维坐标位置不准确并不影响舰船目标整体的坐标恢复，其整体信息已得到有效体现。

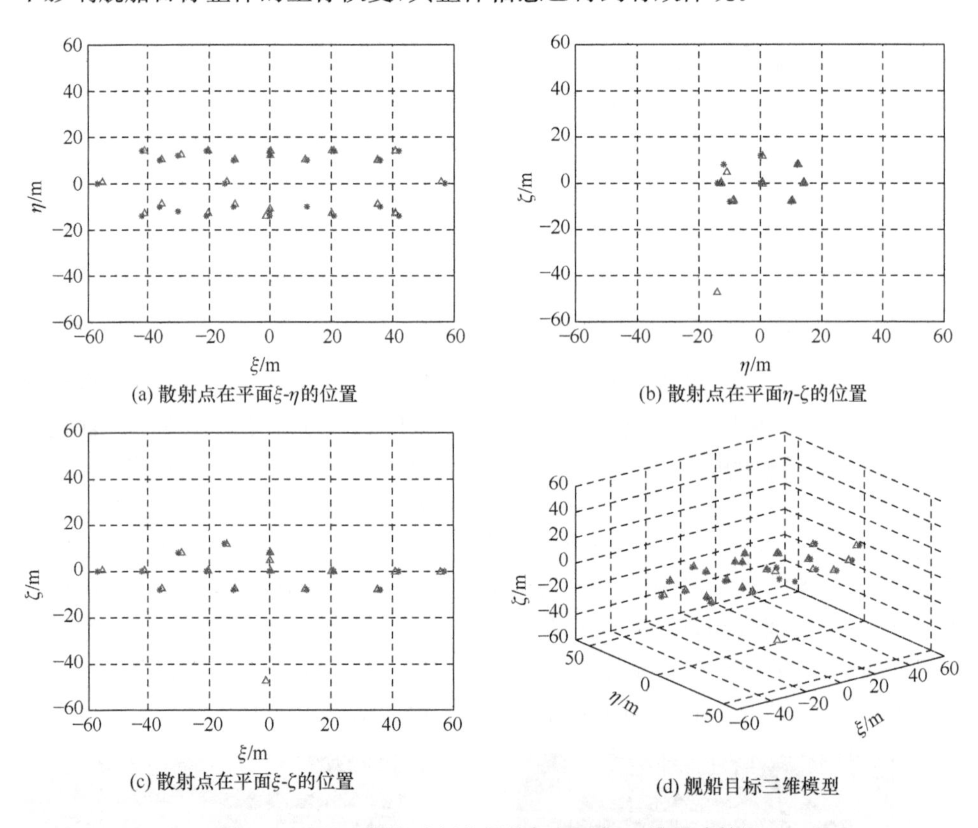

(a) 散射点在平面ξ-η的位置　(b) 散射点在平面η-ζ的位置

(c) 散射点在平面ξ-ζ的位置　(d) 舰船目标三维模型

图 8.40　基于线性时频分析的舰船目标三维重建结果

8.4　基于空间分割的舰船目标三维成像

传统的 InISAR 三维成像自身具有一些不可避免的局限性，主要在于其最终成像效果取决于所得到的二维图像的散射点是否得到有效区分，且相位信息是否得到正确保留。要保证二维 ISAR 图像中存在区分良好且相位信息正确的散射点，最好的方法是保证在成像时间内成像目标的成像平面平稳且横向转角足够高，从而使得成像结果的分辨率足够高，散射点分离效果良好。然而，针对舰船目标，在实际中若遇到海情变化剧烈的情况，采取 8.3 节提出的基于最优成像时间段选取的三维成像方法，最后可有效提取的成像时间可能仍然过短，横向分辨率过低；而利用基于线性时频分析的三维成像方法，虽然不涉及选择积累时间的问题，但其在成像之前无法预判最优成像时间点，且用洁净算法进行散射点分离的计算量取决于目标的复杂程度，目标越复杂，计算量越大。舰船目标本身运动复杂，能够得到高分辨图像的成像时间有限，由此加大了成像的不确定性，进而提高了计算量。以上两种方法导致 InISAR 三维成像失败的原因都是二维成像结果中出现散射点重叠的现象。这时，从图像中该散射点对应位置提取的相位信息是多个散射点相位叠加的结果，因而该相位无法被用于三维坐标恢复。这种由多个散射点在二维平面上叠加所引起的测角误差，称为 InISAR 三维成像中的“角闪烁”现象。

为了有效解决这个问题，本节引入宽带 MIMO 雷达系统对舰船目标进行三维成像。不同于 InISAR 三维成像，MIMO 三维成像技术通过多个虚拟阵元的排列可以实现在单次快拍(即一个脉冲)内同时进行空间采样，且等效虚拟阵元的孔径与目标运动相独立，这意味着通过 MIMO 三维成像不仅不需要成像积累时间，还因其成像原理的独特性，避免了 InISAR 三维成像中的干涉处理过程，因而不会产生所谓的“角闪烁”现象，ISAR 成像中复杂的角运动补偿过程也得到避免。对于舰船这种低速且具有复杂自身转动形式的目标，利用 MIMO 技术对其进行三维成像，可以有效解决投影平面不固定的问题。然而，由于 MIMO 技术相比 InISAR 三维成像技术增添了多个天线阵元，在实际中成像成本大大提高。为此，本节特别引入 CS 技术，通过在数据域对信号进行处理来提高分辨率，这样就可以有效减少对天线阵元数量的依赖。此外，MIMO 雷达利用单次快拍进行成像的特点使得引入双基雷达配置对于利用 MIMO 技术进行三维成像的方式也不再是必需的，若引入，其主要作用仍体现在发射阵列隐蔽性强的特点上[54]。

需要指出的是，MIMO 技术的特殊性使其对信号的调制类型和天线阵列的配制方式等有特殊的要求。因此，本节首先介绍 MIMO 三维成像的信号模型和成像原理，然后详细描述其成像流程，接着对其所需要的 CS 技术进行介绍，最后通过仿真数据验证本书中所提出的成像方法的有效性。

8.4.1　舰船目标 MIMO 雷达三维成像的信号模型

MIMO 雷达的基本原理是通过发射多个互不干扰的相互正交信号，在空间中形成多个等效阵元，用空间采样代替时间采样对信号进行处理。为了方便起见，首先利用最简单的线性阵列对其进行说明。如图 8.41 所示，T_1 和 T_2 组成发射阵列，R_1、R_2 和 R_3 组成接收阵列且都位于 x 轴上，k 为空间中的任意散射点。其中，发射阵列间距为 $\mathrm{d}t$，接收阵列间距为 $\mathrm{d}r$。根据相位中心近似(phase center approximation，PCA)原理，由 T_1 发射、R_1 接收的回波，相当于位于 T_1 和 R_1 中点的等效阵元 TR_1 发射和接收的信号。基于此原理，经 T_1 和 T_2 发出的信号可以在发射和接收阵列间形成六个等效发射阵列。同理，当存在位于同一直线的 P 个发射阵元和位于同一直线的 Q 个接收阵元时，可以在空间形成 PQ 个等效发射阵元。选择合适的位置关系(即 $\mathrm{d}t=N\mathrm{d}r$，其中 N 为接收阵元数量)，所形成的阵列是间距为 $d=\mathrm{d}r/2$ 的均匀等效线阵。

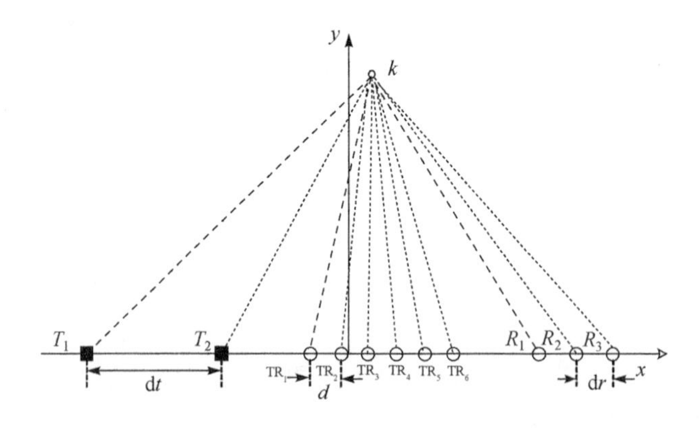

图 8.41　MIMO 雷达配制线性阵列结构示意图

在本节中，由于所针对的目标为舰船目标，其只能在海平面上运动，为了保证三维成像的成功，对天线阵列的布阵提出一些特殊的要求。具体布阵方式如图 8.42 所示。

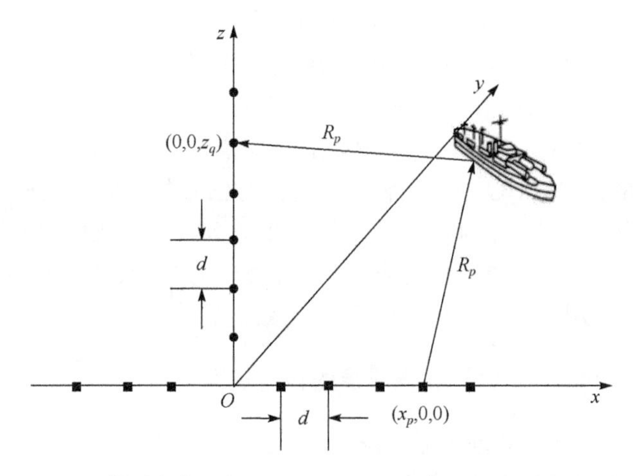

图 8.42　针对舰船目标的 MIMO 雷达成像天线阵列布阵结构

如图 8.42 所示，x 轴上的正方形代表发射阵列阵元，共有 M 个，z 轴上的圆形代表接收阵列阵元，共有 N 个。收发阵列阵元间距均为 d。O 点为坐标原点，xOy 平面表示海平面。为了便于得到正交性质良好的信号，这里采用正交相位编码信号作为发射信号。长度为 L 的正交编码相位序列可以表示为 $\{\varphi_p^l, l=1,2,\cdots,L\}$。对于位于 $(x_p,0,0)$ 的阵元，发射信号 $s_p(t)$ 可以表示为

$$s_p(t)=f_p(t)\mathrm{e}^{\mathrm{j}\omega_c t} \tag{8.89}$$

式中，$\omega_c=2\pi f_c$，f_c 为系统载频；$f_p(t)$ 表示所发射的基带信号复包络，表示为

$$f_p(t)=\sum_{l=1}^{L}\mathrm{rect}\left[\frac{t-(l-1)T}{T}\right]\exp(\mathrm{j}\varphi_p^l) \tag{8.90}$$

式中，T 为子脉冲宽度。

对于接收阵列中的每一个阵元，信号处理器由一个基带转换器和匹配滤波带组成，可以保证接收阵元只接收发射阵列所发射的一个正交信号。此外，假设目标由坐标为 (x_k,y_k,z_k) 的散射点组成，其中心散射点坐标为 (X_0,Y_0,Z_0)。对于舰船目标，(x_k,y_k,z_k) 和 (X_0,Y_0,Z_0) 所表示的坐标均为舰船目标在自身坐标轴下经过旋转运动后形成的，则接收阵列中第 q 个阵元所接收的信号可以表示为

$$s_q(t)=\sum_k\sigma_{pq}^{(k)}\sum_p s_p\left[t-\tau_p^{(k)}(t)-\tau_q^{(k)}(t)\right] \tag{8.91}$$

式中，$\sigma_{pq}^{(k)}$ 为第 k 个散射点对应第 p 个发射阵元和第 q 个接收阵元的反射强度；$\tau_p^{(k)}(t)$ 为第 p 个发射阵元到第 k 个散射点的延时；$\tau_q^{(k)}(t)$ 为第 k 个散射点到第 q 个接收阵元之间的延时，它们可以分别表示为

$$\tau_p^{(k)}(t)=\frac{R_p^{(k)}(t)}{c}=\frac{\sqrt{(x_p-x_k)^2+y_k^2+z_k^2}}{c} \tag{8.92}$$

$$\tau_q^{(k)}(t)=\frac{R_q^{(k)}(t)}{c}=\frac{\sqrt{x_k^2+y_y^2+(z_q-z_k)^2}}{c} \tag{8.93}$$

经过匹配滤波处理后，位于 $(0,0,z_q)$ 的接收阵列所接收的信号可以表示为

$$s_{pq}(t,x_p,z_q)=\sum_k\sigma_{pq}^{(k)}r_p\left[t-\frac{R_p^{(k)}(t)+R_q^{(k)}(t)}{c}\right]\exp\left\{-\mathrm{j}\omega_c\left[\frac{R_p^{(k)}(t)+R_q^{(k)}(t)}{c}\right]\right\} \tag{8.94}$$

式中，$r_p(t)$ 为由位于 $(x_p,0,0)$ 的阵元所发射波形的自相关函数，即回波信号的包络。

8.4.2　舰船目标 MIMO 雷达三维成像原理

利用 MIMO 雷达对目标进行三维成像的原理与 InISAR 三维成像不同，它不需要对散射点的相位进行干涉处理，因而有效避免了经常出现在 InISAR 三维成像中的“角闪烁”现象。MIMO 雷达三维成像涉及一些特殊的细节，下面对其进行

详细介绍。

1. MIMO 雷达信号的包络对齐

根据式(8.94)中的信号模型不难发现，距离压缩后的回波信号包络延时与阵列位置有关。通常，宽带雷达系统的距离分辨率要小于不同阵元间的距离。因此，要得到一幅良好的图像，在横向成像前必须对不同阵元所接收到的回波进行包络对齐。

由于 $R_p^{(k)}(t)$ 和 $R_q^{(k)}(t)$ 是相互独立的，x 轴和 y 轴方向的包络对齐可以通过同样的方式进行。重新书写式(8.92)和式(8.93)，能够得到

$$R_p^{(k)}=\sqrt{(x_p)^2-2x_kx_p+(R_k)^2} \tag{8.95}$$

$$R_q^{(k)}=\sqrt{(z_q)^2-2z_kz_q+(R_k)^2} \tag{8.96}$$

式中，$R_k=\sqrt{(x_k)^2+(y_k)^2+(z_k)^2}$。

考虑到 x_p 和 z_q 远小于 R_k，对于远场目标，一般对 $R_p^{(k)}$ 和 $R_q^{(k)}$ 在 0 点处进行泰勒展开，且只保留前三项作为近似，于是可得

$$R_p^{(k)}\approx R_k-\frac{x_k}{R_k}x_p+\frac{1}{2}\left(\frac{1}{R_k}-\frac{x_k^2}{R_k^3}\right)x_p^2 \tag{8.97}$$

$$R_q^{(k)}\approx R_k-\frac{z_k}{R_k}z_q+\frac{1}{2}\left(\frac{1}{R_k}-\frac{z_k^2}{R_k^3}\right)z_q^2 \tag{8.98}$$

用 $x_k=x_0+\bar{x}_k$、$y_k=y_0+\bar{y}_k$ 和 $z_k=z_0+\bar{z}_k$ 代表 x_k、y_k 和 z_k，其中 $\bar{x}_k\in[-L_{x0},L_{x0}]$，$\bar{y}_k\in[-L_{y0},L_{y0}]$，$\bar{z}_k\in[-L_{z0},L_{z0}]$。于是，可得

$$R_p^{(k)}\approx R_k-\frac{x_0+\bar{x}_k}{R_k}x_p+\frac{1}{2}\left[\frac{1}{R_k}-\frac{(x_0+\bar{x}_k)^2}{R_k^3}\right]x_p^2 \tag{8.99}$$

$$R_q^{(k)}\approx R_k-\frac{z_0+\bar{z}_k}{R_k}z_q+\frac{1}{2}\left[\frac{1}{R_k}-\frac{(z_0+\bar{z}_k)^2}{R_k^3}\right]z_q^2 \tag{8.100}$$

在远场条件下，由于 $R_k\approx R_0$，可得

$$R_p^{(k)}\approx-\frac{x_0}{R_0}x_p+\frac{1}{2}\left(\frac{1}{R_0}-\frac{{x_0}^2}{R_0^3}\right)x_p^2+\left(R_k-\frac{\bar{x}_k}{R_k}x_p\right) \tag{8.101}$$

$$R_q^{(k)}\approx-\frac{x_0}{R_0}z_q+\frac{1}{2}\left(\frac{1}{R_0}-\frac{{z_0}^2}{R_0^3}\right)z_q^2+\left(R_k-\frac{\bar{z}_k}{R_k}z_q\right) \tag{8.102}$$

沿距离向对式(8.94)进行傅里叶变换，结合式(8.101)和式(8.102)，可得

$$S_{pq}(f)=\sum_k\sigma_{pq}^{(k)}\exp\left\{-\mathrm{j}\omega_c\left[\frac{R_p^{(k)}(t)+R_q^{(k)}(t)}{c}\right]\right\}R_p(f)\exp\left[-\mathrm{j}\,\frac{2\pi f_c}{c}(R_p^{(k)}+R_q^{(k)})\right] \tag{8.103}$$

式中，$R_p(f)$ 为 $r_p(t)$ 的傅里叶变换。定义参考函数为

$$D_{pq}(f)=\exp\left\{-\mathrm{j}\,\frac{2\pi f_c}{c}\left[\frac{x_0}{R_0}x_p-\frac{1}{2}\left(\frac{1}{R_0}-\frac{{x_0}^2}{R_0^3}\right)x_p^2+\frac{x_0}{R_0}z_q-\frac{1}{2}\left(\frac{1}{R_0}-\frac{{z_0}^2}{R_0^3}\right)z_q^2\right]\right\} \tag{8.104}$$

将式(8.103)和式(8.104)相乘可以得到校正后的信号，即

$$s'_{pq}(f)=\sum_k\sigma_{pq}^{(k)}\exp\left\{-\mathrm{j}\omega_c\left[\frac{R_p^{(k)}(t)+R_q^{(k)}(t)}{c}\right]\right\}$$
$$R_p(f)\exp\left\{-\mathrm{j}\,\frac{2\pi f_c}{c}\left[\left(R_k-\frac{\bar{x}_k}{R_0}x_p\right)+\left(R_k-\frac{\bar{z}_k}{R_0}z_q\right)\right]\right\} \tag{8.105}$$

在一般情况下 $\bar{x}_kx_p\ll R_0$，$\bar{z}_kz_q\ll R_0$，式(8.105)可以变为

$$s'_{pq}(f)=\sum_k\sigma_{pq}^{(k)}\exp\left\{-\mathrm{j}\omega_c\left[\frac{R_p^{(k)}(t)+R_q^{(k)}(t)}{c}\right]\right\}R_p(f)\exp\left(-\mathrm{j}\,\frac{4\pi f_c}{c}R_k\right) \tag{8.106}$$

它在时域的形式为

$$s'_{pq}(t,x_p,z_q)=\sum_k\sigma_{pq}^{(k)}r_p\left(t-\frac{2R_k}{c}\right)\exp\left\{-\mathrm{j}\omega_c\left[\frac{R_p^{(k)}(t)+R_q^{(k)}(t)}{c}\right]\right\} \tag{8.107}$$

这样，不同接收阵元从不同发射阵元接收的回波对于同一散射点被调整到相同的时延，即包络时延只由散射点自身到原点的距离决定。

2. 基于二维信号压缩感知技术的MIMO雷达信号方位向成像

根据PCA原理，假设坐标$(x_a,0,z_b)$为第p个发射阵元和第q个接收阵元等效的收发共用阵元，则对于散射点k满足

$$R_p^{(k)}+R_q^{(k)}\approx 2R_{ab}^{(k)} \tag{8.108}$$

根据文献[46]，有

$$R_{ab}^{(k)}=\sqrt{(x_a-x_k)^2+y_k^2+(z_b-z_k)^2}=R_0+\bar{y}_k+a\bar{x}_k\frac{d}{R_0}+b\bar{z}_k\frac{d}{R_0} \tag{8.109}$$

通过特显点跟踪的方法补偿掉R_0，于是可以得到

$$s'_{pq}(t,x_p,z_q)=\sum_k\sigma_{pq}^{(k)}r_p\left(t-\frac{2R_k}{c}\right)\exp\left[-\mathrm{j}\,\frac{4\pi f_c}{c}\left(\bar{y}_k+a\bar{x}_k\frac{d}{R_0}+b\bar{z}_k\frac{d}{R_0}\right)\right],$$
$$a=1,2,\cdots,M;b=1,2,\cdots,N \tag{8.110}$$

由此可见，只要对式(8.110)的相位进行二维傅里叶变换即可得到最后的图像。

根据以上成像过程不难发现，MIMO三维成像具有很多优越性，例如，利用单次快拍成像，可避免复杂的运动补偿过程；相比于InISAR三维成像，舍去了干涉测角的过程，有效避免因散射点重合而产生的“角闪烁”现象。对于舰船目标这种具有复杂运动形式的成像目标，是很好的成像选择。然而，MIMO三维成像自身

也有一些不可忽略的缺点。首先,MIMO 雷达成像机制需要产生多组相互正交的发射信号,这对信号设计方式提出了很大的要求,且同时产生的信号数量越多,想实现完全的正交性越困难。其次,利用空间采样代替时间采样的成像方式势必带来成像成本的提高,阵元数量越多,空间采样范围越大,成像分辨率越高,因此对阵元数量的要求也会提高,随之成本增高。本节考虑以上提及的种种问题,提出一种新的解决思路,即在不增加阵元数量的前提下,通过 CS 技术提高成像分辨率,这样,即使阵元总数有限,成像分辨率也不会受到影响。同时当均匀排布的阵元出现个别缺失损坏时,CS 技术利用稀疏信号信息的特点也会使成像结果不受大的影响。

不同于前面提及的基于一维信号处理的 CS 技术,考虑到本节针对舰船目标的 MIMO 成像阵列所接收的回波信号需要对舰船目标在两个维度进行傅里叶变换,在此引入二维 CS 技术的概念,实现通过一次 CS 处理对舰船目标进行二维成像处理的目的。式(8.110)中 $\bar{y}_k$ 的值可由包络延时计算出,因此只提取式(8.110)中需要进行二维傅里叶变换的部分进行说明。在实际处理时,只需要对每个距离单元对应的二维回波进行处理即可。经提取,得到需要进行傅里叶变换的部分为

$$S''_{pq}(x_p,z_q)=\sum_k\sigma_{pq}^{(k)}\exp\left[-\mathrm{j}\frac{4\pi f_c}{c}\left(a\bar{x}_k\frac{d}{R_0}+b\bar{z}_k\frac{d}{R_0}\right)\right],$$

$$a=1,2\cdots,M;b=1,2,\cdots,N \tag{8.111}$$

它也可表示为

$$S''_{pq}(x_p,z_q)=\int_{-L_{x0}}^{L_{x0}}\int_{-L_{z0}}^{L_{z0}}a(\bar{x}_k,\bar{z}_k)\exp\left[-\mathrm{j}\frac{4\pi f_c}{c}\left(a\bar{x}_k\frac{d}{R_0}+b\bar{z}_k\frac{d}{R_0}\right)\right]\mathrm{d}\bar{x}_k\mathrm{d}\bar{z}_k \tag{8.112}$$

式中,$a(\bar{x}_k,\bar{z}_k)$表示散射中心的幅度。

将 $S''_{pq}(x_p,z_q)$离散化,可得

$$S=[s_{nm}]_{N\times M},\quad n=0,1,\cdots,N-1;m=0,1,\cdots,M-1 \tag{8.113}$$

将 $a(\bar{x}_k,\bar{z}_k)$离散化,得到 $A=[a_{kh}]_{KH}(k=0,1,\cdots,K-1;h=0,1,\cdots,H-1)$,其中 $K>N,H>M$。令 ρ_x 和 ρ_z 分别表示 x 方向和 z 方向上的分辨率,则容易得

$$\bar{x}_k=h\rho_x,\quad \bar{z}_k=k\rho_z \tag{8.114}$$

$$\rho_x=\frac{cR_0}{2\mathrm{d}f_c(M-1)},\quad \rho_z=\frac{cR_0}{2\mathrm{d}f_c(N-1)} \tag{8.115}$$

将式(8.114)和式(8.115)代入式(8.112),即可得

$$S=[s_{nm}]_{N\times M}=F_1AF_2^{\mathrm{T}}+E \tag{8.116}$$

式中,$E=[e_{nm}]_{N\times M}$为加性复噪声。

$F_1=[f_{nk}^1]_{N\times K}, f_{nk}^1=\exp\left(-\mathrm{j}2\pi\dfrac{nk}{K}\right), F_2=[f_{hm}^2]_{H\times M}, f_{h,m}^2=\exp\left(-\mathrm{j}2\pi\dfrac{hm}{H}\right)$。

对于式(8.116)所描述的形式，理论上可以将其转化为一维压缩感知的形式，即将 A 和 S 向量化，表示为 $s=\mathrm{vec}(S)$，$a=\mathrm{vec}(A)$，可得

$$s=\phi x \tag{8.117}$$

式中，$\phi=F_2\otimes F_1$，$\otimes$表示 Kronecker 积。

然而，该线性方程的解过大以至于不能成功求解，需要巨大的存储空间和计算量。为此参照已有方法，将一维信号压缩感知技术中的 smoothed L0(SL0)方法进行改造，使其可用于二维信号压缩感知的求解过程，从而大大减少计算量，也使得压缩感知技术的原理得到有效发挥。具体流程如下。

(1) 初始化：令 $A_0=\mathrm{pinv}(F_1)A\mathrm{pinv}(F_2)$，$\mathrm{pinv}(\cdot)$表示求矩阵的伪逆；为 σ 选择合适的递减序列$[\sigma_1\cdots\sigma_j]$。

(2) 循环：对于 $j=1,2,\cdots,J$。①令 $\sigma=\sigma_j$。②在可行集$\{A|S=F_1AF_2^{\mathrm{T}}\}$上，利用 L 次迭代的最速上升法最大化函数 $F_\sigma(A)=\sum_{i,j}\exp(-a_{i,j}^2/2\sigma^2)$；初始化：令 $A=\hat{A}_{j-1}$，对于 $l=1,2,\cdots,L$(循环 L 次)有：令 $\Delta=[\sigma_{ij}]$，其中 $\sigma_{ij}=\exp(-s_{ij}^2/2\sigma^2)$；令 $A=A-\mu\Delta$(μ 是一个值很小的正数)；将 A 投影回可行解集上，即 $A\leftarrow A-\mathrm{pinv}(F_1)(F_1AF_2^{\mathrm{T}}-S)(\mathrm{pinv}(F_2))^{\mathrm{T}}$。③令 $A_j=A$。

(3) 最终解为 $A=\hat{A}_j$。

由此，便得到舰船目标在 XOY 平面上的投影图，结合包络延时信息，可以得到目标分别位于三个平面的投影图，这相当于获得舰船目标三个维度的信息，根据式(8.114)、式(8.115)和测距原理最终可以求得舰船目标真实的坐标信息，实现三维恢复的目的。同时在不影响成像质量的情况下，H 和 K 的值越大，图像上散射点的分辨效果越好，这样就有效减少了对实际阵列阵元数量的要求。其具体实现流程如图 8.43 所示。

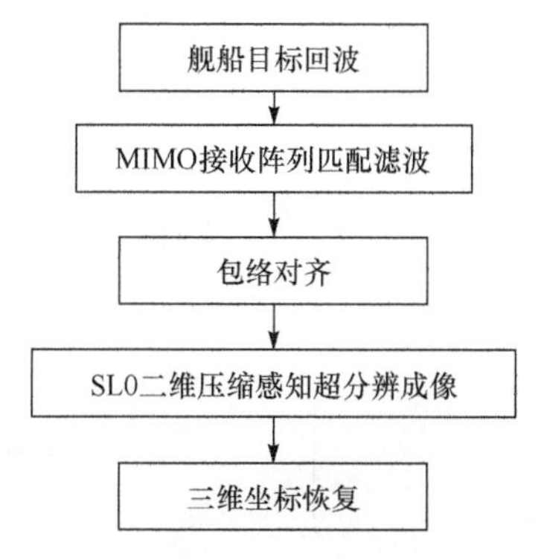

图 8.43　MIMO 雷达三维成像示意图

3. 舰船目标 MIMO 雷达三维成像仿真实验

本实验的目的是证明本章提出的利用 MIMO 雷达阵列对舰船目标进行成像的方法是合适且有效的。实验中发射阵列选用 Chaotic 编码规则所得到的二相编码信号，系统参数和舰船目标运动参数分别如表 8.6 和表 8.7 所示。所采用信号的信噪比为 25dB。

表 8.6　雷达系统参数设置

参数	设置值	参数	设置值
脉冲重复频率/Hz	400	系统带宽/MHz	400
载波频率/GHz	10	编码个数	120
发射阵元个数	32	接收阵元个数	32
发射阵元间距/m	5	接收阵元间距/m	5

舰船目标的旋转运动参数如表 8.7 所示，剩下的参数与 8.2.4 节中的实验相同，在此不再赘述。

表 8.7　舰船目标的旋转参数

运动分量	幅度/(°)	角速度/(rad/s)	初始相位/rad
侧摆	4.8	$2\pi/12.2$	$2\pi/16$
俯仰	1.7	$2\pi/6.7$	$2\pi/28$
偏航	1.9	$2\pi/4.2$	$2\pi/24$

根据图 8.43 中所示流程对舰船目标进行三维成像。

1) 舰船目标三维模型和 MIMO 雷达布阵方式

图 8.44 所示为舰船目标 MIMO 雷达三维成像实验的目标三维坐标模型。图 8.45 给出了本实验中用到的天线阵列模型。其中 * 表示发射阵元，位于 X 轴，阵元间间距相等。△表示接收阵元，位于 Y 轴，阵元间间距相等。○表示由发射阵元发出的正交信号经过匹配滤波后，在空间形成的等效单独收发阵元，满足 PCA 原理。

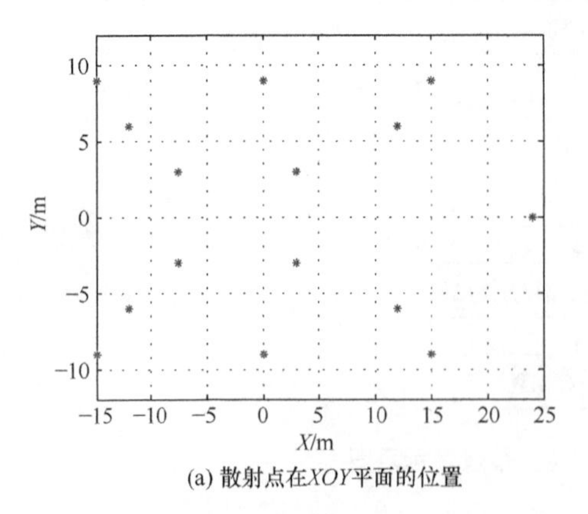

(a) 散射点在XOY平面的位置

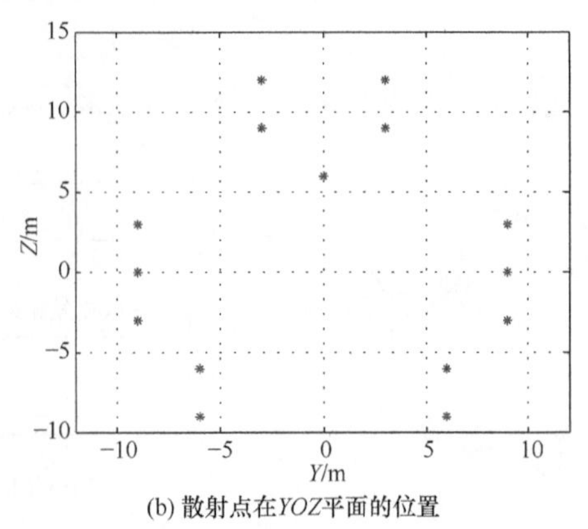

(b) 散射点在YOZ平面的位置

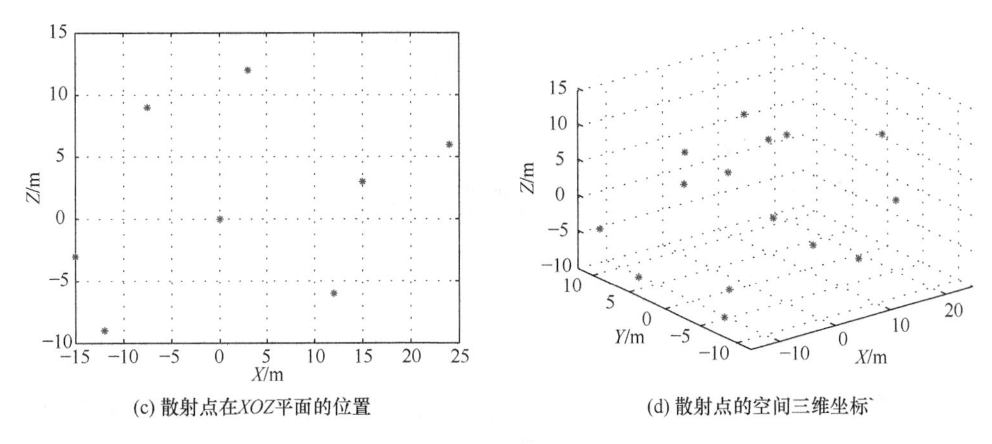

(c) 散射点在XOZ平面的位置　　(d) 散射点的空间三维坐标

图 8.44　舰船目标三维模型

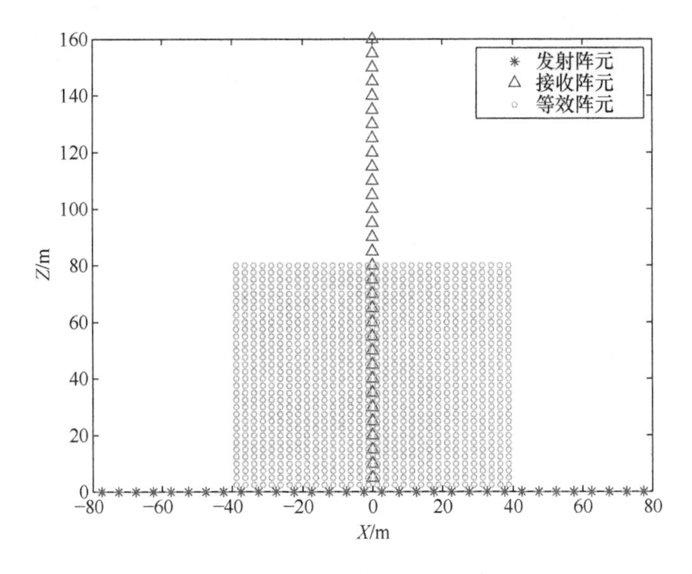

图 8.45　MIMO 阵列布形示意图

2）成像对比实验结果

经过包络对齐过程后，分别对所设计的阵列接收的回波进行二维傅里叶变换(二维 FFT)成像和 CS 技术中的二维 SL0 成像，并对比成像结果。保持其他参数不变，将发射阵元和接收阵元数量分别增至 64 个再观察二维傅里叶变换的成像结果，如图 8.46～图 8.48 所示。

由本实验结果不难发现对于同样的 32 收 32 发阵列，利用二维 SL0 的超分辨成像算法的成像分辨率要远高于直接进行二维 FFT 的成像算法的成像分辨率。不仅如此，利用二维 SL0 超分辨成像算法所成图像的分辨率与利用 64 收 64 发的

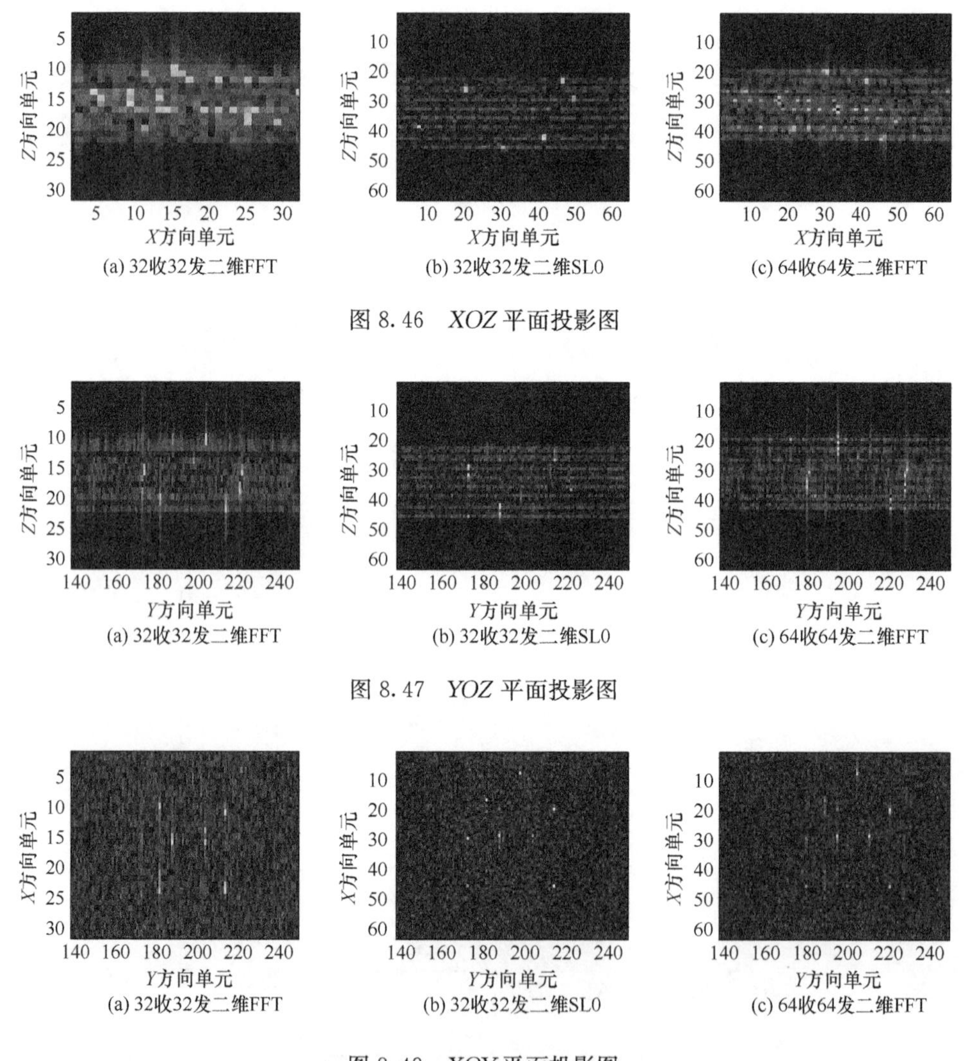

图 8.46　*XOZ* 平面投影图

图 8.47　*YOZ* 平面投影图

图 8.48　*XOY* 平面投影图

MIMO雷达阵列进行二维 FFT 成像的成像分辨率相当。由此证明，本章提出的针对舰船目标三维成像的 MIMO 雷达配制下加入二维 SL0 的超分辨成像算法对舰船目标进行二维成像，可以有效减少阵元数量，降低成本和波形设计难度，且成功得到舰船目标在三个平面的投影图。利用这些投影图，就可以实现对舰船目标的三维坐标恢复。

3）舰船目标 MIMO 三维成像实验

从图 8.46～图 8.48 中 32 收 32 发二维 SL0 的成像结果对舰船目标的三维坐标进行恢复。从所成图像中发现，相比于利用前面介绍的线性调频信号进行成像，利用相位编码信号进行成像的缺点在于聚焦后信号旁瓣较多、较大,因此必须对图像进行阈值处理,即挑选出散射强度较大的散射点进行三维恢复。图 8.49 所示为经过阈值处理后的成像结果。根据每个散射点在图中的位置,分析得出其三维坐标的真实值,成像结果如图 8.50 所示。

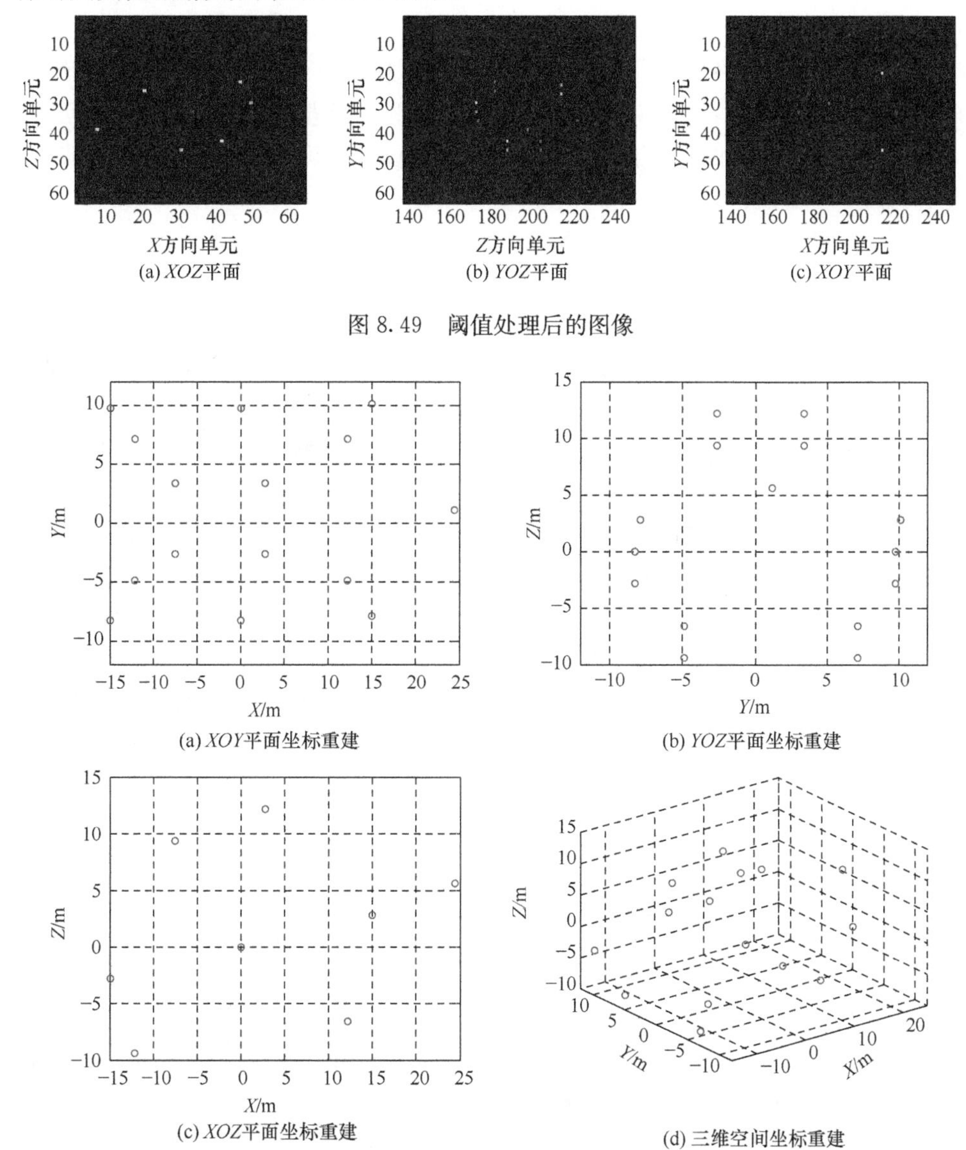

图 8.49　阈值处理后的图像

图 8.50　舰船目标三维重建示意图

本实验利用已得到的不同投影面的超分辨图像,最终成功得到舰船目标的三维坐标,实现舰船目标的三维恢复。与图 8.44 中的舰船目标模型对比可以发现,重建目标的三维位置与成像目标稍有偏离，这是因为在成像时刻舰船目标自身已经做出了旋转运动，所恢复的三维坐标图是成像时刻舰船目标相对于雷达所在坐标系下的三维坐标图，因而会与初始构建的舰船目标三维位置有所偏移。经过整个实验过程可以发现，整个成像过程不需要时间积累，因此不需要复杂的运动补偿过程，且由于坐标恢复是通过目标在三个平面内的投影位置得到的，即使散射点发生重合，也不影响最终散射点三维坐标的恢复，这样就有效避免了 InISAR 三维成像中的“角闪烁”现象，也避免了特殊情况下对舰船目标进行三维成像失败的问题。当然，MIMO 雷达成像也存在硬件成本高、波形设计难度大、信号旁瓣高等缺点，还有待进一步去解决。

8.5 本章小结

本章针对舰船目标 ISAR 成像的特殊性展开了深入介绍。首先，介绍两种最优成像时间段的选取方法，第一种是基于角运动参数估计的成像时间段选取方法，另一种是基于多普勒中心估计的最优成像时间段选取方法。实测数据实验结果证明了这两种方法的有效性。然后，引入 InISAR 三维成像技术对舰船目标进行三维成像以便更好地反映舰船目标的真实信息，通过仿真实验证明舰船目标 InISAR 三维成像方法具有很好的有效性。最后，引入 MIMO 雷达配制，通过发射多组相互正交的雷达信号，采用空间分割的方法，直接利用单次快拍对舰船目标进行成像。这样，不仅避免 InISAR 三维成像中的“角闪烁”现象，还避免复杂的运动补偿过程。另外，为了克服 MIMO 雷达配制中硬件成本高的弊端，采用二维压缩感知中的 SL0 方法对舰船目标进行超分辨成像，并通过完整的仿真实验论证所提算法的有效性。

参考文献

[1] Musman S, Kerr D, Bachmann C. Automatic recognition of ISAR ship images[J]. IEEE Transactions on Aerospace and Electronic Systems, 1996, 32(4): 1392-1404.

[2] Hajduch G, Caillec J M L, Garello R. Airborne high-resolution ISAR imaging of ship targets at sea[J]. IEEE Transactions on Aerospace and Electronic Systems, 2004, 40(1): 378-384.

[3] Cooke T. Ship 3D model estimation from an ISAR image sequence[C]. Proceedings of the International Conference on Radar, Adelaide, 2003.

[4] Gao J J, Fu L S, Guo D X. Multipath effects cancellation in ISAR image reconstruction[C]. International Conference on Microwave and Millimeter Wave Technology, Guilin, 2007.

[5] Tang Z, Zhu Z, Zhan L, et al. Research on imaging of ship target based on bistatic ISAR[C]. Asian-Pacific Conference on Synthetic Aperture Radar, Xian, 2009.

[6] Martorella M, Palmer J, Homer J, et al. On bistatic inverse synthetic aperture radar[J]. IEEE

Transactions on Aerospace and Electronic Systems,2007,43(3):1125-1134.
[7] 王勇.机动飞行目标ISAR成像算法研究[D].哈尔滨:哈尔滨工业大学,2004.
[8] 张涛.复杂运动目标的ISAR成像算法研究[D].哈尔滨:哈尔滨工业大学,2012.
[9] Berizzi F,Diani M. ISAR imaging of rolling, pitching and yawing targets[C]. CIE International Conference of Radar,Beijing,1996.
[10] 赵兴波.机载ISAR舰船目标成像和航向转动角估计算法研究[D].南京:南京航空航天大学,2016.
[11] Li J,Hao L,Chen V. An algorithm to detect the presence of 3D target motion from ISAR data[J]. Multidimensional Systems and Signal Processing,2003,14(1):223-240.
[12] Pastina D,Montanari A,Aprile A. Motion estimation and optimum time selection for ship ISAR imaging[C]. IEEE Conference on Radar,Huntsville,2003.
[13] Soumekh M. Automatic aircraft landing using interferometric inverse synthetic aperture radar imaging[J]. IEEE Transactions on Image Processing,1996,5(9):1335-1345.
[14] Wang G,Xia X G,Chen V C. Three-dimensional ISAR imaging of maneuvering targets using three receivers[J]. IEEE Transactions on Image Processing,2001,10(3):436-447.
[15] Zhang Q,Yeo T S. Three-dimensional SAR imaging of a ground moving target using the InISAR technique[J]. IEEE Transactions on Geoscience and Remote Sensing,2004,42(9):1818-1828.
[16] Zhang Q,Yeo T S,Tan H S,et al. Imaging of a moving target with rotating parts based on the Hough transform[J]. IEEE Transactions on Geoscience and Remote Sensing,2008,46(1):291-299.
[17] Given J A,Schmidt W R. Generalized ISAR—Part Ⅱ:Interferometric techniques for three-dimensional location of scatterers[J]. IEEE Transactions on Image Processing,2005,14(11):1792-1797.
[18] Ma C,Yeo T S,Zhao Y,et al. MIMO radar 3D imaging based on combined amplitude and total variation cost function with sequential order one negative exponential form[J]. IEEE Transactions on Image Processing,2014,23(5):2168-83.
[19] Ma C,Yeo T S,Tan C S,et al. Three-dimensional imaging using colocated MIMO radar and ISAR technique[J]. IEEE Transactions on Geoscience and Remote Sensing,2012,50(8):3189-3201.
[20] Ma C,Yeo T S,Tan C S,et al. Three-dimensional imaging of targets using colocated MIMO radar[J]. IEEE Transactions on Geoscience and Remote Sensing,2011,49(8):3009-3021.
[21] 肖志河,戴朝明,巢增明,等.旋转目标干涉逆合成孔径三维成像技术[J].电子学报,1999,27(12):19-22.
[22] Xu X J,Narayanan R M. Enhanced resolution in 3-D interferometric ISAR imaging using an Iterative SVA procedure [C]. IEEE Geoscience and Remote Sensing Symposium,Toulouse,2003.
[23] 张群,马长征,张涛,等.干涉式逆合成孔径雷达三维成像技术研究[J].电子与信息学报,

2001,23(9):890-898.

[24] 罗斌凤,张群,袁涛,等. InISAR三维成像中的ISAR像失配准分析及其补偿方法[J]. 西安电子科技大学学报(自然科学版),2003,30(6):739-743.

[25] Gao Z Z, Li Y C, Xing M D, et al. ISAR imaging of manoeuvring targets with the range instantaneous Chirp rate technique[J]. IET Radar Sonar Navigation,2009,3(5):449-460.

[26] 蒋明,张欢阳,孔祥辉. 改进多普勒中心估计的ISAR舰船成像[J]. 火控雷达技术,2011,40(1):55-59.

[27] 尹松乔,姜义成. 基于成像时间段的高海情舰船ISAR成像方法[J]. 雷达科学与技术,2010,8(4):323-328.

[28] Martorella M, Cacciamano A, Giusti E, et al. Clean technique for polarimetric ISAR[J]. International Journal of Navigation and Observation,2008:325279-1-325279-12.

[29] Ma C, Yeo T S, Zhang Q, et al. Three-dimensional ISAR imaging based on antenna array[J]. IEEE Transactions on Geoscience and Remote Sensing,2008,46(2):504-515.

[30] Xie X, Zhang Y. 3D ISAR imaging based on MIMO radar array[C]. IEEE Asian-Pacific Conference on Synthetic Aperture Radar, Xian,2009.

[31] Wang D W, Ma X Y, Chen A L, et al. High-resolution imaging using a wideband MIMO radar system with two distributed arrays[J]. IEEE Transactions on Image Processing,2010,19(5):1280-1289.

[32] Gu F, Chi L, Zhang Q, et al. Single snapshot imaging method in multiple-input multiple-output radar with sparse antenna array[J]. IET Radar Sonar Navigation,2013,7(5):535-543.

[33] 陈文驰,保铮,邢孟道. 基于Keystone变换的低信噪比ISAR成像[J]. 西安电子科技大学学报(自然科学版),2003,30(2):155-159.

[34] Zhang Q, Yeo T S, Du G, et al. Estimation of three-dimensional motion parameters in interferometric ISAR imaging[J]. IEEE Transactions on Geoscience and Remote Sensing,2004,42(2):292-300.

[35] Zhao L, Gao M, Martorella M, et al. Bistatic three-dimensional interferometric ISAR image reconstruction[J]. IEEE Transactions on Aerospace and Electronic Systems,2015,51(2):951-961.

[36] Fornaro G, Franceschetti G, Lanari R. Interferometric SAR phase unwrapping using green's formulation[J]. IEEE Transactions on Geoscience and Remote Sensing, 1996, 34(3):720-727.

[37] Xu G, Xing M, Zhang L, et al. Bayesian inverse synthetic aperture radar imaging[J]. IEEE Geoscience and Remote Sensing Letters,2011,8(6):1150-1154.

[38] Rohling H. Radar CFAR thresholding in clutter and multiple target situations[J]. IEEE Transactions on Aerospace and Electronic Systems,1983,19(4):608-621.

[39] Suwa K, Iwamoto M. A two-dimensional bandwidth extrapolation technique for polarimetric synthetic aperture radar images[J]. IEEE Transactions on Geoscience and Remote Sensing,2007,45(1):45-54.

[40] Xu G, Xing M, Zhang L, et al. Bayesian inverse synthetic aperture radar imaging[J]. IEEE Geoscience and Remote Sensing Letters, 2011, 8(6): 1150-1154.
[41] 王爱平，张功营，刘方. EM算法研究与应用[J]. 计算机技术与发展，2009，19(9)：108-110.
[42] Tian B, Liu Y, Tang D, et al. Interferometric ISAR imaging for space moving targets on a squint model using two antennas[J]. Journal of Electromagnetic Waves and Applications, 2014, 28(28): 2135-2152.
[43] Ma C, Yeo T S, Guo Q, et al. Bistatic ISAR imaging incorporating interferometric 3-D imaging technique[J]. IEEE Transactions on Geoscience and Remote Sensing, 2012, 50(10): 3859-3867.
[44] 张贤达，保铮. 非平稳信号分析与处理[M]. 北京：国防工业出版社，1998.
[45] Bellettini A, Pinto M A. Theoretical accuracy of synthetic aperture sonar micronavigation using a displaced phase-center antenna[J]. IEEE Journal of Oceanic Engineering, 2002, 27(4): 780-789.
[46] 朱宇涛，粟毅. 一种M^2发N^2收MIMO雷达平面阵列及其三维成像方法[J]. 中国科学：信息科学，2011，41(12)：1495-1506.
[47] Zhang Q, Yeo T S, Du G, et al. Estimation of three-dimensional motion parameters in interferometric ISAR imaging[J]. IEEE Transactions on Geoscience and Remote Sensing. 2004, 42(2): 292-300.
[48] Fornaro G, Franceschetti G, Lanari R. Interferometric SAR phase unwrapping using Green's formulation[J]. IEEE Transactions on Geoscience and Remote Sensing, 1996, 34(3): 720-727.
[49] Petersen K B, Pedersen M S. The Matrix Cookbook[M]. Copenhagen: Technical University of Denmark, 2012.
[50] Ghaffari A, Babaie-Zadeh M, Jutten C. Sparse decomposition of two dimensional signals[C]. IEEE International conference on Acoustics, Speech and Signal Processing, Taipei, 2009.
[51] Mohimani H, Babaie-Zadeh M, Jutten C. A fast approach for overcomplete sparse decomposition based on smoothed, norm[J]. IEEE Transactions on Signal Processing, 2009, 57(1): 289-301.
[52] Namias V. The fractional order Fourier transform and its application to quantum mechanics[J]. Geoderma, 1980, 25(3): 241-265.
[53] Mcbride A C, Kerr F H. On Namias's fractional Fourier transforms[J]. Ima Journal of Applied Mathematics, 1987, 39(2): 159-175.
[54] 李雪鹭. 复杂运动舰船目标三维成像关键技术研究[D]. 哈尔滨：哈尔滨工业大学，2016.